21世纪高等教学用书

工程化学导论

（第2版）

主　编　邹宗柏
副主编　乔冠儒

东南大学出版社
·南京·

内容简介

本书根据21世纪对大学化学(非化学化工类)教育改革的需要,以及最新修改、制定的《中学化学教学大纲》和《工科普通化学教学基本内容框架》,阐述了现代化学的基本理论和工程中的化学原理、知识,内容包括化学热力学初步、化学反应速率、溶液中的离子平衡、物质结构与性质、有机化合物与高聚物、材料化学、能源化学、环境化学、资源化学、生物化学与生物工程等10章。在有关章节中还穿插介绍了纳米材料、涂料、胶粘剂等应用性知识。

本书可作为高等院校非化学化工类专业的教材,也可作为成人高等教育的教学参考用书以及从事化学或与化学有关的工程技术人员的自学参考书。

图书在版编目(CIP)数据

工程化学导论/邹宗柏主编.—第2版.—南京:东南大学出版社,2002.9(2025.7重印)

ISBN 978-7-81023-969-1

Ⅰ.工… Ⅱ.邹… Ⅲ.工程化学—高等学校—教材 Ⅳ.TQ02

中国版本图书馆CIP数据核字(2002)第061704号

东南大学出版社出版发行
(南京四牌楼2号 邮编210096)
出版人:江建中
江苏省新华书店经销 南京京新印刷有限公司印刷
开本:700 mm×1000 mm 印张:24.75 字数:471千字
2002年9月第2版 2025年7月第13次印刷
ISBN 978-7-81023-969-1
印数:16501—17500册 定价:45.00元

再版前言

教育部领导实施的《面向21世纪高等教育教学内容和课程体系改革计划》是一个战略性的改革举措，对我国跨入21世纪，迎接知识经济社会的挑战，使高等教育适应社会主义市场经济的发展具有划时代的历史意义。占高校学生总人数约90%的非化学化工类专业如何进行高等教育层次的化学教育，21世纪的化学教育体系、基本思路和教学目标怎样确立，这些都是我们亟待研究和解决的共同问题。

高等教育改革的一个十分重要的内容是加强素质教育，其中包括政治素质、思想道德素质、科学文化素质、业务素质和身体心理素质等。科学文化素质则包括数学素质、物理素质、化学素质和内容广泛的文化素质。在科学飞速发展、工程日趋复杂、学科相互交叉的时代里，要求高级人才的能力和知识结构必须是复合型的，具有优良的综合素质。中国工程院院士、材料专家雷廷权教授指出："不管哪个专业的学生，从素质培养来说，化学知识是必要的。素质培养就是要培养学生具有科学的头脑，能科学地考虑和处理遇到的问题，而离开了数学、物理和化学等必要的基础知识，则很难做到这一点。"

随着由注重知识传授向学生创新能力培养的转变，由学科系统性向多学科综合性的转变，由专业教育向素质教育的转变，以及由重视共性教育向因材施教的转变，化学教育对新世纪高级人才的素质培养是必不可少的，这已逐渐成为大家的共识。很难想象，如果21世纪的高级人才，其知识结构在化学领域中只有中等教育水平，何以适应未来社会飞速发展的需要。

化学是在分子、原子水平上研究物质的组成、结构、性能及相互转化的科学，目前已达到了从描述进入推理、从静态到动态、从宏观深入到微观、从定性走向定量的发展阶段，并正向分子设计和分子工程进军。美国著名化学家G.C.Pimentel在《化学中的机会——今天和明天》中指出，化学正成为"一门满足社会需要的中心学科"。当前人类面临的环境、资源、人口、能源和粮食等全球性问题，都与化学密切相关。化学已深深地渗透到信息、材料、能源、电气、机械、生命等各个科技领域，成为科学轴心的一个重要部分，其巨大的渗透力是文明社会飞速发展的催化剂。

一个重点大学曾统计了该校8个系几十个专业的年度博士和硕士论文，发现有33%的论文不同程度地与化学直接有联系，充分体现了化学学科的基础性与渗透性。

化学在开发新能源、提供人类食品、防治疾病、保护生态环境和保障国家安全等方面，都起着重要的作用，这些充分反映出化学的物质文明性。从化学的角度出发研究人类和生命的起源，去探讨哲学和伦理学、美学的内涵和外在关系，这些包含了化学的精神文明性。化学在人类社会的发展中，以其独特的科学素质影响着整个人类文化和现代社会文明的发展。

本书旨在面向21世纪对大学化学（非化学化工类）教育改革的需要，根据最新修改和制定的《中学化学教学大纲》和《工科普通化学教学基本内容框架》，重新组织力量对原版进行全面修订，其中基础部分力求做到内容更加精练、科学和规范，知识性内容更加新颖、先进和深广；把材料的腐蚀与防护加以精简，并入材料化学一章；根据国内外对资源和环境的日益重视，把资源化学与环境化学分开，扩充内容，独立设章；增加了纳米材料等新的内容知识点的介绍。

本书主编为邹宗柏、副主编为乔冠儒，参加修订工作的还有王昶、马全红、孙岳明、吴敏和周少红等（按姓氏笔画排名）。本书在修订时参阅了多种文献资料，在此深表谢意。由于编者水平有限，书中错误和不妥之处敬请读者批评指正。

编　者

2002年3月

目　录

绪　论

化学是研究物质的组成、结构、性质及其变化规律和变化过程中能量关系的学科。物质是客观真实存在的。人类最早是从宏观角度来认识物质的。随着科学技术的发展，人们开始从微观方面来研究物质。现在，科学家不仅继续研究山水、月亮、地球等宏观物质和分子、原子等微观物质，而且更进一步探讨银河系、太阳系等的天体演化和中微子、介子等“基本”粒子。最近又发现“基本”粒子也是可以分的。

化学主要是在分子和原子的层次上研究物质的组成、结构、性能及其相互转化的科学。化学现象的基本特征是原子与分子、分子与分子间的相互转变。原子结合成分子是通过其中电子的运动来实现的。在物质之间相互发生转化的过程即化学反应中，反应物和生成物改变的是分子或固体中原子的结合方式和原子中电子的运动状态，但原子核并不发生变化。

人类的生产资料和生活资料都是由各种物质组成的，物质的应用价值决定于物质的性能和结构。各种物质的原料来源于自然界，因此，水、空气、煤、石油、天然气和矿石等天然原料，通过化学反应，便可制造出人类需要的各种物质。

1983 年 8 月在巴黎召开的第七届国际化学教育会议认为：化学教育不仅是学科本身的教学工作，也是提高人们文化水平的必要途径，今天我们处于无处没有化学的时代，教学要向一个渗透着化学的新的教育体系发展。1991 年 8 月在英国约克召开的第十一届国际化学教育会议的主题是：“把化学带到生活中去。”

《工程化学导论》是把化学与现代科学技术中工程材料性质和工艺过程变化联系起来的一门课程，是化学与工程的桥梁和纽带。《工程化学导论》的教学目的是要使工科学生掌握国家教委试行的“普通化学基本要求”和常见工程技术中一些必需的化学基本理论、基本知识和基本技能，了解它们在工程实际中的应用。培养学生能在工程技术中以化学的观点观察物质变化的现象，对一些涉及化学的工程实际问题有初步分析的能力，并能运用化学知识来处理工程中的化学问题。

《工程化学导论》具有课程本身的系统性、完整性和概括性，而不强调化学学科的系统性和完整性，力求内容的先进性、概念的科学性和叙述的普及性，适当增加化学知识的应用性、综合性和联系性。

《工程化学导论》的内容包括化学热力学初步、化学反应速率、溶液中的离子平衡、物质结构与性能、有机化合物与高聚物、材料化学、能源化学、环境化学、资源化学、生物化学和生物工程等10章。

《工程化学导论》的前5章主要学习有关化学基本理论，用物质结构与性能来综合性质的某些共性规律，某些重要而典型的单质和化合物的性质及反应内容将放入工程化学实验。化学热力学主要讨论反应进行的方向和反应进行的程度，即在给定的条件下反应能否自发进行和化学平衡的问题。化学动力学主要讨论反应进行的速率，同时还介绍高温和高压反应及其材料。在溶液这一章中讨论弱电解质的解离平衡、难溶电解质的多相离子平衡、电化学氧化还原平衡、配离子的解离平衡和胶体性能。物质结构与性能主要介绍物质的结构与性能的关系，并简单介绍光谱分析等现代测试技术。有机化合物与高聚物讨论有机化学和高分子化学的基本知识，同时介绍一些常见的化学品。这些内容能初步满足工程技术对化学基本理论和知识的要求，在讲述化学基本理论时穿插工程技术中常见的化学问题，有利于理论联系实际。

《工程化学导论》的后5章内容是工程技术中常见的与化学有关的共性问题。材料化学中简要介绍金属材料、非金属材料、高分子材料(包括塑料、橡胶、纤维和胶粘剂等)、复合材料和功能材料等，这些是新技术、新工艺发展的基础。材料的腐蚀与防护知识中除了介绍常见的金属、非金属保护层外，还讲述常用和特种涂料的组成、性能和应用。能源化学主要介绍各种能源的成分和化学转换，着重介绍各种新能源的原理和应用。环境化学和资源化学的基础知识将使人们在对自然进行开发利用时注意避免破坏环境，向着控制自然、减少污染、化害为利和充分利用有限资源的方向努力。生物化学和生物工程是21世纪的希望工程，多种学科将维系它的发展而前进。这些章节中有许多工程技术中常见的化学问题，其中有材料方面的问题，也有工艺方面的问题，既有常见的基本化学知识，也有当前先进的与化学交叉学科的有关知识，这些都是电子、机械、土木等专业工程技术人员必需的化学基本知识。

在编写化学基本理论知识时，我们注意从宏观到微观的认识规律，对全书内容编排时考虑到学习的方便，先讲化学基本理论，后讲工程实际知识，并尽量注意理论联系实际及适当地相互渗透和穿插。

实验是《工程化学导论》必不可少的重要教学环节，某些元素和化合物性能，以及工程中的一些材料和工艺如印刷电路、污水处理等都将安排专题实验内容，这样不仅可以巩固和扩大学生对基本理论的理解，还能够培养学生操作、观察、记录、归纳、分析、总结等方面的能力和科学工作方法与作风。

《工程化学导论》的编著原则是使教材内容具有先进性和科学性，在教学过程中具有灵活性和可行性，在学习应用中具有适应性和现实性。教学内容可以根据不同专业和系科的具体情况作适当的调整。

1 化学热力学初步

热力学是研究各种自然现象中热能和其他形式的能量间相互联系的一门科学，它是从物理和化学现象中所发生的能量转化的观点来研究各种物理和化学现象。化学热力学是研究化学过程中能量转换所遵循的规律的科学。

化学热力学的重要性不仅在于可以应用它的基本原理解释许多化学现象，而且还能依据这些原理去判断化学反应进行的方向、最大限度以及伴随怎样的能量变化。

由于化学热力学是讨论大量物质的平均行为，即物质的宏观性质，不涉及个别或少数分子、原子的微观性质。因此，应用化学热力学来研究化学过程时，不需要知道物质的内部结构也不需要知道过程是如何完成的，同时也不涉及时间概念，它只与过程的最初状态、最后状态和外界条件有关。

化学热力学的内容极其丰富，而本章仅对其中的基本部分做一些简单介绍，作为学习工程化学的基础，以利于今后在工程实际中也可初步懂得如何应用热力学数据说明一些化学现象。

1.1 基本概念及术语

为了学习方便，先讨论化学热力学的一些基本概念和术语。

1.1.1 系统和相

1) 系统和环境

在科学实验及研究中，人们往往选择研究对象的某一有关部分。所要研究的这部分对象就称为系统，而在系统以外与系统有密切联系的部分就称为环境。例如，在研究 NaOH(s)溶解在水中到底要释放多少热量时，可以将一定量的 NaOH(s)、一定量的水及容器、温度计看成系统，除此以外的都可以看成环境。系统和环境的划分应视研究的需要而定。

2) 相

系统中具有相同的物理和化学性质的部分称为相，相与相之间由界面隔开。

对于气态，不论是单组分气体或气体混合物，总是 1 相系统。对于液态，要视其组成物质(组分)能否互溶，可以是 1 相(例如水和乙醇的溶液)，也可以是 2 相(例如水和苯)甚至 3 相。对于固态,则 1 种纯物质为 1 相,有多少种纯固态物质,便有多少相。

3) 系统的分类

按照系统中相的数目不同,可将系统分为以下 2 类:

(1) 单相系统

只有 1 相的系统。

(2) 多相系统

含有几个相的系统。

按照系统和环境之间物质和能量的交换情况不同,又可将系统分为以下 3 类:

(1) 敞开系统

系统和环境之间,既有物质交换,又有能量交换。它是一般化学反应的常见系统。

(2) 封闭系统

系统和环境之间,没有物质交换,只有能量交换。它是化学热力学研究中最常见的系统。除非另外说明,以下我们所讨论的系统都指的是封闭系统。

(3) 孤立系统

系统和环境之间,既没有物质交换,也没有能量交换。当然,孤立系统只是科学上的抽象,实际上它只能近似地体现。

4) 系统的性质

系统的温度、压力、体积、密度、质量和物质的量等等都是描述系统的宏观物理量,这些宏观物理量称为系统的热力学性质,简称性质。

根据系统中物质数量的关系,系统具有以下两类性质:

(1) 广度性质(亦称容量性质)

如体积、质量等性质在一定条件下有加和性,即其数值与系统中物质的数量成正比,是系统中各部分该性质的总和,则相应的物理量称广度量。

(2) 强度性质

此种性质的数值不随系统中物质的总量而变,它仅由系统中物质本身的特性所决定,也就是没有加和性。如温度、密度就是强度性质,相应的物理量称强度量。

1.1.2 状态和状态函数

1) 状态

系统的性质是系统的自然属性。当系统的各种性质都有确定值时,系统便处于一定的状态。所以系统的状态就是系统各种性质的综合表现。例如气体的状态可由压力、体积、温度及各组分物质的量等物理量来决定。如果其中一个或多个物理量发生改变时，系统即由一种状态转变为另一种状态。

2）状态函数

为了描述系统处于什么状态，就需要用一些性质或物理量来表示各种状态。如果这种性质或物理量完全取决于系统的状态，而与系统如何产生无关，这种性质或物理量就称为状态函数。也就是说，当这些物理量都有确定值时，系统就处于一定状态。当系统的某些物理量发生改变，系统的状态也发生变化。这些描述系统状态的物理量之间的关系，犹如数学上的变数与函数的关系，即 u(状态函数) = f(状态变数)。因此可把系统中以一定的关系随某一状态变数而变的其他性质称为状态函数。例如理想气体的状态函数 P、V 和 T，可用状态方程联系起来：

$$PV = nRT$$

在方程式中，如果知道了其中 3 个值就可以求出其余的 1 个值，R 是比例常数，叫做摩尔气体常数。实际上，状态函数是用数学语言对那些用于确定系统热力学状态的宏观物理量的统一名称，以便反映这类物理量的特性和变化。

3）状态函数特征

状态函数有两个非常重要的特征：① 系统的状态函数之间彼此是有联系的，只要指定其中的几个状态函数，则系统的其他状态函数也随之确定。例如 1 mol 理想气体，只要指定温度和体积，就可知道它的压力。② 状态函数的变化只与起始状态和终了状态有关，而与状态变化的具体过程无关。

综上所述，凡只与系统所处状态有关，而与变化途径无关的物理量都是状态函数，它们之间相互联系并制约。

1.1.3 过程和途径

若系统的宏观状态随时间而变化，我们就说该系统经历了热力学过程。完成这个过程的具体步骤则称为途径。我们正是要在系统所经历的热力学过程中去真正认识系统，并进而找出系统的热力学规律。热力学的基本过程有下列几种：

(1) 等温过程

过程中系统的始态与终态温度相同，而且系统与环境温度相同。

(2) 恒压过程

过程中系统的压力恒定。

(3) 恒容过程

过程中系统的体积恒定。

(4) 绝热过程

过程中系统和环境没有热交换。一般在绝热容器内进行的过程,可视为绝热过程。

当系统经历了一系列变化后回到原来状态,则称系统完成了一个循环过程。

1.1.4 热和功

1) 热

由于系统与环境间存在着温度差,在系统与环境间发生的能量交换或传递过程的形式称为热。热是能量转移的一种形式,它并不是系统固有的性质,而是系统的暂时特性,绝对不能把热看做是系统内存在的某种东西。因此,热过程的产物与属性,它总是与过程相联系的,它是途径的函数。不同的途径,系统与环境交换的热量可以不一样。

2) 功

当系统发生变化时,在系统与环境间除热以外的其他各种形式的能量交换或传递,都称为功。

功有多种形式。通常分为体积功和非体积功两大类。由于系统体积变化反抗外力作用而与环境交换的功,称为体积功;其他功如电功、表面功等总称为非体积功,又称为"有用功"。热力学上要讨论的体积功又称膨胀功。当系统对抗外压膨胀或压缩时,系统就对环境做功或环境对系统做功。

3) 热和功的异同点

比较热和功,有两点相同:第一,它们都是能量,在系统获得能量后,便不再区分热和功;第二,它们都不是系统的状态函数,都是与过程相联系的物理量,因而我们不能说系统内含有多少热或含有多少功,但是我们却可以说系统在某过程中吸收多少热或做了多少功。

热和功的区别在于:在能量交换或传递过程中,热通过分子无规则(即无序)的运动形式表现出来,而功则是通过分子有规则(即有序)的运动形式表现出来的。功能够完全转换为热,而热则不能完全转换为功。

4) 热和功的符号和单位

本书采用国际纯粹和应用化学联合会(简称 IUPAC)于 1970 年所建议的符号规定:系统获得能量为正号,系统失去能量为负号。

化学热力学中热通常以符号 q(或 Q)表示,系统从环境吸热,系统获能,q 为正值($q>0$);而环境从系统吸热,系统失能,q 为负值($q<0$)。

化学热力学中的功通常以符号 W 表示,环境对系统做功,系统获能,W 为正值($W>0$);而系统对环境做功,系统失能,W 为负值($W<0$)。

热和功的计量单位都是 J(焦)或 kJ(千焦)。

1.1.5 热力学能[①]

1）热力学能

热力学能用 U 表示，是物质的一种属性，是系统内部能量的总和，具有能量单位。它包括系统内所有物质的分子的动能、分子间的位能、分子的转动能、振动能、核能等等。

热力学能是系统的状态函数。当系统从状态 1 变化到状态 2 时热力学能也随之变化。假定状态 1 变化到状态 2 可取两条途径 a 与 b，如果系统沿两条途径变化的热力学能变化分别为 ΔU_a 和 ΔU_b，假如 $\Delta U_a \neq \Delta U_b$ 且 $\Delta U_a > \Delta U_b$，那么当系统从 1 变到 2，再从 2 变到 1，系统经过一循环过程后得到的能量：$\{\Delta U_a + (-\Delta U_b)\} > 0$。即系统经过一个循环后本身什么也没有变化，却从中得到了能量，这显然与能量守恒定律相矛盾，所以 $\Delta U_a > \Delta U_b$ 不能成立；同理，若假定 $\Delta U_a < \Delta U_b$ 也不能成立，因此只能 $\Delta U_a = \Delta U_b$，热力学能必须是状态函数。

2）热力学能的特点

(1) 系统处于某一状态时热力学能的绝对值无法知道，因为目前还不知道系统热力学能所包括的所有项目，因而无法计算热力学能的绝对值，但这对解决实际问题并无妨碍。我们可以根据系统与环境之间表现出的功和热来计算变化中热力学能的改变量(ΔU)。

(2) ΔU 只取决于系统变化的始态与终态，而与变化的途径无关。ΔU 是广度量，具有加和性。

(3) 只要系统的状态一定，热力学能就固定为定值若热力学能变，状态亦变。

3）热力学能、热和功三者之间的关系

在一定条件下，一个热力学能为 U_1 的封闭系统由最初状态的从环境吸收了热量 q，并对环境做了功 W，系统到达终态时，其热力学能为 U_2。根据能量守恒定律，应有如下的关系

$$U_2 - U_1 = \Delta U = q + W \tag{1.1}$$

式中 ΔU 是系统由始态变为终态的热力学能变化。(1.1)式就是热力学第一定律的数学表示式，它表示系统在变化过程中，吸收的热量加上环境对系统所做的功，等于系统热力学能的增量。与此同时，环境的热力学能必定减少了 $\Delta U_{环境}$。

$$\Delta U_{系统} = -\Delta U_{环境}$$

---

① 热力学能以前称为内能。

或　　$\Delta U_{系统}+\Delta U_{环境}=0$　　(1.2)

这就是能量守恒定律。

1.2　热化学

把热力学第一定律具体应用到化学反应上，讨论和计算化学反应的热量变化的学科，称为热化学。

1.2.1　化学反应热

不同的物质有不同的热力学能，反应产物的总热力学能通常与反应物的总热力学能不同，所以化学反应总是伴随有能量变化，这种能量变化往往以热的形式与环境交换，这就是化学反应热。

在热化学中，通常把只做体积功，反应前后温度相同时，系统吸收或放出的热称为该反应的反应热，以区别于一般意义的热。

1) 恒容反应热

在密闭容器中进行反应，体积保持不变，就是恒容过程(其中 $\Delta V=0$)。

根据热力学第一定律，$\Delta U=q+W$

由于系统只做体积功，$W=-P\Delta V$，而 $\Delta V=0$，则 $W=0$，故

$$\Delta U=q_V \tag{1.3}$$

式中 q_V 为恒容反应热，右下角 V 表示恒容过程。

(1.3)式的意义是，在恒温恒容条件下进行的化学反应，其反应热在数值上等于此系统的热力学能变化量。

化学反应热可以通过实验来测定。根据所测反应不同，有多种量热计，一般燃烧反应或有气体产生的反应用弹式量热计。现代的差热分析仪和差示扫描量热仪都可用于测量反应热。

2) 恒压反应热

工程技术中的多数化学反应是在恒压条件下进行的。例如，在开口容器中液体的反应，在恒定压力(大气压力)下气体的反应等，都属于恒压过程。因此，讨论恒压反应热具有实际意义。

在恒压过程中进行的化学反应常伴有体积的变化，系统和环境有体积功的交换，体积功 $W=-P\Delta V$。即

$$\Delta U=q_p+W=q_P-P\Delta V$$

则

$$q_P=\Delta U+P\Delta V \tag{1.4}$$

式中 q_P 表示恒压反应热。(1.4)式说明恒压反应热来自两个方面，一是系统热力学能的变化，一是反应系统的体积功。

3）恒容反应热 q_V 和恒压反应热 q_P 的关系

将 $\Delta U = q_V$ 代入(1.4)式得

$$q_P = q_V + P\Delta V$$

则 $$q_P - q_V = P\Delta V \tag{1.5}$$

对于有气体参加的恒温、恒压化学反应来说，若忽略反应中液体和固体体积的变化，并把气体看成是理想气体，则

$$\begin{aligned} P\Delta V &= P[V_{产}(g) - V_{反}(g)] \\ &= P\left[\frac{n_{产}(g)RT}{P} - \frac{n_{反}(g)RT}{P}\right] \\ &= [n_{产}(g) - n_{反}(g)]RT \end{aligned}$$

由此(1.5)式可写成

$$q_P - q_V = \Delta n(g)RT \tag{1.6}$$

式中 $R = 8.314\ \text{J}\cdot\text{mol}^{-1}\cdot\text{K}^{-1}$①，$\Delta n(g)$指产物中气体总的物质的量与反应物中气体总的物质的量之差。(1.6)式表明 q_P 与 q_V 的差与一定温度下反应中气态物质的变化量 $\Delta n(g)$成正比。

由于体积的变化主要取决于反应前后气态物质的变化，因此对于无气态物质参加或产生的反应，就可近似将两者看做相等，即 $q_P = q_V$。

【例 1.1】 298 K，100 kPa 下

$\text{C(石墨)} + \frac{1}{2}O_2(g) \xlongequal{} CO(g)$②，$q_V = -111.7\ \text{kJ}\cdot\text{mol}^{-1}$。求该反应的 q_P。

解 $\Delta n = 1 - \frac{1}{2} = \frac{1}{2}$

根据(1.6)式，$q_P = q_V + \Delta n(g)RT$

故 $$\begin{aligned} q_P &= -111.7\ \text{kJ}\cdot\text{mol}^{-1} + \frac{1}{2} \times 8.314 \times 10^{-3}\ \text{kJ}\cdot\text{mol}^{-1}\cdot\text{K}^{-1} \times 298\ \text{K} \\ &= -110.5\ \text{kJ}\cdot\text{mol}^{-1} \end{aligned}$$

答：该反应的等压反应热为 $-110.5\ \text{kJ}\cdot\text{mol}^{-1}$。

值得注意的是，解这类题目，q_V 与 R 的单位要一致，即 R 的单位中的“J”要化成“kJ”。

1.2.2 焓

1）什么是焓

一个封闭系统的恒压反应热为

---

① K(Kelvin，开尔文)为热力学温度的单位。$T(\text{K}) = t(℃) + 273.15$

② 反应热与物质的聚集状态有关，所以在反应式中要注明。一般用 g，l，s 分别表示气、液、固态。

$$q_P = \Delta U + P\Delta V$$

如果变化前后的热力学能和体积分别表示为 U_1, U_2 和 V_1, V_2，上式可改写为

$$q_P = U_2 - U_1 + P(V_2 - V_1)$$
$$= (U_2 + PV_2) - (U_1 + PV_1) \quad (1.7)$$

令 $H = U + PV$（并把"H"称为焓） (1.8)

焓即为"系统热力学能"与"系统体积、压力乘积"之和。由于 U, P 和 V 都是状态函数，所以经它们组成的函数焓 H 也是状态函数。

将(1.8)式代入(1.7)式得

$$q_P = H_2 - H_1 = \Delta H \quad (1.9)$$

式中 H_2、H_1 分别为恒压条件下系统终态和始态的焓，该式表示焓变(ΔH)正好在数值上等于恒压反应热。

焓不像热力学能那样具体，至今还没有明确的物理意义。焓决不能误认为是系统中所含的热量。而焓变(ΔH)是系统具有的，由系统的状态确定的，在恒压时只做体积功的过程中以热的形式转移的一种能量。

如果化学反应的 ΔH 为正值，表示系统从环境吸热，称此反应为吸热反应，即 $H_{反应物} < H_{生成物}$；相反，化学反应的 ΔH 为负值，称此为放热反应，即 $H_{反应物} > H_{生成物}$。

2) *焓的特点*

(1) 焓是状态函数。焓的数值仅取决于物质的状态，而与物质的形成过程无关。例如，不论是冰融化还是由蒸汽冷凝，或是氢气和氧气化合生成的水，在 298 K、100 kPa 下，1 mol 的焓值都是一定的。

(2) 焓具有能量单位。

(3) 因为热力学能和体积都是容量性质，所以焓也是系统的容量性质。

(4) 由于物质的热力学能的绝对值无法测得，所以焓的绝对值也无法确定。不过在实际工作中可以不需要知道焓的绝对值，只需要知道当系统状态变化时的焓变(ΔH)即可。

(5) 因热力学能与温度有关，因此焓与温度也有关系。但通常不考虑反应焓变(ΔH)随温度的变化。

(6) 在相同条件下的正逆反应的焓变数值相等而符号相反。

1.2.3 盖斯定律

1840 年，盖斯(Hess)根据多年的实验研究总结出，化学反应热只与反应的始态和终态有关，而与反应的途径无关。换句话说，不管反应是一步完成还

是分几步完成，只要始终态一定，反应热总是相同的。

现在看来，盖斯定律是用热力学处理问题的自然结果。热量不是状态函数，但在只做体积功的条件下，在恒容或恒压过程中，其变化量在数值上分别和热力学能变化量、焓变化量相等，即 $q_V = \Delta U, q_P = \Delta H$。由于热力学能 U、焓 H 是状态函数，所以恒容反应热 q_V 和恒压反应热 q_P 只决定于始态与终态，而与此过程分几步完成无关。又由于化学反应大多是在恒压条件下进行的，通常用的是 q_P，即 ΔH。

显然，当系统反应前后状态确定后，ΔH 是不随具体途径而变化的，所以如果一个反应过程可以设想分几步进行，则其总过程的焓变就等于各步焓变之和。

$$\Delta H = \Delta H_1 + \Delta H_2 + \Delta H_3 + \cdots \tag{1.10}$$

这一结论也适用于其他容量性质的状态函数，称为状态函数的加和性。

例如，在 298 K 时

(a) $2Cu(s) + O_2(g) = 2CuO(s) \quad \Delta H_a = -310\ kJ \cdot mol^{-1}$

(b) $2Cu(s) + \frac{1}{2}O_2(g) = Cu_2O(s) \quad \Delta H_b = ?$

(c) $2Cu_2O(s) + \frac{1}{2}O_2(g) = 2CuO(s) \quad \Delta H_c = -143\ kJ \cdot mol^{-1}$

$2Cu(s) + O_2(g)$ 是始态，而 $2CuO(s)$ 是终态。从始态到终态可以按反应(a)一步完成，也可按反应(b)和(c)两步完成[①]。根据盖斯定律，两种路径的焓变应该相等，即 $\Delta H_a = \Delta H_b + \Delta H_c$，则

$$\begin{aligned}\Delta H_b &= \Delta H_a - \Delta H_c \\ &= -310\ kJ \cdot mol^{-1} - (-143\ kJ \cdot mol^{-1}) \\ &= -167\ kJ \cdot mol^{-1}\end{aligned}$$

利用盖斯定律，便可根据已知的化学反应热求得某一反应的反应热，特别是可以确定一些很难测或反应速率太慢、测量热量时因辐射散失而测不准的反应热。

【例 1.2】 已知下列反应的反应热

(a) $C(石墨) + O_2(g) = CO_2(g) \quad \Delta H_a = -393.5\ kJ \cdot mol^{-1}$

(b) $H_2(g) + \frac{1}{2}O_2(g) = H_2O(l) \quad \Delta H_b = -285.8\ kJ \cdot mol^{-1}$

---

①
$$\begin{array}{lll} \text{(b)}\ 2Cu(s) + \frac{1}{2}O_2(g) & = & Cu_2O(s) \\ +)\ \text{(c)}\ Cu_2O(s) + \frac{1}{2}O_2(g) & = & 2CuO(s) \\ \hline \text{(a)}\ 2Cu(s) + O_2(g) & = & 2CuO(s) \end{array}$$

(c) $CH_4(g)+2O_2(g)$══$CO_2(g)+2H_2O(l)$　$\Delta H_c=-890.3\ kJ\cdot mol^{-1}$

求 C(石墨) + $2H_2(g)=CH_4(g)$的 ΔH。

解　盖斯定律指出,只要反应的始态和终态相同,反应热就相等。

研究方程式(a)、(b)、(c)中所包含的物质,只要将(c)式左右两端调换,(b)式乘 2,再将 3 式相加,即得

(a)	C(石墨) + $O_2(g)$══$CO_2(g)$	ΔH_a
2×(b)	$2H_2(g)+O_2(g)$══$2H_2O(l)$	$2\Delta H_b$
+) (c)式反向	$CO_2(g)+2H_2O(l)$══$CH_4(g)+2O_2(g)$	$-\Delta H_c$①
	C(石墨) + $2H_2(g)$══$CH_4(g)$	ΔH

所以,
$$\begin{aligned}\Delta H &= \Delta H_a+2\Delta H_b-\Delta H_c\\ &= -393.5\ kJ\cdot mol^{-1}+2\times(-285.8\ kJ\cdot mol^{-1})-(-890.3\ kJ\cdot mol^{-1})\\ &= -74.8\ kJ\cdot mol^{-1}\end{aligned}$$

答:石墨和氢气合成甲烷的反应热为 $-74.8\ kJ\cdot mol^{-1}$。

1.2.4　标准摩尔生成焓

1) 摩尔反应焓变

(1) 反应进度

为了解决工程化学中的计量问题,我们必须讨论一个新的物理量——反应进度,即反应进行的程度,用符号 ξ 表示。

反应进度的变化可用来量度化学反应中某一物质 B 的物质的量的变化。

用下列一般形式的方程式可表示任何 1 个化学反应的计量方程式:

$$0=\sum_B \nu_B\cdot B \tag{1.11}$$

式中 B 表示一组物质 B 的化学式,ν_B 是物质 B 的化学计量数,它是无量纲的量。规定生成物的化学计量数为正,反应物的化学计量为数负。ν_B 可以是整数,也可以是简单分数,它们表示反应过程中各物质转化的比例关系,而不是反应过程中各相应物质所转化的物质的量。

反应进度可做如下定义:

$$\xi=\frac{\Delta n_B}{\nu_B} \tag{1.12}$$

式中 Δn_B 为物质 B 的物质的量的变化,ξ 为反应进度。反应进度不依赖于反应的各具体物质,它是对化学反应的整体描述。

化学计量数 ν_B 是无量纲的纯数,而 Δn_B 的单位为 mol,故 ξ 具有物质的

① 因 ΔH 和 ΔU 是状态函数的变量,当系统的始态与终态相互颠倒时,反应热的绝对值不变,但要反号。

量的量纲，也是 mol。

若 $\xi - 0$ 表示反应没有进行；若计量方程式中物质 B 的物质的量改变值正好等于该物质的化学计量数时，该反应的反应进度为 1 mol。

例如，磷与氧气的反应 $4P(s) + 5O_2(g) = 2P_2O_5(s)$，如果有 4 mol P(s)和 5 mol $O_2(g)$完全反应生成 2 mol $P_2O_5(s)$，根据(1.12)式则有

$$\xi = \frac{\Delta n(P)}{\nu(P)} = \frac{(0-4)\text{mol}}{-4} = 1\ \text{mol}$$

$$\xi = \frac{\Delta n(O_2)}{\nu(O_2)} = \frac{(0-5)\text{mol}}{-5} = 1\ \text{mol}$$

$$\xi = \frac{\Delta n(P_2O_5)}{\nu(P_2O_5)} = \frac{(2-0)\text{mol}}{2} = 1\ \text{mol}$$

该反应的反应进度为 1 mol，或者说发生了一个单位的反应(即 $\xi = 1$ mol)。由上式可见，无论对于反应物或产物，反应进度 ξ 都具有相同的数值，而与反应方程式中物质的选择无关。

由于反应进度与化学计量数有关，而后者又与反应方程式的书写方式有关，故反应进度的值也与反应方程式的书写方式有关，所以当涉及反应进度时，反应方程式应予指明。

(2) 摩尔反应焓变

在恒温恒压下，化学反应的热效应是依赖物质的量的变化，也就是依赖于反应进度 ξ 的变化，所以一般化学反应的热效应，可用化学反应的摩尔焓变 $\Delta_r H_m$ 来表示，其定义为

$$\Delta_r H_m = \frac{\Delta_r H}{\Delta \xi} \tag{1.13}$$

式中"Δ"表示变化，在"H"的左下标"r"表示反应(reaction)、右下标"m"表示按反应进度 ξ 完成 1 mol 反应。例如：

$$2H_2(g) + O_2(g) = 2H_2O(g)$$

$$\Delta_r H_m = -483.6\ \text{kJ}\cdot\text{mol}^{-1}$$

上式表示由 2 mol H_2 与 1 mol O_2 完全反应生成 2 mol H_2O，其反应的摩尔反应焓变 $\Delta_r H_m$ 为 $-483.6\ \text{kJ}\cdot\text{mol}^{-1}$。所以 $\Delta_r H_m$ 表示按反应进度 ξ 完成 1 mol 反应时放出或吸收的热量。$\Delta_r H_m$ 的单位符号为 $\text{J}\cdot\text{mol}^{-1}$(或 $\text{kJ}\cdot\text{mol}^{-1}$)，其中的"$\text{mol}^{-1}$"是反应进度变化的单位，而不是某物质的物质的量单位。由于它是"指定反应的进度(extent of the specified reaction)"，所以在任何情况下，都不能将 $\Delta_r H_m$ 的单位中的这个"mol^{-1}"省略掉。式中 $\Delta_r H$ 是所测量的焓变。

将(1.12)式代入(1.13)式得

$$\Delta_r H_m = \frac{\Delta_r H}{\Delta \xi} = \frac{\nu_B \Delta_r H}{\Delta n_B}$$

这样，由实验测得 $\Delta_r H$ 和相应的 Δn_B 就可求得 $\Delta_r H_m$。

2）标准摩尔反应焓变

我们不知道热力学能和焓的绝对值，而只能测定过程前后的差别。既然是比较值，则根据系统的状态可有多个 ΔU 或 ΔH 值，因此必须规定以某种状态为标准。在化学热力学中，规定 100.000 kPa 为标准压力，记为 $p^{\ominus}$，上标“$\ominus$”表示标准态（可读做标准）。把系统中各固体、液体物质处于 $p^{\ominus}$ 下的纯物质，混和气体中各组分气体的分压① 均处于 $p^{\ominus}$ 时的状态称热力学标准态。

在标准状态下的 1 mol 反应的焓变称为标准摩尔反应焓变，记为 $\Delta_r H_m^{\ominus}$。温度可以任意选定，只要求反应物和生成物的温度相同，通常用的是 298.15 K 的数值，可不必特别指出，如为其他温度，则需在圆括号内标出，记为 $\Delta_r H_m^{\ominus}(T)$。例如

$$2C(\text{石墨}) + O_2(g) = 2CO(g),\ \Delta_r H_m^{\ominus} = -221\ \mathrm{kJ \cdot mol^{-1}}$$

值得指出的是，单位中“$\mathrm{mol^{-1}}$”是指 1 mol 反应（$\xi = 1$ mol），而不是指生成 1 mol 产物的热效应。如上例，指 1 mol(2C) 和 1 mol(O_2) 反应生成 1 mol (2CO) 的热效应。而上例写成如下形式：

$$C(\text{石墨}) + \frac{1}{2}O_2(g) = CO(g),\ \Delta_r H_m^{\ominus} = -110.5\ \mathrm{kJ \cdot mol^{-1}}$$

是指 1 mol(C) 和 1 mol($\frac{1}{2}O_2$) 生成 1 mol(CO) 的热效应。因此，反应方程式的书写形式不同，即化学计量数不同，标准摩尔反应焓变也不同，所以在写 $\Delta_r H_m^{\ominus}$ 的数值时，应指明与之相应的反应方程式。

3）标准摩尔生成焓

（1）单质和化合物的标准摩尔生成焓

在标准状态下（反应物和产物都是处于 100 kPa，通常温度选定 298.15 K），由稳定单质生成 1 mol 化合物的化学反应热（即恒压反应热），称之为标准摩尔生成焓或标准生成热。用 $\Delta_f H_{m,B}^{\ominus}(T)$ 表示之，左下角 f 表示“生成”(formation)，右下角 m 表示 1 mol 反应，T 为热力学温度，常为 298.15 K（可不标出），B 是指任一化合物，$\Delta_f H_m^{\ominus}$ 的单位 $\mathrm{kJ \cdot mol^{-1}}$。

以氢气和氧气反应生成液态水为例：

$$H_2(g) + \frac{1}{2}O_2(g) = H_2O(l)$$

$$\Delta_f H_m^{\ominus} = -285.85\ \mathrm{kJ \cdot mol^{-1}}$$

$H_2O(l)$ 的标准摩尔生成焓 $\Delta_f H_m^{\ominus}(H_2O, l)$ 为 $-285.85\ \mathrm{kJ \cdot mol^{-1}}$。

化学热力学中把处在标准状态下的最稳定单质的标准摩尔生成焓定义为

---

① 某一气体在混和气体中的分压等于它单独存在并与混和气体相同体积时所产生的压力。

零。例如：石墨(C)是最稳定单质，其 $\Delta_f H_m^{\ominus}$(C，石墨) = 0；而金刚石(C)不是最稳定单质，其 $\Delta_f H_m^{\ominus}$(C，金刚石) = 1.9 kJ·mol^{-1}。

由于有了焓的这样一个相对标准，就可得到许许多多单质和化合物的标准摩尔生成焓，见本书附录 4。

由附录 4 可以看出，除了 NO、NO_2 等少数物质以外，绝大多数化合物的生成焓都是负值。这反映一个事实，即由单质生成化合物时一般是放热的，而化合物分解成单质时通常是吸热的。

(2) 水合离子的标准摩尔生成焓

电解质在水中能解离成正、负离子，这些离子在水溶液中都有不同程度的水合。因为在水溶液中水合的正、负离子总是同时存在的，所以，不可能单独测定任一水合正离子或水合负离子的焓值。在化学热力学中对于溶液中溶质 B 的标准态，是指在标准压力 $p^{\ominus}$ 时的标准物质的量浓度 $c^{\ominus} = 1$ mol·L^{-1}，并表现无限稀薄溶液特性的溶质 B 的(假想)状态。

离子生成反应均为半反应，而半反应的热效应是测定不出来的，于是人们将水合 H^+ 的生成反应作为参考反应。

$$\frac{1}{2}H_2(g) + H_2O(l) = H^+(aq, 1\ mol \cdot L^{-1}) + e^-$$

式中 aq 是拉丁字 aqua(水)的缩写，H^+(aq)表示水合 H^+，并规定 $\Delta_f H_m^{\ominus}$(298.15 K，H^+ aq) = 0。这样，其他水合离子的标准摩尔生成焓就可以从一系列反应热的实验数据计算出来。一些水合离子的标准摩尔生成焓见本书附录 5。

1.2.5 标准摩尔反应焓变的计算

在进行热力学计算时，化合物或水合离子的标准摩尔生成焓数据是很重要的基础热力学数据之一，有了各种标准摩尔生成焓数据，就可以直接计算各种反应的标准摩尔焓变。

1) 由化合物标准摩尔生成焓计算标准摩尔反应焓变

利用标准摩尔生成焓的数据计算标准反应热，即标准摩尔反应焓变($\Delta_r H_m^{\ominus}$)，可以把一个化学反应中各反应物、生成物都分解成相应的单质或化合物，如下图所示：

$$\Delta_r H_{m,1}^{\ominus} = a\Delta_f H_m^{\ominus}(A) + b\Delta_f H_m^{\ominus}(B)$$

$$\Delta_r H_{m,2}^{\ominus} = e\Delta_f H_m^{\ominus}(E) + d\Delta_f H_m^{\ominus}(D)$$

根据盖斯定律

$$\Delta_r H_{m,2}^{\ominus} = \Delta_r H_{m,1}^{\ominus} + \Delta_r H_m^{\ominus}$$

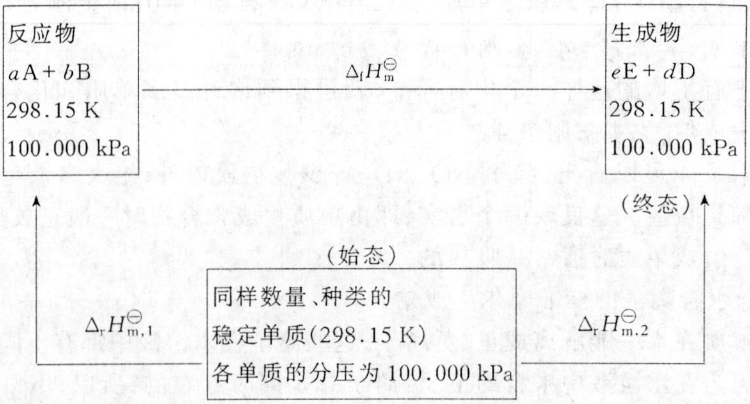

可知任意反应的标准摩尔焓变 $\Delta_r H_m^\ominus$ 为

$$\Delta_r H_m^\ominus = \Delta_r H_{m,2}^\ominus - \Delta_r H_{m,1}^\ominus = \{e\Delta_f H_m^\ominus(E) + d\Delta_f H_m^\ominus(D)\} - \{a\Delta_f H_m^\ominus(A) + b\Delta_f H_m^\ominus(B)\} \quad (1.14)$$

即 $$\Delta_r H_m^\ominus = \sum_B \nu_B \Delta_f H_{m,B}^\ominus$$

式中 ν_B 为反应中物质 B 的化学计量数。

(1.14)式表明:任何化学反应的标准摩尔焓变等于生成物的标准摩尔生成焓的总和与反应物的标准摩尔生成焓总和之差。

应用此公式时应注意:

(1) $\Delta_r H_m^\ominus$的计算是系统终态(生成物)生成焓之和减去始态(反应物)生成焓之和,切勿颠倒。

(2) 在计算公式中应包括反应中所涉及的所有物质,还要注意其聚集状态和晶形。如水蒸气的 $\Delta_f H_m^\ominus(H_2O, g) = -241.8\ kJ\cdot mol^{-1}$,而液态水的 $\Delta_f H_m^\ominus(H_2O, l) = -285.85\ kJ\cdot mol^{-1}$。

(3) 公式中应包括配平的方程式中的化学计量数 e、d、a、b。$\Delta_r H_m^\ominus$的数值与反应方程式的写法有关,因此在写 $\Delta_r H_m^\ominus$的数值时,应指明与之相应的反应方程式。

(4) $\Delta_r H_m^\ominus$是表示 1 mol 反应的能量变化,并不是指某一物质的能量变化,$\Delta_r H_m^\ominus$的单位是 $kJ\cdot mol^{-1}$。

(5) 各种物质的 $\Delta_f H_m^\ominus$的数值有的是正值,有的是负值,运算过程中,正负号不可疏忽。

【例 1.3】 葡萄糖在体内氧化供给能量是重要的生物化学反应之一。其完全氧化的总反应如下:

$$C_6H_{12}O_6(s) + 6O_2(g) = 6CO_2(g) + 6H_2O(l)$$

试计算该反应的 $\Delta_r H_m^\ominus$。($\Delta_f H_m^\ominus(C_6H_{12}O_6(s)) = -1\,274.5\ kJ\cdot mol^{-1}$)

解 查表得

$\Delta_f H_m^{\ominus}[CO_2(g)] = -393.5\ kJ \cdot mol^{-1}$;

$\Delta_f H_m^{\ominus}[H_2O(l)] = -285.8\ kJ \cdot mol^{-1}$;

已知 $\Delta_f H_m^{\ominus}[C_6H_{12}O_6(s)] = -1\ 274.5\ kJ \cdot mol^{-1}$。

$$\begin{aligned}\Delta_r H_m^{\ominus} &= \{6\Delta_f H_m^{\ominus}(CO_2(g)) + 6\Delta_f H_m^{\ominus}(H_2O(l))\} - \\ &\quad \{\Delta_f H_m^{\ominus}(C_6H_{12}O_6(s)) + 6\Delta_f H_m^{\ominus}(O_2(g))\} \\ &= [6\times(-393.5) + 6\times(-285.8)]kJ \cdot mol^{-1} - \\ &\quad [(-1\ 274.5) + 6\times 0]\ kJ \cdot mol^{-1} \\ &= -2\ 801.3\ kJ \cdot mol^{-1}\text{。}\end{aligned}$$

答：葡萄糖完全氧化反应的标准摩尔反应焓变为 $-2\ 801.3\ kJ \cdot mol^{-1}$。

【例 1.4】 已知下列反应

$$Ag_2O(s) + 2HCl(g) = 2AgCl(s) + H_2O(l)$$

的 $\Delta_r H_m^{\ominus} = -324.3\ kJ \cdot mol^{-1}$，求 $\Delta_f H_m^{\ominus}(AgCl,s) = ?$

解 $Ag_2O(s) + 2HCl(g) = 2AgCl(s) + H_2O(l)$

$\dfrac{\Delta_f H_{m,B}^{\ominus}}{kJ \cdot mol^{-1}}$	-31.05	-92.31	?	-285.83

根据 $\Delta_r H_m^{\ominus} = \sum_B \nu_B \Delta_f H_{m,B}^{\ominus}$

$$\begin{aligned}\Delta_r H_m^{\ominus} &= \{2\Delta_f H_m^{\ominus}(AgCl,s) + \Delta_f H_m^{\ominus}(H_2O,l)\} - \\ &\quad \{\Delta_f H_m^{\ominus}(Ag_2O,s) + 2\Delta_f H_m^{\ominus}(HCl,g)\}\end{aligned}$$

所以，
$$\begin{aligned}\Delta_f H_m^{\ominus}(AgCl,s) &= \{\Delta_r H_m^{\ominus} - \Delta_f H_m^{\ominus}(H_2O,l) + \Delta_f H_m^{\ominus}(Ag_2O,s) + \\ &\quad 2\Delta_f H_m^{\ominus}(HCl,g)\} \div 2 \\ &= [-324.3 - (-285.83) + (-31.05) + \\ &\quad 2\times(-92.31)]kJ \cdot mol^{-1} \div 2 \\ &= -127.07\ kJ \cdot mol^{-1}\end{aligned}$$

答：$AgCl(s)$的标准摩尔生成焓为 $-127.07\ kJ \cdot mol^{-1}$。

2）由水合离子标准摩尔生成焓计算标准摩尔反应焓变

有了水合离子的标准摩尔生成焓，就可用(1.14)式求算包括水合离子的化合反应的热效应。例如，已知

$$\Delta_f H_m^{\ominus}(Cl^-,aq) = -167.2\ kJ \cdot mol^{-1}$$

$$\Delta_f H_m^{\ominus}(HCl,g) = -92.5\ kJ \cdot mol^{-1}$$

可求 1 mol HCl(g)在 298 K 时溶于大量水中的溶解热效应，即

$$HCl(g) = H^+(aq) + Cl^-(aq)$$

$$\begin{aligned}\Delta_r H_m^{\ominus} &= \Delta_f H_m^{\ominus}(H^+,aq) + \Delta_f H_m^{\ominus}(Cl^-,aq) - \Delta_f H_m^{\ominus}(HCl,g) \\ &= 0 + (-167.2\ kJ \cdot mol^{-1}) - (-92.5\ kJ \cdot mol^{-1})\end{aligned}$$

$= -74.7\ kJ \cdot mol^{-1}$

通常可以将离子的标准摩尔生成焓与化合物的标准摩尔生成焓一起使用,计算反应的标准摩尔反应焓变。

【例1.5】 已知下列反应的 $\Delta_r H_m^{\ominus}$,计算水化碘离子的标准生成焓。

(a) $\frac{1}{2}H_2(g) + \frac{1}{2}Cl_2(g) = H^+(aq) + Cl^-(aq)$

$\Delta_r H_m^{\ominus} = -167.2\ kJ \cdot mol^{-1}$

(b) $\frac{1}{2}Cl_2(g) + I^-(aq) = Cl^-(aq) + \frac{1}{2}I_2(s)$

$\Delta_r H_m^{\ominus} = -111.97\ kJ \cdot mol^{-1}$

解 由(a)式先求出水化氯离子的标准生成焓:

$\Delta_r H_m^{\ominus} = \{\Delta_f H_m^{\ominus}(Cl^-, aq) + \Delta_f H_m^{\ominus}(H^+, aq)\} - \{\Delta_f H_m^{\ominus}(H_2, g) + \Delta_f H_m^{\ominus}(Cl_2, g)\}$

所以 $\Delta_f H_m^{\ominus}(Cl^-, aq) = \Delta_r H_m^{\ominus} = -167.2\ kJ \cdot mol^{-1}$

根据(b)式得:

$\Delta_r H_m^{\ominus} = \Delta_f H_m^{\ominus}(Cl^-, aq) - \Delta_f H_m^{\ominus}(I^-, aq)$

$$\begin{aligned}\Delta_f H_m^{\ominus}(I^-, aq) &= \Delta_f H_m^{\ominus}(Cl^-, aq) - \Delta_r H_m^{\ominus} \\ &= -167.2\ kJ \cdot mol^{-1} - (-111.97\ kJ \cdot mol^{-1}) \\ &= -55.23\ kJ \cdot mol^{-1}\end{aligned}$$

答:水化碘离子的标准摩尔生成焓为 $-55.23\ kJ \cdot mol^{-1}$。

1.3 化学反应的方向

化学反应的方向是人们最感兴趣和最关心的问题之一。从理论上和应用上研究如何判断一个反应能否发生,具有很大的意义。为此,本节将定性讨论两个重要状态函数:熵和吉布斯函数。

1.3.1 化学反应的自发性

纵观变化无穷的自然界,人们得出这样的结论:自然界的一切变化过程都有一定的方向性。例如水由高处往低处流;风总是从气压高的地方刮向气压低的地方;热总是由高温物体传向低温物体;电流总是从电位高的地方流向电位低的地方。它们的反方向都不会自动进行。化学反应中也有不少这样的例子。例如 $AgNO_3$ 溶液中加入 NaCl 溶液,马上生成 AgCl 白色沉淀,而相反的过程就不可能自动进行。通常把这种不依外力作用能够自动进行的过程,称之为自发过程。就化学反应而言,则称为反应的自发性。若能够知道化学反应是否能自发进行,对于人类利用自然和改造自然会有很大的帮助。

上述自发过程虽然各自有不同的具体情况，但它们都具有如下共同的基本特征：

(1) 单向性

自发过程只朝1个方向进行，欲使其逆向进行，环境必须对系统做功。

(2) 具有做功的能力

在一定条件下能够进行自发过程的系统具有做功能力。

(3) 有一定限度

任何自发过程做功的能力都是有限的，当做功能力完全丧失时，自发过程就停止进行。

对于一个反应，化学热力学所关心的是反应能否进行，即化学反应的方向性，通过热力学计算，如果确认这反应在合理条件下不可能进行，也就没有研究的必要了。为了寻找判断反应自发性的依据，人们在开始时试图用反应的热效应或焓变来作为化学反应能否自发进行的判断依据。因为在研究中发现，许多能自发进行的反应都是放热的。例如：

$$H^+(aq) + OH^-(aq) = H_2O(l) \qquad \Delta_r H_m^\ominus = -55.8\ kJ\cdot mol^{-1}$$

$$Ag^+(aq) + Cl^-(aq) = AgCl(s) \qquad \Delta_r H_m^\ominus = -65.5\ kJ\cdot mol^{-1}$$

$$CH_4(g) + 2O_2(g) = CO_2(g) + 2H_2O(l) \qquad \Delta_r H_m^\ominus = -891\ kJ\cdot mol^{-1}$$

并认为在恒温恒压下，当反应的标准摩尔焓变 $\Delta_r H_m^\ominus < 0$ 时，反应就能自发进行，$\Delta_r H_m^\ominus$ 值越负，反应进行得越完全。但是，对于有些吸热反应，$\Delta_r H_m^\ominus > 0$ 的反应照样能够自发进行，例如 KNO_3 的溶解，$CaCO_3(s)$ 的分解反应等。这说明，仅仅从能量变化的角度考虑，把焓变作为判断化学反应自发性的依据显然是不科学的。大量的实验现象表明：一个系统的变化，一方面总是趋向于能量最低，可以用 $\Delta_r H_m^\ominus$ 来衡量；另一方面又总是趋向于最大程度的混乱。这两个因素同时在起作用，对于分子级的系统来说，后一种因素就表现得更加明显。所以在讨论化学反应自发性的同时，就必须讨论混乱度。

1.3.2 混乱度与熵

1) 混乱度

在用隔板隔开的一个密闭容器的两边盛放不同气体。若将隔板抽去，这两种气体就会通过扩散而混和在一起。这个过程是自发进行的，但其逆过程则不能自发进行。显然，混和后与混和前相比较，气体分子处于一种更加混乱无序的状态。

为什么有些反应在一定条件(例如一定温度)下能向吸热方向自发进行呢？例如前面提到的碳酸钙受热分解，是由于放出 CO_2 气体，使系统的混乱度增大所致。再如冰的熔化是吸热过程，但能自发进行，也是由于冰晶体的有序排列遭到破坏,系统的混乱度增大。可见,混乱、不整齐要比有秩序、整齐的可能性大得多。

当系统处于宏观平衡时,则系统的状态函数如压力、温度、体积等将不随时间变化,但这只是处于动态的宏观平衡。从微观的角度来看:处于平衡状态下,系统中物质的分子、原子等可以出现种种不同的微观状态。例如,盛有12个白球和12个黑球的烧杯,从总体看,这24个球处于一个宏观状态,但黑白球的排列方式不同,所处位置不同,就会有不同的"微观"状态。这就是说,一种宏观状态中可以有许多种微观状态,决定微观状态的数目除了微观粒子的位置外,还有粒子的动量或运动速率。同一宏观状态下,可以有许多运动方式的组合。

微观状态数的多少在化学热力学上用"混乱度"这一术语来表示,系统自发变化的结果总是趋向于混乱度的增大。

2) 熵

作为系统可能出现微观状态数目的混乱度,它在一定的热力学宏观状态下应该具有其相对应的确定数值,这个新的物理量在热力学上用熵(S)来表示,系统的熵值越大,系统内物质微观粒子的混乱度越大。熵不是能量项,而热力学能、焓都具有能量的量纲。熵的单位是 $J\cdot K^{-1}\cdot mol^{-1}$,必须乘上绝对温度才具有能量量纲,而且数值上比其系统的热力学能、焓值要小得多。

熵与焓一样是一种状态函数,熵的变化只与系统的始终态有关,与变化途径无关。大量实验事实表明:自发变化的根本原因在于混乱度的增大。

3) 标准摩尔熵

人们假设,在绝对零度时,所有单质和化合物的完整晶体均处于完全有序的状态,分子或原子的位置完全固定①。此时的微观状态数只有一个,按照定义,其熵 $S_0=0$。由此可见,任何单质和化合物的熵值都有相同的起点,人们不必像焓那样人为地规定一个参考标准,可以直接从零熵值开始测定物质在不同状态下的熵值。这种熵值就称为绝对熵或规定熵。1 mol 某纯物质B在标准态下的规定熵叫做标准摩尔熵,以 $S_{m,B}^{\ominus}(T)$ 表示。本书附录4中列出了一些单质和化合物在298.15 K时的标准摩尔熵 $S_{m,B}^{\ominus}$ 的数据。对于水合离子则规定处于标准态下的水合 H^+ 的标准摩尔熵为零,一些水合离子的标准摩尔熵见本书附录5。

值得指出的一点是稳定单质的 $S_{m,B}^{\ominus}>0$。

4) 化学反应的标准摩尔熵变

在标准状态和温度为 T、反应进度为1 mol反应时的标准摩尔熵变记为

① 这一假设在统计热力学中已得到证明。

$\Delta_r S_m^\ominus(T)$。有了 $S_{m,B}^\ominus$的数值，计算 $\Delta_r S_{m,B}^\ominus$就很方便，对于任意一个反应

$$aA + bB \longrightarrow eE + dD$$

反应在 298.15 K 时的标准摩尔熵变等于 298.15 K 时生成物的标准摩尔熵的总和减去反应物的标准摩尔熵的总和

$$\Delta_r S_m^\ominus = \{eS_m^\ominus(E) + dS_m^\ominus(D)\} - \{aS_m^\ominus(A) + bS_m^\ominus(B)\}$$

即 $$\Delta_r S_m^\ominus = \sum_B \nu_B S_{m,B}^\ominus \tag{1.15}$$

【例 1.6】 计算 1 mol 固体碳酸镁在 298 K、100 kPa 下分解过程的标准摩尔熵变。

解 $MgCO_3(s) \longrightarrow MgO(s) + CO_2(g)$

$\frac{S_{m,B}^\ominus}{J\cdot K^{-1}\cdot mol^{-1}}$	65.7	27	213.6

$$\Delta_r S_m^\ominus = \{S_m^\ominus(MgO) + S_m^\ominus(CO_2)\} - S_m^\ominus(MgCO_3)$$
$$= (27\ J\cdot K^{-1}\cdot mol^{-1} + 213.6\ J\cdot K^{-1}\cdot mol^{-1}) - 65.7\ J\cdot K^{-1}\cdot mol^{-1}$$
$$= 174.9\ J\cdot K^{-1}\cdot mol^{-1}$$

从以上计算可知，如果反应后气体物质的量增加，则熵值增加($\Delta_r S_m^\ominus > 0$)；如果反应后气体物质的量减少，则熵值减少($\Delta_r S_m^\ominus < 0$)；若反应前后气体物质的量不变，则熵值变化不大。

温度对反应的标准摩尔熵变影响不大。因为温度升高引起的熵变对反应物和生成物来说大体相同，故温度对熵变的影响，在近似计算中可以忽略不计。可用 $\Delta_r S_m^\ominus(298\ K)$来代替其他温度时的 $\Delta_r S_m^\ominus(T)$。

1.3.3 吉布斯函数

1) 吉布斯函数的定义

任何自发过程都倾向于降低系统的能量，增加系统的混乱度。化学反应的自发性不仅与焓变有关，而且与熵变和温度条件有关。为了将它们统一起来，确定一个判断自发性的衡量标准，1875 年吉布斯(Gibbs)提出了吉布斯函数(G)的概念①。把它定义为

$$G = H - TS \tag{1.16}$$

由于焓、温度、熵都是状态函数，由它们组合起来的函数——吉布斯函数必然也是一个状态函数。又因焓和熵都是容量性质，所以吉布斯函数也是容量性质。当系统的始终态一定时，吉布斯函数的变量(ΔG)就为定值，与变化途径无关。

---

① 吉布斯函数又称吉布斯自由能。

根据(1.16)式可以得到吉布斯函数的变量为

$$\Delta G = \Delta H - \Delta(TS)$$

恒温过程,则

$$\Delta G = \Delta H - T\Delta S \tag{1.17}$$

(1.17)式为吉布斯-赫姆霍兹公式,式中"T"为热力学温度,ΔG、ΔH、ΔS分别为T度时的吉布斯函数变、焓变和熵变。

2) 吉布斯函数的物理意义

(1) 吉布斯函数是可以利用的能量

将(1.16)式改写成:$H = G + TS$,系统的焓可分成两个部分。一部分是可以自由地转变为其他形式的能量,即吉布斯函数;另一部分则是用来维持系统的特定温度和混乱度而不能利用的能量,即TS项,称为束缚能。即

焓 = 吉布斯函数 + 不能利用的能量

如系统在恒温时发生变化,$\Delta H = \Delta G + T\Delta S$,系统的焓变也分成两个部分。其中$T\Delta S$项是用于系统内部改组的能量变化,是无法利用的;另一部分由吉布斯函数变化体现出来的能量变化,是能用来做有用功的。由于体积功一般不好控制,不易被人们利用,所以把其他人们可以应用的非体积功称做有用功,即电功、机械功和表面功等。

由此,可以把吉布斯函数理解为系统提供有用功的能力。吉布斯函数相当于系统做功的一种本领,其减少量等于系统在过程中所做的最大有用功。

$$-\Delta G = W_{max} \tag{1.18}$$

由(1.18)式可知,当$W_{max} > 0$时,即恒温恒压下系统对外做有用功,因而为自发过程,其$\Delta G < 0$时;当$W_{max} < 0$时,说明反应在恒温恒压下进行,必须由环境对系统做功,因而是非自发的,其$\Delta G > 0$;当$W_{max} = 0$,系统不做功,反应系统处于平衡状态,$\Delta G = 0$。由此可见,自发变化可以由系统的吉布斯函数的变量的符号来判断,即

$\Delta G < 0$　自发过程,过程向正方向进行;

$\Delta G = 0$　平衡状态;

$\Delta G > 0$　非自发过程,过程向逆方向进行。

所谓非自发过程并不是不可能进行,而是需要对它做功方能进行。

(2) 吉布斯函数是自发过程的一种推动力

在恒温、恒压、只做体积功的条件下,自发过程进行的方向是减少系统的吉布斯函数。也就是说,系统之所以从一种状态自发变到另一种状态,是因为在这两个状态之间存在着吉布斯函数的差值ΔG。

吉布斯函数越大的系统越不稳定,有自动向吉布斯函数较小的状态转变的趋势,直至$\Delta G = 0$;吉布斯函数越小的状态,就越稳定。因此,吉布斯函数

是系统稳定性的一种度量。

3) 吉布斯函数变与化学反应的自发性

化学反应常在恒温、恒压条件下进行，因此应用吉布斯函数判据就十分方便。它总是向着能减少吉布斯函数的方向进行。

从(1.17)式可以看出，一个自发过程有两个因素在起作用，焓降低或熵的增加都会有利于自发过程的进行，温度越高，熵的因素就越重要。由于 ΔH 和 ΔS 均既可为正值又可为负值，所以围绕 ΔG 的符号有 4 种情况值得讨论：

(1) $\Delta H<0, \Delta S>0$，则不管什么温度，ΔG 总是负值，过程是自发的。例如，$H_2(g)+Cl_2(g)=\!=\!=2HCl(g)$反应在任何温度下都是自发的。

(2) $\Delta H<0, \Delta S<0$，则 $\Delta G=\Delta H-T\Delta S$ 的符号要看 $|\Delta H|$ 与 $|T\Delta S|$ 的相对大小，若 $|\Delta H|>|T\Delta S|$，则 $\Delta G<0$，过程自发进行，如合成氨反应。随着温度的升高，$|T\Delta S|$ 增大，当增大到 $|T\Delta S|>|\Delta H|$ 时，$\Delta G>0$，反应就不能自发进行。自发变化涉及到一个转向温度 $T=\dfrac{\Delta H}{\Delta S}$，高于这个温度，反应不能自发进行，低于这个温度就能自发变化，所以低温有利于这类反应的发生，例如，$N_2(g)+3H_2(g)=\!=\!=2NH_3(g)$。

(3) $\Delta H>0, \Delta S<0$，则 $\Delta G=\Delta H-T\Delta S>0$，反应在任何温度下均不能自发进行。例如，$CO(g)\rightarrow C(s)+\frac{1}{2}O_2(g)$，这一反应在 100 kPa 压力下，$\Delta_r G_m$ 在任何温度下均为正值，因此希望寻找 1 种催化剂能在常压下通过热分解来消除汽车尾气中的 CO 是徒劳的。

(4) $\Delta H>0, \Delta S>0$，则 ΔG 的符号同样涉及到转向温度 $T=\dfrac{\Delta H}{\Delta S}$，高于这个温度时，为自发过程，低于这个温度时反应不能自发进行。这与②正好相反。例如，分解反应 $HgO(s)\rightarrow Hg(g)+\frac{1}{2}O_2(g)$，温度升高就很容易分解。

一般讲，焓增(吸热)反应往往是熵增的，焓减(放热)反应往往是熵减的，因而 ΔH 与 ΔS 的符号相同，所以在化学反应中经常表现出来的是②和④两种。为了控制化学反应，常常需利用反应的 ΔH 及 ΔS 数据，控制反应条件。

上述 4 种情况，可概括于表 1.1 中。

表 1.1 ΔH、ΔS 和温度对反应自发性的影响

类型	ΔH	ΔS	$\Delta G=\Delta H-T\Delta S$	反应的自发性
(1)	− 焓减	+ 熵增	恒为 −	所有温度均自发，逆反应为非自发
(2)	− 焓减	− 熵减	低温为 − 高温为 +	低温为自发，高温非自发

续表 1.1

类型	ΔH	ΔS	ΔG = ΔH − TΔS	反应的自发性
(3)	+ 焓增	熵减	恒为 +	所有温度均非自发，逆反应则自发
(4)	+ 焓增	+ 熵增	低温为 + 高温为 −	低温非自发，高温为自发

1.3.4 标准摩尔生成吉布斯函数和标准摩尔吉布斯函数变

1）标准摩尔生成吉布斯函数

与焓相似，物质的吉布斯函数的绝对值是难以知道的，为了便于计算，需选定一个参考标准。与焓的标准态规定相同，也规定在 100.000 kPa 下某反应的摩尔吉布斯函数变为标准摩尔吉布斯函数变，用符号 $\Delta_r G_m^{\ominus}(T)$表示。与 $\Delta_r H_m^{\ominus}$一样，$\Delta_r G_m^{\ominus}(T)$也与化学反应方程式的书写方法有关，所以在写其数值时，应指明与之相应的反应方程式，并规定标准态（即 $p^{\ominus}$）下最稳定的纯态单质的吉布斯函数为零。这样通过生成反应就可以计算出每生成 1 mol 物质 B 的标准摩尔吉布斯函数变化，这种标准摩尔吉布斯函数变称为标准摩尔生成吉布斯函数，用 $\Delta_f G_{m,B}^{\ominus}(T)$表示，$T$ 常为 298.15 K，可不标出。

如：$NH_3(g)$的 $\Delta_f G_m^{\ominus}(NH_3,g) = -16.48\ kJ\cdot mol^{-1}$，其生成反应为$\frac{1}{2}N_2(g,100\ kPa) + \frac{3}{2}H_2(g,100\ kPa) \xlongequal{\quad} NH_3(g,100\ kPa)$

$$\Delta_r G_m^{\ominus} = \Delta_f G_m^{\ominus}(NH_3,g) = -16.48\ kJ\cdot mol^{-1}$$

对于水合离子标准摩尔生成吉布斯函数，也和水合离子生成焓一样，是以水合离子质量摩尔浓度 $1\ mol\cdot L^{-1}$为标准条件，并规定处于标准条件的水合氢离子的摩尔生成吉布斯函数为零。

一些物质的标准摩尔生成吉布斯函数见本书附录 4。

本书附录 5 列出一些水合离子的标准摩尔生成吉布斯函数。

2）反应的标准摩尔吉布斯函数变与摩尔吉布斯函数变

计算 $\Delta_r G_m^{\ominus}(T)$时反应物和产物中的气态物质的压力必须均为 100 kPa，而实际发生的化学反应并不一定处于标准状态，气态物质的分压也并不都是 100 kPa，所以摩尔吉布斯函数变 $\Delta_r G_m(T)$将随反应物和生成物的分压（对于气体）或浓度（对于水合离子）的变化而变化，$\Delta_r G_m(T)$和 $\Delta_r G_m^{\ominus}(T)$之间的关系可由化学热力学推导得出，称为热力学的等温方程式。对于涉及理想气体的反应

$$aA(g) + bB(g) \xlongequal{\quad} eE(g) + dD(g)$$

在恒温条件下，可用下式表示：

$$\Delta_r G_m(T) = \Delta_r G_m^{\ominus}(T) + RT\ln\frac{(p_E/p^{\ominus})^e \cdot (p_D/p^{\ominus})^d}{(p_A/p^{\ominus})^a \cdot (p_B/p^{\ominus})^b} \tag{1.19}$$

式中 $p_A/p^{\ominus}$、$p_B/p^{\ominus}$、$p_E/p^{\ominus}$、$p_D/p^{\ominus}$①分别表示气态物质 A、B、E、D 处于任意状态时的相对分压，其单位为 Pa，对于固态和液态的纯物质，则其分压可以不必表示出来。为了简便起见，$(p_E/p^{\ominus})^e \cdot (p_D/p^{\ominus})^d \cdot (p_A/p^{\ominus})^a \cdot (p_B/p^{\ominus})^b$ 常用 $\prod_B (p_B/p^{\ominus})^{\nu_B}$表示，$\prod$ 为连乘算符，ν 为化学计量数，(1.19)式可简写为

$$\Delta_r G_m(T) = \Delta_r G_m^{\ominus}(T) + 2.303\ RT\lg \prod_B (p_B/p^{\ominus})^{\nu_B} \tag{1.20}$$

当气态物质 A、B、E、D 的分压均为 $p^{\ominus}$时，即整个反应系统处于标准状态下，则 $\prod_B (p_B/p^{\ominus})^{\nu_B} = 1$，此时 $\Delta_r G_m(T) = \Delta_r G_m^{\ominus}(T)$，即反应的摩尔吉布斯函数变就是标准摩尔吉布斯函数变，但不等于零。

对于溶液而言，则可写成 $\prod_B (c_B/c^{\ominus})^{\nu_B}$，$c_B/c^{\ominus}$为物质 B 的相对浓度。同样，对于固态和液态的纯物质的浓度视为 1。

【例 1.7】 298 K 时求反应：$\frac{1}{2}H_2(g) + \frac{1}{2}Br_2(g) = HBr(g)$的 $\Delta_r G_m$。已知 $p_{总} = 100$ kPa，$p(H_2) = 50$ kPa，$p(Br_2) = 10$ kPa，$\Delta_r G_m^{\ominus} = -7.50\ \text{kJ}\cdot\text{mol}^{-1}$。

解 $\Delta_r G_m = \Delta_r G_m^{\ominus} + 2.303RT\lg \prod_B (p_B/p^{\ominus})^{\nu_B}$

$$= \Delta_r G_m^{\ominus} + 2.303RT\lg\frac{p(HBr)/p^{\ominus}}{(p(H_2)/p^{\ominus})^{\frac{1}{2}} \cdot (p(Br_2)/p^{\ominus})^{\frac{1}{2}}}$$

$$= -7.50\ \text{kJ}\cdot\text{mol}^{-1} + 2.303 \times 8.314 \times 10^{-3}\ \text{kJ}\cdot\text{K}^{-1}\cdot\text{mol}^{-1} \times 298\ \text{K}$$

$$\lg\frac{(100-50-10)\text{kPa}/100\ \text{kPa}}{(50\ \text{kPa}/100\ \text{kPa})^{1/2}(10\ \text{kPa}/100\ \text{kPa})^{1/2}}$$

$$= -7.05\ \text{kJ}\cdot\text{mol}^{-1} + 5.709\ \text{kJ}\cdot\text{mol}^{-1} \times 0.253$$

$$= -6.06\ \text{kJ}\cdot\text{mol}^{-1}$$

答：此条件下反应能自发进行，$\Delta_r G_m$ 为 $-6.06\ \text{kJ}\cdot\text{mol}^{-1}$。

1.3.5 标准摩尔反应吉布斯函数变的求算

1) 利用标准摩尔生成吉布斯函数求算

有了标准摩尔生成吉布斯函数，则反应的 $\Delta_r G_m^{\ominus}$ 的计算与 $\Delta_r H_m^{\ominus}$ 一样求得，对于任意一个反应

$$aA + bB = eE + dD$$

$$\Delta_r G_m^{\ominus} = \{e\Delta_f G_m^{\ominus}(E) + d\Delta_f G_m^{\ominus}(D)\} - \{a\Delta_f G_m^{\ominus}(A) + b\Delta_f G_m^{\ominus}(B)\}$$

---

① 分压除以 $p^{\ominus}$得无量纲的纯数，因为对数是无量纲的。

即 $$\Delta_r G_m^\ominus = \sum_B \nu_B \Delta_f G_{m,B}^\ominus \tag{1.21}$$

任何反应的标准摩尔吉布斯函数变等于生成物的标准摩尔生成吉布斯函数的总和减去反应物的标准摩尔生成吉布斯函数的总和。

【例 1.8】 试求 298.15 K 时下列反应的 $\Delta_r G_m^\ominus$，并指出该反应是否自发进行？

$$4NH_3(g) + 5O_2(g) = 4NO(g) + 6H_2O(l)$$

解 由附录 4 查出该反应各物质的 $\Delta_f G_m^\ominus$：

	$4NH_3(g)$	$+5O_2(g)$	$=4NO(g)$	$+6H_2O(l)$
$\dfrac{\Delta_f G_m^\ominus}{kJ\cdot mol^{-1}}$	−16.64	0	87.6	−237.1

$$\begin{aligned}\Delta_r G_m^\ominus &= \{4\Delta_f G_m^\ominus[NO(g)] + 6\Delta_f G_m^\ominus[H_2O(l)]\} - \\ &\quad \{4\Delta_f G_m^\ominus[NH_3(g)] + 5\Delta_f G_m^\ominus[O_2(g)]\} \\ &= \{4\times 87.6 + 6\times(-237.1)\}\,kJ\cdot mol^{-1} - \\ &\quad \{4\times(-16.64) - [5\times 0]\}\,kJ\cdot mol^{-1} \\ &= -1\,006.6\ kJ\cdot mol^{-1}\end{aligned}$$

答：该反应的吉布斯函数为 $-1\,006.6\ kJ\cdot mol^{-1}$，因为 $\Delta_r G_m^\ominus < 0$，故该反应在标准态下正向自发进行。

2) *利用吉布斯-赫姆霍兹公式计算*

如果反应中某些物质的标准生成吉布斯函数的数据查不到，而它们的标准生成焓和标准熵已知时，则可按吉布斯-赫姆霍兹公式计算反应的标准摩尔吉布斯函数变。即

$$\Delta_r G_m^\ominus = \Delta_r H_m^\ominus - T\Delta_r S_m^\ominus \tag{1.22}$$

【例 1.9】 求反应 $Zn(s) + Cu^{2+}(aq) = Zn^{2+}(aq) + Cu(s)$ 的 $\Delta_r G_m^\ominus$

解 查表得

	$Zn(s)$	$+ Cu^{2+}(aq)$	$= Zn^{2+}(aq)$	$+ Cu(s)$
$\Delta_f H_m^\ominus(kJ\cdot mol^{-1})$	0	64.77	−153.89	0
$S_{m,B}^\ominus(J\cdot K^{-1}\cdot mol^{-1})$	41.63	−99.6	−112.1	33.15

$$\begin{aligned}\Delta_r H_m^\ominus &= \Delta_f H_m^\ominus(Zn^{2+},aq) - \Delta_f H_m^\ominus(Cu^{2+},aq) \\ &= -153.89\ kJ\cdot mol^{-1} - 64.77\ kJ\cdot mol^{-1} \\ &= -218.66\ kJ\cdot mol^{-1}\end{aligned}$$

$$\begin{aligned}\Delta_r S_m^\ominus &= \{S_m^\ominus(Zn^{2+},aq) + S_m^\ominus(Cu,s)\} - \{S_m^\ominus(Zn,s) + S_m^\ominus(Cu^{2+},aq)\} \\ &= \{-112.1\ J\cdot K^{-1}\cdot mol^{-1} + 33.15\ J\cdot K^{-1}\cdot mol^{-1}\} - \\ &\quad \{41.63\ J\cdot K^{-1}\cdot mol^{-1} + (-99.6\ J\cdot K^{-1}\cdot mol^{-1})\} \\ &= -78.95\ J\cdot K^{-1}\cdot mol^{-1} + 57.97\ J\cdot K^{-1}\cdot mol^{-1} \\ &= -21\ J\cdot K^{-1}\cdot mol^{-1} = -0.021\ kJ\cdot K^{-1}\cdot mol^{-1}\end{aligned}$$

$T = 298$ K 代入(1.22)式：

$$\begin{aligned}\Delta_r G_m^{\ominus} &= \Delta_r H_m^{\ominus} - T\Delta_r S_m^{\ominus} \\ &= -218.66\ \text{kJ}\cdot\text{mol}^{-1} - \{298\ \text{K} \times (-0.021\ \text{kJ}\cdot\text{K}^{-1}\cdot\text{mol}^{-1})\} \\ &= -212.4\ \text{kJ}\cdot\text{mol}^{-1}\end{aligned}$$

答：此反应的 $\Delta_r G_m^{\ominus}$ 为 $-212.4\ \text{kJ}\cdot\text{mol}^{-1}$，说明该反应在常温下是自发的。

值得注意的是，计算这类题目时，标准熵变单位中的“J”要换算成“kJ”，要求与标准摩尔反应焓变的单位统一，另外摄氏温标要换算成绝对温标(K)。

【例 1.10】 已知

	$SO_3(g)$ +	$CaO(s)$ ══	$CaSO_4(s)$
$\dfrac{\Delta_f H_{m,B}^{\ominus}}{\text{kJ}\cdot\text{mol}^{-1}}$	-395.72	-635.09	$-1\ 434.11$
$\dfrac{S_{m,B}^{\ominus}}{\text{J}\cdot\text{mol}^{-1}\cdot\text{K}^{-1}}$	256.65	39.75	106.69

求该反应的转向温度。

解

$$\begin{aligned}\Delta_r H_m^{\ominus} &= \sum\nolimits_B \nu_B \Delta_f H_{m,B}^{\ominus} \\ &= -1\ 434.11 - (-395.72) - (-635.09) \\ &= -403.3(\text{kJ}\cdot\text{mol}^{-1}) < 0\end{aligned}$$

$$\begin{aligned}\Delta_r S_m^{\ominus} &= \sum\nolimits_B \nu_B S_{m,B}^{\ominus} \\ &= 106.69 - 256.65 - 39.75 \\ &= -189.71(\text{J}\cdot\text{mol}^{-1}\cdot\text{K}^{-1}) < 0\end{aligned}$$

转向温度 $T = \dfrac{\Delta_r H_m^{\ominus}}{\Delta_r S_m^{\ominus}} = \dfrac{-403.3 \times 10^3}{-189.71} = 2\ 126(\text{K})$

因为 $\Delta_r H_m^{\ominus} < 0$，$\Delta_r S_m^{\ominus} < 0$，所以低温自发，即：在 2 126 K 以下，该反应是自发的。

在煤中加入适量生石灰(CaO)，它便与煤中的硫燃烧所生成的 SO_3 在低于 2 126 K 时反应，自发生成 $CaSO_4$，从而把 SO_3 固定在炉渣中，消除了它对空气的污染。

通过这个例题可以看出，若反应熵变很小(指绝对值)，而该反应又在常温下进行，则吉布斯-赫姆霍兹公式中 $T\Delta_r S_m$ 这一项可以忽略，即 $\Delta_r G_m \approx \Delta_r H_m$。此时，可直接用 $\Delta_r H_m$ 来判断反应自发性。很多化学反应属于这种情况，因此这一点对判断化学反应进行方向带来很大方便。另外，很多放热反应是自发的，其原因也在于此。

3) 其他温度的标准摩尔吉布斯函数变的求算

不同温度的标准摩尔生成吉布斯函数是不同的，所以不同温度的 $\Delta_r G_m^{\ominus}$ 值会随温度而变化，不能用(1.21)式来计算。但由于 $\Delta_r H_m^{\ominus}$，$\Delta_r S_m^{\ominus}$ 随温度变化的改变较小，所以在近似计算中可近似地认为 $\Delta_r H_m^{\ominus}(T) \approx \Delta_r H_m^{\ominus}(298.15\ \mathrm{K})$，$\Delta_r S_m^{\ominus}(T) \approx \Delta_r S_m^{\ominus}(298.15\ \mathrm{K})$，因而用(1.22)式求得其他温度下的 $\Delta_r G_m^{\ominus}(T)$：

$$\Delta_r G_m^{\ominus}(T) \approx \Delta_r H_m^{\ominus} - T\Delta_r S_m^{\ominus} \tag{1.23}$$

【例 1.11】 对于反应 $C(s) + CO_2(g) = 2CO(g)$

	$C(s)$	$CO_2(g)$	$2CO(g)$
$\Delta_f H_{m,B}^{\ominus}(\mathrm{kJ \cdot mol^{-1}})$	0	−394	−111
$\Delta_f G_{m,B}^{\ominus}(\mathrm{kJ \cdot mol^{-1}})$	0	−394	−137

试计算 727 ℃时的 $\Delta_r G_m^{\ominus}(T)$

解
$$\begin{aligned}\Delta_r G_m^{\ominus} &= 2\Delta_f G_m^{\ominus}(CO) - \Delta_f G_m^{\ominus}(CO_2)\\ &= 2\times(-137\ \mathrm{kJ \cdot mol^{-1}}) - (-394\ \mathrm{kJ \cdot mol^{-1}})\\ &= -274\ \mathrm{kJ \cdot mol^{-1}} + 394\ \mathrm{kJ \cdot mol^{-1}}\\ &= 120\ \mathrm{kJ \cdot mol^{-1}}\end{aligned}$$

$$\begin{aligned}\Delta_r H_m^{\ominus} &= 2\Delta_f H_m^{\ominus}(CO) - \Delta_f H_m^{\ominus}(CO_2)\\ &= 2\times(-111\ \mathrm{kJ \cdot mol^{-1}}) - (-394\ \mathrm{kJ \cdot mol^{-1}})\\ &= 172\ \mathrm{kJ \cdot mol^{-1}}\end{aligned}$$

根据(1.23)式算出 298 K 时的 $\Delta_r S_m^{\ominus}(298\ \mathrm{K})$：

$$\begin{aligned}\Delta_r S_m^{\ominus} &= \frac{\Delta_r H_m^{\ominus} - \Delta_r G_m^{\ominus}}{T}\\ &= \frac{172\ \mathrm{kJ \cdot mol^{-1}} - 120\ \mathrm{kJ \cdot mol^{-1}}}{298\ \mathrm{K}}\\ &= 0.174\,5\ \mathrm{kJ \cdot K^{-1} \cdot mol^{-1}}\end{aligned}$$

$T = 727 + 273 = 1\,000(\mathrm{K})$

$$\begin{aligned}\Delta_r G_m^{\ominus}(1\,000\ \mathrm{K}) &= \Delta_r H_m^{\ominus} - T\Delta_r S_m^{\ominus}\\ &= 172\ \mathrm{kJ \cdot mol^{-1}} - 1\,000\ \mathrm{K} \times 0.174\,5\ \mathrm{kJ \cdot mol^{-1} \cdot K^{-1}}\\ &= -2.5\ \mathrm{kJ \cdot mol^{-1}}\end{aligned}$$

答：该反应在 727 ℃时的 $\Delta_r G_m^{\ominus}(1\,000\ \mathrm{K})$ 为 $-2.5\ \mathrm{kJ \cdot mol^{-1}}$。

此外，还可利用标准摩尔吉布斯函数变的加和性来求化学反应的标准摩尔吉布斯函数变。

【例 1.12】 已知空气中 CO_2 的含量为 0.030%（体积百分含量），即 CO_2 的分压为 30 Pa，在 298 K 时 $CaCO_3$ 固体在空气中热分解能否自发进行，如不行，需要什么条件？

解 对于反应 $CaCO_3(s) = CaO(s) + CO_2(g)$

	$CaCO_3(s)$	$CaO(s)$	$CO_2(g)$
$\Delta_f G_{m,B}^{\ominus}(\mathrm{kJ \cdot mol^{-1}})$	−1 128.84	−604.04	−394.36
$\Delta_f H_{m,B}^{\ominus}(\mathrm{kJ \cdot mol^{-1}})$	−1 206.92	−635.09	−393.50
$S_{m,B}^{\ominus}(\mathrm{J \cdot K^{-1} \cdot mol^{-1}})$	92.92	39.75	213.64

$$\Delta_r G_m^\ominus = \{\Delta_f G_m^\ominus(CaO) + \Delta_f G_m^\ominus(CO_2)\} - \{\Delta_f G_m^\ominus(CaCO_3)\}$$
$$= -604.04\ kJ\cdot mol^{-1} - 394.36\ kJ\cdot mol^{-1} - (-1\ 128.84\ kJ\cdot mol^{-1})$$
$$= -998.4\ kJ\cdot mol^{-1} + 1\ 128.84\ kJ\cdot mol^{-1}$$
$$= 130.44\ kJ\cdot mol^{-1}$$

$$\Delta_r H_m^\ominus = \{\Delta_r H_m^\ominus(CaO) + \Delta_f H_m^\ominus(CO_2)\} - \{\Delta_f H_m^\ominus(CaCO_3)\}$$
$$= -635.09\ kJ\cdot mol^{-1} - 393.50\ kJ\cdot mol^{-1} - (-1\ 206.92\ kJ\cdot mol^{-1})$$
$$= -1\ 028.59\ kJ\cdot mol^{-1} + 1\ 206.92\ kJ\cdot mol^{-1}$$
$$= 178.33\ kJ\cdot mol^{-1}$$

$$\Delta_r S_m^\ominus = \{S_m^\ominus(CaO) + S_m^\ominus(CO_2)\} - \{S_m^\ominus(CaCO_3)\}$$
$$= 39.75\ J\cdot K^{-1}\cdot mol^{-1} + 213.64\ J\cdot K^{-1}\cdot mol^{-1} - 92.9\ J\cdot K^{-1}\cdot mol^{-1}$$
$$= 160.49\ J\cdot K^{-1}\cdot mol^{-1}$$

因为 $CO_2(g)$不是处于标准态下,所以这时反应的 $\Delta_r G_m$为

$$\Delta_r G_m = \Delta_r G_m^\ominus + 2.303RT\lg\frac{p(CO_2)}{p^\ominus}$$
$$= 130.44\ kJ\cdot mol^{-1} + 2.303\times 8.314\ kJ\cdot K^{-1}\cdot mol^{-1}$$
$$\times 298\ K\times 10^{-3}\lg\frac{30\ Pa}{100\ kPa}$$
$$= 110.3\ kJ\cdot mol^{-1} > 0$$

所以此条件下反应不能自发进行。

要使反应能自发进行,则反应的 $\Delta_r G_m(T)$必须小于零,由于 $\Delta_r H_m^\ominus$, $\Delta_r G_m^\ominus$随温度压力的变化不大,所以可以近似地用(1.23)式来求 T。

$$\Delta_r G_m^\ominus(T) \approx \Delta_r H_m^\ominus - T\Delta_r S_m^\ominus < 0$$

$$T > \frac{\Delta_r H_m^\ominus}{\Delta_r S_m^\ominus} = \frac{178.33\ kJ\cdot mol^{-1}}{160.49\times 10^{-3}\ kJ\cdot K^{-1}\cdot mol^{-1}} = 1\ 111.2\ K$$

答:此反应需在高温下才能自发进行。

1.4 标准摩尔吉布斯函数变与标准平衡常数

1.4.1 化学平衡与平衡常数

如上所述,当 $\Delta_r G_m(T) = 0$,化学反应就达到平衡状态,即为反应的限度。反应的摩尔吉布斯函数变为零,就是平衡状态的标志。

1) 化学平衡

在一定条件下,既可正向进行又可逆向进行的反应称为可逆反应。几乎所有化学反应都有可逆性,只是可逆的程度不同,差别可以是很大的。

当反应在密闭容器中进行时，反应物不可能全部变成产物。反应进行到一定限度后，系统达到平衡态，此时反应物和生成物的浓度（称平衡浓度）不随时间而改变。系统达平衡态时，正逆反应速率并不等于零，也就是说反应并未停止。实际上正逆反应都在继续进行，只不过是 $v_{正} = v_{逆}$，所以化学平衡是一个动态平衡，实际上就是该条件下反应进行的最大限度。另外，化学平衡只在一定条件（浓度、温度、压力等）下方能保持。当条件改变时，原平衡被破坏，在新的条件下建立新的平衡。

2）平衡常数

对于可逆反应，无论从正反应开始，或是从逆反应开始，当反应达到平衡时，尽管各反应物或产物的起始分压及平衡分压并不相同，但在一定温度下，产物分压化学计量数次方的乘积与反应物分压化学计量数次方的乘积之比是一个常数。这个关系称为化学平衡定律。对于下列气体可逆反应

$$aA + bB \rightleftharpoons eE + dD$$

在一定温度达到平衡时，产物 E，D 和反应物 A，B 的平衡分压间有如下关系

$$K_p = \frac{p^e(E) \cdot p^d(D)^{①}}{p^a(A) \cdot p^b(B)} \tag{1.24}$$

式中 $p(E)$、$p(D)$、$p(A)$、$p(B)$分别表示各组分的平衡分压，压力单位用 Pa。这种用气体平衡分压表示的平衡常数，称为该反应的分压平衡常数 K_p。若用平衡浓度表示平衡常数，称为该反应的浓度平衡常数 K_c。K_p 与 K_c 均是有量纲的量，且随反应不同量纲也不同。

平衡常数有如下特征：

(1) 不同反应的平衡常数的数值不同。K_p（或 K_c）的值越大，表示在给定条件下产物的量越多，也就是说反应进行得越完全。

(2) 同一反应的平衡常数的数值随温度而变。

(3) 在一定温度下，同一反应的平衡常数 K_p 或（K_c）的数值不随压力（或浓度）而变。

3）书写平衡常数关系式的规则

(1) 平衡常数数学表达式直接与化学反应方程式的书写形式有关

$$N_2 + 3H_2 \rightleftharpoons 2NH_3 \qquad K_p = \frac{p^2(NH_3)}{p(N_2) \cdot p^3(H_2)}$$

$$\frac{1}{2}N_2 + \frac{3}{2}H_2 \rightleftharpoons NH_3 \qquad K'_p = \frac{p(NH_3)}{p^{1/2}(N_2) \cdot p^{3/2}(H_2)}$$

---

① 若是在溶液中的反应，则是各组分的平衡浓度，即 $K_c = \frac{c^e(E) \cdot c^d(D)}{c^a(A) \cdot c^b(B)}$（浓度单位用 $mol \cdot L^{-1}$）。

$$2NH_3 \rightleftharpoons N_2 + 3H_2 \qquad K''_p = \frac{p(N_2)\cdot p^3(H_2)}{p^2(NH_3)}$$

这里 $K_p = (K'_p)^2 = \frac{1}{K''_p}$

根据平衡常数表达式的写法规定，可以推出下列运算规则：

① 正逆反应的平衡常数互为倒数，$K_{正} = \frac{1}{K_{逆}}$；

② 反应方程式中，反应物及生成物的化学计量数同时增大或缩小 n 倍，则平衡常数 K_1 为 K_2 的 n 次方或$\frac{1}{n}$次方；

③ 在相同温度时，一个平衡反应可由两个平衡反应相加或相减得到，则其平衡常数等于后两者平衡常数的乘积或商。

利用上述的简单规则，可从一些已知的平衡常数推求出许多未知反应的平衡常数。

(2) 如果涉及纯固体或纯液体的多相反应，由于它们的浓度（相当于密度）是常数，而它们的蒸气压在一定温度下是固定的，所以它们的浓度或分压项可以用 1 表示，不出现在平衡常数表达式中。例如碳酸钙的分解反应：

$$CaCO_3(s) \rightleftharpoons CaO(s) + CO_2(g)$$

$$K_p = p(CO_2)$$

(3) 稀溶液中进行的反应，如有水参加，水的浓度也不必写在平衡常数表达式中。但是，非水溶液中的反应，如有水生成或有水参加，此时水的浓度不可视为常数，必须写在平衡常数表达式中。

4) 有关平衡常数的计算

【例 1.13】 600 K 时，碘化氢分解反应的 $K = 0.014\,4$，求碘化氢的解离率。

解 设碘化氢的物质的量为 n，解离率为 α，平衡时总压力为 $p_{总}$，

	$2HI(g) \rightleftharpoons$	$H_2(g)$	$+\ I_2(g)$
初始量(mol)	n	0	0
变化量(mol)	$-n\alpha$	$\frac{n\alpha}{2}$	$\frac{n\alpha}{2}$
平衡量(mol)	$n(1-\alpha)$	$\frac{n\alpha}{2}$	$\frac{n\alpha}{2}$

平衡时，总物质的量 $= n(1-\alpha) + \frac{n\alpha}{2} + \frac{n\alpha}{2} = n$(mol)，各物质的量的分数

$x(HI) = \frac{n(1-\alpha)}{n} = 1-\alpha$，$x(I_2) = x(H_2) = \frac{n\alpha}{2n} = \frac{\alpha}{2}$。

它们的平衡分压① 为：$p(H_2)=p(I_2)=p_{总}\cdot x(H_2)=p_{总}\cdot\frac{\alpha}{2}$，

$p(HI)=p_{总}\cdot x(HI)=p_{总}\cdot(1-\alpha)$。

$$K_p=\frac{p(H_2)\cdot p(I_2)}{p^2(HI)}=\frac{p_{总}{}^2\left(\frac{\alpha}{2}\right)^2}{p_{总}{}^2(1-\alpha)^2}=\frac{\alpha^2}{4(1-\alpha)^2}=0.014\ 4$$

$\alpha=0.194=19.4\%$

答：此反应的解离率为 19.4%，计算中总压力消去，说明此反应 α 与总压力 $p_{总}$ 无关。

1.4.2 标准摩尔吉布斯函数变与标准平衡常数的关系

标准平衡常数 $K^{\ominus}$可从化学反应的等温方程式推导得出，所以过去又叫热力学平衡常数。对于气体的任意反应

$$aA(g)+bB(g)=\!=\!=eE(g)+dD(g)$$

根据(1.20)式：

$$\Delta_r G_m(T)=\Delta_r G_m^{\ominus}(T)+2.303RT\lg\prod_B(p_B/p^{\ominus})^{\nu_B}$$

当化学反应达到平衡时，$\Delta_r G_m(T)=0$，此时各组分气体的分压变为平衡分压，则

$$\prod_B(p_B/p^{\ominus})^{\nu_B}=K^{\ominus}$$

上式变为

$$\Delta_r G_m^{\ominus}(T)+2.303RT\lg K^{\ominus}=0$$

$$\lg K^{\ominus}=\frac{-\Delta_r G_m^{\ominus}(T)}{2.303RT} \qquad (1.25)$$

$K^{\ominus}$为反应的标准平衡常数。当由 $\Delta_r G_m^{\ominus}(T)$计算 $K^{\ominus}$值时，需要注意 $K^{\ominus}$值大小与反应方程式的写法有关。例如，合成氨反应

$$N_2+3H_2 \rightleftharpoons 2NH_3$$

则 $$K_1^{\ominus}=\frac{(p(NH_3)/p^{\ominus})^2}{(p(N_2)/p^{\ominus})(p(H_2)/p^{\ominus})^3}$$

若把反应写成

$$\frac{1}{2}N_2+\frac{3}{2}H_2 \rightleftharpoons NH_3$$

则 $$K_2^{\ominus}=\frac{(p(NH_3)/p^{\ominus})}{(p(N_2)/p^{\ominus})^{1/2}(p(H_2)/p^{\ominus})^{3/2}}$$

---

① 某组分气体的分压力 p_A 与混合气体的总压力 $p_{总}$ 之比等于该组分气体物质的量 n_A 与混和气体总物质的量 n 之比，即 $p_A:p_{总}=n_A:n$，$p_A=p_{总}\cdot\frac{n_A}{n}$。

显然　　$(K_2^\ominus)^2 = K_1^\ominus$

热力学的研究指出，对于溶液中的反应，(1.25)式也适用[①]。(1.25)式把标准态下 1 mol 反应的吉布斯函数变 $\Delta_r G_m^\ominus(T)$ 与化学反应达到平衡态时的标准平衡常数 $K^\ominus$ 联系起来，从而定量地表明反应进行的限度。

标准平衡常数值随温度而改变，因而称为条件常数。当温度指定以后，每个反应只有 1 个确定的标准平衡常数 $K^\ominus(T)$。标准平衡常数是 1 个无量纲的数。

【例 1.14】 试由下列反应的 $\Delta_r G_m^\ominus$，求 298 K 时的 $K^\ominus$。

$$2SO_2(g) + O_2(g) = 2SO_3(g)$$

解 查表

	$2SO_2(g)$	$+ O_2(g)$	$= 2SO_3(g)$
$\dfrac{\Delta_f G_{m,B}^\ominus}{kJ \cdot mol^{-1}}$	−300.4	0	−371.1

$$\Delta_r G_m^\ominus = 2 \times (-371.1\ kJ \cdot mol^{-1}) - 2 \times (-300.4\ kJ \cdot mol^{-1})$$

$$= -141.4\ kJ \cdot mol^{-1}$$

$$\Delta_r G_m^\ominus = -2.303RT\lg K^\ominus$$

$$R = 8.314\ J \cdot K^{-1} \cdot mol^{-1}$$

$$\lg K^\ominus = \frac{-\Delta_r G_m^\ominus}{2.303 \times RT}$$

$$= \frac{-(-141.4\ kJ \cdot mol^{-1})}{2.303 \times 8.314 \times 10^{-3}\ kJ \cdot K^{-1} \cdot mol^{-1} \times 298\ K}$$

$$= 24.807\,0$$

$$K^\ominus = 6.4 \times 10^{24}$$

答：该反应在 298 K 时的 $K^\ominus$ 为 6.4×10^{24}。

值得注意的两点是：① $\Delta_r G_m^\ominus(T)$ 前面有个负号，和它本身的正负号不要搞错；② R 的单位中的"J"要换算成"kJ"，以便与 $\Delta_r G_m^\ominus(T)$ 的单位一致。

由(1.25)式可知，反应的标准平衡常数计算归结于温度 T 时标准摩尔吉布斯函数变 $\Delta_r G_m^\ominus(T)$ 的计算，$\Delta_r G_m^\ominus(T)$ 的大小直接影响到 $K^\ominus$ 值的大小，关系到反应进行的程度。$\Delta_r G_m^\ominus(T)$ 越小则 $K^\ominus$ 值越大，反应进行程度越大；反之，$\Delta_r G_m^\ominus(T)$ 越大，则 $K^\ominus$ 值越小，反应进行的程度越小。由于 $\Delta_r G_m^\ominus(T)$ 与物质的压力或浓度项无关，因此标准平衡常数 $K^\ominus$ 与压力、浓度无关。

1.4.3 温度与标准平衡常数的关系

由于热力学中所给的基本数据都是在 298 K 时的数据，因此计算得到的

---

① 此时 $K^\ominus = \dfrac{(c(E)/c^\ominus)^e (c(D)/c^\ominus)^d}{(c(A)/c^\ominus)^a (c(B)/c^\ominus)^b}$，$c^\ominus = 1\ mol \cdot L^{-1}$，$c(B)/c^\ominus$ 为相对浓度。

$\Delta_r G_m^{\ominus}(T)$以及 $K^{\ominus}$也只局限于温度在 298 K。实际上,绝大多数反应是在各种不同温度下进行的,要计算其他温度下的标准平衡常数,就必须计算该温度下的 $\Delta_r G_m^{\ominus}(T)$。而

$$\Delta_r G_m^{\ominus}(T) \approx \Delta_r H_m^{\ominus}(298\ \text{K}) - T\Delta_r S_m^{\ominus}(298\ \text{K})$$

从而近似地得到 $K^{\ominus}$与 T 的关系:

$$2.303RT\lg K^{\ominus} = -(\Delta_r H_m^{\ominus} - T\Delta_r S_m^{\ominus})$$

$$\lg K^{\ominus} = -\frac{\Delta_r H_m^{\ominus}}{2.303RT} + \frac{\Delta_r S_m^{\ominus}}{2.303R} \tag{1.26}$$

由此可见,温度对标准平衡常数的影响很大,而且 $\Delta_r H_m^{\ominus}$,$\Delta_r S_m^{\ominus}$对标准平衡常数也有影响。如果反应是放热反应,$\Delta_r H_m^{\ominus}<0$,则温度升高,$K^{\ominus}$值显著减少;反之,对于吸热反应,$\Delta_r H_m^{\ominus}>0$,温度升高,$K^{\ominus}$值增加。(1.26)式定量地说明了吕·查德里原理的正确性。

如果已知温度 T_1 时的标准平衡常数 $K_1^{\ominus}$,则可根据(1.26)式可得温度为 T_2 时的标准平衡常数 $K_2^{\ominus}$。

$$\lg K_1^{\ominus} = -\frac{-\Delta_r H_m^{\ominus}}{2.303RT_1} + \frac{\Delta_r S_m^{\ominus}}{2.303R}$$

$$\lg K_2^{\ominus} = -\frac{\Delta_r H_m^{\ominus}}{2.303RT_2} + \frac{\Delta_r S_m^{\ominus}}{2.303R}$$

两式相减:

$$\lg\frac{K_2^{\ominus}}{K_1^{\ominus}} = -\frac{\Delta_r H_m^{\ominus}}{2.303R}\left(\frac{1}{T_2} - \frac{1}{T_1}\right)$$

$$= \frac{\Delta_r H_m^{\ominus}}{2.303R}\left(\frac{T_2 - T_1}{T_1 \cdot T_2}\right) \tag{1.27}$$

【例 1.15】 在合成氨的工业中,CO 的变换反应是

$$CO(g) + H_2O(l) \rightleftharpoons CO_2(g) + H_2(g)$$

$\Delta_r H_m^{\ominus} = -37.9\ \text{kJ}\cdot\text{mol}^{-1}$,700 K 时的 $K_1^{\ominus} = 9.017$。求 800 K 时的 $K_2^{\ominus}$。

解 根据(1.27)式,得

$$\lg\frac{K_2^{\ominus}}{9.017} = \frac{-37\,900\ \text{J}\cdot\text{mol}^{-1}}{2.303\times 8.314\ \text{J}\cdot\text{K}^{-1}\cdot\text{mol}^{-1}}\left(\frac{800\ \text{K} - 700\ \text{K}}{700\ \text{K}\times 800\ \text{K}}\right)$$

$$\lg K_2^{\ominus} - \lg 9.017 = -0.353\,5$$

$$\lg K_2^{\ominus} - 0.955\,0 = -0.353\,5$$

$$\lg K_2^{\ominus} = 0.955\,0 - 0.353\,5 = 0.601\,5$$

$$K_2^{\ominus} = 3.995$$

答:该反应在 800 K 时 $K_2^{\ominus}$ 为 3.995。

1.4.4 化学平衡的移动

标准平衡常数是反应物和生成物处于平衡态时的一个重要依据，但当反应条件改变时，平衡就会移动。我们也可以从化学平衡的观点，用化学热力学的判据来判断反应的自发性或反应进行的方向。

根据化学反应等温方程式可知：

$$\Delta_r G_m(T) = \Delta_r G_m^{\ominus}(T) + 2.303RT\lg \prod_B (p_B/p^{\ominus})^{\nu_B}$$

因 $\Delta_r G_m^{\ominus}(T) = -2.303RT\lg K^{\ominus}$

故 $$\Delta_r G_m(T) = -2.303RT\lg K^{\ominus} + 2.303RT\lg \prod_B (p_B/p^{\ominus})^{\nu_B} \quad (1.28)$$

(1) 当 $\prod_B (p_B/p^{\ominus})^{\nu_B} < K^{\ominus}$ 时，$\Delta_r G_m(T) < 0$，反应能自发进行，反应能向正方向进行。

(2) 当 $\prod_B (p_B/p^{\ominus})^{\nu_B} = K^{\ominus}$ 时，$\Delta_r G_m(T) = 0$，系统处于平衡状态。

(3) 当 $\prod_B (p_B/p^{\ominus})^{\nu_B} > K^{\ominus}$ 时，$\Delta_r G_m(T) > 0$，正向反应不能进行，反应能向逆方向进行。

不管从哪种角度来考虑反应的方向性，其结果都可归结于 $\Delta_r G_m(T)$ 是否小于零这一判断反应自发性的统一标准。由于 $\prod_B (p_B/p^{\ominus})^{\nu_B}$ 处于对数项里，$RT\ln \prod_B (p_B/p^{\ominus})^{\nu_B}$ 对 $\Delta_r G_m(T)$ 的影响不大。所以，$\Delta_r G_m(T)$ 的正负基本上可由 $\Delta_r G_m^{\ominus}(T)$ 的正负值来决定。恒温恒压下用 $\Delta_r G_m^{\ominus}(T)$ 判断反应方向性的近似规则为

$\Delta_r G_m^{\ominus}(T) < -40\ \text{kJ}\cdot\text{mol}^{-1}$ 正反应方向自发进行

$\Delta_r G_m^{\ominus}(T) > 40\ \text{kJ}\cdot\text{mol}^{-1}$ 正向不自发，逆向自发

事实上，$\Delta_r G_m^{\ominus}(T) = 40\ \text{kJ}\cdot\text{mol}^{-1}$，相当于 $K^{\ominus} = 1\times10^{-7}$，正向很难自发，所以用它作为界限。当 $\Delta_r G_m^{\ominus}(T)$ 值在 $-40 \sim 40\ \text{kJ}\cdot\text{mol}^{-1}$ 时，以此来判断反应方向已不可靠，应该用 $\Delta_r G_m(T)$ 来判断。

复习思考题

1. 区别下列概念：

(1) 系统与环境；(2) q_v 与 q_p；(3) 热效应与焓变；(4) 标准摩尔生成焓与标准摩尔反应焓变。

2. 什么叫状态函数？q, H, U, W, P 是否状态函数？为什么？它有什么特征？

3. 石墨和金刚石的标准摩尔生成焓是否相等？为什么？

4. 什么叫标准状态？平衡状态？举例说明。

5. 什么叫反应进度？它在工程化学中有何应用？

6. 如何利用盖斯定律来计算反应的摩尔焓变？

7. 下列说法是否正确？应如何改正？

(1) 放热反应都能自发进行；(2) $\Delta_r G_m^{\ominus} < 0$ 的反应都能自发进行；(3) 对于最稳定的单质，规定它的 $\Delta_f H_{m,B}^{\ominus} = 0$，$\Delta_f G_{m,B}^{\ominus} = 0$；$S_{m,B}^{\ominus} = 0$；(4) 反应产物的分子数比反应物多，该反应的 $\Delta_r S_m^{\ominus}$ 必是正值。

8. 估计下列各变化过程是熵增还是熵减？

(1) 从过饱和溶液中析出晶体；(2) 水蒸发为水蒸气；(3) 碳和氧生成一氧化碳；(4) 固体表面吸附空气。

9. 什么叫标准平衡常数？它与 $\Delta_r G_m^{\ominus}(T)$ 有何关系？

10. $K^{\ominus}$ 与温度有何关系？这种关系对于放热反应或吸热反应有何不同？举例说明。

习　题

1. 298 K 时下列反应 $N_2H_4(g) + O_2(g) \longrightarrow 2H_2O(l) + N_2(g)$ 的 $q_V = -662.0\ kJ \cdot mol^{-1}$，求该燃烧反应的 q_p。

2. 已知 298 K 时碳燃烧的热方程式如下：

(1) $C(石墨) + O_2(g) = CO_2(g)$　　$\Delta_r H_{m,1} = -393.5\ kJ \cdot mol^{-1}$

(2) $CO(g) + \frac{1}{2}O_2(g) = CO_2(g)$　　$\Delta_r H_{m,2} = -283.0\ kJ \cdot mol^{-1}$

求 $C(石墨) + \frac{1}{2}O_2(g) = CO(g)$ 的 $\Delta_r H_{m,3}$

3. 在 298 K 和 100 kPa 下，乙炔、乙烷和氧气燃烧的热化学方程式如下：

(1) $2C_2H_2(g) + 5O_2(g) = 4CO_2(g) + 2H_2O(l)$

$\Delta_r H_{m,1}^{\ominus} = -2\,602\ kJ \cdot mol^{-1}$

(2) $2C_2H_6(g) + 7O_2(g) = 4CO_2(g) + 6H_2O(l)$

$\Delta_r H_{m,2}^{\ominus} = -3\,123\ kJ \cdot mol^{-1}$

(3) $H_2(g) + \frac{1}{2}O_2(g) = H_2O(l)$

$\Delta_r H_{m,3}^{\ominus} = -286\ kJ \cdot mol^{-1}$

计算 $C_2H_2(g) + 2H_2(g) = C_2H_6(g)$ 的 $\Delta_r G_{m,4}^{\ominus}$

4. 计算下列反应的 $\Delta_r H_m^{\ominus}$(查表)，($\Delta_f H_m^{\ominus}(AgBr) = -99.49\ kJ \cdot mol^{-1}$)

(1) $N_2H_4(l) + O_2(g) = N_2(g) + 2H_2O(l)$

(2) $3NO_2(g) + H_2O(l) = 2HNO_3(l) + NO(g)$

(3) $AgCl(s) + Br^-(aq) = AgBr(s) + Cl^-(aq)$

(4) $Fe(s) + Cu^{2+}(aq) = Fe^{2+}(aq) + Cu(s)$

5. 已知 298 K 时下列数据，求：$N_2O_4(g)$ 的标准摩尔生成吉布斯函数 $\Delta_f G_m^{\ominus}$。

(1) $\frac{1}{2}N_2(g)+\frac{1}{2}O_2(g)$══$NO(g)$　$\Delta_r G^{\ominus}_{m,1}=86.57\ kJ\cdot mol^{-1}$

(2) $NO(g)+\frac{1}{2}O_2(g)$══$NO_2(g)$　$\Delta_r G^{\ominus}_{m,2}=-35.27\ kJ\cdot mol^{-1}$

(3) $2NO_2(g)$══$N_2O_4(g)$　$\Delta_r G^{\ominus}_{m,3}=4.77\ kJ\cdot mol^{-1}$

6. 反应 $NH_4Cl(s)$══$NH_3(g)+HCl(g)$在 300 K 时 $\Delta_r G^{\ominus}_m(300\ K)=85.4\ kJ\cdot mol^{-1}$，在 500 K 时 $\Delta_r G^{\ominus}_m(500\ K)=34.6\ kJ\cdot mol^{-1}$。

计算：(1) $\Delta_r H^{\ominus}_m$、$\Delta_r S^{\ominus}_m$(不查表)。

(2) 当 NH_3 与 HCl 的平衡分压为 100 kPa 时，在什么温度下反应能自发进行？

7. 利用标准摩尔生成焓数据，计算下列反应的标准摩尔焓变。

$2CaO(s)+SiO_2(s)$══$Ca_2SiO_4(s)$

(Ca_2SiO_4 即硅酸二钙，有几种晶态，这儿是β晶态。它是水泥熟料中的主要矿物组成之一。$\Delta_f H_m(Ca_2SiO_4,s)=-2\ 251.0\ kJ\cdot mol^{-1}$)

8. 计算反应 $2O_3(g)$══$3O_2(g)$在 298 K 时的 $\Delta_r S^{\ominus}_m$。

9. 计算反应 $2NO(g)+O_2(g)$══$2NO_2(g)$在 298 K 时的 $\Delta_r G^{\ominus}_m$

10. SiC 是高温半导体、金属陶瓷和磨料不可缺少的原料。现在以硅石(SiO_2)和焦碳为原料制备 SiC，在 298 K 时能否获得 SiC？请估算生产 SiC 的最低温度。(已知：$\Delta_f H^{\ominus}_m(SiC)=-111.71\ kJ\cdot mol^{-1}$，$S^{\ominus}_m(SiC)=16.464\ J\cdot K^{-1}\cdot mol^{-1}$)其反应式为

$SiO_2(s)+3C(s)$══$SiC(s)+2CO(g)$

11. 实验室制取氯气常利用下列反应：

$MnO_2(s)+4H^+(aq)+2Cl^-(aq)$══$Cl_2(g)+Mn^{2+}(aq)+2H_2O(l)$

若选用浓度为 12 $mol\cdot L^{-1}$浓盐酸，其他物质均为标准态时，在室温 298 K 下此反应能否自发进行？(已知 $\Delta_f G^{\ominus}_m(MnO_2,s)=-464.8\ kJ\cdot mol^{-1}$)

12. 反应 $H_2(g)+\frac{1}{2}O_2(g)$══$H_2O(g)$在 1 400 K 时，$K_1^{\ominus}=2.19\times10^6$，在 1 500 K 时 $K_2^{\ominus}=5.21\times10^5$，计算反应的标准摩尔反应焓变。

13. 利用 $\Delta_r G^{\ominus}_m$判据，定量说明 NH_4HCO_3 在 100 kPa，298 K 时的稳定性。已知 $S^{\ominus}_m(NH_4HCO_3)=120.9\ J\cdot K^{-1}\cdot mol^{-1}$，$\Delta_f H^{\ominus}_m(NH_4HCO_3)=-849.35\ kJ\cdot mol^{-1}$。

14. 计算反应 C(石墨)$+CO_2(g)$══$2CO(g)$在标准状态下：

(1) 1 mol C(石墨)完全起反应时的 $\Delta_r H^{\ominus}_m$；(2) 每 1.0 g $CO_2(g)$完全起反应时的 $\Delta_r G^{\ominus}_m$；(3) 生成 1 mol CO 时的 $\Delta_r S^{\ominus}_m$。

15. 将 1 mol $SO_2(g)$通入 2 mol NaOH 的无限稀的溶液中，求过程的 $\Delta_r H^{\ominus}_m$。
{$\Delta_f H^{\ominus}_m(SO_3^{2-},aq)=-624.2\ kJ\cdot mol^{-1}$}。

16. 计算反应 $MgCO_3(s)$══$MgO(s)+CO_2(g)$的 $\Delta_r H^{\ominus}_m$、$\Delta_r G^{\ominus}_m$，$\Delta_r G^{\ominus}_m(850\ K)$，已知 $\Delta_f H^{\ominus}_m(MgCO_3)=-1\ 112.93\ kJ\cdot mol^{-1}$，$\Delta_f G^{\ominus}_m(MgCO_3)=-1\ 029.2\ kJ\cdot mol^{-1}$。

17. 在 523 K 和 100 kPa 下，PCl_5 按下列离解：

$PCl_5(g)\rightleftharpoons PCl_3(g)+Cl_2(g)$

解离率 $\alpha=80\%$，求 $K^{\ominus}$。

18．已知 973 K 时下述反应的 $K^{\ominus}$

（1）$SO_2(g)+\frac{1}{2}O_2(g)\rightleftharpoons SO_3(g)\quad K_1^{\ominus}=20$

（2）$NO_2(g)\rightleftharpoons NO(g)+\frac{1}{2}O_2(g)\quad K_2^{\ominus}=0.012$

求反应 $SO_2(g)+NO_2(g)\rightleftharpoons SO_3(g)+NO(g)$的 $K^{\ominus}$。

19．计算下列反应的 $\Delta_r G_m^{\ominus}$以及在 298 K 时的 $K^{\ominus}$。

（1）$CH_4(g)+2O_2(g)\rightleftharpoons CO_2(g)+2H_2O(l)$

（2）$2H_2S(g)+SO_2(g)=2H_2O(l)+3S(s)$

（3）$H_2O(g)+CO(g)\rightleftharpoons H_2(g)+CO_2(g)$

（4）$2NH_3(g)\rightleftharpoons N_2(g)+3H_2(g)$

20．反应 $PCl_3(g)+Cl_2(g)\rightleftharpoons PCl_5(g)$的 $\Delta_r H_m^{\ominus}=-92.9\ kJ\cdot mol^{-1}$，523 K 时的 $K_2^{\ominus}=0.562$，试计算 473 K 时的 $K_1^{\ominus}$。（不查表）

21．已知下列反应 $2SO_2(g)+O_2(g)=2SO_3(g)$的 $\Delta_r G_m^{\ominus}=-141.2\ kJ\cdot mol^{-1}$，$\Delta_r H_m^{\ominus}=-197.8\ kJ\cdot mol^{-1}$。试求 627 ℃时的 $\Delta_r G_m^{\ominus}(T)$及 $K^{\ominus}$。（不查表）

22．在 298 K 时，标准状态下，由 $H_2(g)$与 $F_2(g)$合成 4 mol HF(g)，试分别计算下列反应的 ξ、$\Delta_r H_m^{\ominus}$和 $\Delta_r H^{\ominus}$。

（1）$\frac{1}{2}H_2(g)+\frac{1}{2}F_2(g)=HF(g)$

（2）$H_2(g)+F_2(g)=2HF(g)$

2 化学反应速率

一个化学反应或化学过程能否在合理条件下进行,必须通过化学热力学的计算,只有在热力学上看起来可以进行的反应才有研究的必要。但是热力学上能进行的反应,不一定都能实现,还要看反应的速率。例如,氢与氧化合生成水,是个摩尔吉布斯函数变($\Delta_r G_m$)负值很大的反应,表明反应进行的趋势很大;但在室温时,氢氧混和气体间的反应速率极慢,以至实际上不能发生,这就需要通过动力学的研究来说明原因,采取措施,加快反应。可见,对于化学反应而言,热力学和动力学是相辅相成、缺一不可的两个方面。

化学动力学是研究化学反应速率和反应历程的学科。本章讨论化学反应速率的规律,研究各种因素对反应速率的影响等。这些内容在理论和实践上都有十分重要的意义。

2.1 化学反应速率的表示法

大量的实验结果表明:化学反应速率是千差万别的,有的极其快速,几乎在一瞬间就能完成,例如爆炸反应;有的非常慢,常常是几天、几年,甚至几百年也未显示其反应效果,例如岩矿的形成、金属的腐蚀、油漆的老化等属于潜移默化的慢反应。即使对于同一反应,在不同条件下,反应速率也不同。

在生产实践中常常需要采取措施来加快反应速率,以便缩短生产时间。而有些反应(如金属腐蚀),则应设法抑制其发生。

经国际纯粹和应用化学联合会(简称 IUPAC)推荐 ,我国采用反应进度随时间的变化率来表示化学反应的转化速率,其数学表达式为

$$J = \frac{d\xi}{dt} = \frac{1}{\nu_B} \cdot \frac{dn_B}{dt} \tag{2.1}$$

J 可以用来表示反应进行的快慢,即以物质的量的变化反映出的反应物转化为生成物的速率。因此,J 称为转化速率,其单位为 $mol \cdot s^{-1}$。

现在将化学反应速率定义为在单位体积的反应系统中反应进度随时间的变化率,即对于反应

$$aA + bB \longrightarrow eE + dD$$

$$0 = \sum_B \nu_B B$$

则 $$v = \frac{d\xi}{V \cdot dt} \tag{2.2}$$

式中 ξ 是反应进度，V 为系统的体积，v 的单位常用 $mol \cdot m^{-3}.s^{-1}$。参加反应的任意一物质 B 的物质的量的微小变化可表达为 $dn_B = \nu_B d\xi$，所以反应速率 v 的定义式也可写成

$$v = \frac{dn_B}{\nu_B V dt}$$

对于液相反应和在恒容容器中进行的气相反应，系统体积恒定，$c_B = n_B/V$，所以

$$v = \frac{dc_B}{\nu_B dt} \tag{2.3}$$

式中 ν_B 是反应系统中任一物质 B 的化学计量数。对于反应物，ν_B 为负；对于生成物，ν_B 为正。

其相应的平均反应速率

$$\bar{v} = \frac{\Delta c_B}{\nu_B \Delta t}$$

对于反应 $H_2O_2 = H_2O + \frac{1}{2}O_2$ 的反应速率为

$$\begin{aligned} v &= \frac{1}{\nu(H_2O_2)} \frac{dc(H_2O_2)}{dt} \\ &= \frac{1}{\nu(H_2O)} \frac{dc(H_2O)}{dt} \\ &= \frac{1}{\nu(O_2)} \frac{dc(O_2)}{dt} \end{aligned}$$

假设在反应刚开始时，$c(H_2O_2) = 100\ mol \cdot m^{-3}$，经 5 s 后 $c(H_2O) = 50\ mol \cdot m^{-3}$，则分别用 H_2O_2、H_2O 和 O_2 来表示反应速率为

$$\begin{aligned} v(H_2O_2) &= \frac{1}{-1} \times \frac{50\ mol \cdot m^{-3} - 100\ mol \cdot m^{-3}}{5\ s} \\ &= 10\ mol \cdot m^{-3} \cdot s^{-1} \end{aligned}$$

$$v(H_2O) = \frac{1}{1} \times \frac{50\ mol \cdot m^{-3}}{5\ s} = 10\ mol \cdot m^{-3} \cdot s^{-1}$$

$$v(O_2) = \frac{1}{1/2} \times \frac{1/2 \times 50\ mol \cdot m^{-3}}{5\ s} = 10\ mol \cdot m^{-3} \cdot s^{-1}$$

由上例可看出，v 是同一数值，因此以浓度为基础的化学反应速率以及转化速率，对于同一反应系统，与选用何种物质为基准无关，只与化学反应计量方程式写法有关，因而可消除不同物质表示反应速率（传统定义）时数值不同的混乱情况。由此可见，引入反应进度，对反应速率本质的理解，更加明确。

欲测量反应速率，可测量不同时间某一反应物（或产物）的浓度，绘制浓度

随时间的变化曲线，从中求出某一时间曲线的斜率($\mathrm{d}c_B/\mathrm{d}t$)，此斜率再乘以 $1/\nu_B$ 即为该反应在此时的反应速率。

在工程实际中，人们常采用浓度变化较易测定的物质来表示该化学反应速率。对于上述 H_2O_2 分解反应，用 O_2 来表示其反应速率就比较方便，因为氧气的体积可用量气管测定。

2.2 反应速率与浓度的关系

影响反应速率的因素很多，主要是：① 反应物与产物的性质；② 反应物与产物的浓度(包括气体的压力)；③ 温度；④ 催化剂；⑤ 在多相反应中固体和液体粒子的大小等。本节讨论反应速率与浓度的关系。

2.2.1 速率方程与速率常数

反应速率与产物的浓度、反应时间有着密切的关系，反应刚开始，反应速率一般都比较大，其原因是反应开始时，反应物的浓度大。大量事实表明，如果反应温度一定，反应速率与反应物浓度的乘积成正比。例如，恒温时对下列反应

$$NO_2 + CO \longrightarrow NO + CO_2$$

$$v \propto c(NO_2)c(CO)$$

$$v = kc(NO_2)c(CO) \tag{2.4}$$

(2.4)式称为反应速率方程，它定量地告诉我们该反应的速率与反应物浓度的关系。

$c(NO_2)$表示 NO_2 的浓度。比例系数 k 是反应速率常数，简称速率常数。当 $c(NO_2) = c(CO) = 1\ \mathrm{mol \cdot m^{-3}}$时，$v = k$。因此，$k$ 的物理意义是：在给定的温度下，反应物浓度为单位浓度时的反应速率，故速率常数又称为比速常数。速率常数有如下特点：

(1) 速率常数 k 取决于反应的本性。其他条件相同时，快反应通常有较大的 k 值，慢反应则 k 值较小。

(2) 速率常数 k 与浓度无关。

(3) k 随温度而变化，通常温度升高，k 值增大。

对一般反应 $aA + bB = eE + dD$，其速率方程的通式为

$$v = kc^m(A)c^n(B) \tag{2.5}$$

由(2.5)式可知，速率方程的各个浓度指数不一定是计量方程式中反应物前的系数，只有基元反应(通过反应物分子的直接碰撞而一步转化为产物的反应)两者才一致。但实验存在的基元反应较少，大部分反应是分几步才完成的

非基元反应。

由此可见，速率方程式中各物质浓度的指数应以实验测定为依据，决不能仅仅根据化学方程式来决定反应速率与反应物浓度间的定量关系，还应当研究反应的实际过程，即反应机理。

2.2.2 反应级数

1）反应级数

在(2.5)式的速率方程中，反应物浓度的指数 m、n 分别称为反应物 A 和 B 的反应分级数。各组分反应分级数的代数和称该反应的总反应级数。若不指明，通常所说的反应级数就是总反应级数。

反应级数可以为零(表示反应速率与反应物浓度无关)，或为一、二、三，也可以为分数或负数。零级反应很难用一般的基元反应方程式来表示，它是实验测定的。基元反应多为一级和二级，少数为三级。例如：

零级反应 $2Na(s) + 2H_2O(l) = 2NaOH(aq) + H_2(g) \quad v = k$

在反应中水是大量的，钠是固体，反应速率与水和钠的“浓度”无关。

一级反应 $2H_2O_2 = 2H_2O + O_2 \quad v = kc(H_2O_2)$

$2N_2O_5 = 4NO_2 + O_2 \quad v = kc(N_2O_5)$

二级反应 $2NO_2 = 2NO + O_2 \quad v = kc^2(NO_2)$

$S_2O_8^{2-} + 2I^- = 2SO_4^{2-} + I_2 \quad v = kc(S_2O_8^{2-}) \cdot c(I^-)$

三级反应 $2NO + O_2 = 2NO_2 \quad v = kc^2(NO) \cdot c(O_2)$

一级半反应 $H_2 + Cl_2 = 2HCl \quad v = kc(H_2) \cdot c^{\frac{1}{2}}(Cl_2)$

二级半反应 $CO + Cl_2 = COCl_2$(光气) $v = kc(CO) \cdot c^{\frac{3}{2}}(Cl_2)$

反应级数的大小，表示浓度对反应速率的影响程度，级数越大，速率受浓度的影响就越大。

由于反应速率可用反应物浓度的乘积来表示，因此速率常数的量纲与反应级数密切相关。已知反应速率的量纲为 $mol \cdot m^{-3} \cdot s^{-1}$，因此各级反应 k 的量纲分别为

零级 $mol \cdot m^{-3} \cdot s^{-1}$

一级 s^{-1}

一级半 $(m^3 \cdot mol^{-1})^{\frac{1}{2}} \cdot s^{-1}$

二级 $(m^3 \cdot mol^{-1}) \cdot s^{-1}$

三级 $(m^3 \cdot mol^{-1})^2 \cdot s^{-1}$

n 级 $(m^3 \cdot mol^{-1})^{n-1} \cdot s^{-1}$

综上所述，速率常数的单位视反应级数而定。

对于一个具体的化学反应，确定反应级数实际上就是确定速率方程，必须以实验事实为依据。

【例 2.1】 在碱性溶液中，次磷酸根分解为亚磷酸根和氢气，其反应式为

$$H_2PO_2^- + OH^- = HPO_3^{2-} + H_2$$

在一定温度下，测得表 2.1 实验数据。

表 2.1　次磷酸根分解反应数据

序号	$c(H_2PO_2^-)$ /(mol·m⁻³)	$c(OH^-)$/(mol·m⁻³)	$-dc(H_2PO_2^-)/dt$ /(mol·m⁻³·min⁻¹)
1	100	1 000	0.032 0
2	500	1 000	0.160
3	500	4 000	2.56

① 求对各反应物的反应分级数，计算速率常数 k。

② 当 $c(OH^-) = c(H_2PO_2^-) = 1\ 000\ \text{mol·m}^{-3}$时，在 0.5 m^3 溶液中每分钟生成多少 HPO_3^{2-}。

解　① 设对 $H_2PO_2^-$ 的反应分级数为 m，对 OH^- 为 n，则由(2.5)式可得

$v = kc^m(H_2PO_2^-)\cdot c^n(OH^-)$

所以　$v_1 = k(100\ \text{mol·m}^{-3})^m(1\ 000\ \text{mol·m}^{-3})^n$

$= 0.032\ \text{mol·m}^{-3}\text{·min}^{-1}$

$v_2 = k(500\ \text{mol·m}^{-3})^m(1\ 000\ \text{mol·m}^{-3})^n$

$= 0.16\ \text{mol·m}^{-3}\text{·min}^{-1}$

$$\frac{v_1}{v_2} = \left(\frac{100\ \text{mol·m}^{-3}}{500\ \text{mol·m}^{-3}}\right)^m = \frac{0.032\ \text{mol·m}^{-3}\text{·min}^{-1}}{0.16\ \text{mol·m}^{-3}\text{·min}^{-1}} = \frac{1}{5}$$

所以　$m = 1$

$v_3 = k(500\ \text{mol·m}^{-3})^m(4\ 000\ \text{mol·m}^{-3})^n$

$= 2.56\ \text{mol·m}^{-3}\text{·min}^{-1}$

$$\frac{v_2}{v_3} = \left(\frac{1\ 000\ \text{mol·m}^{-3}}{4\ 000\ \text{mol·m}^{-3}}\right)^n = \frac{0.16\ \text{mol·m}^{-3}\text{·min}^{-1}}{2.56\ \text{mol·m}^{-3}\text{·min}^{-1}} = \frac{1}{16}$$

所以　$n = 2$

$m + n = 1 + 2 = 3$

所以总反应级数为 3，对 $H_2PO_2^-$ 为一级反应，对 OH^- 为二级，其速率方程为 $\dfrac{-dc(H_2PO_2^-)}{dt} = kc(H_2PO_2^-)\cdot c^2(OH^-)$

$v_1 = k(100\ \text{mol·m}^{-3})(1\ 000\ \text{mol·m}^{-3})^2$

$= 3.2 \times 10^{-2} \text{mol} \cdot \text{m}^{-3} \cdot \text{min}^{-1}$

$k = 3.2 \times 10^{-10} \text{m}^6 \cdot \text{mol}^{-2} \cdot \text{min}^{-1}$

② 在 $c(OH^-) = c(H_2PO_2^-) = 1\,000 \text{ mol} \cdot \text{m}^{-3}$时

$v = 3.2 \times 10^{-10} \text{m}^6 \cdot \text{mol}^{-2} \cdot \text{min}^{-1} (1\,000 \text{ mol} \cdot \text{m}^{-3})$

$(1\,000 \text{ mol} \cdot \text{m}^{-3})^2 = 0.32 \text{ mol} \cdot \text{m}^{-3} \cdot \text{min}^{-1}$

由化学方程式的计量关系可知,生成亚磷酸根的物质的量与减少次磷酸根的物质的量相等。所以每分钟生成亚磷酸根的物质的量为

$n = v \cdot V = 0.32 \text{ mol} \cdot \text{m}^{-3} \cdot \text{min}^{-1} \times 0.5 \text{ m}^3$

$= 0.16 \text{ mol} \cdot \text{min}^{-1}$

答:对 $H_2PO_2^-$ 为一级反应,对 OH^- 为二级反应,总反应级数为三级。每分钟生成 0.16 mol HPO_3^{2-}。

速率方程是确定反应机理的主要依据,在化学工程中,它又是设计合适的反应器的重要依据。

2) 半衰期

某一给定反应物消耗掉一半所需要的时间称为半衰期,它并不是完全反应所需时间的一半。除去零级反应外,完成反应所需要的时间将是无限长的。

半衰期常用来衡量反应速率。不同反应级数的基元反应都有半衰期的计算公式,其中一级反应的计算公式较简单,应用也较普遍。对一级反应的微分式

$$\frac{-\mathrm{d}c_A}{\mathrm{d}t} = kc_A$$

积分得 $$kt = 2.303 \lg \frac{c_A^\circ}{c_A} \tag{2.6}$$

进一步得半衰期($t_{\frac{1}{2}}$)的公式为

$$t_{\frac{1}{2}} = \frac{2.303 \lg 2}{k} = \frac{0.693}{k} \tag{2.7}$$

由(2.7)式可知在一级反应中,反应物消耗一半所需时间与反应物的起始浓度(或分压)无关。(2.7)式应用相当广泛。例如,环境保护学上常常用毒物的半衰期来判断毒性。考古学上用放射性元素衰变的半衰期来估算化石、矿物、陨石、月亮岩石及地球本身的年龄。

元素的放射性衰变属于一级反应,其衰变的速率常用半衰期表示,例如,${}^{14}_{6}C$ 的半衰期为 5 720 a(年)。

在大气的 CO_2 中,$\frac{{}^{14}_{6}C}{{}^{12}_{6}C}$的比值一定,即每 10^{12} 个${}^{12}_{6}C$ 中含有 1 个${}^{14}_{6}C$。自然界植物生长靠光合作用吸收大气中的 CO_2,植物体内的$\frac{{}^{14}_{6}C}{{}^{12}_{6}C}$比值与大气中的相

同,这样就使食用植物的动物和人的体内也保持同样的$\frac{^{14}_{6}C}{^{12}_{6}C}$比。但生物体死亡会使其放射性$^{14}_{6}C$ 的吸入停止,结果由于$^{14}_{6}C$ 的衰变,使已经死亡的生物体中$\frac{^{14}_{6}C}{^{12}_{6}C}$比例下降,考古学家就根据此比值的变化算出该生物的生存年代。

【例 2.2】 从古墓中得一幅古画,取 1 小块纸片,将其燃烧,并分析燃烧产物 CO_2 中的$\frac{^{14}_{6}C}{^{12}_{6}C}$比值为现有纸张的 0.758 倍,问此古墓距今多少年?已知$^{14}_{6}C$的半衰期为 5 720 a。

解 由(2.7)式得

$$k=\frac{0.693}{5\,720\ \text{a}}=1.21\times10^{-4}\text{a}^{-1}$$

再根据(2.6)式计算所经历的时间 t:

$$t=\frac{2.303\ \lg\left(\frac{1}{0.758}\right)}{1.21\times10^{-4}\text{a}^{-1}}$$

$t=2\,281$ a。

答:此古墓距今已有 2 281 年。

2.3 反应速率与温度的关系

温度对化学反应速率的影响特别显著。氢气和氧气室温下混和在一起几乎看不到反应,但当温度升高到 873 K 时,它们立即反应,生成水,甚至会发生爆炸。大量实验事实表明温度每升高 10 K,反应速率大约增加 2~4 倍,相应的速率常数也按同样的倍数增加。因此,温度与反应速率的关系实质上是温度与速率常数的关系。

2.3.1 阿仑尼乌斯公式

1889 年,瑞典科学家阿仑尼乌斯(Arrhenius SA)根据实验结果,总结归纳出了反应速率与温度的定量关系式:

$$k=A\cdot e^{\frac{-E_a}{Rt}} \tag{2.8}$$

或 $$\ln\frac{k}{[k]}=-\frac{E_a}{RT}+\ln\frac{A}{[A]},\qquad \lg\frac{k}{[k]}=-\frac{E_a}{2.303RT}+\lg\frac{A}{[A]}$$

式中:k 为速率常数;T 为热力学温度;R 为气体常数;E_a 为活化能;A 为给定反应的特征常数,它与反应物分子的碰撞频率、反应物分子定向碰撞的空间因素等有关;〔k〕,〔A〕分别是 k 与 A 的单位(两者的 SI 单位是相同的)。

(2.8)式称为阿仑尼乌斯公式,从此公式可得到两点重要结论:

(1) 对某一化学反应,当温度 T 增加时,$\frac{E_a}{RT}$项变小,$\lg\frac{k}{[k]}$变大,k 值变大,反应速率加快。由于 k 在对数项中,所以温度变化对化学反应速率影响甚大。

(2) 在同一温度时,对常数 A 值相近的化学反应来说,活化能 E_a 值越大,其速率常数 k 值越小,反应速率越小;E_a 值小的反应速率较大。

如果已知反应的活化能和某一反应温度 T_1 时的速率常数 k_1,则我们可以由(2.8)式求得在其他温度 T_2 时的速率常数 k_2。

$$\ln\frac{k_2}{[k]} = -\frac{E_a}{RT_2} + \ln\frac{A}{[A]}$$

$$\ln\frac{k_1}{[k]} = -\frac{E_a}{RT_1} + \ln\frac{A}{[A]}$$

两式相减

$$\ln\frac{k_2}{k_1} = -\frac{E_a}{R}\left(\frac{1}{T_2} - \frac{1}{T_1}\right) = \frac{E_a}{R}\left(\frac{T_2 - T_1}{T_1 \cdot T_2}\right)$$

或

$$\lg\frac{k_2}{k_1} = \frac{E_a}{2.303R}\left(\frac{T_2 - T_1}{T_1 \cdot T_2}\right) \qquad (2.9)$$

由公式(2.9)也可以从两个温度下的反应速率常数求出反应的活化能。

【例 2.3】 已知 NO_2 的分解反应 $2NO_2 = 2NO + O_2$ 中实验测出活化能为 113.4 $kJ \cdot mol^{-1}$,当温度从 $t_1 = 330$ ℃降低到 $t_2 = 320$ ℃,已知 t_1 时的速率常数 $k = 1.5\times10^{-3} m^3 \cdot mol^{-1} \cdot s^{-1}$,求 k_2。

解 由(2.7)式得

$$\lg\frac{k_2}{k_1} = \frac{E_a}{2.303R}\left(\frac{T_2 - T_1}{T_1 \cdot T_2}\right)$$

$$= \frac{113.4\times10^3 \text{ J}\cdot\text{mol}^{-1}}{2.303\times8.314 \text{ J}\cdot\text{K}^{-1}\cdot\text{mol}^{-1}}\left(\frac{593\text{ K} - 603\text{ K}}{593\text{ K}\times603\text{ K}}\right)$$

$$= -0.165\,5$$

$$\lg k_2 = -0.165\,5 + \lg1.5\times10^{-3}$$

$$= 3.176\,1 - 0.165\,5 = 3.010\,6$$

$$k_2 = 1.02\times10^{-3}\text{m}^3\cdot\text{mol}^{-1}\cdot\text{s}^{-1}$$

答:320 ℃时的速率常数为 $1.02\times10^{-3} m^3 \cdot mol^{-1} \cdot s^{-1}$。

这一结果表明,即使在较高温度,温度降低 10 K 影响也很明显,同时对于温度变化的始、终态的温度相同时,反应的活化能 E_a 越大,则温度的变化对反应速率常数(或反应速率)的影响就越大。

2.3.2 活化能

分子运动论认为化学反应发生的必要条件是反应物分子或原子、离子之间必须相互碰撞，只有相互接触，才能起化学反应。分子彼此碰撞的次数数值很大，如果每一次碰撞都起反应，则一切气体反应都将瞬时完成。但是实际上许多反应并非如此，显然并不是所有碰撞都有效，即大多数碰撞并不发生反应，只有少数分子在碰撞时才能发生反应。这种能发生反应的碰撞，称为有效碰撞。显然，化学反应速率的大小与单位时间内有效碰撞的次数有着密切关系。

1) 活化能

根据气体分子运动论，在任何给定温度下系统中各分子的运动速率并不相同，也就是各分子所具有动能是不同的。能发生有效碰撞的分子，与那些发生碰撞而不发生反应的分子的主要区别，就在于它们所具有的能量不同。在一定温度下气体分子具有一定的动能分布曲线，因而具有一定的平均能量，这个分布曲线也称玻尔兹曼分布，见图 2.1。

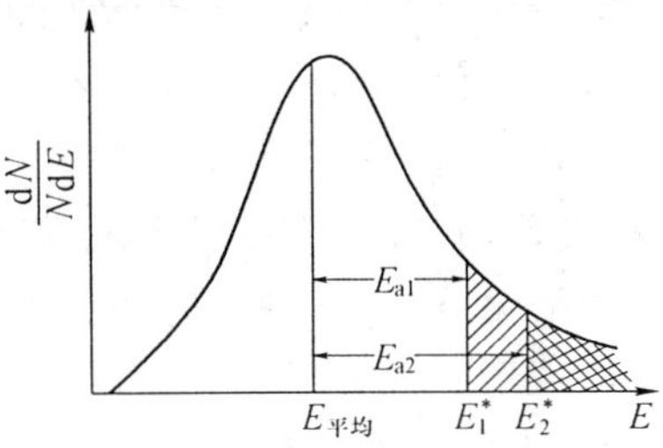

图 2.1　分子能量分布曲线

图中纵坐标$\frac{dN}{N \cdot dE}$表示单位能量范围内的分子分数，$E_{平均}$表示该温度下的分子平均能量。从图 2.1 可见，具有高能量和低能量的分子都是很少的，大部分分子的能量接近于 $E_{平均}$。在通常情况下，一般分子的能量不够大，它们的碰撞不能发生化学反应。只有当两个碰撞的反应物分子的能量等于或大于某一特定的能量时，才有可能发生有效碰撞，从而导致反应的发生。

阿仑尼乌斯认为，为了能发生化学反应，普通分子必须吸收足够的能量，先变成活化分子，然后活化分子才能进一步转变为产物分子。因此，反应速率与活化分子数成比例。他还把由普通分子变成活化分子至少需要吸收的能量称为活化能。后来，塔尔曼(Tolman)从统计力学较严格地证明了活化能(E_a)是活化分子的平均能量(E^*)与反应物分子平均能量 $E_{平均}$之差。

$$E_a = E^* - E_{平均} \tag{2.10}$$

活化能是统计平均的物理量，而不是分子水平的物理量。平均而言是指使一个普通分子有参加反应的可能，必须使其能量增加“活化能”那么大的数值，也就是由 $E_{平均}$增加到E^*。

反应活化能是决定化学反应速率的重要因素，其值大小是由反应物分子的性质所决定的，而反应物的分子性质则与分子的内部结构密切相关，所以，对于一个反应来说其活化能数值是一定的。不同的反应应具有不同的活化能，也就具有不同的反应速率。从图2.1可以直观地看出，反应的活化能越大，则大于E^*能量的活化分子越处于分布曲线的尾部，有效碰撞分子的百分数越小，反应速率就越慢；反之，活化能越小，活化分子所占的比例越大，单位时间内有效碰撞的次数越多，反应速率越快。从动力学上考虑，活化能愈低，对反应愈有利。这是由于化学反应总需要有一个活化的过程，也就是吸收足够能量以克服能峰的过程。活化能低，就是能峰低，反应的阻力小，反应就容易进行。活化能的大小代表了能峰的高低，形成新键需要克服的斥力越大，或破坏旧键克服的引力越大，需要消耗的能量越大，能峰就高。

对于一个反应来说，活化能的数值是一定的。温度升高会使反应速率加快，其原因可以从分子运动论来解释。温度升高，分子的平均能量增加，分子运动速率加快，使分子间的碰撞次数增多。其中有效碰撞的次数也增加。同时，温度升高，在所有分子普遍获得能量的基础上，更多的分子成为活化分子，增加了活化分子百分数，因而使单位时间内有效碰撞次数增加，所以显著增加了反应速率。

2）活化能的计算

活化能是很重要的数据，人们可以通过不同的方法测定反应的活化能。最常用的方法是测定不同温度下的反应速率常数k值，根据(2.9)式只要测定两个不同温度下的k值就可求出E_a值。不过，由于实验误差，这样的计算不一定很准确，人们常根据(2.8)式，从实验中测定不同温度下的k值，然后以$\frac{1}{T}$为横坐标，$\lg k$为纵坐标，可得一直线，直线的斜率$=-\frac{E_a}{2.303R}$，通过斜率就可求得反应的活化能。

【例2.4】 实验测得反应$2NOCl(g) = 2NO(g) + Cl_2(g)$在300 K时，$k_1 = 2.8\times10^{-8}\,m^3\cdot mol^{-1}\cdot s^{-1}$；400 K时，$k_2 = 7.0\times10^{-4}\,m^3\cdot mol^{-1}\cdot s^{-1}$。求反应的活化能$E_a$。

解 根据(2.7)式，得 $\lg\frac{k_2}{k_1} = \frac{E_a}{2.303R}\left(\frac{T_2 - T_1}{T_2\cdot T_1}\right)$

移项并代入已知数：

$$
\begin{aligned}
E_a &= 2.303R\left(\frac{T_2\cdot T_1}{T_2 - T_1}\right)\lg\frac{k_2}{k_1} \\
&= 2.303\times8.314\ J\cdot mol^{-1}\cdot K^{-1}\times\frac{300\ K\times400\ K}{400\ K-300\ K}\times \\
&\quad \lg\frac{7.0\times10^{-4}\cdot m^3\cdot mol^{-1}\cdot s^{-1}}{2.8\times10^{-8}m^3\cdot mol^{-1}\cdot s^{-1}} \\
&= 1.01\times10^5 J\cdot mol^{-1} \\
&= 101\ kJ\cdot mol^{-1}
\end{aligned}
$$

答：该反应的活化能为 101 $kJ \cdot mol^{-1}$。

一般化学反应的活化能大致在 42～420 $kJ \cdot mol^{-1}$之间，其中大多数在 63～250 $kJ \cdot mol^{-1}$之间。正是由于不同反应的活化能不同，反映在同一温度下各反应的速率相差很大。活化能小于 42 $kJ \cdot mol^{-1}$，则反应速率很快，在室温下就能瞬间进行，如中和反应；活化能大于 420 $kJ \cdot mol^{-1}$，反应速率非常慢，反应必须在高温下才能进行。

例如，电解质溶液中正、负离子相互作用的许多离子反应的活化能很小（小于 40 $kJ \cdot mol^{-1}$），这些反应的速率很大，实际上反应往往是瞬间或很短时间内完成的。溴乙烷的分解反应的活化能为 229 $kJ \cdot mol^{-1}$，反应速率就很慢。

3）活化能与反应热的关系

活化能的概念还可以用图 2.2 形象地来表示。

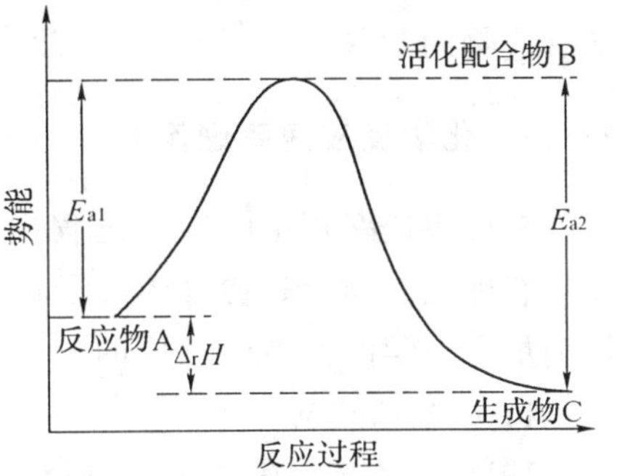

图 2.2　活化能与活化配合物

由图 2.2 所示，反应物 A 变成生成物 C 时，必须要经过一个吸收一定能量 E_a 而达到 B 的过程，只有此反应物分子的平均能量 $E_{平均}$ 高出 E_a（或大于 E_{a1}）的数值时，才能越过能峰，变成产物分子。这种能量较高的分子就称活化分子或活化配合物。同理，对于逆反应来说，生成物 C 必须吸收 E_{a2}的能量达到活化配合物 B 而后再反应生成 A。这里的 E_{a1}，E_{a2}分别叫做正、逆反应的活化能。由反应物 A 经反应后生成产物 C 这一过程，最后得的结果是有了能量的释放或吸收，即产生了化学反应热 $\Delta_r H$。所以由图 2.2 可知：

$$\Delta_r H = E_{a1} - E_{a2} \tag{2.11}$$

由此可见，可逆反应的反应热与正、逆反应的活化能有关。若正反应的活化能大于逆反应的活化能，即 $E_{a1} > E_{a2}$，则 $\Delta_r H > 0$ 为吸热反应；反之，若 $E_{a1} < E_{a2}$，则反应为放热反应，$\Delta_r H < 0$。所以 $\Delta_r H$，E_{a1}，E_{a2}三者中如果已知两者，就可求出第三者。

【例 2.5】　氨分解反应：$NH_3(g) \longrightarrow \frac{1}{2}N_2(g) + \frac{3}{2}H_2(g)$的活化能约为 300 $kJ \cdot mol^{-1}$，求合成氨反应的活化能。

解　查表　　$\frac{1}{2}N_2(g) + \frac{3}{2}H_2(g) = NH_3(g)$

$\Delta_f H^{\ominus}_{m,B}(kJ \cdot mol^{-1})$　　0　　0　　−46.11

$\Delta_r H^{\ominus}_m = -46.11\ kJ \cdot mol^{-1}$

由(2.11)式可得:$\Delta_r H = E_{a1} - E_{a2} = -46.11\ \text{kJ}\cdot\text{mol}^{-1}$

若合成氨反应为正反应,则氨分解为逆反应,

$E_{a2} \approx 300\ \text{kJ}\cdot\text{mol}^{-1}$

则
$$E_{a1} = \Delta_r H + E_{a2} \approx -46.11\ \text{kJ}\cdot\text{mol}^{-1} + 300\ \text{kJ}\cdot\text{mol}^{-1} = 254\ \text{kJ}\cdot\text{mol}^{-1}$$

作为近似估计,这里 $\Delta_r H$ 近似用 $\Delta_r H_m^{\ominus}$ 代替。所以合成氨的活化能大约为 $254\ \text{kJ}\cdot\text{mol}^{-1}$。

由(2.11)式可知,可逆反应的反应热等于正、逆反应的活化能之差。但无论正、逆反应的活化能数值大小如何,反应热 $\Delta_r H$ 值不变,$\Delta_r H$ 只取决于产物与反应物的焓差。

2.3.3 化学反应速率理论简介

在反应速率理论的发展过程中,先后形成了两个理论——碰撞理论和过渡状态理论。前者是在气体分子运动的基础上建立起来的,后者是在统计力学和量子力学的发展中形成的。

1) 碰撞理论简介

1918 年路易士在接受了阿仑尼乌斯的活化能及活化分子概念的基础上,根据气体分子运动论提出碰撞理论,是最早的反应速率理论。

然而对一般反应来说,只有很少数的碰撞能发生反应,例如,气体分子 A 与 B 的混和物,碰撞次数是个巨大的数值,其数量级为 10^{30} 次碰撞,如每次碰撞都发生反应,则所有的气体反应都成了爆炸反应。

碰撞理论接受了“有效碰撞”的观点。化学反应速率也可以表示为单位时间、单位体积内的有效碰撞数。

该理论同时进一步指出反应物分子要发生有效碰撞必须具备两个条件:

(1) 反应物分子必须具备足够大的能量。只有能量足够大的分子在碰撞时,才能以足够大的动能去克服它们价电子云之间存在的强烈的静电排斥力。同时碰撞必须有一定的延续时间,以便完成碰撞分子之间的能量交换,从而导致原有化学键的断裂和新化学键的形成。

(2) 反应物分子要定向碰撞。如果碰撞的部位不对头,没能有力地碰撞到该起反应的原子上,那么即使反应物分子具有足够大的能量,反应也不一定发生。

碰撞理论从分子运动及其内部结构的角度为化学反应提供了直观的图像,比较合理地解释了浓度、温度对反应速率的影响。但其理论模型过于简单,对反应速率本质的探讨还是比较粗浅的。

2) 过渡状态理论简介

为了克服碰撞理论的缺点,1930 年艾林提出了过渡状态理论。过渡状态理论认为:化学反应不是只通过简单的碰撞就变成产物而是要经过一个中间过渡状态,这个状态就是活化的配合物。如在 CO 和 NO_2 的反应中,当能量足够高的 NO_2 和 CO 分子碰撞之后,就形成了一种活化配合物[ONOCO],如图 2.3 所示。

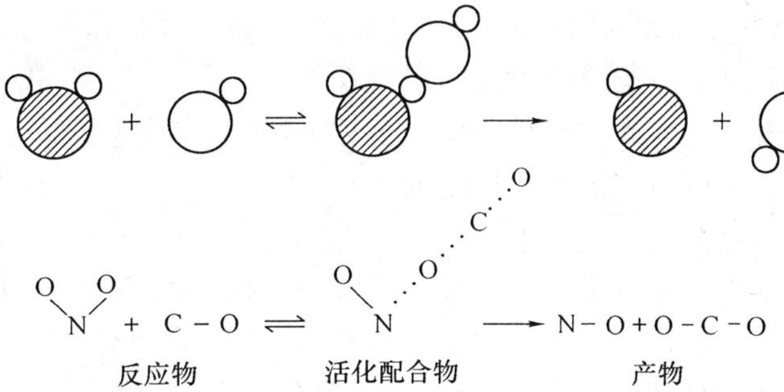

图 2.3　NO_2 和 CO 的反应过程

活化配合物中的价键结构处在原有化学键被削弱、新化学键正在形成的一种过渡状态。这种活化配合物能量较高,所以极不稳定。它可能重新变回原来的反应物(NO_2,CO),也可能分解为产物(NO,CO_2)。活化配合物分解为产物(NO+CO_2)这一步是慢步骤,它的分解速率决定了整个反应的速率,由于形成活化配合物时需要活化能,所以当活化配合物分解为产物时要放出能量。化学反应速率取决于活化配合物的浓度、活化配合物分解的百分率和速率。

过渡状态理论认为,活化配合物和始态的势能差就是活化能(如图 2.2)。用过渡状态理论计算的简单反应的活化能与阿仑尼乌斯公式中的实验活化能数值相符。

2.4　催化剂与反应速率

提高温度,可以使反应速率加快。但若盲目提高温度,不仅需要高温设备、高能耗,而且可能会发生局部过热,燃烧爆炸;生成物会在高温下分解或者发生一些副反应。另一方面有些反应即使在高温下反应速率也很慢,所以靠温度来提高反应速率就有一定的局限性。

前面已讲过,反应的活化能越低,反应速率就越快,所以提高反应速率最有效的办法就是降低反应所需的活化能。化学反应中所添加的催化剂就能降低反应的活化能。

2.4.1 催化剂和催化作用

1）催化剂

升高温度虽然能加快反应速度，但有的反应在高温下会发生副反应，有的反应产物在高温下会分解。而且高温反应设备投资大、技术复杂、能耗高。能否设法选择一条新的反应途径以达到降低反应的活化能，加快化学反应速率的目的呢？通过科学实验，人们已找到了一种行之有效的方法，就是使用催化剂。

催化剂能改变化学反应速率，而本身的组成、质量和化学性质在反应前后保持不变。其中能增加化学反应速率的催化剂称为正催化剂，而能减慢反应速率的催化剂称为负催化剂和阻化剂，如减慢橡胶、塑料老化速率的防老剂，延缓金属腐蚀的缓蚀剂等都是负催化剂。

通常所说的催化剂一般指正催化剂而言。

催化剂在自然界和工业技术上有着巨大的作用，大约有80%以上的化工产品的生产利用了催化剂。生物催化剂——酶，它是有机体内某些特定反应的高效催化剂，因此控制着所有生物机体的生命过程。

催化剂可以显著改变反应速率。在硫酸工业生产中由 SO_2 制取 SO_3 的反应，只要加入少量的 V_2O_5 做催化剂，就可以使反应速率提高1.6亿多倍。又如过氧化氢溶液在没有催化剂下可以保存几年而不分解，但一旦加入过氧化氢酶这种生物催化剂，每秒钟可促使 10^5 个分子的 H_2O_2 分解而放出氧。由此可见，催化剂可以显著提高反应速率。其原因是：催化剂虽然在反应前后的组成、化学性质没有变化，但实际上它是参与了化学反应，改变了反应历程，降低了反应的活化能，导致了反应速率的加速，只是在反应后又被“复原”了，如图2.4所示。

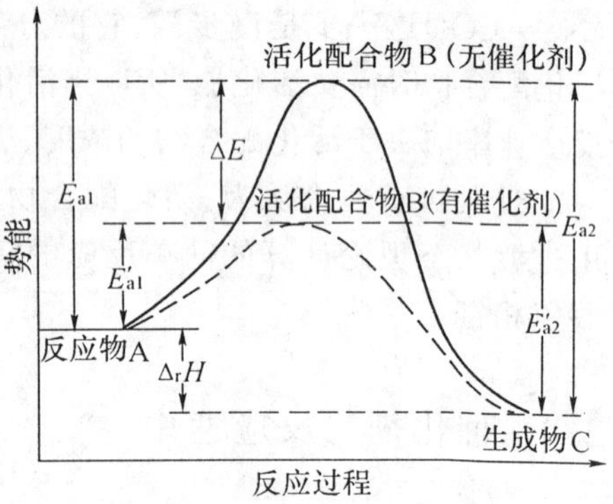

图2.4 催化剂对活化能的影响

由图2.4及表2.2可以看出，在有催化剂存在的情况下，反应沿着活化能较低的新途径进行，从而加快了反应速率。

从图2.4可以得出两个结论：① 催化反应的反应热（$\Delta_r H$）和非催化反应的反应热（$\Delta_r H$）是相同的；② 催化剂等同地降低了正逆反应的活化能（均为 ΔE），它对正、逆反应速率的影响是一样的。最明显的例子是合成氨所用的铁催化，氨分解得氢和氮也可以用相同的催化剂使之加快分解。

表 2.2 催化反应和非催化反应的活化能

反应	活化能/($kJ\cdot mol^{-1}$)		催化剂
	非催化反应	催化反应	
$2HI \longrightarrow H_2 + I_2$	184.1	104.6	Au
	184.1	58.6	Pt
$2H_2O \longrightarrow O_2 + 2H_2$	244.8	136.0	Pt
蔗糖在盐酸溶液中分解	107.1	39.3	转化酶
$2SO_2 + O_2 \longrightarrow SO_3$	251.0	62.76	Pt
$3H_2 + N_2 \longrightarrow 2NH_3$	334.7	167.4	$Fe-Al_2O_3-K_2O$

【例 2.6】 对表 2.2 中的反应 $2HI \longrightarrow H_2 + I_2$

$E_a = 184.1\ kJ\cdot mol^{-1}$，添加 Pt 催化剂后，反应活化能降低为 58.6 $kJ\cdot mol^{-1}$，在 298 K 和 598 K 时的反应速率常数变化为多少？

解 由(2.8)式可得

$$\lg\frac{k_1}{[k]} = -\frac{E_{a1}}{2.303RT} + \lg\frac{A}{[A]}$$

$$\lg\frac{k_2}{[k]} = -\frac{E_{a2}}{2.303RT} + \lg\frac{A}{[A]}$$

所以 $$\lg\frac{k_2}{k_1} = -\frac{1}{2.303RT}(E_{a2} - E_{a1}) = \frac{E_{a1} - E_{a2}}{2.303RT}$$

$T = 298$ K 时

$$\lg\frac{k_2}{k_1} = \frac{184.1\ kJ\cdot mol^{-1} - 58.6\ kJ\cdot mol^{-1}}{2.303\times 8.314\times 10^{-3} kJ\cdot mol^{-1}\cdot K^{-1}\times 298\ K}$$

$$= \frac{125.5}{5.706} = 21.994\ 4$$

$$\frac{k_2}{k_1} = 9.87\times 10^{21}$$

$T = 598$ K 时

$$\lg\frac{k_2}{k_1} = \frac{184.1\ kJ\cdot mol^{-1} - 58.6\ kJ\cdot mol^{-1}}{2.303\times 8.314\times 10^{-3} kJ\cdot mol^{-1}\cdot K^{-1}\times 598\ K}$$

$$= \frac{125.5}{11.45} = 10.960\ 7$$

$$\frac{k_2}{k_1} = 9.16\times 10^{10}$$

答：由此可见，有、无催化剂参与反应，在 598～298 K 时反应速率相差 $9.16\times 10^{10} \sim 9.87\times 10^{21}$ 倍。

2）催化剂与化学平衡

由图2.4可知，催化剂不影响产物和反应物的相对能量，没有改变反应的始态和终态。

前一章讨论过标准平衡常数与反应的标准摩尔吉布斯函数变有如下关系

$$\Delta_r G_m^{\ominus}(T) = -RT\ln K^{\ominus}$$

一个可逆反应，不论是否有催化剂存在，反应的始态和终态都是一样的，因为催化剂本身在反应前后化学组成和质量都未发生变化。因此，反应的$\Delta_r G_m^{\ominus}(T)$与催化剂是否存在无关，对指定的反应，$\Delta_r G_m^{\ominus}(T)$为定值。$\Delta_r G_m^{\ominus}(T)$不因催化剂的存在而变化，$K^{\ominus}$当然亦不改变。所以催化剂只能加快反应达到平衡的时间，而不能改变标准平衡常数和平衡状态。催化剂的使用纯属动力学问题。

催化剂的这一特征告诉我们，在某一温度下，若某一反应在热力学上是自发的，但反应极慢，则可寻找适当的催化剂来加速反应的进行。若已知热力学上不可能发生的反应，就不必再去找催化剂了。

3）催化剂的选择性

催化剂另一个重要的性质是具有特殊的选择性。催化剂的选择性（或专属性）表现在某一类反应只能用某些催化剂进行催化，对不同的反应要用不同的催化剂。另外，当化学反应从热力学的角度考虑有几个反应都可能发生时，通常一种催化剂在一定条件下只对其中某一个反应起加速作用，而对其他反应没有显著的影响。例如，乙醇的催化转化，在不同的催化剂和不同的条件下可以制得多达20余种产物。

催化剂的这种选择性，在工业上具有特别重要的意义，使人们可以有选择地得到所需要的产品。

另外，每一种催化剂都有一定的温度使用范围，所以为了最大限度地提高反应效率，必须选择反应的最佳温度。

许多催化剂在开始使用时，其活性从小到大，逐渐达到正常水平。活性稳定一段时期后，又下降直到衰老不能使用，这个活性稳定期称为催化剂的寿命。催化剂接触少量杂质（毒物）而使活性显著下降，称为催化剂中毒。若消除中毒因素后，活性仍能恢复；称为暂时中毒，否则称为永久中毒。

2.4.2 单相与多相催化反应

从催化剂降低活化能的作用方式，可分为单相催化和多相催化。

1）单相催化反应

又称为均相催化反应，其中催化剂和反应物质处于同一种聚集状态，例如都为气体或液体，但以气体为最重要。这类催化反应常用中间产物理论来解

释。催化剂分子与反应物分子发生作用，生成一种过渡性的中间化合物，而使反应分子得到活力，加速反应。例如乙醛的热分解反应

$$CH_3CHO \xlongequal{791\ K} CH_4 + CO$$

少许的碘蒸气可使乙醛热分解速率增加几千倍，反应活化能从 190 kJ·mol^{-1}降到 136 kJ·mol^{-1}。碘的催化反应历程为（乙醛与碘均为蒸气状态）

$$CH_3CHO + I_2 = CH_3I + HI + CO$$

$$CH_3I + HI = CH_4 + I_2$$

大量反应物的酸碱催化也是均相催化反应，如蔗糖在酸催化下水解为葡萄糖和果糖。

由于均相催化中催化剂本身参与反应，反应速率必然也与催化剂浓度成正比。例如酸碱催化作用中，反应速率就与氢离子浓度成正比。

2）多相催化反应

又称为非均相催化反应。大多数催化反应是多相的，催化剂一般为固体，而反应物质则是液体或气体，即反应物与催化剂处于不同相。如氮气与氢气合成氨的反应，使用固体催化剂铁与三氧化二铝、氧化钾，多相催化反应是在两相界面上，发生在与催化剂表面直接相连的单分子层中，因此催化剂的表面越大，催化效果越好。

多相催化在固体表面进行，因而往往要加入助催化剂，并且要注意防止催化剂中毒。所谓助催化剂就是指那些添加少量就能影响催化剂效能，但单独使用却无催化效能的物质，如合成氨催化剂中的 Al_2O_3 与 K_2O。所谓催化剂中毒则是指催化剂受少量物质的影响而失去催化活性的现象。

多相催化反应通常用吸附理论来解释。反应物分子被吸附于催化剂表面，由于催化剂与反应物分子中某些原子的作用而使其化学键削弱，使分子活化，降低了反应的活化能而加速反应。例如，合成氨的反应，因为氮分子中的化学键 N≡N 特别稳定，反应很难进行，反应速率极慢。如用铁做催化剂，吸附于铁表面上的 N_2 因与铁原子相互作用，N≡N 键被显著削弱或破坏，形成 N—Fe 键，再与 H_2 反应而生成 NH_3，其反应历程为

① $\frac{1}{2}N_2 + x\mathrm{Fe} \longrightarrow \mathrm{Fe}_xN$（慢反应）

② $\mathrm{Fe}_xN + \frac{1}{2}H_2 \longrightarrow \mathrm{Fe}_xNH$（快反应）

③ $\mathrm{Fe}_xNH + H_2 \rightleftharpoons \mathrm{Fe}_xNH_3 \rightleftharpoons x\mathrm{Fe} + NH_3$（快反应）

铁的存在，改变了反应历程，使合成氨反应的活化能从 334.7 kJ·mol^{-1}降低为 167.4 kJ·mol^{-1}，成为具有工业意义的反应。

2.5 化学反应的类型与应用

2.5.1 链反应

链反应是指一系列步骤中在生成产物的同时，又能产生该步骤的反应物。成"链"的反应一经开始，便可继续发生一系列的连续反应。由于在反应中又不断形成活泼的生成物，所以反应如不控制将会自发发展下去，甚至越来越快，不可收拾。

H_2 和 Cl_2 在暗处室温时反应极慢，加热或光照时反应剧烈，瞬间即可完成。此反应属于链反应，包含下列 3 个基本步骤：

(1) 链的引发　$Cl_2 \xrightarrow{光} Cl\cdot + Cl\cdot$

它是分子生成活化物的过程，可以是光、热引发，也可以是化学引发。

(2) 链的增长(传递)　$Cl\cdot + H_2 \longrightarrow HCl + H\cdot$

$H\cdot + Cl_2 \longrightarrow HCl + Cl\cdot$

一旦引发出活化的 $Cl\cdot$，$Cl\cdot$ 和 H_2 反应又产生活化的 $H\cdot$，它又能和 Cl_2 反应产生活化的 $Cl\cdot$，如此周而复始的连续下去。据估计一个 $Cl\cdot$ 往往能循环反应生成 $10^4 \sim 10^6$ 个 HCl 分子。

(3) 链的终止　$Cl\cdot + Cl\cdot \longrightarrow Cl_2$ 或 $H\cdot + H\cdot \longrightarrow H_2$

活化的原子变成分子后，链反应就会中止。式中 $Cl\cdot$ 和 $H\cdot$ 旁的黑点，表示自由原子 Cl 和 H 具有一个未成对电子。

链反应中链的引发和链的传递过程都能加快链反应的速率，而链的中止却减慢链反应速率。可采用增减作用物或杂质的浓度来控制反应的速率。此外，容器的形状、压力及温度对反应速率亦有很大的影响。

橡胶、塑料及其他高聚物的聚合，石油的热裂，烃的氧化，燃烧和爆炸反应都属于链反应。

2.5.2 多相反应

对于多相反应(如气—固、气—液、固—液相反应)来说，反应总是在相和相间的界面上进行的，只有少数多相反应主要发生在不同的相中，所以多相反应多由扩散、吸附和化学反应等步骤组成。如固体表面进行的气体反应，可分为 5 步：

(1) 气体分子扩散到固体表面；

(2) 气体分子被吸附在固体表面；

(3) 被吸附物质在固体表面上进行化学反应；

(4) 生成物从固体表面解脱吸附(称解吸);

(5) 生成物分子通过扩散离开固体表面。

前两步是为第 3 步反应创造条件,后两步的作用是更新反应面,为进一步反应做好准备,如此周而复始。因此,反应物分子在相内的移动(如扩散)速率及其在相界面聚集、吸附与脱离(解吸)的速率亦影响多相反应的速率。

多相反应的速率还和彼此作用的相之间的接触面大小有关。例如,在生产上常把固体物质破碎成小颗粒或磨成粉末,将液态物质淋洒成线流、滴流或喷成雾状的微小液滴,以增大相间的接触面,提高反应速率。由此不难理解"沸腾"的煤粉比煤块烧得快,鼓风可使炉火烧得更旺的原因。

碳的燃烧是气体与固体反应中最常见的一种类型

$$C(s)+O_2(g)\!=\!=\!=CO_2(g)$$

因为反应只在碳的表面上进行,碳的浓度(即密度)保持不变,是一定值,因此该反应的速率方程为

$$v=kc(O_2)$$

即在一定条件下,多相反应的反应速率仅和与固体起反应的气体或溶液中反应物的浓度有关。

多相反应在工程技术上有很重要的意义。例如,钢的氧化、金属在酸中的溶解、用酸浸提矿石、矿石的烧结和水泥制造、用硫酸加工石油制品、金属和合金的腐蚀以及固体燃料的燃烧等均属于多相反应。

2.5.3 爆炸反应

一般爆炸反应分为两类。

1) 热爆炸反应

当一放热反应在无法散热情况下进行时,反应热将使系统温度剧烈上升,而温度又使反应速率按指数规律上升。这种循环很快,使反应在短时间内放出大量热而发生爆炸。

2) 支链爆炸反应

当一个链反应的自由基原子销毁速率不够高时,自由基浓度按指数上升,反应链数目剧烈增加,总反应速率加快,这种循环使系统在短时间内释放大量的反应热而产生爆炸。例如 H_2 和 O_2 爆鸣气的爆炸就是这种原因。很多可燃性气体,在空气中的含量达到一定限度时,经点燃,就会产生爆炸,因此在使用这些气体时,应当十分注意,以免发生事故。表 2.3 列出一些工业上常见气体的爆炸界限。

表 2.3 可燃气体在空气中的爆炸上、下限(体积%)

可燃气体	爆炸界限	可燃气体	爆炸界限
H_2	4～74	C_2H_4	3.0～29
CO	12.5～74	C_2H_2	2.5～80
CS_2	1.25～44	C_6H_6	1.4～9.5
NH_3	16～27	C_2H_5OH	4.3～19
CH_4	5.3～14	$(C_2H_5)_2O$	1.9～48

许多可燃气体,在空气中都可能爆炸,了解它们的爆炸界限,对于科研、生产乃至生活都是很有价值的。

2.5.4 光化学反应

在光的作用下进行的化学反应统称为光化学反应。因为光化学反应与电磁辐射和物质的相互作用有关,所以它处于化学与物理的交叉点。因此在讨论光化学反应时,也必须考虑物理过程,例如光的吸收和发射,这个过程不包括严格的化学变化。

光化学反应中常用的波长范围在 $10^{-6}\sim10^{-8}$ m。相对于光化学,以前学过的是热化学,以后还将学电化学。光化学反应与热化学反应有以下区别:

(1) 热化学反应所需的活化能,来自反应分子的热碰撞。而光化学反应所需的活化能来源于辐射的光子能量,光化学反应的活化能一般较小,通常是 30 $kJ\cdot mol^{-1}$。

(2) 在恒温恒压下,热化学自发反应总是使系统的吉布斯函数降低。但对光化学反应而言,大部分系统的吉布斯函数是增加的。如在光的作用下氧转变为臭氧,氨的分解、植物将 CO_2 和 H_2O 合成碳水化合物并放出氧气等都是吉布斯函数增加的例子。

(3) 热化学反应速率受温度的影响较大,而光化学反应受温度影响较小,有时甚至反应速率与温度无关。例如荧光是一种可见的化学冷光,它的产生不是由于物质温度的提高,而是由一种称为荧光素的蛋白质衍生物在空气中起氧化作用所致。

光化学反应和热化学反应的相同点,在于它们都可以应用反应分子中电子的再结合来解释化学反应以及反应中基团的立体化学效应会影响反应速率。

事实上,多数光化学反应的初级步骤是分子吸收光子后解离为原子或更简单分子,也可能解离为自由基,然后再进行一系列反应。

2.5.5 钢铁在高温时的反应

1）钢铁在高温时的氧化

在锻压、铸造、热处理和焊接等各种热加工工艺中，金属和设备常处于高温状态。

钢铁在高温时与气体介质中的氧化剂发生作用，产生氧化物。如不挥发则将覆盖在金属表面，金属氧化膜如果是不完整、疏松的，则金属的化学腐蚀将继续进行。如果生成的氧化膜完整致密，则气体介质不易扩散透过，因而可阻止金属继续氧化而起保护作用。

另外，膜的热稳定性越大其保护性越好。Al，Cr，Si 等形成的氧化物 Al_2O_3，Cr_2O_3，SiO_2 等热稳定性很高，是高温耐热合金元素。钼、锇等金属在高温时形成的氧化物是挥发性的，故没有保护性。

钢铁在 423 K 以下与空气中的氧不易发生作用，但温度升高，氧化速率将随之增加。在低于 843 K 时生成 Fe_3O_4 氧化层，当高于 843 K 时，生成 FeO 氧化层。Fe_3O_4 氧化层结构致密，具有保护作用。

温度升高，Fe_3O_4 氧化层转变成 FeO 氧化层，而 FeO 的结构疏松，故温度越高，钢铁氧化腐蚀速率越快。

二氧化碳和水蒸气也能使钢铁氧化：

$$Fe(s) + H_2O(g) \longrightarrow FeO(s) + H_2(g)$$

$$Fe(s) + CO_2(g) \longrightarrow FeO(s) + CO(g)$$

故常把 O_2，H_2O，CO_2 等称为氧化性气体，选择适当的工艺条件，利用 CO_2，$H_2O(g)$等气体介质的氧化性，可在钢铁表面形成致密的 Fe_3O_4 膜（气相发蓝或发黑工艺）。

铸铁含碳超过 2%，气体介质可沿着石墨夹杂物及细微裂缝进入铸铁而发生内部氧化，整个体积将增加，结果导致铸件机械强度大大下降。

2）钢铁在高温时的氢蚀

氢扩散渗入金属内部，使金属产生脆性，机械强度急剧下降，并导致开裂。常将这种氢的腐蚀破坏作用称氢蚀或氢脆。

通常气态氢对钢铁不起作用，但在高温和高压时将在表面渗氢而发生氢蚀。另外，在高温时水蒸气与钢铁作用，产生的氢原子也能渗入钢铁内部。

$$H_2O(g) + Fe(s) \longrightarrow FeO(s) + 2[H]$$

氢或原子氢进入金属内部后沿晶粒边界扩散并和渗碳体（Fe_3C）中的碳发生反应：

$$Fe_3C(s) + 4[H] \longrightarrow 3Fe(s) + CH_4(g)$$

生成的甲烷气体积聚在晶粒边界而产生内应力，使钢铁强度下降。扩散至金属内部的原子氢在晶界和金属缺陷处变成氢分子而析出，也将产生氢脆及开裂。

3) 钢铁在高温时的脱碳

钢铁中的碳或渗碳体(Fe_3C)和气体介质(O_2，CO_2，$H_2O(g)$等)反应：

$$Fe_3C(s) + O_2(g) \longrightarrow 3Fe(s) + CO_2(g)$$

$$Fe_3C(s) + H_2O(g) \longrightarrow 3Fe(s) + CO(g) + H_2(g)$$

$$Fe_3C(s) + CO_2(g) \longrightarrow 3Fe(s) + 2CO(g)$$

生成的气体产物逸出金属。邻近的未反应的金属层中的碳扩散至反应区，最后使某些金属层缺碳(或脱碳)，这是钢铁的一种重要气体腐蚀类型，它会导致钢铁表面硬度和疲劳极限的下降，因此危害很大。

脱碳的原因是在超过 1 073 K 时，碳和氧的亲和力大于铁和氧的亲和力，此时 O_2，H_2O，CO_2 等氧化性介质往往先与 Fe_3C 作用形成脱碳层，然后再与铁形成氧化层。所以，在钢铁的氧化层下面常常有一层脱碳层，加热温度和气体介质的成分对脱碳影响极大。由于脱碳为可逆反应，故介质中 O_2，H_2O，CO_2 等氧化性气体含量越多，H_2，CO 等还原性气体含量越少，则钢铁脱碳越多。另外，加热时间愈长，温度愈高，脱碳层将愈深。

复习思考题

1. 区别下列概念：

(1) 反应速率与速率常数；(2) 活化分子与活化配合物；(3) 基元反应与非基元反应。

2. 用反应进度表示反应速率有何优越性？

3. 影响反应速率的因素有哪些？举例说明。

4. 反应速率常数的量纲与什么有关？有什么关系？能用何公式表示？

5. 什么叫活化能？它与反应速率关系如何？

6. 什么叫反应级数？哪一级反应速率与浓度无关，举例说明。

7. 温度与速率常数的关系式同温度与平衡常数的关系式有何异同？

8. 试解释温度对反应速率的影响比浓度对反应速率的影响大得多。

9. 催化剂为什么能加快反应速率？

10. 什么叫链反应？它一般分几步，举例说明。

11. 什么叫光化学反应？它与热化学反应有何异同点？

12. 举例说明钢铁在高温时的氧化、氢蚀与脱碳。

习　题

1．设有反应，$A + 3B = 2E$

计算该反应在刚开始生成 1 mol E 物质时的反应进度。

2．从古墓中取得一木制品，将其边料燃烧，并分析燃烧产物 CO_2 中的 $\frac{^{14}_{6}C}{^{12}_{6}C}$ 比值为现有木材的 0.748 倍，问此古墓距今多少年？（已知 $^{14}_{6}C$ 的半衰期为 5 720 a）

3．在 673 K 时，反应 $CO + NO_2 \xlongequal{} CO_2 + NO$ 的速率常数为 $5 \times 10^{-4} m^3 \cdot mol^{-1} \cdot s^{-1}$，对 CO 和 NO_2 来说，都是一级反应，计算：

（1）反应的总级数；（2）当 $c(CO) = 25\ mol \cdot m^{-3}$，$c(NO_2) = 40\ mol \cdot m^{-3}$ 时，反应速率是多少？

4．某一反应的活化能 $E_a = 117.15\ kJ \cdot mol^{-1}$，在何温度时该反应的反应速率是 400 K 时的两倍？

5．下列基元反应在密闭容器中进行：

$$2NO + O_2 \xlongequal{} 2NO_2$$

试求：（1）反应物初始浓度为 $c(NO) = 300\ mol \cdot m^{-3}$，$c(O_2) = 200\ mol \cdot m^{-3}$ 时的反应速率；

（2）恒温下，增加反应物浓度使其达到 $c(NO) = 600\ mol \cdot m^{-3}$，$c(O_2) = 1\ 200\ mol \cdot m^{-3}$ 时的反应速率，它是（1）中正反应速率的多少倍；

（3）若保持温度不变，增加压力到原来的 4 倍，其正反应速率将如何变化？

6．松节油萜的消旋作用是一级反应，在 457.6 K 和 510.1 K 时，其速率常数分别为 $2.2 \times 10^{-5} min^{-1}$ 和 $3.07 \times 10^{-3} min^{-1}$，求其活化能。

7．实验测得某反应在 573 K 时速率常数为 $2.41 \times 10^{-10} s^{-1}$，在 673 K 时速率常数为 $1.16 \times 10^{-6} s^{-1}$。求此反应的活化能 E_a 和 A 值。

8．在 1 073 K 时，对下列反应：

$$2NO + 2H_2 \xlongequal{} N_2 + 2H_2O$$

进行了反应速率的测定，有关数据如下表：

实验标号	起始浓度/$(mol \cdot m^{-3})$		起始反应速率 v /$(mol \cdot m^{-3} \cdot s^{-1})$
	$c(NO)$	$c(H_2)$	
1	6.00	1.00	3.19
2	6.00	2.00	6.36
3	6.00	3.00	9.56
4	1.00	6.00	0.48
5	2.00	6.00	1.92
6	3.00	6.00	4.30

(1) 写出该反应的速率方程式；

(2) 计算该反应在 1 073 K 时的速率常数 k；

(3) 当 $c(NO) = 2.00\ mol \cdot m^{-3}$，$c(H_2) = 3.00\ mol \cdot m^{-3}$时，计算该反应在 1 073 K 时的反应速率。

9. 乙醛的分解反应如下式：

$$CH_3CHO(g) = CH_4(g) + CO(g)$$

对该反应进行了反应速率测定，数据如下表：

实验标号	起始浓度/$(mol \cdot m^{-3})$ $c(CH_3CHO)$	起始反应速率 v /$(mol \cdot m^{-3} \cdot s^{-1})$
1	100	20
2	200	81
3	300	182
4	400	318

(1) 该反应对乙醛是几级；

(2) 计算反应速率常数 k；

(3) $c(CH_3CHO) = 250\ mol \cdot m^{-3}$时的反应速率。

10. 某温度下，反应 $2HCrO_4^- + 3HSO_3^- + 5H^+ = 2Cr^{3+} + 3SO_4^{2-} + 5H_2O$ 的反应物浓度与反应速率关系的数据如下表：

实验标号	反应物浓度/$(mol \cdot m^{-3})$			起始反应速率 v /$(mol \cdot m^{-3} \cdot min^{-1})$
	$c(HCrO_4^-)$	$c(HSO_3^-)$	$c(H^+)$	
1	100	100	1.00×10^{-2}	2.00×1.0^{-2}
2	200	100	1.00×10^{-2}	4.00×1.0^{-2}
3	100	200	1.00×10^{-2}	8.00×1.0^{-2}
4	100	100	2.00×10^{-2}	4.00×1.0^{-2}

(1) 写出反应的速率方程式。

(2) 反应物的反应级数各为多少？

(3) 反应的总反应级数是多少？

(4) 计算速率常数 k。

(5) 当 $c(HCrO_4^-) = 250\ mol \cdot m^{-3}$，$c(HSO_3^-) = 250\ mol \cdot m^{-3}$，$c(H^+) = 1.50 \times 10^{-2} mol \cdot m^{-3}$时，计算反应的瞬时速率。

11. 根据下面的反应机理：

$$Ce^{4+} + Mn^{2+} = Ce^{3+} + Mn^{3+}$$

$$Ce^{4+} + Mn^{3+} = Ce^{3+} + Mn^{4+}$$

$$Tl^{+} + Mn^{4+} = Tl^{3+} + Mn^{2+}$$

(1) 写出总反应式；(2) 总反应中哪种离子为催化剂。

12. 在 301 K 时，鲜牛奶约 4 h 变酸，但在 278 K 的冰箱内，鲜牛奶可保持 48 h。设在该条件下牛奶变酸的反应速率与变酸时间成反比，试估算在该条件下牛奶变酸反应的活化能。

13. 某反应的活化能 $E_a = 1.14 \times 10^5\ J \cdot mol^{-1}$。在 600 K 时，$k_1 = 7.5 \times 10^{-4}\ m^3 \cdot mol^{-1} \cdot s^{-1}$，计算 700 K 时的 k_2。

14. 781 K 时，$H_2(g) + I_2(g) \xlongequal{} 2HI(g)$ 的速率常数 $k = 1.6 \times 10^{-4} m^3 \cdot mol^{-1} \cdot s^{-1}$，初始浓度 $c(H_2) = 40\ mol \cdot m^{-3}$，$c(I_2) = 50\ mol \cdot m^{-3}$，已知两反应浓度都与反应速率有关。求：

(1) 反应的级数；

(2) 反应系统中体积增加到原来的 3 倍时的初速是多少？若系统中压力增加到原来的 3 倍时，初速又是多少？

15. 对于反应 $C(s) + CO_2(g) = 2CO(g)$；$\Delta_r H_m^{\ominus} = 172.5\ kJ \cdot mol^{-1}$，填充下表：

	$k_正$	$k_逆$	$v_正$	$v_逆$	平衡移动方向
增加总压力					
升高温度					
加入催化剂					

16. 在没有催化剂存在时，$2SO_2(g) + O_2(g) \xlongequal{} 2SO_3(g)$ 的活化能为 $251.0\ kJ \cdot mol^{-1}$，当有 Pt 催化剂存在时，该反应的活化能降低到 $62.76\ kJ \cdot mol^{-1}$，计算在 298 K 时此两种反应速率的比值。

17. 根据实验结果，在高温时焦炭中碳与二氧化碳的反应为 $C + CO_2 \xlongequal{} 2CO$，其活化能为 $167.36\ kJ \cdot mol^{-1}$。计算自 900 K 升高到 1 000 K 时，反应速率的变化。

3 溶液中的离子平衡

3.1 分散系统概述

一种物质或几种物质被分散成细小粒子，分散在另一种物质中所组成的整个系统叫做分散系统。分散系统中被分散的物质称为分散质或分散相(如溶质)；另一种物质称为分散介质或分散剂(如溶剂)。

根据分散质的粒子直径或分散程度大小，常将分散系统分为溶液、胶体和浊液3类，如表3.1所示。

表3.1 各种分散系统分类

分类	溶液	胶体	浊液
粒子直径/nm	0.1～1	1～100	>100
系统性质	单相系统 分散为单个分子或离子	多相系统 分散为许多分子聚集成的粒子	多相系统 分散为显微镜可观察甚至肉眼可见的粒子

溶液中分散质通常为单个分子或离子，但对一些原子数目很多、相对分子质量很大的高分子物质，例如蛋白质、纤维、橡胶等，虽不是胶体，但由于高分子本身是很大的粒子，与胶体有不少相似的地方，因此高分子物质溶液也具有胶体的某些特征。

3.1.1 浊液

浊液是分散质以微小粒子(粒子直径>100 nm)分散在液体物质中形成的分散系统，系统呈混浊状态。浊液包括悬浊液和乳浊液，悬浊液的分散质为固态粒子，如混浊的黄河水；乳浊液的分散质为与分散剂互不相溶的液态粒子，如牛奶等。浊液是不稳定的多相系统。

3.1.2 胶体

胶体是指粒子直径为1～100 nm的分散系统。胶体粒子比分子或离子大得多，每个粒子是由许多分子聚集而成，例如硅酸溶胶、氢氧化铁溶胶等。由于胶体体系是高度分散的多相系统，胶体分散质的粒子较小，因此它具有一系列特性。例如胶体能产生丁铎尔光学效应;具有布朗运动的动力学性质;在电场作用下胶体产生电泳现象等。

在生产和科研中常常需要形成稳定的胶体。从热力学角度看,胶体系统分散程度高,颗粒小,表面积大,有巨大的表面能,有自动聚结的趋势,属热力学不稳定系统。但由于胶体粒子的表面积大,其表面可以选择性地吸附某种离子而带电:吸附正离子的胶粒带正电(如 AgI 溶胶在 Ag^+ 过量的系统中),吸附负离子的胶粒带负电(如 AgI 溶胶在 I^- 过量的系统中)。由于整个溶液是电中性的,因此溶液中应有等量的相反电荷离子存在,带电胶粒又能吸附溶液中等量的相反电荷离子,形成双电层结构。根据双电层理论,由于吸附层中离子的极化作用,在胶粒周围形成水化层,这层水化层阻止胶粒聚集。而且胶粒本身都带有相同符号的电荷,静电相斥有效地阻止胶粒聚集成较大粒子而沉降。胶体系统分散程度大,分散质粒子小,布朗运动强,阻止了由于重力作用引起的下沉,形成均匀分散的稳定系统,因此胶体系统又属于动力学稳定系统。胶体溶液可以保持数月、数年甚至更长的时间都不会沉降,例如法拉第制备的金溶胶放置了几十年才沉降下来。

胶体溶液的稳定性是相对的,有条件的。一旦稳定条件被破坏,胶体粒子就合并长大,沉降下来,这一过程称为聚沉。常用的聚沉方法有以下 3 种:加电解质、相反电荷的溶胶相混合、加热。

1) 电解质的聚沉作用

加入电解质是使胶体聚沉的最主要方法,极少量的电解质即可引起溶胶聚沉。这是因为电解质加入后,与胶体粒子电荷相反的外加离子也能进入吸附层,减少甚至中和了胶粒所带的电荷,因此胶粒之间的静电排斥力减弱。当胶粒相互碰撞,由于胶体的热力学不稳定性,胶粒相互聚集成大粒子,迅速聚沉。研究发现,电解质聚沉能力的大小主要取决于与胶体粒子电荷相反的离子的价态,而与离子的种类无关。离子价态越高,聚沉能力越大;同价离子的聚沉能力基本相同。

2) 溶胶的相互聚沉

带相反电荷的溶胶以适当比例混合时,会发生聚沉。只有当两种胶体粒子所带的电荷总量相等时才能完全聚沉,否则可能聚沉不完全,甚至不聚沉。例如江水、河水的净化,常用的净化剂是明矾[$KAl(SO_4)_2 \cdot 12H_2O$],溶于水后生成带正电的 $Al(OH)_3$ 溶胶,而江水、河水中含有的悬浮粒子一般带负电荷,两者相互聚沉,加上 $Al(OH)_3$ 溶胶的强吸附作用使杂质一起沉降,使水变澄清,达到净化水的目的。

3) 加热

几乎所有的吸附反应都是放热反应,因此升高温度有利于被吸附离子的解吸,从而降低了胶粒所带的电荷,静电斥力减小,胶粒易于聚结;同时由于加热加速了胶粒的运动速率,因而胶粒相互碰撞的次数增加,有利于胶体的聚沉。

3.1.3 溶液

溶液是指一种物质以单个分子或离子(粒子直径<1 nm)均匀地分散在另一种物质中形成的均匀单相系统。通常将含量较多的物质称为溶剂,含量较少的物质称为溶质。溶液具有高度的稳定性。溶液并不限于液体状态,任何聚集状态都可以组成溶液。例如,“空气”是由氮、氧、二氧化碳、氩和少量其他稀有气体混合组成的气态溶液;“镍币”是镍和铜混合组成的合金固体溶液。通常所说的溶液是指液态溶液,而且多为水溶液。

1) 溶液浓度的表示

通常将一定量的溶剂或溶液中所含溶质的的量称为溶液的浓度,常用的表示方法有如下几种。

(1) 物质的量浓度 c_B

溶质B的物质的量除以溶液的体积,即

$$c_B = \frac{n_B}{V} \tag{3.1}$$

式中:n_B 为溶质B的物质的量;

V 为溶液的体积;

c_B 为物质的量浓度,SI单位为 $mol \cdot m^{-3}$,常用的单位为 $mol \cdot dm^{-3}$ 或 $mol \cdot L^{-1}$。

(2) 质量摩尔浓度 b_B

溶质B的物质的量除以溶剂A的质量,即

$$b_B = \frac{n_B}{m_A} \tag{3.2}$$

式中:n_B 为溶质B的物质的量;

m_A 为溶剂A的质量;

b_B 为质量摩尔浓度,SI单位为 $mol \cdot kg^{-1}$。

(3) 质量浓度 ρ_B

溶质B的质量除以溶液的体积,即

$$\rho_B = \frac{m_B}{V} \tag{3.3}$$

式中:m_B 为溶质B的质量;

V 为溶液的体积;

ρ_B 又称为密度,SI单位为 $kg \cdot m^{-3}$,其常用的单位为 $kg \cdot L^{-1}$,$g \cdot cm^{-3}$。

(4) 质量百分比浓度 $m_B\%$

溶质B的质量 m_B 除以溶液的质量 m，即

$$m_B\% = \frac{m_B}{m} \times 100\% \tag{3.4}$$

(5) 摩尔分数 x_B

溶液中任一组分B的物质的量 n_B 除以溶液的物质的量 n，即

$$x_B = \frac{n_B}{n} = \frac{n_B}{\sum n_i} \tag{3.5}$$

式中 $\sum n_i$ 为溶液中所有物质的物质的量的总和。x_B 是量纲为1的量，SI单位为1。

(6) 比例浓度

溶质B的体积与溶剂A的体积之比，实验室常用此进行溶液的配制。例如1∶1盐酸是指用市售浓盐酸（含HCl 38%，12 mol·L^{-1}）和水按体积比1∶1配制，这样的溶液最容易配制。

2) 非电解质稀溶液的依数性

溶液按溶质不同可分为电解质溶液（如NaCl溶液）和非电解质溶液（如蔗糖水溶液），电解质是指在水溶液中或熔融状态下能导电的物质，不能导电的物质称为非电解质。按溶质相对含量不同又可分为稀溶液和浓溶液。溶液的性质，按其和溶质的关系而言，可分为两类。一类是与溶质的本性有关，如溶液的颜色、密度、导电能力、体积的变化等；另一类是与溶质的本性无关，只和溶液中溶质的质点数有关。在非电解质稀溶液中溶液的蒸气压比纯溶剂的蒸气压降低、溶液的沸点比纯溶剂的沸点升高、溶液的凝固点比纯溶剂的凝固点降低，以及在溶液和纯溶剂之间产生渗透压，这些性质只与溶液中溶质的质点数有关，而与溶质的本性无关，称为稀溶液的依数性，又称为稀溶液的通性。

稀溶液的这些性质在工农业生产、科学研究、日常生活中均有非常广泛的应用。工业上用的干燥剂，如五氧化二磷（P_2O_5）、氯化钙（$CaCl_2$）和浓硫酸（H_2SO_4）等，这些物质本身具有强吸水性，易吸收空气中的水分，形成"溶液"，由于溶液的蒸气压比空气中水蒸气的分压小，从而使空气中的水分源源不断地进入"溶液"，起到干燥的作用。在科学研究中，常利用稀溶液沸点升高和凝固点降低的规律来测定非电解质物质的摩尔质量。在有机合成中，常用测定熔点、沸点的方法来检验有机化合物的纯度，因为含杂质化合物的熔点比纯化合物低，沸点比纯化合物高。工业上用的抗冻剂、致冷剂也是溶液凝固点下降规律的具体应用。如在寒冷的冬季，往往在汽车、坦克等的水箱中加入适量的甘油或乙二醇（抗冻剂），可降低水的凝固点，保持汽车、坦克等能正常运行；日常生活中，利用溶液凝固点下降的规律，通过撒盐降低雪的熔点，以促进积雪

的溶解。渗透现象在自然界中广泛存在，而且在动植物生命过程中起着非常重要的作用。例如植物就是靠渗透压将土壤中的水分和养分输送到茎、叶等部分。在正常情况下，人体血液的渗透压约为 780 kPa，红细胞内的渗透压与它周围血浆的渗透压是相等的，它们是等渗溶液。因此在向血液中注射溶液时，也必须用等渗溶液，如 0.9% 的生理盐水。

3）电解质溶液

前面讨论了难挥发非电解质稀溶液具有蒸气压下降、沸点升高、凝固点降低以及一定的渗透压等依数性，但对于电解质溶液，实验测得的依数性均比理论计算值大。这种现象表明，在电解质溶液中的粒子数明显多于同浓度的非电解质溶液。1887 年物理化学家阿仑尼乌斯根据电解质溶液对依数性的反常行为和电解质水溶液能导电的现象，提出了解离理论（1903 年阿仑尼乌斯因其解离理论对化学发展所做的特殊贡献而获得诺贝尔化学奖）。他认为电解质在水溶液中能部分解离成带电荷的正、负离子，在离子和未解离分子之间建立解离平衡。阿仑尼乌斯的解离理论对研究电解质溶液的性质做出了巨大的贡献。电解质按其在水溶液中导电性的强弱，大体上可分为强电解质和弱电解质，阿仑尼乌斯理论对弱电解质溶液，至今仍旧适用，但对强电解质溶液并不适用，说明人们总是在实践中不断深化对客观规律的认识。

强电解质就其结构而言，是离子型化合物（如 KCl，NaCl 等固体盐类）或具有强极性键的共价化合物（如 HCl，HNO_3 等），在水溶液中完全解离成正、负离子而没有分子存在。但实验测得，很多强电解质即使在稀溶液中也并非全部以离子状态存在。如 1 $mol \cdot kg^{-1}$ KCl 溶液在 298.15 K 时，只有 86% KCl 以离子状态存在，其余 14% 的 KCl，则是以离子对 $K^+ \cdot Cl^-$ 的形式存在于溶液中。为什么会出现这种情况呢？

1923 年德拜（Debye P J W）和休格尔（Hückel E）提出了强电解质的离子互吸理论。他们认为强电解质在溶液中全部解离成正、负离子，在正、负离子之间存在着比较强的相互吸引、相互牵制作用。由于强电解质溶液中离子浓度一般较大，离子间静电引力作用显著。静电引力作用使每一个离子周围吸引着一定数量的带相反电荷的离子，形成了某一离子被相反电荷离子包围着的“离子氛”（ion atmosphere），甚至聚结成为一种离子缔合体。由于“离子氛”的存在，离子受到相反电荷离子的牵制，不能完全自由独立地运动，使得单位体积溶液内的离子数比完全解离时的离子数要少，因而表现出似乎没有完全解离，实验测得的解离度也就小于 100%。但这个解离度并不代表强电解质实际的解离百分率，所以称之为“表观解离度”。

由于溶液中离子间的相互作用，使得溶液中离子实际发挥作用的浓度要小于溶液中离子的真实浓度，这种离子实际发挥作用的浓度称为活度（又称为

有效浓度)。用符号 a 表示。正、负离子的活度与浓度的关系为

$$a_+ = \gamma_+ b_+, a_- = \gamma_- b_- \tag{3.6}$$

式中：γ_+，γ_- 分别为正、负离子的活度系数，通常小于 1；b_+，b_- 分别为正、负离子的质量摩尔浓度。

由于电解质溶液中正、负离子总是同时存在，因此无法用实验测得单种离子的活度，引入平均活度 $a_\pm$。

$$a_\pm = \gamma_\pm b_\pm \tag{3.7}$$

式中：$\gamma_\pm$ 为离子平均活度系数，$b_\pm$ 为离子平均质量摩尔浓度。

在 25 ℃极稀水溶液中，平均活度系数 $\gamma_\pm$ 的计算公式为

$$\lg\gamma_\pm = -A\left|Z_+ Z_-\right|\sqrt{I} \tag{3.8}$$

(3.8)式也称为德拜-休格尔极限公式。式中 A 取 $0.509(\mathrm{mol^{-1}\cdot kg})^{1/2}$；$Z_+$，$Z_-$ 为正、负离子的电荷数；I 为离子强度(ionic strength)，其定义为

$$I = \frac{1}{2}\sum b_i Z_i^2 \tag{3.9}$$

式中 b_i，Z_i 分别为溶液中第 i 种离子的质量摩尔浓度和电荷数。

对于化学式为 A_xB_x 的强电解质溶液，平均质量摩尔浓度 $b_\pm$ 的计算公式为

$$b_\pm = (x^x \cdot y^y)^{\frac{1}{x+y}} b \tag{3.10}$$

【例 3.1】 在 25 ℃时，计算 $0.01\ \mathrm{mol\cdot kg^{-1}}$ $CuSO_4$ 溶液中，离子的平均活度系数和平均活度。

解 溶液中有 Cu^{2+} 和 SO_4^{2-}

$b(Cu^{2+}) = b(SO_4^{2-}) = 0.01\ \mathrm{mol\cdot kg^{-1}}$，

$Z(Cu^{2+}) = 2, Z(SO_4^{2-}) = -2$

根据(3.9)式得
$$\begin{aligned} I &= \frac{1}{2}\sum b_i Z_i^2 \\ &= \frac{1}{2}(0.01\times 2^2 + 0.01\times(-2)^2)\mathrm{mol\cdot kg^{-1}} \\ &= 0.04\ \mathrm{mol\cdot kg^{-1}} \end{aligned}$$

根据德拜-休格尔极限公式(3.8)得

$$\begin{aligned} \lg\gamma_\pm &= -A\left|Z_+ Z_-\right|\sqrt{I} \\ &= -0.509(\mathrm{mol^{-1}\cdot kg})^{\frac{1}{2}} \times \left|2\times(-2)\right| \times \sqrt{0.04\ \mathrm{mol\cdot kg^{-1}}} \\ &= -0.407 \end{aligned}$$

所以，$\gamma_\pm = 0.392$

由(3.10)式得 $b_\pm = (x^x \cdot y^y)^{\frac{1}{x+y}} b$

$$= (1^1 \cdot 1^1)^{\frac{1}{1+1}} b$$
$$= b = 0.01\ \text{mol} \cdot \text{kg}^{-1}$$

所以，

$$a_{\pm} = \gamma_{\pm} \cdot b_{\pm} = 0.392 \times 0.01\ \text{mol} \cdot \text{kg}^{-1} = 3.92 \times 10^{-3}\ \text{mol} \cdot \text{kg}^{-1}$$

答：离子的平均活度系数为 0.392，平均活度为 3.92×10^{-3} mol·kg^{-1}。

弱电解质（如 HAc，$NH_3 \cdot H_2O$）等在水溶液中只部分解离，绝大部分仍以未解离的分子状态存在。在溶液中，始终存在着已解离的离子和未解离的分子之间的平衡，这种平衡叫解离平衡，若溶液中存在两个以上的相，则属于多相离子平衡，如难溶化合物在水中的溶解平衡。此外在水溶液中还存在配合物的配位平衡以及氧化还原平衡等，这类化学平衡无论在理论上还是在实际应用上都十分重要。因此，本章着重讨论水溶液中的离子平衡。

3.2　弱电解质的解离平衡

3.2.1　一元弱酸（碱）的解离平衡

1）标准解离平衡常数

一元弱酸如醋酸、氢氰酸等，在水溶液中存在着下列平衡：

$$HAc(aq) + H_2O(l) \rightleftharpoons H_3O^+(aq) + Ac^-(aq)$$

常简写为 $HAc(aq) \rightleftharpoons H^+(aq) + Ac^-(aq)$

根据化学平衡原理，其标准解离平衡常数（standard dissociation equilibrium constants）为

$$K_a^{\ominus} = \frac{\{c(H^+)/c^{\ominus}\} \cdot \{c(Ac^-)/c^{\ominus}\}}{c(HAc)/c^{\ominus}} = 1.76 \times 10^{-5}$$

式中 $K_a^{\ominus}$ 为弱酸的标准解离平衡常数，简称解离常数；$c(H^+)$，$c(Ac^-)$分别为平衡时 H^+，Ac^- 的物质的量的浓度；$c(HAc)$为平衡时未解离的 HAc 的物质的量的浓度。

弱碱的标准解离常数用 $K_b^{\ominus}$ 表示，例如一元弱碱氨水溶液中存在下列平衡：

$$NH_3(aq) + H_2O(l) \rightleftharpoons NH_4^+(aq) + OH^-(aq)$$

$$K_b^{\ominus} = \frac{\{c(NH_4^+)/c^{\ominus}\} \cdot \{c(OH^-)/c^{\ominus}\}}{c(NH_3)/c^{\ominus}} = 1.77 \times 10^{-5}$$

解离平衡常数具有平衡常数的一般属性，它与解离平衡系统中各组分的浓度无关，与温度有关。但由于解离过程的热效应不大，所以温度对 $K^{\ominus}$的影响不大，而且我们研究的多为常温下的解离平衡，因此在实际应用中，一般可

不考虑温度对解离常数的影响。解离常数的大小反映了弱酸、弱碱解离能力的大小，$K_a^{\ominus}$ 越大，弱酸的酸性越强；$K_b^{\ominus}$ 越大，弱碱的碱性越强。此外，解离常数也可以通过热力学数据进行计算。

【例 3.2】 已知 $HCN(aq) \rightleftharpoons H^+(aq) + CN^-(aq)$

$\Delta_f G_{m,B}^{\ominus}/kJ \cdot mol^{-1}$ 119.25 0 172.4

求氢氰酸的标准解离常数 $K_a^{\ominus}$。

解

$$\begin{aligned}\Delta_r G_m^{\ominus} &= \Delta_f G_m^{\ominus}(CN^-) + \Delta_f G_m^{\ominus}(H^+) - \Delta_f G_m^{\ominus}(HCN)\\ &= 172.4\ kJ \cdot mol^{-1} - 119.25\ kJ \cdot mol^{-1}\\ &= 53.15\ kJ \cdot mol^{-1}\end{aligned}$$

因为 $\Delta_r G_m^{\ominus} = -RT\ln K_a^{\ominus}$

所以

$$\begin{aligned}\lg K_a^{\ominus} &= \frac{-\Delta_r G_m^{\ominus}}{2.303RT}\\ &= \frac{-53.15 \times 10^3\ J \cdot mol^{-1}}{2.303 \times 8.314\ J \cdot mol^{-1} \cdot K^{-1} \times 298.15\ K}\\ &= -9.31\end{aligned}$$

$K_a^{\ominus} = 4.93 \times 10^{-10}$

答：氢氰酸的标准解离常数为 4.93×10^{-10}。

一些常见弱酸、弱碱的标准解离常数见本书附录6。

2）解离度 α

弱电解质在水溶液中的解离程度，还常用解离度 α 来表示。解离度是指达到解离平衡时，已解离的分子数占解离前原有分子总数的比率，常用百分数表示。

$$解离度\ \alpha = \frac{平衡时已解离的溶质分子数}{解离前溶质的总分子数} \times 100\%$$

或

$$解离度\ \alpha = \frac{平衡时已解离的溶质浓度}{溶质的初始浓度} \times 100\%$$

3）解离度和标准解离常数的关系

下面以弱电解质 HAc 为例，通过计算来说明解离度与标准解离常数之间的关系。

设 HAc 的初始浓度为 c，HAc 的解离度为 α，则

	$HAc(aq) \rightleftharpoons$	$H^+(aq)$	$+ Ac^-(aq)$
解离前各物质浓度 $/mol \cdot L^{-1}$	c	0	0
平衡时各物质浓度 $/mol \cdot L^{-1}$	$c(1-\alpha)$	$c\alpha$	$c\alpha$

$$K_a^{\ominus} = \frac{\{c(H^+)/c^{\ominus}\} \cdot \{c(Ac^-)/c^{\ominus}\}}{\{c(HAc)/c^{\ominus}\}} = \frac{c\alpha \cdot c\alpha/c^{\ominus}}{c(1-\alpha)} = \frac{c\alpha^2/c^{\ominus}}{1-\alpha} \qquad (3.11)$$

对于弱电解质，其解离度 α 一般很小，故 $1-\alpha \approx 1$，因此(3.11)式变为

$$K_a^{\ominus}=c\alpha^2/c^{\ominus} \quad 或 \quad \alpha=\sqrt{\frac{K_a^{\ominus}}{c/c^{\ominus}}} \tag{3.12}$$

从(3.12)式可以看出,在一定温度下,$K_a^{\ominus}$ 为常数,当溶液稀释时,c 值变小,则解离度 α 增大,α 与$\sqrt{c}$成反比,此规律称为稀释定律。它将弱电解质的解离度、解离常数和浓度 3 者联系起来,已知其中两项就可计算另一项。

根据稀释定律,可以计算一元弱酸溶液中 H^+ 的浓度:

$$c(H^+)=c\alpha=\sqrt{cK_a^{\ominus}/c^{\ominus}}\cdot c^{\ominus} \tag{3.13}$$

对于一元弱碱,同样可求出 OH^- 的浓度:

$$c(OH^-)=c\alpha=\sqrt{cK_b^{\ominus}/c^{\ominus}}\cdot c^{\ominus} \tag{3.14}$$

(3.13)式和(3.14)式是在特定条件(一般以 $\alpha<5\%$ 或 $c/(K^{\ominus}\cdot c^{\ominus})\geqslant 500$、$c\cdot K^{\ominus}/c^{\ominus}\geqslant 2\times10^{-13}$为条件)下,求算一元弱酸 $c(H^+)$、一元弱碱 $c(OH^-)$的最简公式。

值得注意的是,$c(H^+)$与$\sqrt{c}$成正比,因此当溶液稀释时,c 值变小,解离度 α 增大,但 H^+ 的浓度却减小。此外,还须注意溶液的"酸度"(即 H^+ 的浓度)和"酸的浓度"是两个不同的概念。例如 0.1 $mol\cdot L^{-1}$ HAc 溶液,$K_a^{\ominus}=1.76\times10^{-5}$,则

$$c(H^+)=\sqrt{c\cdot K_a^{\ominus}/c^{\ominus}}\cdot c^{\ominus}=1.33\times10^{-3}\ mol\cdot L^{-1}$$

在此酸度是指 H^+ 的浓度为 $1.33\times10^{-3}\ mol\cdot L^{-1}$,而酸的浓度是指 HAc 的浓度为 0.1 $mol\cdot L^{-1}$。

3.2.2 水的解离平衡

1) 水的标准离子积 $K_w^{\ominus}$

水是极性分子,精确的实验证明,纯水也有极微弱的导电性,因为在常温下水有微弱的自偶解离,其解离平衡方程式为

$$H_2O(l)+H_2O(l)\rightleftharpoons H_3O^+(aq)+OH^-(aq)$$

或简写成 $H_2O(l)\rightleftharpoons H^+(aq)+OH^-(aq)$

根据标准平衡常数表达式书写规则,水的标准解离平衡常数 $K_w^{\ominus}$ 为

$$K_w^{\ominus}=\{c(H^+)/c^{\ominus}\}\cdot\{c(OH^-)/c^{\ominus}\} \tag{3.15}$$

式中 $c(H^+)$、$c(OH^-)$分别为水解离达到平衡时 H^+、OH^- 的浓度。水的标准解离平衡常数 $K_w^{\ominus}$ 又称为水的标准离子积,其大小与温度有关。在 295 K 时,精确实验测得纯水中 H^+ 和 OH^- 的浓度各等于 $1\times10^{-7}\ mol\cdot L^{-1}$,因此

$$K_w^{\ominus}=\{c(H^+)/c^{\ominus}\}\cdot\{c(OH^-)/c^{\ominus}\}=1.0\times10^{-14} \tag{3.16}$$

由于水的解离要破坏水分子之间的氢键,更重要的是将 H_2O 异裂成 H^+

及 OH^-，因此水的解离是吸热过程，$K_w^\ominus$ 随温度升高而增大，表 3.2 列出了 273～333 K 之间的 $K_w^\ominus$。室温下，通常采用 $K_w^\ominus = 1.00 \times 10^{-14}$。

表 3.2　$K_w^\ominus$ 随温度的变化值

温度/K	273	283	291	295	298	313	333
$K_w^\ominus(\times 10^{-14})$	0.13	0.36	0.74	1.00	1.27	3.80	12.6

2）溶液的 pH 值

(3.16)式表明；水溶液不论是酸性或是碱性，H^+ 与 OH^- 同时存在，且两者的浓度互成反比。

当 $c(H^+) > c(OH^-)$，溶液呈酸性；

$c(H^+) < c(OH^-)$，溶液呈碱性；

$c(H^+) = c(OH^-) = 1 \times 10^{-7}\ mol \cdot L^{-1}$，溶液呈中性。

为计算方便，通常用 H^+ 浓度的负对数来比较溶液的酸碱性，即

$$pH = -\lg\{c(H^+)/c^\ominus\} \tag{3.17}$$

pH 为溶液中 H^+ 浓度的负对数，同理 pOH 为溶液中 OH^- 浓度的负对数，$pK_w^\ominus$ 为 $K_w^\ominus$ 的负对数。由(3.16)式可得

$$pK_w^\ominus = pH + pOH = 14.00 \tag{3.18}$$

因此水溶液中 pH，pOH 与溶液的酸碱性之间存在如下对应关系：

当 $pH < 7.0$，$pOH > 7.0$，溶液呈酸性；

$pH > 7.0$，$pOH < 7.0$，溶液呈碱性；

$pH = 7.0$，$pOH = 7.0$，溶液呈中性。

若 $pH < 0$ 或 $pH > 14$，则因为溶液的酸性或碱性很大，则直接用 $c(H^+)$ 或 $c(OH^-)$ 表示溶液的酸碱性。

3）溶液 pH 值的测定

测定溶液 pH 值的方法很多，可用广泛 pH 试纸（1～14）及精密 pH 试纸（0.5～5.5，8～12 等）测定见表 3.3，也可以用各种酸碱指示剂①。若要精确测定溶液的 pH 值，则可用酸度计即 pH 计测定溶液的 pH 值（见图 3.1）。

表 3.3　pH 试纸的颜色变化

pH 值	≤4	5	6	7	8	9	≥10
pH 试纸的颜色	红	橙	黄	绿	青	蓝	紫

① 酸碱指示剂，一般指有机弱酸或弱碱，受 $c(H^+)$ 的影响会发生平衡移动，而指示剂的酸式与碱式具有不同的颜色，故能指示溶液的 pH 值范围。

pH 试纸，是由酸碱指示剂如甲基红、溴百里酚蓝、百里酚蓝、酚酞等按一定比例混合的溶液浸制而成。

3.2.3 缓冲溶液的解离平衡

1）同离子效应

和其他化学平衡一样，外界条件的改变也会破坏酸碱平衡，使平衡发生移动。例如在 HAc 溶液中加入 HCl 或 NaAc，都会使 HAc 的解离平衡向左移动，使 HAc 的解离度降低；在 $NH_3\cdot H_2O$ 溶液中加入 NaOH 或 NH_4Cl，也会使 $NH_3\cdot H_2O$ 的解离平衡向左移动，使 $NH_3\cdot H_2O$ 的解离度降低。在弱酸（或弱碱）溶液中加入具有共同离子的强电解质，使解离平衡向左移动，弱酸（或弱碱）的解离度下降的现象，称为同离子效应（common ion effect）。

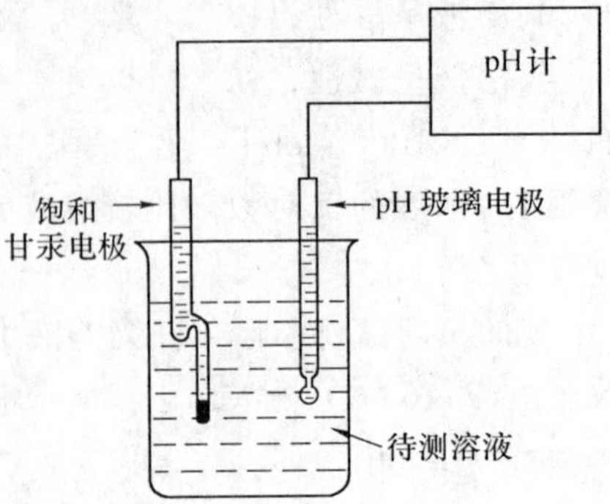

图 3.1　pH 计测定溶液 pH 值示意图

【例 3.3】　在 0.1 $mol\cdot L^{-1}$ HAc 溶液中加入固体 NaAc，使 NaAc 的浓度达到 0.10 $mol\cdot L^{-1}$，求该溶液的 H^+ 浓度和 HAc 的解离度，并与未加 NaAc 固体之前的 H^+ 浓度和解离度进行比较。

解　(1) 求 H^+ 的浓度

a. 未加 NaAc 固体之前

$$\begin{aligned} c(H^+) &= \sqrt{c\cdot K_a^{\ominus}/c^{\ominus}}\cdot c^{\ominus} \\ &= \sqrt{0.1\times 1.76\times 10^{-5}}\,mol\cdot L^{-1} \\ &= 1.33\times 10^{-3}\ mol\cdot L^{-1} \end{aligned}$$

b. 加入 NaAc 固体之后

	$HAc(aq) \rightleftharpoons$	$H^+(aq)$ +	$Ac^-(aq)$
各物质的初始浓度/$mol\cdot L^{-1}$	0.10	0	0.10
各物质的平衡浓度/$mol\cdot L^{-1}$	$0.10-x$	x	$0.10+x$

将各物质浓度代入解离平衡常数式

$$K_a^{\ominus} = \frac{\{c(H^+)/c^{\ominus}\}\cdot\{c(Ac^-)/c^{\ominus}\}}{\{c(HAc)/c^{\ominus}\}}$$

$$=\frac{x(0.10+x)}{0.10-x}=1.76\times10^{-5}$$

因为　　$K_a^{\ominus}<10^{-4}$，很小

所以　　$0.10-x\approx0.10$，　　$0.10+x\approx0.10$

$$K_a^{\ominus}=\frac{0.10x}{0.10}=x=1.76\times10^{-5}$$

$$c'(H^+)=1.76\times10^{-5}\ mol\cdot L^{-1}$$

比较两种情况下溶液中 H^+ 的浓度：

$$\frac{c(H^+)}{c'(H^+)}=\frac{1.33\times10^{-3}\ mol\cdot L^{-1}}{1.76\times10^{-5}\ mol\cdot L^{-1}}=75.6$$

即加入 NaAc 固体后，溶液的 H^+ 浓度降低了 75.6 倍。

(2) 求解离度 α

a. 未加固体 NaAc 之前

$$\alpha=\frac{c(H^+)}{c(HAc)}\times100\%$$
$$=\frac{1.33\times10^{-3}\ mol\cdot L^{-1}}{0.1\ mol\cdot L^{-1}}\times100\%$$
$$=1.33\%$$

b. 加入固体 NaAc 之后

$$\alpha'=\frac{c'(H^+)}{c(HAc)}\times100\%$$
$$=\frac{1.76\times10^{-5}\ mol\cdot L^{-1}}{0.1\ mol\cdot L^{-1}}=1.76\times10^{-2}\%$$

比较两种情况下 HAc 解离度的变化：

$$\frac{\alpha}{\alpha'}=\frac{1.33\%}{1.76\times10^{-2}\%}=75.6$$

即加入固体 NaAc 后，HAc 的解离度下降了 75.5 倍。

结论：同离子效应可以控制弱酸(或弱碱)溶液中 H^+(或 OH^-)的浓度，因此常利用同离子效应调节溶液的酸碱性。

值得注意的是，在弱电解质溶液中，若加入不含共同离子的强电解质时，则解离度会增大，与加入共同离子效应恰好相反，这种现象称为盐效应。例如当加入强电解质 KNO_3 或 $NaNO_3$ 时，能使 HAc，$NH_3\cdot H_2O$ 等解离度增大，这是由于强电解质的加入使溶液中离子浓度增大，溶液中离子间的静电引力增大，弱电解质如 HAc 解离的 H^+ 及 Ac^- 被更多的异号离子所包围，势能降低，使反应自发进行，促进了解离过程。加入共同离子时，也有盐效应，只是盐效应不显著，一般可忽略，共同离子效应的影响大于盐效应，故表现为弱电解质的解离度降低。

2) 缓冲溶液

共同离子效应的具体应用之一是配制缓冲溶液。缓冲溶液(buffer solution)是指由弱酸和弱酸盐或弱碱和弱碱盐组成的混合溶液,具有加入少量的酸、碱或稀释时溶液的 pH 值基本保持不变的性质。

(1) 缓冲溶液的作用原理

现以弱酸(HAc)及其盐(NaAc)组成的缓冲溶液为例,应用化学平衡原理来说明缓冲溶液的作用原理。

在 HAc-NaAc 组成的混和溶液中,HAc 为弱电解质,只能部分解离,NaAc 为强电解质可以完全解离,它们的解离方程式如下:

$$HAc \rightleftharpoons H^+ + Ac^-$$

$$NaAc \longrightarrow Na^+ + Ac^-$$

在含有 HAc 和 NaAc 的混和溶液中,由于同离子效应抑制了 HAc 的解离,这时,$c(HAc)$和 $c(Ac^-)$都很高,而 $c(H^+)$却相对较低。

当往上述溶液中加入少量强酸(如 HCl)时,H^+ 和溶液中大量存在的 Ac^- 结合成 HAc,促使 HAc 的解离平衡向左移动,因此溶液中的 $c(H^+)$不会显著增大。如果加入强碱,可由溶液中大量存在的 HAc 解离产生的 H^+ 与 OH^- 结合生成 H_2O。这时,HAc 的解离平衡向右移动,溶液中未解离的 HAc 分子不断地解离出 H^+,使 $c(H^+)$保持稳定,使溶液的 pH 值变化不大。这就是缓冲溶液具有缓冲作用(能力)的原理,它是依赖于溶液中有大量、能用于消耗 OH^- 和 H^+ 的弱酸及其盐而实现的,如下图所示:

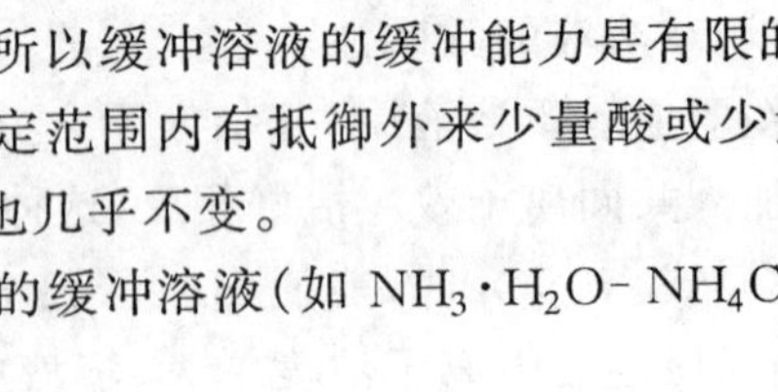

显然,当加入大量的强酸或强碱,溶液中的 HAc 或 Ac^- 消耗殆尽时,它就不再具有缓冲能力了。所以缓冲溶液的缓冲能力是有限的,不是无限的。

缓冲溶液不仅在一定范围内有抵御外来少量酸或少量碱的缓冲能力,当适当稀释时,其 $c(H^+)$也几乎不变。

弱碱与其盐所组成的缓冲溶液(如 $NH_3 \cdot H_2O$-NH_4Cl)的缓冲作用,可以用相似的原理来解释。

(2) 缓冲溶液 pH 值的计算

缓冲溶液具有保持溶液 pH 值相对稳定的能力,因此,如何准确计算缓冲溶液本身的 pH 值就十分重要。

现以 HAc-NaAc 缓冲溶液为例,来说明缓冲溶液的 pH 值计算。

设 HAc 的初始浓度为 c(弱酸),NaAc 的初始浓度为 c(弱酸盐)。

$$\mathrm{HAc} \rightleftharpoons \mathrm{H^+} + \mathrm{Ac^-}$$

初始浓度　c(弱酸)　　0　c(弱酸盐)

平衡浓度　c(弱酸) $-x$　x　c(弱酸盐) $+x$

代入解离平衡常数式:

$$K_a^\ominus = \frac{\{c(\mathrm{H^+})/c^\ominus\}\cdot\{c(\mathrm{Ac^-})/c^\ominus\}}{\{c(\mathrm{HAc})/c^\ominus\}}$$

$$= \frac{x/c^\ominus[c(\text{弱酸盐})+x]/c^\ominus}{[c(\text{弱酸})-x]/c^\ominus}$$

由于同离子效应,弱酸的解离度更加减弱,所以平衡时

$c(\text{弱酸})-x\approx c(\text{弱酸})$,　$c(\text{弱酸盐})+x\approx c(\text{弱酸盐})$

所以,　$K_a^\ominus = \dfrac{x/c^\ominus\cdot c(\text{弱酸盐})/c^\ominus}{c(\text{弱酸})/c^\ominus}$

$$c(\mathrm{H^+})/c^\ominus = x/c^\ominus = K_a^\ominus\cdot\frac{c(\text{弱酸})/c^\ominus}{c(\text{弱酸盐})/c^\ominus} \tag{3.18}$$

两边取负对数得

$$\mathrm{pH} = \mathrm{p}K_a^\ominus - \lg\frac{c(\text{弱酸})/c^\ominus}{c(\text{弱酸盐})/c^\ominus} \tag{3.19}$$

(3.18)式、(3.19)式就是弱酸及其盐组成的缓冲溶液中 $c(\mathrm{H^+})$和 pH 值的计算公式。

对于弱碱及其盐组成的缓冲溶液,同理可得

$$c(\mathrm{OH^-})/c^\ominus = K_b^\ominus\cdot\frac{c(\text{弱碱})/c^\ominus}{c(\text{弱碱盐})/c^\ominus} \tag{3.20}$$

$$\mathrm{pOH} = \mathrm{p}K_b^\ominus - \lg\frac{c(\text{弱碱})/c^\ominus}{c(\text{弱碱盐})/c^\ominus} \tag{3.21}$$

缓冲溶液的 pH 值及缓冲性能,可以通过计算加以说明。

【例 3.4】　在 100 mL 纯水和 1.0 mol·L^{-1} HAc 和 1.0 mol·L^{-1} NaAc 组成的缓冲溶液中,分别加入① 1.0 mL 6.0 mol·L^{-1} HCl 溶液;② 1.0 mL 6.0 mol·L^{-1} NaOH 溶液;③ 100 mL 纯水后,溶液的 pH 值有何变化?(已知 HAc 的 $K_a^\ominus = 1.76\times10^{-5}$)

解　① 100 mL 纯水

$c(\mathrm{H^+}) = c(\mathrm{OH^-}) = 1.00\times10^{-7}$ mol·L^{-1}　　pH = 7.00

● 加入 1.0 mL 6.0 mol·L^{-1} HCl 溶液

$$c(\mathrm{H^+}) = \frac{c(\mathrm{HCl})\cdot V(\mathrm{HCl})}{V(\mathrm{HCl})+V} = \frac{6.0\ \mathrm{mol\cdot L^{-1}}\times1.0\ \mathrm{mL}}{1.0\ \mathrm{mL}+100\ \mathrm{mL}}$$

$$= 5.94\times10^{-2}\mathrm{mol\cdot L^{-1}}$$

pH = 1.23

● 加入 1.0 mL 6.0 $mol \cdot L^{-1}$ NaOH 溶液

$$c(OH^-)=\frac{c(NaOH)\cdot V(NaOH)}{V(NaOH)+V}$$

$$=\frac{6.0\ mol\cdot L^{-1}\times 1.0\ mL}{1.0\ mL+100\ mL}$$

$$=5.94\times 10^{-2}\ mol\cdot L^{-1}$$

pOH = 1.23, pH = 12.77

可见在纯水中,加入 1.0 mL 6.0 $mol \cdot L^{-1}$ HCl 或 NaOH 后,溶液的 pH 改变 5.77,表明纯水不具有缓冲作用。

② 100 mL 1.0 $mol \cdot L^{-1}$ HAc 和 1.0 $mol \cdot L^{-1}$ NaAc 组成的缓冲溶液

$$c(H^+)=K_a^{\ominus}\cdot\frac{c(弱酸)/c^{\ominus}}{c(弱酸盐)/c^{\ominus}}\cdot c^{\ominus}$$

$$=1.76\times 10^{-5}\cdot\frac{1}{1}\ mol\cdot L^{-1}$$

$$=1.76\times 10^{-5}\ mol\cdot L^{-1}$$

pH = 4.75

● 加入 1.0 mL 6.0 $mol \cdot L^{-1}$ HCl 溶液

HCl 溶液加入后与 NaAc 发生如下反应:

$$HCl+NaAc = HAc+NaCl$$

此时 $c(HAc)$增加,$c(Ac^-)$减小。

$$c(HAc)=\frac{100\ mL\times 1.0\ mol\cdot L^{-1}+1.0\ mL\times 6.0\ mol\cdot L^{-1}}{100\ mL+1.0\ mL}$$

$$=1.05\ mol\cdot L^{-1}$$

$$c(Ac^-)=\frac{100\ mL\times 1.0\ mol\cdot L^{-1}-1.0\ mL\times 6.0\ mol\cdot L^{-1}}{100\ mL+1.0\ mL}$$

$$=0.93\ mol\cdot L^{-1}$$

$$c(H^+)=K_a^{\ominus}\cdot\frac{c(弱酸)/c^{\ominus}}{c(弱酸盐)/c^{\ominus}}\cdot c^{\ominus}$$

$$=1.76\times 10^{-5}\times\frac{1.05}{0.93}mol\cdot L^{-1}$$

$$=1.99\times 10^{-5}mol\cdot L^{-1}$$

pH = 4.70

● 加入 1.0 mL 6.0 $mol \cdot L^{-1}$ NaOH 溶液

NaOH 溶液加入后与 HAc 发生如下反应:

$$NaOH+HAc = NaAc+H_2O$$

此时 $c(HAc)$减小,$c(Ac^-)$增加。

$$c(HAc)=\frac{100\ mL\times 1.0\ mol\cdot L^{-1}-1.0\ mL\times 6.0\ mol\cdot L^{-1}}{100\ mL+1.0\ mL}$$

$$=0.93\ \text{mol}\cdot\text{L}^{-1}$$

$$c(\text{Ac}^-)=\frac{100\ \text{mL}\times 1.0\ \text{mol}\cdot\text{L}^{-1}+1.0\ \text{mL}\times 6.0\ \text{mol}\cdot\text{L}^{-1}}{100\ \text{mL}+1.0\ \text{mL}}$$

$$=1.05\ \text{mol}\cdot\text{L}^{-1}$$

$$c(\text{H}^+)=K_a^{\ominus}\cdot\frac{c(\text{弱酸})/c^{\ominus}}{c(\text{弱酸盐})/c^{\ominus}}\cdot c^{\ominus}$$

$$=1.76\times 10^{-5}\times\frac{0.93}{1.05}\ \text{mol}\cdot\text{L}^{-1}$$

$$=1.56\times 10^{-5}\ \text{mol}\cdot\text{L}^{-1}$$

pH＝4.81

● 加入 100 mL 纯水

$$c(\text{HAc})=\frac{100\ \text{mL}\times 1\ \text{mol}\cdot\text{L}^{-1}}{100\ \text{mL}+100\ \text{mL}}=0.5\ \text{mol}\cdot\text{L}^{-1}$$

$$c(\text{Ac}^-)=\frac{100\ \text{mL}\times 1\ \text{mol}\cdot\text{L}^{-1}}{100\ \text{mL}+100\ \text{mL}}=0.5\ \text{mol}\cdot\text{L}^{-1}$$

$$c(\text{H}^+)=K_a^{\ominus}\cdot\frac{c(\text{弱酸})/c^{\ominus}}{c(\text{弱酸盐})/c^{\ominus}}\cdot c^{\ominus}$$

$$=1.76\times 10^{-5}\times\frac{0.5}{0.5}\ \text{mol}\cdot\text{L}^{-1}$$

$$=1.76\times 10^{-5}\ \text{mol}\cdot\text{L}^{-1}$$

pH＝4.75

可见在该缓冲溶液中，加入 1.0 mL 6.0 $\text{mol}\cdot\text{L}^{-1}$ HCl 或 NaOH 后，溶液的 pH 仅改变 0.06；该缓冲溶液被稀释，pH 不变，表明缓冲溶液具有缓冲作用。

(3) 缓冲溶液的选择和配制

由(3.19)式、(3.21)式可以清楚地看出，缓冲溶液的 pH 值决定于 $pK_a^{\ominus}$ 或 $pK_b^{\ominus}$ 及 c(弱酸)/c(弱酸盐)或 c(弱碱)/c(弱碱盐)的比值。由于 c(弱酸)/c(弱酸盐)或 c(弱碱)/c(弱碱盐)等分数项的变化范围一般为 0.1～10.0，故缓冲范围是

$$\text{pH}=pK_a^{\ominus}\pm 1\quad\text{或}\quad\text{pOH}=pK_b^{\ominus}\pm 1$$

只有当分数项的比值等于 1 时，pH＝$pK_a^{\ominus}$ 或 pOH＝$pK_b^{\ominus}$，此时缓冲溶液的缓冲能力最大。这是由于此时对抗外来酸、碱的力量均等，不致因分数项中分子或分母较小，而减弱了抵抗外来酸或碱的能力。

按照以上的缓冲范围，参考 $K_a^{\ominus}$ 或 $K_b^{\ominus}$ 值即可选择适宜的 pH 值范围的缓冲溶液，如需 pH＝4～6 的缓冲溶液，可用 HAc－NaAc 的混和溶液，因为 $pK_a^{\ominus}$＝4.75，调整 c(弱酸)/c(弱酸盐)的比例，可得 pH 值为 3.75～5.75 缓冲范围的缓冲溶液；若需要 pH＝9～10 的缓冲溶液，可用 $NH_3\cdot H_2O$－NH_4Cl

的混和溶液，因为 $pK_b^\ominus=4.75$，所以 pH=9.25。因此，在一般情况下，常选用 $pK_a^\ominus\approx$pH 的弱酸及其盐，或 $pK_b^\ominus\approx$pOH 的弱碱及其盐的混和溶液。另外还须注意选择的缓冲溶液不能与反应系统中其他物质发生作用。常用的缓冲溶液的组成及使用范围见表 3.4。

表 3.4　缓冲溶液的组成及 pH 值范围

组　成	$pK_a^\ominus$	pH 值范围
$H_3PO_4-NaH_2PO_4$	2.12	1～3
$HF-NH_4F$	3.45	2～4
$HAc-NaAc$	4.75	4～6
$H_2CO_3-NaHCO_3$	6.37	5～7
$NaH_2PO_4-Na_2HPO_4$	7.21	6～8
NH_3-NH_4Cl	4.75($pK_b^\ominus$)	8～10
$NaHCO_3-Na_2CO_3$	10.26	9～11
$Na_2HPO_4-Na_3PO_4$	12.66	11～13

在配制具有适当 pH 值的缓冲溶液时，首先要根据溶液的 pH 值和 $K_a^\ominus$ 或 $K_b^\ominus$ 值算出所需弱酸、弱碱及其盐的量，然后混合配成一定体积的溶液。下面举例说明。

【例 3.5】 欲配制 1 L，pH=5，$c(HAc)=0.2\ mol\cdot L^{-1}$的缓冲溶液，需多少升 $1\ mol\cdot L^{-1}$ HAc 溶液和多少克 $NaAc\cdot 3H_2O$ 固体？此缓冲溶液应如何配制？（已知 HAc 的 $pK_a^\ominus=4.75$）

解　所需 $1\ mol\cdot L^{-1}$ HAc 溶液的体积为

$$V(HAc)=\frac{c_0(HAc)\cdot V_0}{c(HAc)}$$

$$=\frac{0.2\ mol\cdot L^{-1}\times 1\ L}{1\ mol\cdot L^{-1}}=0.2\ L$$

根据 $pH=pK_a^\ominus-\lg\dfrac{c(弱酸)/c^\ominus}{c(弱酸盐)/c^\ominus}$，则

$$5=4.75-\lg\frac{0.2}{c(Ac^-)/c^\ominus}$$

所以　$c(Ac^-)=0.36\ mol\cdot L^{-1}$

$NaAc\cdot 3H_2O$ 的摩尔质量为 $136.1\ g\cdot mol^{-1}$，则所需 $NaAc\cdot 3H_2O$ 固体的质量为

$$m(NaAc\cdot 3H_2O)=c(Ac^-)\cdot V_0\cdot M(NaAc\cdot 3H_2O)$$

$$=0.36\ mol\cdot L^{-1}\times 1\ L\times 136.1\ g\cdot mol^{-1}=49\ g$$

此缓冲溶液的配制方法：称取 49 g $NaAc\cdot 3H_2O$ 于烧杯中，加入少量的水使其溶解，再加入 0.2 L $1\ mol\cdot L^{-1}$ HAc 溶液，然后加水稀释至 1 L，即配成 pH

=5 的缓冲溶液。

【例 3.6】 要配制 pH=5 的缓冲溶液 1 L,应选择下列哪两种试剂进行等体积配制?

(1) HAc($pK_a^\ominus=4.75$)

(2) 吡啶($pK_b^\ominus=8.77$)

(3) 六次甲基四胺$(CH_2)_6N_4$($pK_b^\ominus=8.85$)

(4) $0.1\ mol\cdot L^{-1}$ HCl

(5) $0.1\ mol\cdot L^{-1}$ NaOH

解 根据缓冲溶液的选择原则,应尽量选择 $pK_a^\ominus\approx pH$ 的弱酸及其盐或 $pK_b^\ominus\approx pOH$ 的弱碱及其盐的混和溶液。

因此应选择六次甲基四胺和 $0.1\ mol\cdot L^{-1}$ HCl 进行等体积配制。

因为 $HCl+(CH_2)_6N_4=(CH_2)_6N_4H^++Cl^-$

所以 $$c[(CH_2)_6N_4H^+]=\frac{c(HCl)\cdot V(HCl)}{V_0}=\frac{0.1\ mol\cdot L^{-1}\times 500\ mL}{1\ 000\ mL}=0.05\ mol\cdot L^{-1}$$

又因 $$pOH=pK_b^\ominus-\lg\frac{c(\text{弱碱})/c^\ominus}{c(\text{弱碱盐})/c^\ominus}$$

$$14-5=8.85-\lg\frac{c[(CH_2)_6N_4]/c^\ominus}{c[(CH_2)_6N_4H^+]/c^\ominus}$$

故 $$\frac{c[(CH_2)_6N_4]/c^\ominus}{c[(CH_2)_6N_4H^+]/c^\ominus}=0.71$$

$$c[(CH_2)_6N_4]=0.05\ mol\cdot L^{-1}\times 0.71=0.035\ 5\ mol\cdot L^{-1}$$

$$c_0[(CH_2)_6N_4]=\frac{0.035\ 5\ mol\cdot L^{-1}\times 1\ 000\ mL+0.1\ mol\cdot L^{-1}\times 500\ mL}{500\ mL}=0.171\ mol\cdot L^{-1}$$

此缓冲溶液的配制方法:量取 500 mL $0.1\ mol\cdot L^{-1}$ HCl 溶液和 500 mL $0.171\ mol\cdot L^{-1}$ $(CH_2)_6N_4$ 溶液,混合均匀即可。

【例 3.7】 使 100 mL $0.01\ mol\cdot L^{-1}$ NaOH 溶液 pH 值调至 9.0,需加多少固体 NH_4Cl?(已知 $NH_3\cdot H_2O$ 的 $pK_b^\ominus=4.74$)

解 由于 $NaOH+NH_4Cl=NH_3\cdot H_2O+NaCl$

故 $c(NH_3\cdot H_2O)=c(NaOH)=0.01\ mol\cdot L^{-1}$

又因为 $$pOH=pK_b^\ominus-\lg\frac{c(\text{弱碱})/c^\ominus}{c(\text{弱碱盐})/c^\ominus}$$

$$14-9.0=4.74-\lg\frac{0.01}{c(NH_4^+)/c^{\ominus}}$$

$$c(NH_4^+)=0.018\,2\ mol\cdot L^{-1}$$

NH_4Cl 的摩尔质量为 53.49 g·mol^{-1}，则

$$m(NH_4Cl)=(0.018\,2\ mol\cdot L^{-1}\times 100\ mL+0.01\ mol\cdot L^{-1}\times 100\ mL)\times 10^{-3}\times 53.49\ g\cdot mol^{-1}=0.151\ g$$

答：需加 0.151 g 固体 NH_4Cl。

缓冲溶液在工农业生产、科学实验、人体中都起着十分重要的作用。例如在工业上，许多化工产品生产需控制 pH 值，电镀工业中常用缓冲溶液来控制电镀液的 pH 值，以保证镀件的质量。在农业上，由于土壤中存在腐殖酸、磷酸、硅酸、碳酸及其盐组成的缓冲溶液，使土壤的 pH 值保持在 5～8 之间，从而保证植物的正常生长。在科学实验中，只要化学反应涉及到 H^+，都会需要缓冲溶液来控制溶液的 pH 值，在配位滴定中特别需要缓冲溶液控制 pH 值以保证滴定分析结果的准确度。在人类的生命活动过程中，人们摄取的糖、脂肪、蛋白质等营养物质在体内氧化分解的最终产物是 CO_2 和 H_2O，在碳酸酐酶(CA)的作用下转化为 H_2CO_3，然而人体血液的 pH 值必须控制在 7.40 ± 0.03 范围内，若超出这个范围，人就会生病，引起“酸中毒”或“碱中毒”，若 pH 值改变超过 0.4 个单位，则可致死。人体血液之所以能保持恒定的 pH 值，除了由于人体自身所具有的排酸功能外，还因人体血液本身也是缓冲溶液，含有 H_2CO_3—HCO_3^- 和 $H_2PO_4^-$—HPO_4^{2-} 等两种以上的缓冲溶液，确保了人体血液 pH 值的稳定。

3.2.4　多元酸(碱)的解离平衡

分子中含有两个或两个以上可解离的氢原子的酸，称为多元酸，例如氢硫酸(H_2S)、碳酸(H_2CO_3)、磷酸(H_3PO_4)等。多元弱酸在溶液中的解离是分级(分步)进行的，即氢离子是依次地解离出来。每级解离都有一个解离常数，其解离度是逐渐减小的。各级解离常数有如下关系：

$$K_{a1}^{\ominus}>K_{a2}^{\ominus}>K_{a3}^{\ominus}\cdots$$

以 H_2S 水溶液(25 ℃)为例：

第一级解离　$H_2S(aq)\rightleftharpoons H^+(aq)+HS^-(aq)$

$$K_{a1}^{\ominus}=\frac{\{c(H^+)/c^{\ominus}\}\cdot\{c(HS^-)/c^{\ominus}\}}{c(H_2S)/c^{\ominus}}=9.5\times 10^{-8}$$

第二级解离　$HS^-(aq)\rightleftharpoons H^+(aq)+S^{2-}(aq)$

$$K_{a2}^{\ominus}=\frac{\{c(H^+)/c^{\ominus}\}\cdot\{c(S^{2-})/c^{\ominus}\}}{c(HS^-)/c^{\ominus}}$$
$$=1.3\times10^{-14}$$

式中 $K_{a1}^{\ominus}$、$K_{a2}^{\ominus}$分别表示 H_2S 的第一级和第二级解离常数，而且 $K_{a1}^{\ominus}\gg K_{a2}^{\ominus}$值。从数值的大小可以看出，第二级解离比第一级解离困难得多，这是由于第一级解离生成的 H^+ 对第二级解离的抑制作用。因此多元弱酸溶液中的 H^+，主要来自第一级解离，近似计算 H^+ 浓度时，可忽略第二级解离。

多元弱碱的计算原则与多元弱酸相似，近似计算 OH^- 浓度时，可忽略第二级解离，按一元弱碱进行计算。

在多元弱酸(碱)多重平衡系统中，总的反应式为各级解离反应式之和，因此多元弱酸(碱)总反应的解离常数等于各级解离常数的乘积，即多重平衡规则：

$$H_2S(aq)\rightleftharpoons HS^-(aq)+H^+(aq)\qquad K_{a1}^{\ominus}$$
$$+\quad HS^-(aq)\rightleftharpoons S^{2-}(aq)+H^+(aq)\qquad K_{a2}^{\ominus}$$

$$H_2S(aq)\rightleftharpoons S^{2-}(aq)+2H^+(aq)\qquad K_{a}^{\ominus}$$

$$K_{a}^{\ominus}=\frac{\{c(S^{2-})/c^{\ominus}\}\cdot\{c(H^+)/c^{\ominus}\}^2}{c(H_2S)/c^{\ominus}}$$
$$=K_{a1}^{\ominus}\cdot K_{a2}^{\ominus}=9.5\times10^{-8}\times1.3\times10^{-14}$$
$$=1.2\times10^{-21}\qquad(3.22)$$

上式并不表示氢硫酸是按 $H_2S(aq)\rightleftharpoons 2H^+(aq)+S^{2-}(aq)$的形式解离的，即 $c(H^+)\neq 2c(S^{2-})$。它只说明平衡时 H_2S 溶液中的 H^+、HS^-、S^{2-} 3 种物质的浓度之间的关系。若在室温下，H_2S 的饱和溶液中 $c(H_2S)=0.1\ mol\cdot L^{-1}$，则可根据(3.22)式，通过调节溶液的 $c(H^+)$，来控制溶液中的 $c(S^{2-})$，使一些金属硫化物沉淀生成或溶解，以达到分离和鉴定金属离子的目的。

此时 $$c(S^{2-})=\frac{1.2\times10^{-22}}{\{c(H^+)/c^{\ominus}\}^2}\cdot c^{\ominus}\qquad(3.23)$$

【例 3.8】 计算 0.10 $mol\cdot L^{-1}$饱和 H_2S 溶液中，H^+、HS^-、S^{2-} 和 H_2S 的浓度。(已知 H_2S 的 $K_{a1}^{\ominus}=9.5\times10^{-8}$，$K_{a2}^{\ominus}=1.3\times10^{-14}$)

解 (1) 计算溶液中 H^+ 浓度

因为多元弱酸溶液中 H^+ 浓度计算可近似按一元弱酸处理，忽略第二级解离，所以，只考虑第一级解离。

设 $c(HS^-)=c(H^+)=x\ mol\cdot L^{-1}$

$$H_2S(aq)\rightleftharpoons H^+(aq)+HS^-(aq)$$

平衡浓度/$mol\cdot L^{-1}$ $\quad 0.10-x \qquad x \qquad x$

$$K_{a1}^{\ominus}=\frac{\{c(H^+)/c^{\ominus}\}\{c(HS^-)/c^{\ominus}\}}{c(H_2S)/c^{\ominus}}=\frac{x^2}{0.10-x}=9.5\times10^{-8}$$

由于 $K_{a1}^{\ominus}$ 很小，

故　$0.10-x\approx0.10$

求出 $x=9.7\times10^{-5}$

所以，$c(H^+)=c(HS^-)=9.7\times10^{-5}\ mol\cdot L^{-1}$

$c(H_2S)=(0.10-x)mol\cdot L^{-1}\approx0.10\ mol\cdot L^{-1}$

(2) 计算溶液中 S^{2-} 浓度

溶液中 S^{2-} 是由第二级解离产生的，根据第二级解离平衡

$$HS^-(aq)\rightleftharpoons H^+(aq)+S^{2-}(aq)$$

$$K_{a2}^{\ominus}=\frac{\{c(H^+)/c^{\ominus}\}\cdot\{c(S^{2-})/c^{\ominus}\}}{c(HS^-)/c^{\ominus}}$$

由于第一级解离与第二级解离同时存在于溶液中，又因为 $K_{a,1}^{\ominus}\gg K_{a,2}^{\ominus}$，故 $c(H^+)\approx c(HS^-)$

因此，$c(S^{2-})/c^{\ominus}\approx K_{a,2}^{\ominus}=1.3\times10^{-14}$

$c(S^{2-})=1.3\times10^{-14}\ mol\cdot L^{-1}$

答：平衡时溶液中各离子浓度为：$c(H^+)=c(HS^-)=9.7\times10^{-5}\ mol\cdot L^{-1}$，$c(S^{2-})=1.3\times10^{-14}\ mol\cdot L^{-1}$，$c(H_2S)=0.10\ mol\cdot L^{-1}$。

结论：由上述计算可见，在 H_2S 水溶液中，$c(S^{2-})$ 数值近似等于 $K_{a2}^{\ominus}$。一般来说，任何单一的二元弱酸溶液中两价负离子酸根的浓度均等于第二级解离常数值。

【例 3.9】 计算 $0.10\ mol\cdot L^{-1}\ Na_2CO_3$ 溶液的 pH 值。(已知 Na_2CO_3 的 $K_{b1}^{\ominus}=2.1\times10^{-4}$，$K_{b2}^{\ominus}=2.3\times10^{-8}$)

解　Na_2CO_3 溶液是多元弱碱溶液，在溶液中存在下列解离平衡：

$CO_3^{2-}(aq)+H_2O\rightleftharpoons HCO_3^-(aq)+OH^-(aq)$　$K_{b1}^{\ominus}=2.1\times10^{-4}$

$HCO_3^-(aq)+H_2O\rightleftharpoons H_2CO_3(aq)+OH^-(aq)$　$K_{b2}^{\ominus}=2.3\times10^{-8}$

由于 $K_{b1}^{\ominus}\gg K_{b2}^{\ominus}$

因此，多元弱碱溶液中 OH^- 浓度计算可近似按一元弱碱处理，忽略第二级解离。

	$CO_3^{2-}(aq)+H_2O$	$\rightleftharpoons HCO_3^-(aq)$	$+OH^-(aq)$
平衡浓度/$mol\cdot L^{-1}$	$0.10-x$	x	x

$$K_{b1}^{\ominus}=\frac{\{c(HCO_3^-)/c^{\ominus}\}\cdot\{c(OH^-)/c^{\ominus}\}}{\{c(CO_3^{2-})/c^{\ominus}\}}=\frac{x^2}{0.10-x}=2.1\times10^{-4}$$

$K_{b1}^{\ominus}$ 很小，$0.10-x\approx0.10$

求出 $x = 4.58 \times 10^{-3}$

$pOH = 2.34, pH = 14.00 - 2.34 = 11.66$

答：$0.10\ mol \cdot L^{-1}\ Na_2CO_3$ 溶液的 pH 值为 11.66。

【例 3.10】 在 H_2S 的饱和溶液中（$c(H_2S) = 0.10\ mol \cdot L^{-1}$），加入足够的 HCl 使该溶液的 $c(H^+) = 0.10\ mol \cdot L^{-1}$，计算 $c(S^{2-})$，并与例 3.8 的结果比较。

解 将 $c(H^+) = 0.1\ mol \cdot L^{-1}$ 代入(3.23)式得

$$c(S^{2-}) = \frac{1.2 \times 10^{-22}}{(0.10)^2} \cdot mol \cdot L^{-1} = 1.2 \times 10^{-20}\ mol \cdot L^{-1}$$

在例 3.8 中，$c(S^{2-}) = 1.3 \times 10^{-14}\ mol \cdot L^{-1}$，由于溶液的 H^+ 浓度增大至 $0.1\ mol \cdot L^{-1}$，使解离平衡向左移动，$c(S^{2-})$ 减少至 $1.2 \times 10^{-20}\ mol \cdot L^{-1}$。显然，$c(H^+)$ 愈大，则 $c(S^{2-})$ 愈小；反之，$c(H^+)$ 愈小，则 $c(S^{2-})$ 愈大。(3.23)式表明了在 H_2S 饱和溶液中 $c(S^{2-})$ 与 $c(H^+)$ 的平方成反比。

3.3 沉淀—溶解平衡

前面讨论的弱电解质溶液中的解离平衡属均相离子平衡，本节将讨论难溶电解质的未溶解固体与溶液中相应的水化离子间的平衡，属多相离子平衡，常称为沉淀—溶解平衡(precipitation- dissolution equilibrium)，它在化工产品制备，杂质离子分离、离子定性分析和定量分析等方面有着广泛的应用。

3.3.1 沉淀—溶解平衡的建立

物质在水中的溶解过程是复杂的物理—化学过程，各种不同的物质在水中的溶解度不同，按照溶解度的不同，可将电解质分为易溶电解质和难溶电解质两大类，绝对不溶解的物质是不存在的，通常将溶解度小于 $1 \times 10^{-3} mol \cdot L^{-1}$ 的电解质称为难溶电解质。难溶电解质在水中的溶解度虽然很小，但溶解的部分是 100% 的解离，故又称为难溶强电解质。下面以 $BaSO_4$ 为例，讨论难溶强电解质在水溶液中的溶解—沉淀平衡。

在一定温度下，当把 $BaSO_4$ 置于水中时，由于水分子是极性分子，因此水分子以其偶极的负端取向在 $BaSO_4$ 固体表面的 Ba^{2+} 周围，以其偶极的正端取向在 $BaSO_4$ 固体表面的 $SO_4{}^{2-}$ 周围。由于水分子具有较高的介电常数，水分子的这种取向作用大大地削弱了固体表面上 Ba^{2+} 与 $SO_4{}^{2-}$ 之间的吸引力，使得一部分 Ba^{2+} 与 $SO_4{}^{2-}$ 离开 $BaSO_4$ 固体表面，成为水合离子而溶入水中，这个过程称为溶解(dissolution)。同时，已溶解的一部分水合 Ba^{2+} 和 $SO_4{}^{2-}$ 由于不断运动碰撞到 $BaSO_4$ 固体表面，受到固体表面离子的吸引力，重新在固体表面析出，这个过程称为沉淀(precipitation)。当沉淀和溶解的速度相等时，

溶液成为饱和溶液，建立起固体和溶液中已溶解离子之间的动态平衡，即沉淀—溶解平衡，表示为

$$BaSO_4(s) \rightleftharpoons Ba^{2+}(aq) + SO_4{}^{2-}(aq)$$

与弱电解质的解离平衡一样，当达到沉淀—溶解平衡时，亦服从化学平衡定律，其平衡常数表达式为

$$K_{sp}^{\ominus} = \{c(Ba^{2+})/c^{\ominus}\} \cdot \{c(SO_4{}^{2-})/c^{\ominus}\} \tag{3.24}$$

式中 $K_{sp}^{\ominus}$称为难溶电解质的标准溶度积常数，简称为溶度积（solubility product），与其他标准平衡常数一样，是量纲为 1 的常数，只与难溶电解质的本性和温度有关，它的大小反映了物质溶解能力的大小。

对于任何一种难溶电解质 A_mB_n(s)，当达到沉淀—溶解平衡时

$$A_mB_n(s) \rightleftharpoons mA^{n+}(aq) + nB^{m-}(aq)$$

根据平衡常数表达式的书写原则，$K_{sp}^{\ominus}$的通式为

$$K_{sp}^{\ominus} = \{c(A^{n+})/c^{\ominus}\}^m \cdot \{c(B^{m-})/c^{\ominus}\}^n \tag{3.25}$$

由此可知，一定温度下，难溶电解质饱和溶液中离子浓度的化学计量数次方之积为一常数。这一关系称为溶度积原理。

难溶电解质的溶度积可由实验测定，也可利用有关热力学数据计算。一些常见难溶电解质的溶度积见本书附录 7。

【例 3.11】 计算 298 K 时，AgCl 的 $K_{sp}^{\ominus}$。

解 查表 $AgCl(s) \rightleftharpoons Ag^{+}(aq) + Cl^{-}(aq)$

$\Delta_f G_{m,B}^{\ominus}/kJ \cdot mol^{-1}$ -109.70 $\quad 77.11 \quad -131.17$

$$\Delta_r G_m^{\ominus} = \{\Delta_f G_m^{\ominus}(Ag^+, aq) + \Delta_f G_m^{\ominus}(Cl^-, aq)\} - \Delta_f G_m^{\ominus}(AgCl, s)$$
$$= (77.11 - 131.17) kJ \cdot mol^{-1} - (-109.70) kJ \cdot mol^{-1}$$
$$= 55.64\ kJ \cdot mol^{-1}$$

$$\lg K_{sp}^{\ominus}(AgCl) = \frac{-55.64 \times 10^3\ J \cdot mol^{-1}}{2.303 \times 8.314\ J \cdot mol^{-1} K^{-1} \times 298\ K} = -9.75$$

$$K_{sp}^{\ominus}(AgCl) = 1.78 \times 10^{-10}$$

答：298 K 时 AgCl 的 $K_{sp}^{\ominus}$为 1.78×10^{-10}。

3.3.2 溶度积与溶解度

溶度积和溶解度都可以用来表示物质的溶解能力，它们之间可以互相换算。溶解度是指在一定温度下，物质饱和溶液的物质的量浓度，单位为 $mol \cdot L^{-1}$。

对任何一种难溶电解质 A_mB_n(s)，当达到沉淀—溶解平衡时，其溶解度为 s（单位为 $mol \cdot L^{-1}$），则

$$A_mB_n(s) \rightleftharpoons mA^{n+}(aq) + nB^{m-}(aq)$$

A_mB_n 饱和水溶液中

$$c(A^{n+}) = ms, c(B^{m-}) = ns$$

由(3.25)式得

$$K_{sp}^{\ominus} = \{c(A^{n+})/c^{\ominus}\}^m \cdot \{c(B^{m-})/c^{\ominus}\}^n$$
$$= (ms/c^{\ominus})^m \cdot (ns/c^{\ominus})^n$$
$$= m^m \cdot n^n (s/c^{\ominus})^{m+n} \tag{3.26}$$

$$s/c^{\ominus} = \sqrt[m+n]{\frac{K_{sp}^{\ominus}}{m^m \cdot n^n}} \tag{3.27}$$

(3.26)式、(3.27)式是溶解度和溶度积之间的换算公式,使用时应注意该公式只有在纯固体的饱和水溶液中才成立,且溶解的离子在水溶液中不发生任何副反应。

【例 3.12】 已知 298 K 时铬酸银(Ag_2CrO_4)的溶解度为 6.54×10^{-5} mol·L^{-1},求其溶度积。

解 Ag_2CrO_4 饱和溶液中的平衡为

$$Ag_2CrO_4(s) \rightleftharpoons 2Ag^+(aq) + CrO_4^{2-}(aq)$$

由(3.26)式得

$$K_{sp}^{\ominus} = \{c(Ag^+)/c^{\ominus}\}^2 \cdot \{c(CrO_4^{2-})/c^{\ominus}\}$$
$$= \{2s/c^{\ominus}\}^2 \cdot \{s/c^{\ominus}\} = 4(s/c^{\ominus})^3$$
$$= 4 \times (6.54 \times 10^{-5})^3 = 1.12 \times 10^{-12}$$

答:298 K 时 Ag_2CrO_4 的溶度积为 1.12×10^{-12}。

【例 3.13】 已知 298 K 时 AgCl(s)的 $K_{sp}^{\ominus}$ 为 1.78×10^{-10},求 AgCl(s)的溶解度。

解 AgCl 饱和溶液中的平衡为

$$AgCl(s) \rightleftharpoons Ag^+(aq) + Cl^-(aq)$$

$$K_{sp}^{\ominus} = \{c(Ag^+)/c^{\ominus}\} \cdot \{c(Cl^-)/c^{\ominus}\} = \{s/c^{\ominus}\} \cdot \{s/c^{\ominus}\}$$

因此 $s/c^{\ominus} = \sqrt{K_{sp}^{\ominus}} = \sqrt{1.78 \times 10^{-10}} = 1.33 \times 10^{-5}$

$$s = 1.33 \times 10^{-5} \text{ mol·L}^{-1}$$

答:298 K 时 AgCl 的溶解度为 1.33×10^{-5} mol·L^{-1}。

溶度积 $K_{sp}^{\ominus}$ 的大小反映了难溶强电解质溶解能力的大小,但由以上两例的计算结果可见,$K_{sp}^{\ominus}$ 的大小不能直接反映出难溶强电解质溶解度的大小。298 K 时 Ag_2CrO_4 的溶度积(1.12×10^{-12})小于 AgCl 的溶度积(1.78×10^{-10}),而 Ag_2CrO_4 的溶解度(6.54×10^{-5} mol·L^{-1})却比 AgCl 的溶解度(1.33×10^{-5} mol·L^{-1})大,这是因为 Ag_2CrO_4 为 A_2B 型物质,而 AgCl 为 AB 型物质,它们离子浓度的方次不一样,导致不同类型物质溶解度的大小不能根据溶度积的大小进行比较。因此,只有相同类型的难溶强电解质才能用溶度积比较溶解度的大小，在相同温度下，$K_{sp}^{\ominus}$越小，其溶解度越小；反之，$K_{sp}^{\ominus}$越大，其溶解度越大，例如 AgCl 的溶度积(1.78×10^{-10})大于 AgBr 的溶度积(5.35×10^{-13})，它们同属 AB 型物质，所以 AgCl 的溶解度(1.33×10^{-5} $mol\cdot L^{-1}$)大于 AgBr 的溶解度(7.31×10^{-7} $mol\cdot L^{-1}$)。

3.3.3 溶度积规则

对于任一难溶电解质，在一定条件下沉淀是否生成或溶解，可根据溶度积进行判断，类似于本书第 2 章中根据 $K^{\ominus}$来判断化学平衡的移动。

为讨论问题方便，引进离子积 Q_i 的概念，Q_i 是指系统在任意状态下离子浓度的化学计量数次方之积。Q_i 与 $K_{sp}^{\ominus}$具有相同的表达式，但在 Q_i 表达式中离子浓度为任一状态下的浓度，而 $K_{sp}^{\ominus}$表达式中离子浓度指沉淀—溶解达到平衡状态下的浓度，现以 $CaCO_3$ 为例进行讨论。

温度一定，在饱和的 $CaCO_3$ 溶液中，$K_{sp}^{\ominus}=\{c(Ca^{2+})/c^{\ominus}\}\cdot\{c(CO_3^{2-})/c^{\ominus}\}$，如果在上述平衡系统中加入一定量的 $CaCl_2$ 溶液，此时 Ca^{2+} 浓度增加，所以 $Q_i=\{c(Ca^{2+})/c^{\ominus}\}\cdot\{c(CO_3^{2-})/c^{\ominus}\}>K_{sp}^{\ominus}$，平衡向生成 $CaCO_3$ 沉淀的方向移动，析出 $CaCO_3$ 沉淀。

如果在饱和的 $CaCO_3$ 溶液中逐滴加入盐酸可以发现有气泡不断产生，$CaCO_3$ 沉淀逐渐消失，这是由于盐酸解离的 H^+ 与 CO_3^{2-} 反应生成 CO_2 和 H_2O，降低了溶液中 CO_3^{2-} 的浓度，所以 $Q_i=\{c(Ca^{2+})/c^{\ominus}\}\cdot\{c(CO_3^{2-})/c^{\ominus}\}<K_{sp}^{\ominus}$，平衡向 $CaCO_3$ 沉淀溶解的方向移动，$CaCO_3$ 沉淀溶解。若加入足够量的盐酸，则 $CaCO_3$ 沉淀不断溶解，直至原有的 $CaCO_3$ 沉淀全部溶解为止。

综上所述，在任何给定的难溶强电解质溶液中，离子积 Q_i 可能有 3 种情况：

① $Q_i>K_{sp}^{\ominus}$　溶液为过饱和溶液，有沉淀析出，直至饱和。

② $Q_i=K_{sp}^{\ominus}$　溶液为饱和溶液，达到沉淀—溶解动态平衡，无沉淀析出。

③ $Q_i<K_{sp}^{\ominus}$　溶液为不饱和溶液，无沉淀析出，若溶液中已有沉淀存在，则沉淀将溶解，直到饱和为止，甚至有可能全部溶解。

以上 3 点是难溶强电解质多相离子平衡移动规律的总结，称为溶度积规则(the rule of solubility product)，应用此规则可判断沉淀的生成和溶解，判断沉淀生成的先后次序等。

3.3.4 溶度积的应用实例

1) 沉淀的生成

根据溶度积规则，在难溶强电解质溶液中，如果 $Q_i>K_{sp}^{\ominus}$，则有沉淀生成。

【例 3.14】 将 100 mL 0.20 mol·L^{-1} $MgCl_2$ 溶液与 100 mL 0.20 mol·L^{-1}氨水溶液混和，有无 $Mg(OH)_2$ 沉淀生成？（已知 $Mg(OH)_2$ 的 $K_{sp}^{\ominus}=1.2\times10^{-11}$，$NH_3\cdot H_2O$ 的 $K_b^{\ominus}=1.74\times10^{-5}$）

解 混合后溶液中各物质浓度为

$$c(Mg^{2+})=\frac{100\ \text{mL}\times0.20\ \text{mol}\cdot\text{L}^{-1}}{100\ \text{mL}+100\ \text{mL}}=0.10\ \text{mol}\cdot\text{L}^{-1}$$

$$c(NH_3\cdot H_2O)=\frac{100\ \text{mL}\times0.20\ \text{mol}\cdot\text{L}^{-1}}{100\ \text{mL}+100\ \text{mL}}=0.10\ \text{mol}\cdot\text{L}^{-1}$$

由(3.14)式得

$$c(OH^-)=\sqrt{c\cdot K_b^{\ominus}/c^{\ominus}}\cdot c^{\ominus}=\sqrt{0.10\times1.74\times10^{-5}}\ \text{mol}\cdot\text{L}^{-1}$$
$$=1.32\times10^{-3}\ \text{mol}\cdot\text{L}^{-1}$$

$$Q_i=\{c(Mg^{2+})/c^{\ominus}\}\cdot\{c(OH^-)/c^{\ominus}\}^2$$
$$=0.10\times(1.32\times10^{-3})^2$$
$$=1.74\times10^{-7}>K_{sp}^{\ominus}$$

所以，有 $Mg(OH)_2$ 沉淀生成。

答：有 $Mg(OH)_2$ 沉淀生成。

2）沉淀的溶解

在沉淀溶解平衡中，若加入某些能降低平衡离子浓度的物质，使 $Q_i<K_{sp}^{\ominus}$，则沉淀溶解。

【例 3.15】 若向例 3.14 溶液中加入多少克固体 NH_4Cl 才能使生成的 $Mg(OH)_2$ 沉淀溶解？

解 首先根据 $K_{sp}^{\ominus}$求出 Mg^{2+} 不生成 $Mg(OH)_2$ 沉淀所允许的最高 OH^- 浓度。

$$K_{sp}^{\ominus}=\{c(Mg^{2+})/c^{\ominus}\}\cdot\{c(OH^-)/c^{\ominus}\}^2$$

$$c(OH^-)/c^{\ominus}=\sqrt{\frac{K_{sp}^{\ominus}}{c(Mg^{2+})/c^{\ominus}}}=\sqrt{\frac{1.2\times10^{-11}}{0.10}}=1.1\times10^{-5}$$

当 $c(OH^-)<1.1\times10^{-5}$ mol·L^{-1}时，不生成 $Mg(OH)_2$ 沉淀。

再在氨水中加入铵盐，组成缓冲溶液。由于同离子效应，使溶液中 OH^- 浓度减少，直至 OH^- 浓度减少至不生成 $Mg(OH)_2$ 沉淀。

由(3.20)式 $c(OH^-)/c^{\ominus}=K_b^{\ominus}\cdot\frac{c(\text{弱碱})/c^{\ominus}}{c(\text{弱碱盐})/c^{\ominus}}$

得 $$c(NH_4Cl)/c^{\ominus}=K_b^{\ominus}\cdot\frac{c(\text{弱碱})/c^{\ominus}}{c(OH^-)/c^{\ominus}}$$
$$\geqslant1.74\times10^{-5}\times\frac{0.10}{1.1\times10^{-5}}\geqslant0.16$$

所以，$m(NH_4Cl) \geqslant c(NH_4Cl) \cdot V \cdot M(NH_4Cl)$

$$\geqslant 0.16\ mol \cdot L^{-1} \times 0.20\ L \times 53.5\ g \cdot mol^{-1}$$

$$\geqslant 1.7\ g$$

答：至少需加入 1.7 g 固体 NH_4Cl 才能使 $Mg(OH)_2$ 沉淀溶解。

3）分步沉淀

在实际工作中，常遇到几种离子同时存在的混和溶液，当加入某种沉淀剂时，会使一种离子先沉淀，另一种离子后沉淀，这种先后沉淀的现象称为分步沉淀(fractional precipitation)。

【例 3.16】 在含有相同浓度(浓度均为 $0.01\ mol \cdot L^{-1}$)的 I^- 和 Cl^- 溶液中，逐滴加入稀 $AgNO_3$ 溶液，判断哪种离子先沉淀，哪种离子后沉淀，并计算后沉淀的离子开始沉淀时先沉淀的离子是否沉淀完全。(已知 $K_{sp}^{\ominus}(AgCl) = 1.78 \times 10^{-10}$，$K_{sp}^{\ominus}(AgI) = 8.51 \times 10^{-17}$)

解 ① AgI 开始沉淀时需要的 Ag^+ 最低浓度为

$$c(Ag^+)/c^{\ominus} = \frac{K_{sp}^{\ominus}(AgI)}{c(I^-)/c^{\ominus}} = \frac{8.51 \times 10^{-17}}{0.01} = 8.51 \times 10^{-15}$$

AgCl 开始沉淀时需要的 Ag^+ 最低浓度为

$$c(Ag^+)/c^{\ominus} = \frac{K_{sp}^{\ominus}(AgCl)}{c(Cl^-)/c^{\ominus}} = \frac{1.78 \times 10^{-10}}{0.01} = 1.78 \times 10^{-8}$$

可以看出，沉淀 I^- 所需要的 Ag^+ 浓度，比沉淀 Cl^- 所需要的 Ag^+ 浓度要小得多，因此先沉淀出黄色 AgI 沉淀，后沉淀出白色 AgCl 沉淀，这种现象称为分步沉淀，可用于离子的分离。

② 当 AgCl 开始沉淀时，溶液中剩余的 I^- 浓度为

$$c(I^-)/c^{\ominus} = \frac{K_{sp}^{\ominus}(AgI)}{c(Ag^+)/c^{\ominus}} = \frac{8.51 \times 10^{-17}}{1.78 \times 10^{-8}} = 4.78 \times 10^{-9}$$

可以看出，当 AgCl 开始沉淀时，I^- 早已沉淀得很完全。(一般认为离子浓度 $< 10^{-5}\ mol \cdot L^{-1}$ 时即沉淀完全)。

结论：当溶液中存在几种可沉淀的离子时，所需沉淀剂浓度低的离子先沉淀，所需沉淀剂浓度高的离子后沉淀。如果生成各个沉淀所需沉淀剂的浓度相差较大，则可用沉淀法进行离子分离。

4）沉淀的分离

【例 3.17】 如果溶液中 Sn^{2+} 和 Zn^{2+} 的浓度都为 $0.001\,0\ mol \cdot L^{-1}$，欲使其中一种离子生成硫化物沉淀析出，另一种离子留在溶液中，达到分离的目的。此时溶液中 H^+ 浓度必须控制在什么范围？所用沉淀剂为饱和的 H_2S 溶液(其浓度为 $0.10\ mol \cdot L^{-1}$)。(已知 $K_{sp}^{\ominus}(SnS) = 1.0 \times 10^{-25}$，$K_{sp}^{\ominus}(ZnS) = 2.5 \times 10^{-22}$，$H_2S$ 的 $K_a^{\ominus} = 1.2 \times 10^{-21}$)

解 SnS 开始沉淀时所需 S^{2-} 的浓度为

$$c(S^{2-})/c^{\ominus}=\frac{K_{sp}^{\ominus}(SnS)}{c(Sn^{2+})/c^{\ominus}}=\frac{1.0\times10^{-25}}{1.0\times10^{-3}}=1.0\times10^{-22}$$

ZnS 开始沉淀时所需 S^{2-} 的浓度为

$$c(S^{2-})/c^{\ominus}=\frac{K_{sp}^{\ominus}(ZnS)}{c(Zn^{2+})/c^{\ominus}}=\frac{2.5\times10^{-22}}{1.0\times10^{-3}}=2.5\times10^{-19}$$

因此,如果能控制溶液中 S^{2-} 浓度为

$$1.0\times10^{-22}\ mol\cdot L^{-1}\leqslant c(S^{2-})\leqslant2.5\times10^{-19}\ mol\cdot L^{-1}$$

则 SnS 即可沉淀完全,而 ZnS 不沉淀。要使 SnS 沉淀完全,即 $c(Sn^{2+})\leqslant 10^{-5}\ mol\cdot L^{-1}$,此时 $c(S^{2-})$为

$$c(S^{2-})/c^{\ominus}=\frac{K_{sp}^{\ominus}(SnS)}{c(Sn^{2+})/c^{\ominus}}=\frac{1.0\times10^{-25}}{1.0\times10^{-5}}=1.0\times10^{-20}$$

因此,当 $c(S^{2-})$为:$1.0\times10^{-20}\ mol\cdot L^{-1}\leqslant c(S^{2-})\leqslant2.5\times10^{-19}\ mol\cdot L^{-1}$时,SnS 沉淀完全而 ZnS 不沉淀。

根据(3.23)式可求出相应的 pH 范围

$$c(H^+)/c^{\ominus}=\sqrt{\frac{K_a^{\ominus}\cdot c(H_2S)/c^{\ominus}}{c(S^{2-})/c^{\ominus}}}=\sqrt{\frac{1.2\times10^{-22}}{c(S^{2-})/c^{\ominus}}}$$

$$=\sqrt{\frac{1.2\times10^{-22}}{1.0\times10^{-20}}}=0.11$$

$pH=0.96$

$$c(H^+)/c^{\ominus}=\sqrt{\frac{K_a^{\ominus}\cdot c(H_2S)/c^{\ominus}}{c(S^{2-})/c^{\ominus}}}=\sqrt{\frac{1.2\times10^{-22}}{2.5\times10^{-19}}}=0.022$$

$pH=1.66$

答:控制溶液的 H^+ 浓度在 $0.022\ mol\cdot L^{-1}\sim0.11\ mol\cdot L^{-1}$或 pH 在 0.96~1.66 范围内,就可以使 SnS 沉淀完全,而 ZnS 不沉淀,达到分离 Sn^{2+} 和 Zn^{2+} 的目的。

【例 3.18】 已知某溶液中含有 $0.10\ mol\cdot L^{-1}$ Zn^{2+} 和 $0.10\ mol\cdot L^{-1}$ Cd^{2+},当在此溶液中通入 H_2S 使溶液饱和(其浓度为 $0.10\ mol\cdot L^{-1}$)。

(1) 试判断哪一种沉淀首先析出?

(2) 为了使 Cd^{2+} 沉淀完全,H^+ 浓度应为多少?此时 ZnS 沉淀是否析出?

(3) 在 Cd^{2+} 和 Zn^{2+} 实际分离中,通常加 HCl 调节溶液的 pH 值,若加 HCl 后 H^+ 浓度为 $0.30\ mol\cdot L^{-1}$,不断通入 H_2S,最后溶液中的 H^+、Cd^{2+} 和 Zn^{2+} 浓度各为多少?

(已知:$K_{sp}^{\ominus}(CdS)=8.0\times10^{-27}$,$K_{sp}^{\ominus}(ZnS)=2.5\times10^{-22}$,$H_2S$ 的 $K_a^{\ominus}=1.2\times10^{-21}$)

(1) 因 $K_{sp}^{\ominus}(CdS) < K_{sp}^{\ominus}(ZnS)$，$c(Cd^{2+}) = c(Zn^{2+})$

所以 CdS 沉淀先析出。

(2) 当 Cd^{2+} 沉淀完全时，$c(Cd^{2+}) \leqslant 10^{-5}\ mol \cdot L^{-1}$，此时 $c(S^{2-})$ 为

$$c(S^{2-})/c^{\ominus} = \frac{K_{sp}^{\ominus}(CdS)}{c(Cd^{2+})/c^{\ominus}}$$

$$\geqslant \frac{8.10 \times 10^{-27}}{1.0 \times 10^{-5}}$$

$$= 8.0 \times 10^{-22}$$

根据(3.23)式可求出相应的 H^{+} 浓度

$$c(H^{+})/c^{\ominus} = \sqrt{\frac{K_a^{\ominus} \cdot c(H_2S)/c^{\ominus}}{c(S^{2-})/c^{\ominus}}} = \sqrt{\frac{1.2 \times 10^{-22}}{c(S^{2-})/c^{\ominus}}}$$

$$= \sqrt{\frac{1.2 \times 10^{-22}}{8.0 \times 10^{-22}}} = 0.39$$

$c(H^{+}) = 0.39\ mol \cdot L^{-1}$

此时 $Q_i = \{c(Zn^{2+})/c^{\ominus}\} \cdot \{c(S^{2-})/c^{\ominus}\}$

$$= 0.10 \times 8.0 \times 10^{-22}$$

$$= 8.0 \times 10^{-23} < K_{sp}^{\ominus}(ZnS)$$

所以无 ZnS 沉淀析出。

(3) 在 Cd^{2+} 和 Zn^{2+} 实际分离中，加入盐酸后存在下列反应

$$Cd^{2+}(aq) + S^{2-}(aq) \rightleftharpoons CdS(S) \qquad 1/K_{sp}^{\ominus}$$

$$+ \quad H_2S(aq) \rightleftharpoons 2H^{+} + S^{2-}(aq) \qquad K_a^{\ominus}$$

$$Cd^{2+}(aq) + H_2S(aq) \rightleftharpoons CdS(S) + 2H^{+}(aq)$$

	Cd^{2+}	H_2S		H^{+}
反应开始前浓度 (/mol·L⁻¹)	0.10	0.10		0.30
平衡浓度 (/mol·L⁻¹)	x	0.10		$0.30 + 2(0.1 - x)$

该反应总的平衡常数 $K^{\ominus} = \dfrac{K_a^{\ominus}}{K_{sp}^{\ominus}} = \dfrac{1.2 \times 10^{-21}}{8.0 \times 10^{-27}} = 1.5 \times 10^{5}$

$$K^{\ominus} = \frac{\{c(H^{+})/c^{\ominus}\}^2}{\{c(Cd^{2+})/c^{\ominus}\} \cdot \{c(H_2S)/c^{\ominus}\}} = \frac{(0.50 - 2x)^2}{0.10x} = 1.5 \times 10^{5}$$

$\because x$ 值很小，$\therefore 0.50 - 2x \approx 0.50$

解出 $x = 1.7 \times 10^{-5}$

$c(Cd^{2+}) = 1.7 \times 10^{-5}\ mol \cdot L^{-1}$

$c(H^+)=(0.50-2x)\,mol\cdot L^{-1}\approx 0.50\ mol\cdot L^{-1}$

由于当 $c(H^+)=0.39\ mol\cdot L^{-1}$时 ZnS 不沉淀，所以当 $c(H^+)=0.50\ mol\cdot L^{-1}$时，更不会产生 ZnS 沉淀，故 $c(Zn^{2+})=0.1\ mol\cdot L^{-1}$。

5）沉淀的转化

在实际应用中，为了某种需要，常把一种沉淀转化为另一种沉淀，这一过程称为沉淀的转化(inversion of precipitate)。例如从锰矿(MnO_2)制得的 $MnCl_2$ 或 $MnSO_4$ 溶液中常含有 Cu^{2+}、Pb^{2+}、Cd^{2+} 等杂质离子，可以加入过量的 MnS 固体，因为 MnS 的 $K_{sp}^{\ominus}(1.4\times10^{-15})$大于 CuS($K_{sp}^{\ominus}=8.5\times10^{-45}$)、PbS($K_{sp}^{\ominus}=3.4\times10^{-28}$)、CdS($K_{sp}^{\ominus}=8.0\times10^{-27}$)，因此固体 MnS 在 Cu^{2+}、Pb^{2+}、Cd^{2+}存在下可转化为 CuS、PbS 沉淀和 CdS 沉淀。同时 MnS 的溶解也不会给溶液添加新的杂质。过滤除去 CuS、PbS、CdS 和过量的 MnS 沉淀后，蒸发、结晶即得纯净的 $MnCl_2$ 或 $MnSO_4$ 晶体。又如炉中的锅垢含有 $CaSO_4$，它不溶于水也不溶于酸，很难清除。但是可加入足够量的 Na_2CO_3 溶液，由于 $CaCO_3$ 的溶度积($K_{sp}^{\ominus}=2.8\times10^{-9}$)小于 $CaSO_4$ 的溶度积($K_{sp}^{\ominus}=9.1\times10^{-6}$)，因此 $CaSO_4$沉淀转化为疏松的$CaCO_3$沉淀，可用酸溶解除去，这样就易于除去锅垢了。

应该指出，沉淀的转化是有条件的。由溶解度较大的沉淀转化为溶解度较小的沉淀比较容易；反之，则比较困难，需在一定条件下才能实现，甚至不可能转化。

【例 3.19】 在 1.0 L Na_2CO_3 溶液中，如果将 0.010 mol 的 $CaSO_4$ 沉淀、$BaSO_4$ 沉淀分别转化为 $CaCO_3$ 沉淀、$BaCO_3$ 沉淀，问 Na_2CO_3 溶液的最初浓度至少为多少？(已知 $K_{sp}^{\ominus}(CaSO_4)=9.1\times10^{-6}$，$K_{sp}^{\ominus}(CaCO_3)=2.8\times10^{-9}$，$K_{sp}^{\ominus}(BaSO_4)=1.1\times10^{-10}$，$K_{sp}^{\ominus}(BaCO_3)=5.1\times10^{-9}$)

解 $CaSO_4$ 沉淀在 Na_2CO_3 溶液中发生下列反应

$$CaSO_4(s)+CO_3^{2-}(aq)\rightleftharpoons CaCO_3(s)+SO_4^{2-}(aq)\qquad K^{\ominus}$$

这一反应的平衡常数，可应用多重平衡规则计算

$$CaSO_4(s)\rightleftharpoons Ca^{2+}(aq)+SO_4^{2-}\qquad K_{sp}^{\ominus}(CaSO_4)$$

$$-\ CaCO_3(s)\rightleftharpoons Ca^{2+}(aq)+CO_3^{2-}\qquad K_{sp}^{\ominus}(CaCO_3)$$

$$CaSO_4(s)+CO_3^{2-}(aq)\rightleftharpoons CaCO_3(s)+SO_4^{2-}(aq)\qquad K^{\ominus}$$

所以
$$K^{\ominus}=\frac{c(SO_4^{2-})/c^{\ominus}}{c(CO_3^{2-})/c^{\ominus}}=\frac{K_{sp}^{\ominus}(CaSO_4)}{K_{sp}^{\ominus}(CaCO_3)}=\frac{9.1\times10^{-6}}{2.8\times10^{-9}}=3.3\times10^{3}$$

$$c(CO_3^{2-})/c^{\ominus}=\frac{c(SO_4^{2-})/c^{\ominus}}{K^{\ominus}}=\frac{0.010}{3.3\times10^{3}}=3.0\times10^{-6}$$

因为转化 0.010 mol 的 $CaSO_4$ 还需要 0.010 mol 的 Na_2CO_3，所以 Na_2CO_3

的初始浓度为

$$c_0(Na_2CO_3)=0.010\ mol\cdot L^{-1}+3.0\times10^{-6}\ mol\cdot L^{-1}=0.010\ mol\cdot L^{-1}$$

同样，$BaSO_4$ 沉淀在 Na_2CO_3 溶液中发生下列反应：

$$BaSO_4(s)+CO_3^{2-}(aq)\rightleftharpoons BaCO_3(s)+SO_4^{2-}$$

$$K^{\ominus}=\frac{c(SO_4^{2-})/c^{\ominus}}{c(CO_3^{2-})/c^{\ominus}}=\frac{K_{sp}^{\ominus}(BaSO_4)}{K_{sp}^{\ominus}(BaCO_3)}=\frac{1.1\times10^{-10}}{5.1\times10^{-9}}=0.022$$

$$c(CO_3^{2-})/c^{\ominus}=\frac{c(SO_4^{2-})/c^{\ominus}}{K^{\ominus}}=\frac{0.010}{0.022}=0.45$$

所以 Na_2CO_3 的初始浓度为

$$c_0(Na_2CO_3)=0.010\ mol\cdot L^{-1}+0.45\ mol\cdot L^{-1}=0.46\ mol\cdot L^{-1}$$

答：使 0.010 mol 的 $CaSO_4$ 转化为 $CaCO_3$，Na_2CO_3 的初始浓度至少为 $0.010\ mol\cdot L^{-1}$；使 0.010 mol 的 $BaSO_4$ 转化为 $BaCO_3$，Na_2CO_3 的初始浓度至少为 $0.46\ mol\cdot L^{-1}$。

6）重量分析

重量分析是通过称量物质的重量进行待测组分含量测定的一种方法。测定时，通常先用适当的方法使被测组分与其他组分分离，然后称重，由称得的重量计算该组分的含量。其中最常用的分离方法为沉淀法。为了得到准确可靠的分析结果，重量分析要求待测组分形成的沉淀溶解度小，沉淀完全。通常要求沉淀—溶解达到平衡后沉淀的溶解损失要小于分析天平的称量误差(0.2 mg)，因此重量分析在溶液中通常通过加入过量的沉淀剂以减少待测组分的溶解损失，这就是沉淀—溶解平衡中的同离子效应。

【例 3.20】 采用重量分析法测定砂石中 SO_4^{2-} 的含量，$BaCl_2$ 溶液作为沉淀剂，当加入的 $BaCl_2$ 的量与 SO_4^{2-} 的量符合化学计量关系时，在 200 mL 溶液中溶解多少克的 $BaSO_4$，是否符合重量分析的要求？若加入过量的 $BaCl_2$ 溶液，Ba^{2+} 过量 $0.01\ mol\cdot L^{-1}$，则溶解的 $BaSO_4$ 质量为多少？

（已知 $K_{sp}^{\ominus}(BaSO_4)=1.1\times10^{-10}$）

解 先求当加入的 $BaCl_2$ 的量与 SO_4^{2-} 的量之比为 1∶1 时，溶解的 $BaSO_4$ 质量。

$$K_{sp}^{\ominus}=\{c(Ba^{2+})/c^{\ominus}\}\cdot\{c(SO_4^{2-})/c^{\ominus}\}=\{s/c^{\ominus}\}^2$$

$$s/c^{\ominus}=\sqrt{K_{sp}^{\ominus}}=\sqrt{1.1\times10^{-10}}=1.05\times10^{-5}$$

因此

$$\begin{aligned}m(BaSO_4)&=s(BaSO_4)\cdot V\cdot M(BaSO_4)\\&=1.05\times10^{-5}\ mol\cdot L^{-1}\times200\ mL\times233\ g\cdot mol^{-1}\\&=0.5\ mg>0.2\ mg\end{aligned}$$

故当加入的 $BaCl_2$ 的量与 SO_4^{2-} 的量符合化学计量关系时，$BaSO_4$ 沉淀的溶解损失不符合重量分析的要求。

再求 Ba^{2+} 过量 0.01 mol·L^{-1}，溶解的 $BaSO_4$ 质量

$$K_{sp}^{\ominus} = \{c(Ba^{2+})/c^{\ominus}\} \cdot \{c(SO_4^{2-})/c^{\ominus}\}$$
$$= \{(0.01 + s)/c^{\ominus}\}\{s/c^{\ominus}\}$$
$$= 1.1 \times 10^{-10}$$

s 很小，$0.01 + s \approx 0.01$

解出 $s = 1.1 \times 10^{-8}\ \text{mol} \cdot \text{L}^{-1}$

因此，$m(BaSO_4) = s(BaSO_4) \cdot V \cdot M(BaSO_4)$

$$= 1.1 \times 10^{-8}\ \text{mol} \cdot \text{L}^{-1} \times 200\ \text{mL} \times 233\ \text{g} \cdot \text{mol}^{-1}$$
$$= 5 \times 10^{-4}\ \text{mg} < 0.2\ \text{mg}$$

所以当 Ba^{2+} 过量 0.01 mol·L^{-1}时，$BaSO_4$ 沉淀的溶解损失已符合重量分析的要求，认为 $BaSO_4$ 沉淀完全。

3.4 配位平衡

配位化合物（简称配合物，旧称络合物）是一类非常重要的化合物。早在1798年，Tassaert 合成了第一个配位化合物 $[Co(NH_3)_6]Cl_3$，自此以后，人们相继发现了更多的配合物。1893 年瑞士无机化学家维尔纳（Werner A）提出配合物的配位理论，创立了近代配位化学，促进了配位化学的发展，他也因此获得 1913 年诺贝尔化学奖。20 世纪以来，人们对配合物的合成、性质、结构和应用的研究做了大量的工作，配位化学发展迅速，内容丰富，在无机化学、分析化学、有机化学、催化化学、结构化学和生物化学中有广泛的应用，已成为一门独立的化学学科。本节只对配合物的基本概念、配离子在溶液中的解离平衡以及配合物的应用进行简要介绍。

3.4.1 配合物的组成和命名

1) 配合物的组成

在 $CuSO_4$ 的溶液中加入过量的浓氨水后，会发现溶液的颜色由天蓝色变为深蓝色，反应式为

$$CuSO_4 + 4NH_3 = [Cu(NH_3)_4]SO_4$$

$[Cu(NH_3)_4]SO_4$ 称为配位化合物，简称配合物，$[Cu(NH_3)_4]^{2+}$ 称为配离子（或称配合物的内界）。为了与简单离子区别，配离子往往用方括号[ ]表示。而与之相平衡的异离子称为配合物的外界，如 SO_4^{2-}。内外界之间是离子键结合，在水溶液中全部解离。

在配离子(即内界)中,占据中心位置的一般是正离子或原子(如 Cu^{2+}),通常称为中心离子,在它的周围直接配位着一些中性分子或带负电荷的离子,如 NH_3 称为配位体。配位体中直接与中心离子键合(以配位键相结合)的原子叫做配位原子,如 NH_3 中的 N。配位原子的总数叫做配位数,如 NH_3 括号右下角的“4”,以上这些关系可用下图表示。

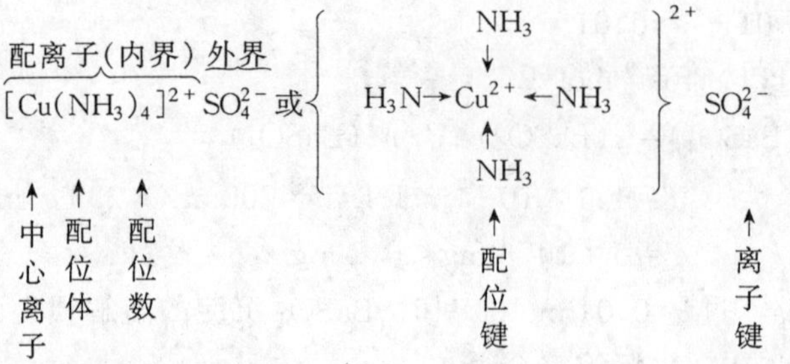

注意:外界离子所带的电荷总数与内界配离子的电荷数在数值上相等,符号相反;配离子的电荷数等于中心离子(或原子)的电荷数与配位体的总电荷数的代数和。

2) 配合物的命名

配合物的命名原则,与一般无机化合物命名相类似。

(1) 配合物内界和外界命名顺序通常是阴离子名称在前,阳离子名称在后;单阴离子用“化”,复杂阴离子用酸。

(2) 配离子(内界)的命名顺序是:配位体—合—中心离子。在配位体前用汉字数一、二、三……标明配位数的数目,中心离子后面用罗马数字(Ⅰ)、(Ⅱ)、(Ⅲ)……表明其氧化值。内界中含多种配位体时,命名时按配位体由简单到复杂的次序排列:简单离子→复杂离子→有机酸根离子→H_2O→中性无机分子→有机分子。有些配位体在配合物中有专门名称,如 CO(一氧化碳)称为羰基,OH^-(氢氧根)称为羟基等。

下面简单介绍一些配合物的命名。

配离子:

$[Cu(NH_3)_4]^{2+}$　四氨合铜(Ⅱ)离子(俗称铜氨离子)

$[Fe(CN)_6]^{4-}$　六氰合铁(Ⅱ)离子(俗称亚铁氰根)

配位酸:

$H_2[SiF_6]$　六氟合硅(Ⅳ)酸(俗称氟硅酸)

$H[AuCl_4]$　四氯合金(Ⅲ)酸(俗称氯金酸)

配位碱:

$[Zn(NH_3)_4](OH)_2$　氢氧化四氨合锌(Ⅱ)(俗称氢氧化锌氨)

$[Cr(OH_2)_5OH](OH)_2$　氢氧化一羟五水合铬(Ⅲ)

配位盐：

$[Ag(NH_3)_2]Cl$　氯化二氨合银(Ⅰ)(俗称氯化银氨)

$K_2[PtCl_6]$　六氯合铂(Ⅳ)酸钾

$[Pt(NH_3)_4(NO_2)Cl]CO_3$　碳酸一氯一硝基四氨合铂(Ⅳ)

$Na[V(CO)_6]$　六羰基合钒(－Ⅰ)酸钠

$K_3[Fe(CN)_6]$　六氰合铁(Ⅲ)酸钾(俗称赤血盐)

配位分子：

$[Fe(CO)_5]$　五羰基合铁(0)(俗称羰基铁)

$[Pt(NH_3)_2Cl_4]$　四氯二氨合铂(Ⅳ)

3) 配位体

在配位体中直接与中心离子或原子相联结的原子称为配位原子，如 OH^- 中的氧原子，NH_3 中的氮原子，都是配位原子。它们有一个共同的特点：配位原子必须含有孤对电子与中心离子形成配位键，如：$:NH_3$，$:OH^-$，$:OH_2$ 等。

根据配位体中配位原子的数目，通常把配位体分成两大类，即单基配体和多基配体。

(1) 单基配体

只含有一个配位原子的配体称为单基配体，又称单齿配体。它包括阴离子和中性分子。一些常见的单基配体如表 3.5 所示。

表 3.5　常见的单基配体

配位原子	卤素	O	S	N	C
阴离子配体	F^-，Cl^- Br^-，I^-	$:OH^-$ $RCO\ddot{O}^-$	$:S^{2-}$ $:SCN^-$	$:NCS^-$(异硫氰根)	$:CN^-$
中性分子配体		$H_2\ddot{O}$ $R\ddot{O}H$	$H_2S:$	$:NH_3$	$:CO$

(2) 多基配体

含有两个或两个以上配位原子与中心离子键合的配位体称为多基配体，又称为多齿配体。例如乙二胺（常用 en 表示），其分子式为 $H_2\ddot{N}-CH_2-CH_2-\ddot{N}H_2$，是一个双基配体，分子中的两个氮原子为配位原子，与 Cu^{2+} 形成配合物 $[Cu(en)_2]^{2+}$，其结构式如下：

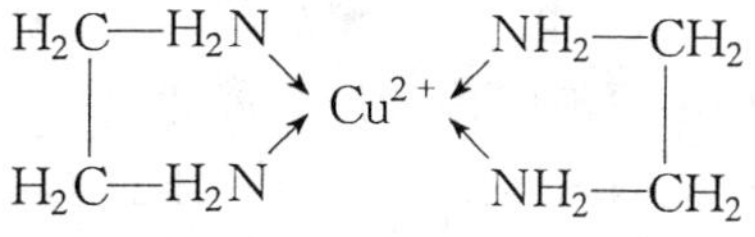

Cu^{2+}与两个 en 分子中的 4 个氮原子结合，形成具有 2 个五元环的复杂配合物。式中符号"←"表示配位键。多基配体的配位原子与中心离子结合时，犹如螃蟹的螯同时钳住金属离子，因此常将多基配体形成环状结构的配合物称为螯合物，又称内配合物。该配位体称为螯合剂。由于螯合剂与金属离子形成五元环或六元环的稳定结构，螯合物的稳定性大为提高。

目前应用最多和最广的螯合剂多为氨羧配位剂，其中最重要的是乙二胺四乙酸，它是含有羧基和氨基的螯合剂，配位能力很强。其结构式为

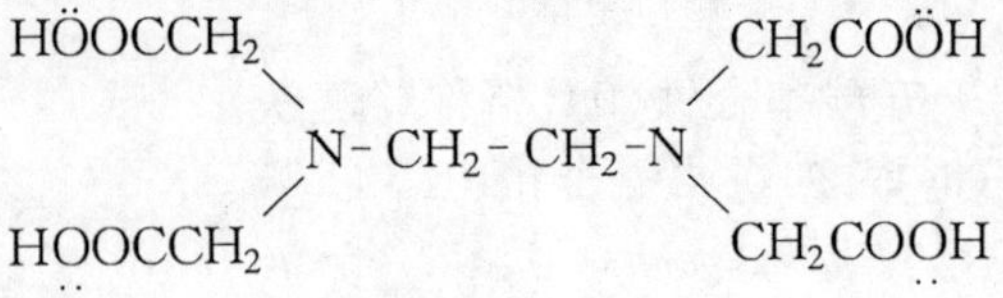

乙二胺四乙酸常用 H_4Y 表示，简称 EDTA。它含有 6 个配位原子(含 2 个氮原子和 4 个氧原子)，与金属离子按 1∶1 的化学计量关系进行配合，形成具有多个五元环的稳定螯合物，例如 EDTA 与 Ca^{2+} 形成的螯合物结构如图 3.2 所示。从图 3.2 可以看出，EDTA 与 Ca^{2+} 配合时形成 5 个五元环（4 个 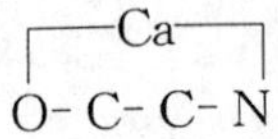 五元环及 1 个 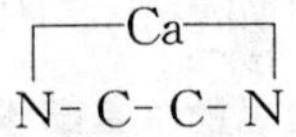 五元环)。此外，EDTA 与金属离子形成的螯合物易溶于水，因此广泛应用于金属离子的分析和分离。

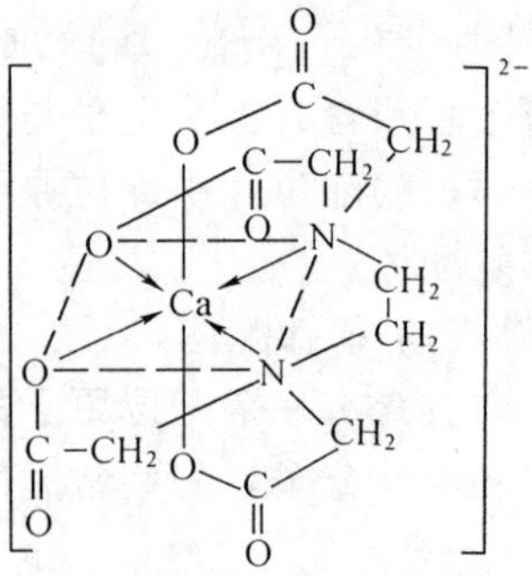

图 3.2　EDTA 与 Ca^{2+} 形成的螯合物的结构示意图

3.4.2　配位平衡及稳定常数

配合物的稳定性是配合物的重要性质之一，主要是指配合物在水溶液中是否易解离。根据化学平衡原理，配位平衡也有其标准平衡常数，通常称为配合物的稳定常数或不稳定常数。

1) 配位平衡及稳定常数

前面已介绍，含有配离子的配合物的内界和外界之间是以离子键结合的，与强电解质类似，在水溶液中是完全解离的。例如在$[Cu(NH_3)_4]SO_4$溶液中：

$$[Cu(NH_3)_4]SO_4(aq) \longrightarrow [Cu(NH_3)_4]^{2+}(aq) + SO_4^{2-}(aq)$$

当在此溶液中加入 $BaCl_2$ 溶液时，会产生白色 $BaSO_4$ 沉淀。解离出来的配离子$[Cu(NH_3)_4]^{2+}$在水溶液中会部分解离：

$$[Cu(NH_3)_4]^{2+}(aq) \rightleftharpoons Cu^{2+}(aq) + 4NH_3(aq)$$

但配离子的解离度是很小的，当加入稀 NaOH 溶液时，则不产生 $Cu(OH)_2$ 沉淀（$K_{sp}^{\ominus}(Cu(OH)_2)=2.2\times10^{-20}$），这是由于配离子解离出来的 Cu^{2+} 浓度太小，使 $Q_i<K_{sp}^{\ominus}(Cu(OH)_2)$，说明配离子 $[Cu(NH_3)_4]^{2+}$ 的稳定性较高。但如加入 Na_2S 溶液，则可得到黑色 CuS 沉淀（$K_{sp}^{\ominus}(CuS)=8.5\times10^{-45}$），这是由于 CuS 沉淀的溶度积非常小，虽然配离子解离出来的 Cu^{2+} 浓度很小，但已使 $Q_i>K_{sp}^{\ominus}(CuS)$，因此有 CuS 沉淀析出。上例说明 $[Cu(NH_3)_4]^{2+}$ 在水溶液中的行为如同弱电解质一样，$[Cu(NH_3)_4]^{2+}$ 与 Cu^{2+} 之间存在解离平衡，这种平衡称为配位平衡。

$$Cu^{2+}(aq)+4NH_3(aq)\rightleftharpoons[Cu(NH_3)_4]^{2+}(aq)$$

其稳定平衡常数表达式为

$$K_{稳}^{\ominus}=\frac{c\{[Cu(NH_3)_4]^{2+}\}/c^{\ominus}}{\{c(Cu^{2+})/c^{\ominus}\}\cdot\{c(NH_3,aq)/c^{\ominus}\}^4}=2.09\times10^{13} \tag{3.28}$$

或 $\lg K_{稳}^{\ominus}=12.68$

此平衡常数叫做 $[Cu(NH_3)_4]^{2+}$ 的稳定常数(stability constant)。该常数越大，说明生成配离子的倾向越大，而解离的倾向越小，配离子越稳定。一些常见配离子标准稳定常数见本书附录 8，以供比较和应用。

2）不稳定常数

当将配位平衡反应按配离子解离的方式书写时，其平衡常数称为解离常数，或称为不稳定常数(unstability constant)，常用 $K_{不稳}^{\ominus}$ 表示。例如：

$$[Cu(NH_3)_4^{2+}](aq)\rightleftharpoons Cu^{2+}(aq)+4NH_3(aq)$$

$$K_{不稳}^{\ominus}=\frac{\{c(Cu^{2+})/c^{\ominus}\}\cdot\{c(NH_3,aq)/c^{\ominus}\}^4}{c[Cu(NH_3)_4^{2+}]/c^{\ominus}} \tag{3.29}$$

显然，$K_{不稳}^{\ominus}$ 值越大，说明该配离子越不稳定，很明显 $K_{稳}^{\ominus}$ 与 $K_{不稳}^{\ominus}$ 互为倒数关系，即

$$K_{稳}^{\ominus}=\frac{1}{K_{不稳}^{\ominus}}$$

使用时必须注意，不能混淆。

3）逐级稳定常数

必须指出，配离子的生成是分步进行的，在溶液中相应地有一系列的配位平衡和一系列的逐级稳定常数。例如：

$$Cu^{2+}\underset{K_1^{\ominus}=2.37\times10^4}{\overset{+NH_3}{\rightleftharpoons}}[Cu(NH_3)]^{2+}\underset{K_2^{\ominus}=4.30\times10^3}{\overset{+NH_3}{\rightleftharpoons}}[Cu(NH_3)_2]^{2+}$$

$$\underset{K_3^{\ominus}=8.20\times10^2}{\overset{+NH_3}{\rightleftharpoons}}[Cu(NH_3)_3]^{2+}\underset{K_4^{\ominus}=2.50\times10^2}{\overset{+NH_3}{\rightleftharpoons}}[Cu(NH_3)_4]^{2+}$$

$K_1^{\ominus}$、$K_2^{\ominus}$、$K_3^{\ominus}$、$K_4^{\ominus}$ 为配离子的逐级稳定常数(stepwise stability constant)。极

易证明,逐级稳定常数的乘积是该配离子的总稳定常数。

$K_1^{\ominus} \cdot K_2^{\ominus} \cdot K_3^{\ominus} \cdot K_4^{\ominus} = K_{稳}^{\ominus} = 2.09 \times 10^{13}$

稳定常数和其他平衡常数一样,受温度的影响,但在通常条件下影响往往较小。因此,可以用 $K_{稳}^{\ominus}$ 近似比较配合物的稳定性,$K_{稳}^{\ominus}$ 越大,配离子在水中越难离解,配离子越稳定。但在比较配合物的稳定性时,还需要注意应是同一类型的配合物,即具有相同配位数的配离子之间才可用 $K_{稳}^{\ominus}$ 比较它们的稳定性。

3.4.3 配离子稳定常数的应用

利用配离子的稳定常数,可以计算配合物溶液中有关离子的浓度、配离子与沉淀的转化以及判断配离子间转化的可能性等。

1) 离子平衡浓度的计算

溶液中配离子的形成使游离金属离子的浓度减小,在一定条件下游离金属离子的浓度可通过稳定常数进行计算。

【例 3.21】 计算在含有 $1.0 \times 10^{-3}\ mol \cdot L^{-1}\ [Cu(NH_3)_4]^{2+}$, $1.0\ mol \cdot L^{-1}\ NH_3$ 的溶液中,处于平衡状态时的游离 Cu^{2+} 的浓度。

解 $Cu^{2+}(aq) + 4NH_3(aq) \rightleftharpoons [Cu(NH_3)_4]^{2+}(aq)$

平衡时各物质浓度/$mol \cdot L^{-1}$ $\quad x \quad\quad 1.0 + 4x \quad\quad 1.0 \times 10^{-3} - x$

已知 $[Cu(NH_3)_4]^{2+}$ 的 $K_{稳}^{\ominus} = 2.09 \times 10^{13}$,故 x 较小,

$1.0 + 4x \approx 1.0$, $1.0 \times 10^{-3} - x \approx 1.0 \times 10^{-3}$

将上述各项代入稳定常数表示式:

$$K_{稳}^{\ominus} = \frac{c\{[Cu(NH_3)_4^{2+}]\}/c^{\ominus}}{\{c(Cu^{2+})/c^{\ominus}\} \cdot \{c(NH_3, aq)/c^{\ominus}\}^4}$$

$$x = c(Cu^{2+})/c^{\ominus} = \frac{c\{[Cu(NH_3)_4{}^{2+}]\}/c^{\ominus}}{K_{稳}^{\ominus} \cdot \{c(NH_3, aq)/c^{\ominus}\}^4} = \frac{1.0 \times 10^{-3}}{2.09 \times 10^{13} \times (1.0)^4} = 4.8 \times 10^{-17}$$

答:平衡时游离 Cu^{2+} 的浓度为 $4.8 \times 10^{-17}\ mol \cdot L^{-1}$。

2) 配离子与难溶电解质之间的相互转化

配离子在溶液中的稳定性取决于稳定常数的大小,$K_{稳}^{\ominus}$ 越大,配离子越稳定,但配离子在溶液中仍有部分解离,解离出来的金属离子在一定条件下会生成沉淀,破坏溶液中的配离子。反之,也可以利用配离子的生成使沉淀溶解,所生成的配离子 $K_{稳}^{\ominus}$ 越大,难溶电解质的 $K_{sp}^{\ominus}$ 越大,则溶解越完全。生成配合物是沉淀溶解的主要方式之一。

【例 3.22】 在 1 L 例 3.21 所述的溶液中，加入 0.001 mol NaOH，有无 $Cu(OH)_2$ 沉淀生成？若加入 0.001 mol Na_2S，有无 CuS 沉淀生成？

解 ① 当加入 0.001 mol NaOH 后，溶液中的 $c(OH^-)=0.001\ mol \cdot L^{-1}$，而溶液中 $c(Cu^{2+})=4.8\times10^{-17}\ mol \cdot L^{-1}$。因此，$Q_i=\{c(Cu^{2+})/c^{\ominus}\}\cdot\{c(OH^-)/c^{\ominus}\}^2=4.8\times10^{-17}\times(10^{-3})^2=4.8\times10^{-23}$

已知 $K_{sp}^{\ominus}(Cu(OH)_2)=2.2\times10^{-20}$

则 $Q_i<K_{sp}^{\ominus}(Cu(OH)_2)$

所以，当加入 0.001 mol NaOH 后，溶液中无 $Cu(OH)_2$ 沉淀生成。

② 若加入 0.001 mol Na_2S 后，溶液中 $c(S^{2-})=0.001\ mol \cdot L^{-1}$（未考虑 S^{2-} 的水解。）

已知 $K_{sp}^{\ominus}(CuS)=8.5\times10^{-45}$，而溶液中

$Q_i=\{c(Cu^{2+})/c^{\ominus}\}\cdot\{c(S^{2-})/c^{\ominus}\}=4.8\times10^{-17}\times10^{-3}=4.8\times10^{-20}$

则 $Q_i>K_{sp}^{\ominus}(CuS)$

所以，当加入 0.001 mol Na_2S 后，溶液中有 CuS 沉淀产生。其反应式为

$$[Cu(NH_3)_4]^{2+}(aq)+S^{2-}(aq)\rightleftharpoons CuS\downarrow+4NH_3(aq)$$

【例 3.23】 求在 298 K 时氯化银在 6.0 $mol \cdot L^{-1}$ 氨水溶液中的溶解度。（已知 $K_{sp}^{\ominus}(AgCl)=1.8\times10^{-10}$，$K_{稳}^{\ominus}(Ag(NH_3)_2^+)=1.12\times10^7$）

解 令 AgCl 溶解度为 x，AgCl 在氨水中溶解的反应式为

$$AgCl(s)+2NH_3(aq)=\!=\![Ag(NH_3)_2]^+(aq)+Cl^-(aq)$$

	$2NH_3$	$[Ag(NH_3)_2]^+$	Cl^-
起始浓度/$mol \cdot L^{-1}$	6.0	0	0
平衡时浓度/$mol \cdot L^{-1}$	$6.0-2x$	x	x

由于 $[Ag(NH_3)_2]^+$ 的离解程度很小，因此在分析平衡浓度时可忽略其解离部分，把溶解的 Ag^+ 认为已全部转化成 $[Ag(NH_3)_2]^+$。

该反应的平衡常数 $K^{\ominus}$ 可通过多重平衡规则求出：

$$AgCl(s)\rightleftharpoons Ag^+(aq)+Cl^-(aq) \qquad K_{sp}^{\ominus}(AgCl)$$

$$+\quad Ag^+(aq)+2NH_3(aq)\rightleftharpoons[Ag(NH_3)_2]^+(aq) \qquad K_{稳}^{\ominus}(Ag(NH_3)_2^+)$$

$$AgCl(s)+2NH_3(aq)\rightleftharpoons Cl^-(aq)+[Ag(NH_3)_2]^+(aq)$$

$$K^{\ominus}=\frac{\{c(Ag(NH_3)_2^+)/c^{\ominus}\}\cdot\{c(Cl^-)/c^{\ominus}\}}{\{c(NH_3)/c^{\ominus}\}^2}$$

$$=K_{稳}^{\ominus}(Ag(NH_3)_2^+)\cdot K_{sp}^{\ominus}(AgCl)$$

$$=1.12\times10^7\times1.8\times10^{-10}=2.02\times10^{-3}$$

故 $\dfrac{x^2}{(6.0-2x)^2}=2.02\times10^{-3}$

两边开方,得

$$\frac{x}{6.0-2x}=4.49\times10^{-2}$$

$$x=0.25$$

答:298 K 时,AgCl 在 6.0 mol·L^{-1}氨水溶液中的溶解度为 0.25 mol·L^{-1}。

3) 配离子之间的相互转化

当溶液中存在两种或两种以上能与同一金属离子配位的配位体,或者存在两种或两种以上的金属离子能与同一配位体配位时,都会发生相互间的竞争,使平衡向生成更稳定的配离子方向移动。例如在 Co^{2+} 溶液中,若含有少量 Fe^{3+},当用 SCN^- 鉴定 Co^{2+} 时,血红色的 $[Fe(SCN)]^{2+}$ 干扰了 SCN^- 对 Co^{2+} 的鉴定($[Co(SCN)_4]^{2-}$ 为蓝紫色)。为消除 Fe^{3+} 的干扰,可加入 NH_4F,F^- 与 Fe^{3+} 生成更稳定的无色配离子 $[FeF_6]^{3-}$($K^{\ominus}_{稳}(FeF_6{}^{3-})=2.04\times10^{14}$,$K^{\ominus}_{稳}[Fe(SCN)^{2+}]=200$)。这里 F^- 能起到掩蔽 Fe^{3+} 的作用,称为掩蔽剂。

【例 3.24】 向含有 $[Ag(NH_3)_2]^+$ 的溶液中分别加入 KCN 和 $Na_2S_2O_3$,此时发生下列反应:

$$[Ag(NH_3)_2]^+ + 2CN^- \rightleftharpoons [Ag(CN)_2]^- + 2NH_3 \qquad (1)$$

$$[Ag(NH_3)_2]^+ + 2S_2O_3^{2-} \rightleftharpoons [Ag(S_2O_3)_2]^{3-} + 2NH_3 \qquad (2)$$

在相同情况下,判断哪个反应进行得较完全?

(已知 $K^{\ominus}_{稳}(Ag(NH_3)_2^+)=10^{7.05}$,$K^{\ominus}_{稳}(Ag(CN)_2^-)=10^{21.1}$,$K^{\ominus}_{稳}(Ag(S_2O_3)_2^{3-})=10^{13.46}$)

解 反应式(1)标准平衡常数表示式为

$$K_1^{\ominus}=\frac{\{c(Ag(CN)_2^-)/c^{\ominus}\}\cdot\{c(NH_3,aq)/c^{\ominus}\}^2}{c(Ag(NH_3)_2^+)/c^{\ominus}\}\cdot\{c(CN^-)/c^{\ominus}\}^2}$$

分子分母同乘 $c(Ag^+)/c^{\ominus}$后,可得

$$K_1^{\ominus}=\frac{c(Ag(CN)_2^-)/c^{\ominus}}{\{c(Ag^+)/c^{\ominus}\}\cdot\{c(CN^-)/c^{\ominus}\}^2}\times\frac{\{c(Ag^+)/c^{\ominus}\}\cdot\{c(NH_3,aq)/c^{\ominus}\}^2}{\{c(Ag(NH_3)_2^+)/c^{\ominus}\}}$$

$$=\frac{K^{\ominus}_{稳}(Ag(CN)_2^-)}{K^{\ominus}_{稳}(Ag(NH_3)_2^+)}$$

已知 $[Ag(NH_3)_2]^+$ 和 $[Ag(CN)_2]^-$ 的 $K^{\ominus}_{稳}$分别为 $10^{7.05}$和 $10^{21.1}$

则 $K_1^{\ominus}=\frac{10^{21.1}}{10^{7.05}}=10^{14.05}$

同理可求出反应式(2)的平衡常数

$$K_2^{\ominus}=\frac{K^{\ominus}_{稳}(Ag(S_2O_3)_2^{3-})}{K^{\ominus}_{稳}(Ag(NH_3)_2^+)}=\frac{10^{13.46}}{10^{7.05}}=10^{6.41}$$

$K_1^{\ominus}>K_2^{\ominus}$,说明反应式(1)比反应式(2)进行得更完全。

4) 配离子的酸效应

溶液的酸度对配离子稳定性的影响，称为酸效应。酸效应的发生主要是由于溶液中 H^+ 浓度的大小对配位体(一般为能与 H^+ 结合形成难离解弱酸的配位体，如 CN^-，F^-，SCN^-，NH_3 以及有机弱酸根离子)平衡浓度的影响，H^+ 浓度越高，配位体浓度越低，导致配位平衡向解离的方向移动，直至配离子被完全破坏。

例如 $CuSO_4$ 在氨水中生成深蓝色的 $[Cu(NH_3)_4]^{2+}$ 配离子，若向溶液中加入硫酸后，结果深蓝色的配离子被破坏，溶液呈现水合 Cu^{2+} 的浅蓝色。反应过程如下：

$$\begin{array}{l} [Cu(NH_3)_4]^{2+} \rightleftharpoons Cu^{2+} + 4NH_3 \\ \qquad\qquad\qquad\qquad\qquad\quad + \\ \qquad\qquad\qquad\qquad\qquad\quad 4H^+ \\ \qquad\qquad\qquad\qquad\qquad\quad \Updownarrow \\ \qquad\qquad\qquad\qquad\qquad\quad 4NH_4^+ \end{array}$$

即 $$[Cu(NH_3)_4]^{2+} + 4H^+ \rightleftharpoons Cu^{2+} + 4NH_4^+$$

这里，反应的实质是 H^+ 与 Cu^{2+} 争取配位体 NH_3 的平衡转化。

3.4.4 配合物的应用

随着科学技术的发展，配合物在科学研究和生产实践中发挥出越来越重要的作用。

在分析化学中，常利用生成螯合物的难溶、有颜色等性质鉴定和分离金属离子。例如鉴定 Ni^{2+}，可在氨性溶液中，加入丁二酮肟 $\begin{array}{l} CH_3—C{=}N—OH \\ \qquad\quad | \\ CH_3—C{=}N—OH \end{array}$ 生成鲜红色的丁二酮肟镍沉淀。丁二酮肟是鉴定 Ni^{2+} 的特效螯合剂。又如鉴定 Fe^{3+} 可用 KSCN：$Fe^{3+} + nSCN^- = [Fe(SCN)_n]^{3-n}$ $(n = 1 \sim 6)$，能生成血红色 $[Fe(SCN)_n]^{3-n}$，以证明有 Fe^{3+} 存在。

测定金属离子含量的配位滴定法是配合物的重要应用之一，常用 EDTA 作为滴定剂，它能与若干种金属离子形成螯合物，稳定性高，可以通过控制溶液的酸度进行混合离子的分别滴定，例如水泥试样中 Fe^{3+}、Al^{3+}、Ca^{2+}、Mg^{2+} 含量测定。此外，为了防止其他金属离子对欲测金属离子发生干扰，采用加入配合剂使干扰离子生成难离解的配合物而掩蔽起来。例如在测定 Cu^{2+} 时，试液中常混有 Fe^{3+} 干扰测定，通常加入 NaF 或 NH_4F，使 Fe^{3+} 生成无色的 $[FeF_6]^{3-}$ 稳定配合物，可以排除 Fe^{3+} 对测定 Cu^{2+} 的干扰。NaF 或 NH_4F 称为掩蔽剂。

在电镀工艺中，配位化合物起着重要的作用。例如镀铜时，用 $CuSO_4$ 溶液做电镀液，操作简单，但镀层粗糙、厚薄不匀、与镀件附着力差。如果使 Cu^{2+} 与 $K_4P_2O_7$（焦磷酸钾）生成配离子 $[Cu(P_2O_7)_2]^{6-}$ 做电镀液，就可以得到光滑、均匀、致密、附着力好的镀层。

在照相中，使用硫代硫酸钠（$Na_2S_2O_3$）做定影剂，就是利用它能与照相底片上未分解的 AgBr 作用，转化成可溶性的 $[Ag(S_2O_3)_2]^{3-}$ 配离子。应用同样原理，又可从大量废定影液中回收贵重的银。

$$2[Ag(S_2O_3)_2]^{3-} + S^{2-} \rightleftharpoons Ag_2S\downarrow + 4S_2O_3{}^{2-}$$

再用硝酸氧化硫化银，得到可溶性的 $AgNO_3$ 而回收。

在冶金工业上，配位化合物也起到重要的作用。例如经典的氰化法提炼金和提炼银都是用氰化物溶液处理磨细的矿粉，通入空气，发生下述反应：

$$4Au + 8CN^- + 2H_2O + O_2 = 4[Au(CN)_2]^- + 4OH^-$$

Au（或 Ag）与 CN^- 形成配合物进入溶液，将含 $[Au(CN)_2]^-$ 的溶液与未溶矿物分开，然后用金属锌还原而得 Au。

$$Zn + 2[Au(CN)_2]^- = 2Au + [Zn(CN)_4]^{2-}$$

贵金属铂的提取是将铂矿粉溶解在王水中，铂转化为溶于水的配合物氯铂酸 $H_2[PtCl_6]$，

$$3Pt + 18HCl + 4HNO_3 \longrightarrow 3H_2[PtCl_6] + 4NO\uparrow + 8H_2O$$

再将氯铂酸转化为氯铂酸铵沉淀，经过滤、洗涤、高温分解后得到海绵状金属铂。

$$H_2[PtCl_6] + 2NH_4Cl \longrightarrow (NH_4)_2[PtCl_6]\downarrow + 2HCl$$

$$3(NH_4)_2[PtCl_6] \xrightarrow{800\ ℃} 3Pt + 16HCl + 2NH_4Cl + 2N_2$$

利用配位反应而引起的催化作用称为配位催化。其特点是在配离子的配位位置上使反应物活化而加速反应，它在有机合成中占重要地位，例如在合成橡胶、合成树脂的过程中经常应用配位催化反应。另外，目前能源问题已是人们最关心的问题之一，世界各国大量研究结果认为氢是最理想的能源之一。利用太阳能分解水制备氢气的研究中有应用配位催化的报导。另外，利用太阳能借光化学反应转换为热能及光电转换等亦有赖于配位催化。

配位化合物在生物化学中有着广泛的应用，生物机体的许多元素以配合物的形式存在，特别是各种金属酶，几乎都是金属离子和蛋白质结合的复杂生物配合物，在植物的光合作用中起着关键作用的叶绿素，它是金属（Mg^{2+}）的卟啉螯合物，对生物体核酸合成起重要作用，具有抗恶性贫血症的维生素 B，是钴的螯合物（氰钴胺素），人体中的血红素是铁的有机配合物。近年来，人们已模拟合成了结构类似于血红素的配合物，用于制造人造血。煤气（CO）和氰

化物(CN^-)使人体中毒的基本原理是 CO 和 CN^- 与血红蛋白形成的配合物比 O_2 的稳定,使血红蛋白中断输氧,造成组织缺氧而中毒。

配位化合物还广泛应用于工业废水处理、土壤改良中。

3.5 氧化还原平衡和电化学基础

所有的化学反应可被分为两类:一类是在反应过程中,反应物之间没有电子转移的反应,称为非氧化还原反应,如前面介绍的酸碱、沉淀、配位反应等;另一类是在反应过程中,反应物之间有电子转移的反应,称为氧化还原反应(oxidation- reduction reaction)。氧化还原反应是非常重要的一类化学反应,在国民经济建设、科学研究、日常生活中均有广泛的应用,例如金属的冶炼和提炼、多种化工产品的制备、高能电池、微型电池的研究和开发、食品的变质与防腐、电化学腐蚀与防护等。

3.5.1 氧化还原反应

中学化学中已经学习过氧化还原反应及其方程式配平方法,为进一步学习氧化还原反应及其应用打好了基础。

人们对氧化还原反应的认识经历了一个过程,最初把一种物质同氧结合的过程叫氧化(oxidation);将含氧物质失去氧的过程称为还原(reduction)。后来,人们在研究氧化还原反应的过程中,发现氧化不一定专指和氧化合,物质和 Cl_2、Br_2、S 等非金属的化合也称为氧化,因此引进氧化数的概念(代替过去使用的化合价概念)。氧化数是指某元素的一个原子的荷电数,该荷电数是假定把每一化学键中的电子指定给电负性更大的原子而求得的。确定氧化数的原则是:

①单质的氧化数为零,如 O_2,Na,P_4 中 O,Na,P 等原子的氧化数为零。

②碱金属、碱土金属的氧化数均为 +1, +2;卤化物中卤素的氧化数一般为 -1。

③单原子离子的氧化数为离子所带的电荷,如 Na^+,Al^{3+} 的氧化数为 +1, +3。

④氧的氧化数一般为 -2,但在过氧化物中为 -1,氟化物 OF_2 和 O_2F_2 分别为 +2 和 +1,超氧化物 KO_2 中为 $-\frac{1}{2}$。氢的氧化数一般为 +1,但在金属氢化物如(NaH)中为 -1。

⑤电中性化合物中各元素氧化数的代数和必须等于零;多原子离子中各元素氧化数的代数和必须等于该离子所带电荷。

可见，氧化数与化合价概念在总的方面是一致的，但化合价只能为整数，而氧化数可以为分数，例如 $S_4O_6^{2-}$ 中 S 的氧化数为 $+5/2$。

凡是物质的氧化数有变化的反应，就称为氧化还原反应，一切失去电子而元素氧化数升高的过程称为氧化，一切得到电子而元素氧化数降低的过程称为还原。氧化反应和还原反应必定同时发生，一个物质失去电子，同时必定有另一物质得到电子。失去电子的物质称为还原剂(reducing agent)，得到电子的物质称为氧化剂(oxidizing agent)，氧化还原反应过程中电子由还原剂转移至氧化剂。

3.5.2 原电池和电极电势

1) *原电池*

既然氧化还原反应是电子转移的反应，因此就有可能在一定的装置中利用此反应而获得电流，如图 3.3 所示的铜锌原电池。将锌片置于 $1\ mol \cdot L^{-1}$ $ZnSO_4$ 溶液，构成锌电极；将铜片置于 $1\ mol \cdot L^{-1}$ $CuSO_4$溶液中，构成铜电极；将饱和 KCl(或 KNO_3)的琼脂胶冻装入 U 形管中制成盐桥(salt bridge)，连接两烧杯中的溶液，起到接通内电路的作用；最后用导线将锌电极和铜电极连接起来，中间串联一个检流计，就会发现检流计指针发生偏转，说明导线中有电流通过。经过一段时间后，可以观察到 Cu 片上有红棕色疏松的金属 Cu 析出，溶液的蓝色逐渐变浅，而锌片逐渐变薄、变小，放出电子，成为 Zn^{2+} 进入溶液，溶液中 Zn^{2+} 浓度增大。很明显，在两个电极上分别发生了还原反应和氧化反应，这种将化学能转化为电能的装置称为原电池(primary cell)。

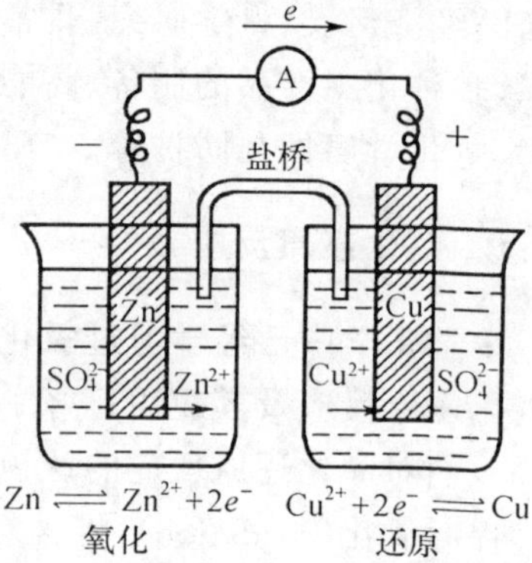

图 3.3 铜锌原电池

由上例可以看出，原电池是由两个电极(又称半电池)组成。每个电极又由金属(或石墨、铂等惰性电极)和相应的电解质溶液组成，必须同时存在某一物质的氧化态(氧化数高的物质)和还原态(氧化数低的物质)，称为电对，通常记为氧化态/还原态，注意氧化态要写在前面，例如 Zn^{2+}/Zn 电对，Cu^{2+}/Cu 电对。在每一个电极上发生的氧化反应或还原反应称为电极反应或半电池反应，两个电极反应或两个半电池反应的总和就是原电池反应。例如

Zn 电极反应：$Zn \rightleftharpoons Zn^{2+} + 2e^-$　氧化反应，电极作为负极

Cu 电极反应：$Cu^{2+} + 2e^- \rightleftharpoons Cu$　还原反应，电极作为正极

原电池反应：$Zn + Cu^{2+} \rightleftharpoons Zn^{2+} + Cu$

原电池的装置可以用简便的符号表示，例如铜锌原电池的符号为

(－)　$Zn|ZnSO_4(c_1)\|CuSO_4(c_2)|Cu$　　(＋)

负极　两相界面　　盐桥　　两相界面　　正极

习惯上把负极(－)写在左边，正极(＋)写在右边，其中以"‖"表示盐桥，其作用是进行电性中和和接通内电路，使反应顺利进行。因为随着电流的产生，Zn片不断溶解，溶液中 Zn^{2+} 浓度增加而带正电；Cu片上不断析出金属Cu，溶液中 Cu^{2+} 浓度减少而带负电，这将阻止电子从Zn片继续流向Cu片，导致电流减小直至中断。当用盐桥连接两溶液时，由于盐桥中的离子在电场作用下可以迁移，因此盐桥中的阳离子(如 K^+ 迁移进入带负电的 $CuSO_4$ 溶液，阴离子(如 Cl^-)迁移进入带正电的 $ZnSO_4$ 溶液，使两溶液维持电中性，保证了电流的持续产生。以"|"表示金属和溶液之间的接触界面；"c"表示物质的浓度($mol\cdot L^{-1}$)，若是气体，则用分压(kPa)表示。例如：

(－)　$Zn|ZnSO_4(c_1)\|H_2SO_4(c_2)|H_2(100\ kPa),Pt$　(＋)

原电池能够产生电流，说明在原电池的两个电极之间存在着一定的电势差，也就是说，构成原电池的两个电极有电势而且是不同的，就如水位不同产生水位差，驱使水流流动一样，电极之间存在电势差才能驱使电流流动，原电池的电势差称为电动势。

2) 电极电势的产生

为了说明原电池产生电流的机理，人们对金属与溶液间的作用进行了大量的研究，总结出双电层理论。

根据这一理论，当金属放入它的盐溶液时，会同时出现两个相反的趋势。一方面，金属表面上的金属离子受极性很大的水分子吸引，离开金属而溶解于溶液中；另一方面，溶液中的金属离子又可沉积到金属表面上。当这两种相反方向的过程进行的速率相等时，就达到了动态平衡。

$$\underset{\text{在金属表面}}{M} \underset{\text{沉积}}{\overset{\text{溶解}}{\rightleftharpoons}} \underset{\text{在溶液中}}{M^{2+}} + \underset{\text{在金属上}}{2e^-}$$

显然，如果溶解趋势大于沉积趋势，则金属带负电，溶液带正电，例如活泼金属Zn与 Zn^{2+} 溶液；如果溶解趋势小于沉积趋势，则金属带正电，溶液带负电，例如不活泼金属Cu与 Cu^{2+} 溶液。以上情况如图3.4所示，金属表面与其盐溶液界面间构成了双电层，在电极表面的这种双电层产生的平衡电势，即为金属的电极电势

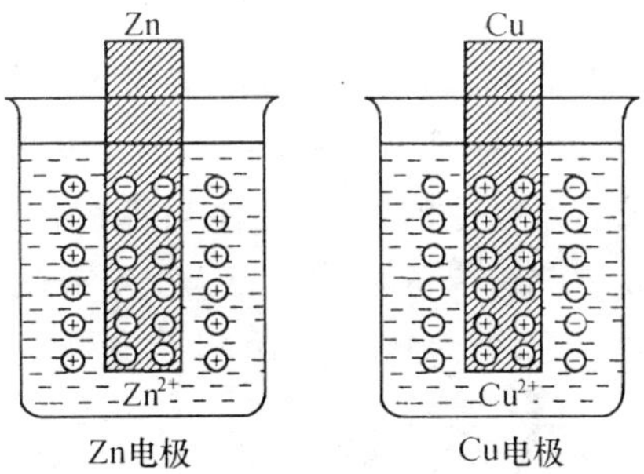

图3.4　金属电极荷电示意图

(electrode potential)。将组成原电池的两个电极用导线连接起来，由于两种电极电势数值不同，就能产生电流。如 Zn^{2+}/Zn 与 Cu^{2+}/Cu 用导线连接时，由于 Zn 比 Cu 活泼，因而 Cu 电极电势高于 Zn 电极电势，故使电子从 Zn 极流向 Cu 极，Zn 极上电子的减少和 Cu 极上电子的增加，破坏了两电极的双电层。因此 Zn 极上又会有一定数量的 Zn^{2+} 溶解进入溶液，同时又有相同数量的 Cu^{2+} 在 Cu 极上得到增加的电子而析出，使氧化还原反应继续下去，电流持续不断。双电层理论较好地解释了原电池为何能产生电流及电流的方向问题。

原电池的电动势 E(electrmotive force)等于组成原电池的两个电极之间的电势差

$$E = \varphi_{正} - \varphi_{负} = \varphi_{氧化剂} - \varphi_{还原剂} \tag{3.30}$$

3) 标准电极电势 $\varphi^{\ominus}$

电极电势的大小反映了金属得失电子能力的大小。如果能确定电极电势的绝对值，就可以定量地比较金属在溶液中的活泼性。但到目前为止，还无法测出每个电极的电极电势绝对值，但可以用比较的方法测定出其相对值。就好像以海平面为零作为衡量山高的标准一样，通常采用标准氢电极作为比较的标准。标准氢电极的组成如图 3.5 右边电极所示，它是将镀有一定海绵状铂黑的铂片，浸入 $c(H^+)$ 为 1 $mol \cdot L^{-1}$ 的酸溶液中，在 298.15 K 时，不断通入压力为 100.000 kPa 的纯氢气。氢气被铂黑所吸附并达到饱和，此时铂片就好像是用氢制成的电极一样，铂片在标准氢电极中只是作为电子的导体和氢气的载体，并未参加反应。氢电极与溶液中的 H^+ 构成了下述平衡，也称为标准氢电极的电极反应。

$$H_2(100.000\ kPa) \rightleftharpoons 2H^+(1\ mol \cdot L^{-1}) + 2e^-$$

这样，在标准氢电极与该溶液(酸溶液)的接触界面之间产生了一定的电极电势，电化学上人为地规定 298.15 K(25 ℃)时标准氢电极的电极电势为零。标准氢电极的表达式为

$$Pt, H_2(100.000\ kPa) | H^+(1\ mol \cdot L^{-1})$$

以 $\varphi^{\ominus}_{H^+/H_2} = 0.000\ 0$ V 表示。

其他电极测定电极电势时可采用如图 3.5 所示的装置。左边为待测电极，右边为标准氢电极，中间用盐桥连接。这样，根据待测电极和标准电极所组成的原电池的电动势，就可测得待测电极的电势。当待测电极呈标准状态，即溶液中离子浓度为 1 $mol \cdot L^{-1}$ 或气体分压为 100 kPa 时所测得电池的标准电动势值，就是该电极的标准电极电势(standard electrode potential)，用符号 $\varphi^{\ominus}$ 表示。

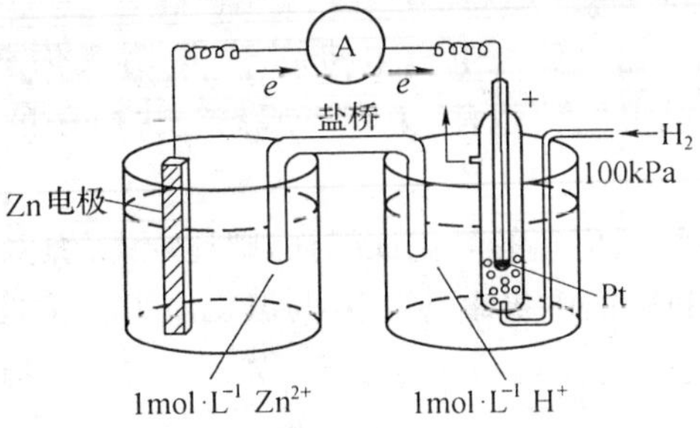

图 3.5　测量 Zn^{2+}/Zn 电极的标准电极电势装置

例如,欲测定锌电极的标准电极电势,则将锌电极与标准氢电极相连组成原电池(见图 3.5)。首先根据检流计指针偏转的方向可以确定标准锌电极为负极,标准氢电极为正极。用电位差计测得电池的标准电动势($E^{\ominus}$)为 0.761 8 V。根据定义:

$$E^{\ominus}=\varphi_{+}^{\ominus}-\varphi_{-}^{\ominus}=\varphi^{\ominus}(H^{+}/H_2)-\varphi^{\ominus}(Zn^{2+}/Zn)=0.7618\ V$$

$$\varphi^{\ominus}(Zn^{2+}/Zn)=\varphi^{\ominus}(H^{+}/H_2)-E^{\ominus}=-0.7618\ V$$

标准氢电极对外界条件敏感,使用时要求严格控制高纯氢气的分压为 100.000 kPa,因而使用很不方便。在实际工作中,常采用具有一定 $\varphi^{\ominus}$ 值的甘汞电极与待测电极组成原电池,此甘汞电极称为参比电极。

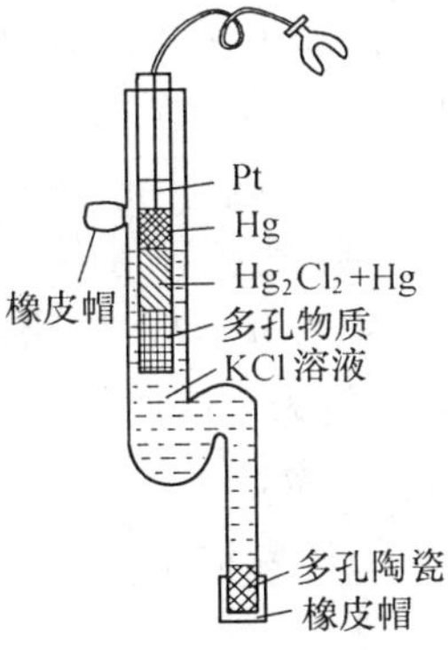

图 3.6　甘汞电极示意图

甘汞电极的构造见图 3.6。甘汞电极可表示为

$$Hg|Hg_2Cl_2(s)|KCl(c)$$

KCl 溶液的浓度 c 通常有 0.1 $mol\cdot L^{-1}$, 1.0 $mol\cdot L^{-1}$和饱和溶液 3 种情况,在 298.15 K 时它们的电极电势值分别为 +0.333 7 V, +0.280 0 V, +0.241 5 V。电极反应为

$$Hg_2Cl_2(s)+2e^{-}\rightleftharpoons 2Hg(l)+2Cl^{-}(aq)$$

甘汞电极的电极电势稳定性好,可逆程度高,而且受温度影响较小,使用方便。

用标准氢电极或甘汞电极与待测标准电极组成原电池,测其电动势,就可以得到待测电极的标准电极电势。本书附录 9 列出常用电极的标准电极电势值。

使用标准电极电势表时应注意以下几点:

(1) 按照国际惯例,表中电极反应一律采用还原反应表示,即

$$\text{氧化态} + ne^- \rightleftharpoons \text{还原态}$$

因此此电极电势是还原电势。电极电势越正，说明氧化态得到电子的能力越强，即氧化性越强；电极电势越负，说明还原态失去电子的能力越强，即还原性越强。

(2) 对同一电对，氧化态的氧化性越强，则还原态的还原性越弱，反之亦然。

(3) 同一电对的标准电极电势不随电极反应方向的改变而改变。例如铜锌原电池中，锌电极的电极反应为 $Zn \rightleftharpoons Zn^{2+} + 2e^-$，但它的标准电极电势总是为 -0.7618 V。

(4) 标准电极电势的数值与电极反应的化学计量数无关。例如 $Cl_2 + 2e^- \rightleftharpoons 2Cl^-$ 和 $\frac{1}{2}Cl_2 + e^- \rightleftharpoons Cl^-$ 的 $\varphi^{\ominus}$ 均为 $+1.3583$ V。

3.5.3 原电池的电动势与摩尔反应吉布斯函数变的关系

由热力学可知，一个氧化还原反应如能设计成原电池，当温度和压力一定时，反应的摩尔吉布斯函数变应等于电池所做的最大可逆电功，根据(1.18)式

$$W_{max} = -\Delta_r G_m(T)$$

由物理学可知，电池所做的最大有用功等于电池的电动势 E 与通过的电量 Q 的乘积，即

$$W_{max} = -E \cdot Q$$

式中的负号表示系统对外做功为负，根据法拉第定律，$Q = zF$，z 是电池反应中转移的电子数，F 为法拉第常数(Faraday constant)，即 1 mol 电子所带的电量，其值为 96 485 $c \cdot mol^{-1}$。

因此 $$\Delta_r G_m(T) = W_{max} = -zEF \tag{3.31}$$

当原电池中所有物质都处于标准态时，原电池的电动势就是标准电动势 $E^{\ominus}$，这时，对应的 $\Delta_r G_m(T)$ 就是标准摩尔吉布斯函数变 $\Delta_r G_m^{\ominus}(T)$，(3.31)式可改写为

$$\Delta_r G_m^{\ominus}(T) = -zE^{\ominus}F = -zF(\varphi_{正}^{\ominus} - \varphi_{负}^{\ominus}) \tag{3.32}$$

式中 $E^{\ominus}$ 的单位是 V，$\Delta_r G_m^{\ominus}(T)$ 的单位是 $J \cdot mol^{-1}$。

(3.32)式十分重要，它把热力学和电化学联系起来了。

根据此式，可以从原电池的电动势计算氧化还原反应的摩尔吉布斯函数变或根据热力学数据来计算原电池的电动势。

【例 3.25】 计算下列反应的 $\Delta_r G_m^{\ominus}(T)$。

$$Zn + 2H^+(1\ mol \cdot L^{-1}) = Zn^{2+}(1\ mol \cdot L^{-1}) + H_2(100\ kPa)$$

已知 $\varphi^{\ominus}(Zn^{2+}/Zn) = -0.7618$ V。

解 由这个反应组成的原电池的电动势为

$$E^{\ominus}=\varphi_{正}^{\ominus}-\varphi_{负}^{\ominus}=\varphi^{\ominus}(H^+/H_2)-\varphi^{\ominus}(Zn^{2+}/Zn)$$
$$=0V-(-0.7618)V=0.7618\ V$$

根据(3.32)式得

$$\Delta_r G_m^{\ominus}(T)=-zE^{\ominus}F=-2\times 96\,485c\cdot mol^{-1}\times 0.7618\ V$$
$$=-147.00\times 10^3\ J\cdot mol^{-1}=-147.00\ kJ\cdot mol^{-1}$$

答:该反应的 $\Delta_r G_m^{\ominus}(T)$ 为 $-147.00\ kJ\cdot mol^{-1}$。

【例 3.26】 已知反应 $\frac{1}{2}H_2+AgCl(s)\rightleftharpoons H^++Cl^-+Ag(s)$ 的 $\Delta_r H_m^{\ominus}=-40.44\ kJ\cdot mol^{-1}$，$\Delta_r S_m^{\ominus}=-63.6\ J\cdot K^{-1}\cdot mol^{-1}$，求电极反应 $AgCl(s)+e^-\rightleftharpoons Ag(s)+Cl^-$ 的 $\varphi^{\ominus}$。

解 首先根据 $\Delta_r H_m^{\ominus}$ 和 $\Delta_r S_m^{\ominus}$ 计算 $\Delta_r G_m^{\ominus}$:

$$\Delta_r G_m^{\ominus}=\Delta_r H_m^{\ominus}-T\Delta_r S_m^{\ominus}$$
$$=-40\,440\ J\cdot mol^{-1}-298\ K\times(-63.6\ J\cdot K^{-1}\cdot mol^{-1})$$
$$=-21\,490\ J\cdot mol^{-1}$$

再根据(3.30)式求出电池的电动势 $E^{\ominus}$:

$$E^{\ominus}=-\frac{\Delta_r G_m^{\ominus}}{zF}=-\frac{-21\,490\ J\cdot mol^{-1}}{1\times 96\,485\ c\cdot mol^{-1}}=0.223\ V$$

又因 $E^{\ominus}=\varphi_{正}^{\ominus}-\varphi_{负}^{\ominus}=\varphi^{\ominus}(AgCl/Ag)-\varphi^{\ominus}(H^+/H_2)$

$\varphi^{\ominus}(H^+/H_2)=0.0000\ V$

所以 $\varphi^{\ominus}(AgCl/Ag)=E^{\ominus}=0.223\ V$

答:该反应的标准电极电势为 0.223 V。

3.5.4 影响电极电势的因素

影响电极电势的因素很多,主要有 3 个:① 电极的本性,它决定了 $\varphi^{\ominus}$ 的数值;② 氧化态、还原态物质的浓度或分压;③ 温度。

由于温度对电极电势的影响较小,一般的反应又多在室温下进行,所以除反应物质的本性外,浓度的变化常成为影响电极电势的主要因素。

将标准氢电极与 Fe^{3+}/Fe^{2+} 电极组成原电池:

$(-)\quad Pt, H_2(100.000\ kPa)\,|\,H^+(1\ mol\cdot L^{-1})\,\|$

$Fe^{2+}(c(Fe^{2+})), Fe^{3+}(c(Fe^{3+}))\,|\,Pt\quad(+)$

其电池反应为

$$Fe^{3+}+\frac{1}{2}H_2\rightleftharpoons Fe^{2+}+H^+$$

根据热力学等温方程式(1.16)式可得

$$\Delta_r G_m=\Delta_r G_m^{\ominus}+RT\ln\frac{\{c(Fe^{2+})/c^{\ominus}\}\cdot\{c(H^+)/c^{\ominus}\}}{\{c(Fe^{3+})/c^{\ominus}\}\cdot\{p(H_2)/p^{\ominus}\}^{1/2}}$$

将(3.31)式、(3.32)式代入上式,得

$$-zFE=-zFE^{\ominus}+RT\ln\frac{\{c(Fe^{2+})/c^{\ominus}\}\cdot\{c(H^{+})/c^{\ominus}\}}{\{c(Fe^{3+})/c^{\ominus}\}\cdot\{p(H_2)/p^{\ominus}\}^{1/2}}$$

即 $$E=E^{\ominus}-\frac{RT}{zF}\ln\frac{\{c(Fe^{2+})/c^{\ominus}\}\cdot\{c(H^{+})/c^{\ominus}\}}{\{c(Fe^{3+})/c^{\ominus}\}\cdot\{p(H_2)/p^{\ominus}\}^{1/2}}$$

因 $E=\varphi_{正}-\varphi_{负}$,$E^{\ominus}=\varphi^{\ominus}_{正}-\varphi^{\ominus}_{负}$,代入上式得

$$\varphi(Fe^{3+}/Fe^{2+})-\varphi^{\ominus}(H^{+}/H_2)=\varphi^{\ominus}(Fe^{3+}/Fe^{2+})-\varphi^{\ominus}(H^{+}/H_2)-\frac{RT}{zF}\ln\frac{\{c(Fe^{2+})/c^{\ominus}\}\cdot\{c(H^{+})/c^{\ominus}\}}{\{c(Fe^{3+})c^{\ominus}\}\cdot\{p(H_2)/p^{\ominus}\}^{1/2}}$$

由于 $\varphi^{\ominus}(H^{+}/H_2)=0.000\,0\ V$,$c(H^{+})=1\ mol\cdot L^{-1}$,

$p(H_2)=100.000\ kPa=p^{\ominus}$

故 $$\varphi(Fe^{3+}/Fe^{2+})=\varphi^{\ominus}(Fe^{3+}/Fe^{2+})-\frac{RT}{zF}\ln\frac{\{c(Fe)^{2+}/c^{\ominus}\}}{\{c(Fe^{3+})/c^{\ominus}\}}$$

$$=\varphi^{\ominus}(Fe^{3+}/Fe^{2+})+\frac{RT}{zF}\ln\frac{\{c(Fe)^{3+}/c^{\ominus}\}}{\{c(Fe^{2+})/c^{\ominus}\}}\tag{3.33}$$

(3.33)式即为电对 Fe^{3+}/Fe^{2+} 的电极电势与浓度、温度的关系式。归纳成一般式,对于任一电极反应:

$$a\,氧化态+ze^{-}\rightleftharpoons b\,还原态$$

则 $$\varphi=\varphi^{\ominus}+\frac{RT}{zF}\ln\frac{\{c(氧化态)/c^{\ominus}\}^{a}}{\{c(还原态)/c^{\ominus}\}^{b}}\tag{3.34}$$

此式即为能斯特方程式(Nernst equation),式中 φ 是电对在某一浓度下的电极电势;$\varphi^{\ominus}$是该电对的标准电极电势;z 是电极反应中转移的电子数;F 是法拉第常数($96\,485\ c\cdot mol^{-1}$);R 为气体常数($8.314\ J\cdot mol^{-1}\cdot K^{-1}$);$T$ 为热力学温度,单位为 K。一般情况下,电极反应在室温进行,取 $T=298.15\ K$,将 R,F 值代入得

$$\varphi=\varphi^{\ominus}+\frac{0.059\,2}{z}\ V\ \lg\frac{\{c(氧化态)/c^{\ominus}\}^{a}}{\{c(还原态)/c^{\ominus}\}^{b}}\tag{3.35}$$

应用能斯特方程式应注意以下 3 个问题:

① 若组成氧化还原电对的物质为固体或纯液体时,则它们的浓度不列入方程式中;若是气体则用分压表示。

② 电极反应式中的氧化态、还原态物质并非专指氧化数发生变化的物质,而是包括了参加电极反应的所有物质。

③ 电极反应式中氧化态、还原态物质前的化学计量数为其对应的氧化态、还原态物质的浓度的方次数。

根据能斯特方程式可以求出离子浓度改变时电极电势变化的数值。

【例 3.27】 求下列电极在 298.15 K 时的电极电势：

(1) 金属锌加入 0.01 $mol\cdot L^{-1}$ Zn^{2+}溶液。

(2) 1 $mol\cdot L^{-1}$ Fe^{3+} 和 0.000 1 $mol\cdot L^{-1}$ Fe^{2+} 溶液；

(3) 1 $mol\cdot L^{-1}$ $Cr_2O_7^{2-}$ 和 1 $mol\cdot L^{-1}$ Cr^{3+} 及 0.001 $mol\cdot L^{-1}$ H^+溶液。

解 (1) 从附录 9 查得锌的标准电极电势

$Zn^{2+} + 2e^- = Zn \qquad \varphi^{\ominus}(Zn^{2+}/Zn) = -0.761\ 8\ V$

当 $c(Zn^{2+}) = 0.01\ mol\cdot L^{-1}$时，根据能斯特方程式

$$\varphi(Zn^{2+}/Zn) = \varphi^{\ominus}(Zn^{2+}/Zn) + \frac{0.059\ 2\ V}{z}\lg[c(Zn^{2+})/c^{\ominus}]$$

$$= -0.761\ 8\ V + \frac{0.059\ 2\ V}{2}\lg(0.01) = -0.821\ V$$

由计算结果说明，氧化态物质浓度减小时，电极电势降低。

(2) 从附录 9 查得 Fe^{3+}/Fe^{2+} 电对的标准电极电势

$Fe^{3+} + e^- = Fe^{2+} \qquad \varphi^{\ominus}(Fe^{3+}/Fe^{2+}) = +0.77\ V$

当 $c(Fe^{3+}) = 1\ mol\cdot L^{-1}$，$c(Fe^{2+}) = 0.000\ 1\ mol\cdot L^{-1}$时，根据能斯特方程式

$$\varphi(Fe^{3+}/Fe^{2+}) = \varphi^{\ominus}(Fe^{3+}/Fe^{2+}) + \frac{0.059\ 2\ V}{z}\lg\frac{c(Fe^{3+})/c^{\ominus}}{c(Fe^{2+})/c^{\ominus}}$$

$$= 0.77\ V + \frac{0.059\ 2\ V}{1}\lg\frac{1}{10^{-4}}$$

$$= 0.77\ V + 0.059\ 2 \times 4\ V = 1.01\ V$$

计算结果说明，当还原态物质浓度减小时，电极电势增大。

(3) 从附录 9 查得 $Cr_2O_7^{2-}/Cr^{3+}$ 电对的标准电极电势

$Cr_2O_7^{2-} + 14H^+ + 6e^- = 2Cr^{3+} + 7H_2O$

$\varphi^{\ominus}(Cr_2O_7^{2-}/Cr^{3+}) = 1.33\ V$

当 $c(Cr_2O_7^{2-}) = c(Cr^{3+}) = 1\ mol\cdot L^{-1}$，$c(H^+) = 10^{-3}\ mol\cdot L^{-1}$时，根据能斯特方程式

$$\varphi(Cr_2O_7^{2-}/Cr^{3+}) = \varphi^{\ominus}(Cr_2O_7^{2-}/Cr^{3+}) + \frac{0.059\ 2\ V}{z}\lg\frac{\{c(Cr_2O_7^{2-})/c^{\ominus}\}\{c(H^+)/c^{\ominus}\}^{14}}{\{c(Cr^{3+})/c^{\ominus}\}^2}$$

$$= 1.33\ V + \frac{0.059\ 2\ V}{6}\lg(10^{-3})^{14}$$

$$= 1.33\ V - 0.059\ 2 \times \frac{42}{6}V = 0.92\ V$$

计算说明，若以含氧酸根离子做氧化剂时，半反应式中有 H^+ 参加反应，其电极电势则随着溶液 H^+ 浓度减小而减小；或随 H^+ 浓度增大而增大。一般来说，含氧酸根离子在强酸性溶液中氧化性增强，表现出较强的氧化性。

由例 3.27 中(1)、(2)计算还可归纳出下列两点结论：

① 氧化态物质(如 Zn^{2+}、H^+ 等)浓度减小时，电极电势值变小。若溶液稀释、溶液中金属离子生成沉淀或生成配合物均会使溶液中游离金属离子浓度减少，而使电极电势变小，使氧化态物质的氧化性减弱，稳定性增强。

② 还原态物质(如 Fe^{2+})浓度减小时，电极电势值增大。即若溶液稀释、生成难溶化合物或生成配合物使还原态的离子浓度减少时，其结果与上述情况正好相反，使还原态物质的还原性减弱，稳定性增强。

利用上述结论，可以通过电极电势的变化来衡量由于生成难溶化合物或生成配合物的各种氧化态物质的稳定程度，并指导我们判断化合物的氧化还原稳定性的变化和寻找稳定的价态。

3.5.5 电极电势的应用

电极电势是电化学中的重要数据，在理论上和生产、科学研究中都具有十分重要的意义，本节讨论它的几种主要应用。

1) *计算原电池的电动势*

在原电池中，总是以电极电势数值较小的电极为负极，电极电势数值较大的电极为正极。原电池的电动势等于两个电极电势之差

$$E = \varphi_{正} - \varphi_{负}$$

在标准状态下，可得标准电动势 $E^{\ominus}$ 为

$$E^{\ominus} = \varphi^{\ominus}_{正} - \varphi^{\ominus}_{负}$$

如计算出的电动势为负值，则表示电池的正、负极位置放错了，需将它们调换位置，才能组成原电池。

【例 3.28】 将锡和铅的金属片分别插入含有该金属离子的盐溶液中组成原电池，$c(Sn^{2+}) = 1\ mol\cdot L^{-1}$，$c(Pb^{2+}) = 0.01\ mol\cdot L^{-1}$，计算该原电池的电动势，分别写出电池的符号，两电极反应和电池反应方程式。已知 $\varphi^{\ominus}(Sn^{2+}/Sn) = -0.137\,5\ V$，$\varphi^{\ominus}(Pb^{2+}/Pb) = -0.126\,2\ V$。

解 先求出锡电极和铅电极的电极电势：

$$\varphi(Sn^{2+}/Sn) = \varphi^{\ominus}(Sn^{2+}/Sn) = -0.137\,5\ V$$

$$\varphi(Pb^{2+}/Pb) = \varphi^{\ominus}(Pb^{2+}/Pb) + \frac{0.059\,2\ V}{z}\lg\{c(Pb^{2+})/c^{\ominus}\}$$

$$= -0.126\,2\ V + \frac{0.059\,2\ V}{2}\lg 0.01 = -0.185\,2\ V$$

因为 $\varphi(Sn^{2+}/Sn) > \varphi(Pb^{2+}/Pb)$，所以 Sn 电极作为正极，Pb 电极作为负极，原电池电动势为

$$E = \varphi_{正} - \varphi_{负} = \varphi(Sn^{2+}/Sn) - \varphi(Pb^{2+}/Pb)$$

$$= -0.137\,5\ V - (-0.185\,2\ V)$$

$=0.0477\ V$

原电池符号为

(−) $Pb|Pb^{2+}(0.01\ mol\cdot L^{-1})\|Sn^{2+}(1\ mol\cdot L^{-1})|Sn$ (+)

负极反应 $Pb \rightleftharpoons Pb^{2+}+2e^-$

正极反应 $Sn^{2+}+2e^- \rightleftharpoons Sn$

电池反应 $Pb+Sn^{2+} \rightleftharpoons Pb^{2+}+Sn$

2) 判断氧化剂和还原剂的相对强弱

电极电势的大小表示了氧化还原电对中氧化态物质和还原态物质氧化还原能力相对强弱。若氧化还原电对的 φ 值越小,则该电对中的还原态物质越易失去电子,是越强的还原剂,其对应的氧化态物质就越难得到电子,是越弱的氧化剂;若电对的 φ 值越大,则该电对中氧化态物质是越强的氧化剂,其对应的还原态物质就是越弱的还原剂。因此,电极电势是表示氧化还原电对所对应的氧化态物质或还原态物质得失电子的能力,即氧化还原能力的相对大小的一个物理量。

在标准状态下,根据标准电极电势表(本书附录 9),可以判断出氧化剂和还原剂的相对强弱。最强的还原剂在电极电势表的右上方(如 Li,Na),最强的氧化剂在电极电势表的左下方(如 F_2)。

例如,从附录 9 中查到下列数据:

$\varphi^{\ominus}(I_2/I^-)=0.5355\ V$,$\varphi^{\ominus}(Fe^{3+}/Fe^{2+})=0.770\ V$,

$\varphi^{\ominus}(Br_2/Br^-)=1.065\ V$

表明氧化性 $Br_2>Fe^{3+}>I_2$,还原性 $I^->Fe^{2+}>Br^-$。因此,三者之中 I_2 是最弱的氧化剂,不能氧化 Br^- 或 Fe^{2+},而 I^- 是最强的还原剂,能与 Br_2、Fe^{3+} 发生氧化还原反应。

3) 判断氧化还原反应的方向和次序

由电极电势值判断原电池的正、负极,本质上就是确定了氧化还原反应进行的方向。根据电极电势数值的大小,判断氧化剂和还原剂的相对强弱。当然,也可以预测氧化还原反应进行的方向。

化学反应自发进行的条件是 $\Delta_r G_m(T)<0$。根据(3.31)式 $\Delta_r G_m(T)=-zFE$,则 $E>0$。为了判断某氧化还原反应在特定条件下能否自发,只需判断该反应的电动势是否大于零即可。

$E=\varphi_{正}-\varphi_{负}>0$,即 $\varphi_{正}>\varphi_{负}$,反应自发正向(向右)进行;

$E=\varphi_{正}-\varphi_{负}<0$,即 $\varphi_{正}<\varphi_{负}$,反应非自发,即逆向自发(向左)进行;

若 $E=0$,则反应处于平衡状态。

在原电池中,氧化剂做正极,还原剂做负极,如果反应中各物质均处于标准状态,则可用标准电动势来判断反应进行的方向。

利用 $\varphi^\ominus$ 判断氧化还原反应方向的步骤为

(1) 首先求出某反应的反应物和生成物中元素的氧化数,根据其变化确定氧化剂和还原剂;

(2) 分别查出氧化剂和还原剂电对的 $\varphi^\ominus$(氧化剂)和 $\varphi^\ominus$(还原剂);

(3) 以反应物中还原态物质做还原剂,以反应物中氧化态物质做氧化剂。

若 $\varphi^\ominus$(氧化剂)$>\varphi^\ominus$(还原剂)　反应自发,正向进行。

若 $\varphi^\ominus$(氧化剂)$<\varphi^\ominus$(还原剂)　反应非自发,逆向进行。

根据 Nernst 方程式,浓度对电极电势有一定的影响,但当标准电池电动势 $E^\ominus \geqslant 0.2\ \text{V}$ 时,浓度的影响很难改变电池电动势 E 的符号,此时就可用标准电极电势判断反应进行的方向。

在某一溶液中,当一种氧化剂可以氧化几种还原剂时,则首先氧化最强的还原剂;同理,当一种还原剂可以还原几种氧化剂时,则首先还原最强的氧化剂,即在不考虑反应速率的情况下,氧化还原反应首先发生在电极电势差值最大的两电对之间。例如在含有同浓度的 I^- 和 Fe^{2+} 溶液中,加入 Br_2 水,则 Br_2 与 I^- 反应要比 Br_2 与 Fe^{2+} 反应的趋势大得多,反应进行得更完全。

【例 3.29】 已知:

$SbO^+ + 2H^+ + 3e^- \rightleftharpoons Sb + H_2O$　　$\varphi^\ominus(SbO^+/Sb) = 0.212\ \text{V}$

$Cu^{2+} + e^- \rightleftharpoons Cu^+$　　$\varphi^\ominus(Cu^{2+}/Cu^+) = 0.159\ \text{V}$

当 pH=0 和 pH=7.0,其余离子浓度均为 $1\ \text{mol}\cdot\text{L}^{-1}$ 时,判断氧化还原反应的方向。

解　(1) $\text{pH}=0, c(H^+) = 1\ \text{mol}\cdot\text{L}^{-1}$

所以

$$\varphi(SbO^+/Sb) = \varphi^\ominus(SbO^+/Sb) + \frac{0.059\,2\ \text{V}}{3}\lg\{c(SbO^+)/c^\ominus\}\{c(H^+)/c^\ominus\}^2$$

$$= \varphi^\ominus(SbO^+/Sb) = 0.212\ \text{V}$$

$$\varphi(Cu^{2+}/Cu^+) = 0.159\ \text{V}$$

因为 $\varphi(SbO^+/Sb) > \varphi(Cu^{2+}/Cu^+)$,所以氧化还原反应的方向为

$$SbO^+ + 2H^+ + 3Cu^+ \longrightarrow Sb + H_2O + 3Cu^{2+}$$

(2) $\text{pH}=7, c(H^+) = 10^{-7}\ \text{mol}\cdot\text{L}^{-1}$

$$\varphi(SbO^+/Sb) = \varphi^\ominus(SbO^+/Sb) + \frac{0.059\,2\ \text{V}}{3}\lg\{c(SbO^+)/c^\ominus\}\{c(H^+)/c^\ominus\}^2$$

$$= 0.212\ \text{V} + \frac{0.059\,2\ \text{V}}{3}\lg(10^{-7})^2 = -0.064\ \text{V}$$

此时 $\varphi(SbO^+/Sb) < \varphi(Cu^{2+}/Cu^+)$,所以氧化还原反应的方向为

$$3Cu^{2+} + Sb + H_2O \longrightarrow SbO^+ + 2H^+ + 3Cu^+$$

4）衡量氧化还原反应进行的程度

一个反应的完全程度可用平衡常数来判断。氧化还原反应的平衡常数与电对的标准电极电势有关。

从第1章中我们知道反应的标准摩尔吉布斯函数变与反应标准平衡常数的关系为

$$\Delta_r G_m^{\ominus}(T) = -RT\ln K^{\ominus}$$

将(3.32)式代入上式，得

$$zFE^{\ominus} = RT\ln K^{\ominus}, E^{\ominus} = \frac{RT}{zF}\ln K^{\ominus}$$

在298.15 K时，可简化为

$$\lg K^{\ominus} = \frac{zE^{\ominus}}{0.059\ 2\ \text{V}} \tag{3.36}$$

由(3.36)式可知：$E^{\ominus}$值越大，$K^{\ominus}$值越大，表示反应进行得越完全；$E^{\ominus}<0$，则$K^{\ominus}$值极小，表示反应实际上不能发生。一般认为$z=1$时$E^{\ominus}>0.4\ V$；$z=2$时$E^{\ominus}>0.2\ V$，氧化还原反应的标准平衡常数$K^{\ominus}$值通常大于10^6，此时反应进行得相当完全。

【例3.30】 计算下列反应的$K^{\ominus}$值，并判断反应的完全程度。

$$H_2O_2 + 2H^+ + 2Fe^{2+} \xlongequal{\quad} 2H_2O + 2Fe^{3+}$$

解 查表得 $\varphi^{\ominus}(H_2O_2/H_2O) = 1.776\ \text{V}$

$\varphi^{\ominus}(Fe^{3+}/Fe^{2+}) = 0.770\ \text{V}$

则 $E^{\ominus} = 1.776\ \text{V} - 0.770\ \text{V} = 1.006\ \text{V}$

根据(3.36)式，计算$K^{\ominus}$值：

$$\lg K^{\ominus} = \frac{zE^{\ominus}}{0.059\ 2\ \text{V}} = \frac{2\times 1.006\ \text{V}}{0.059\ 2\ \text{V}} = 33.99$$

$K^{\ominus} = 9.69\times 10^{33} \gg 10^6$ 反应很完全。

答：当将过量H_2O_2加入含有Fe^{2+}的溶液中时，Fe^{2+}被完全地氧化为Fe^{3+}。因为$K^{\ominus}$值极大，说明该反应进行得非常完全。

但应当指出，用E或$\Delta_r G_m(T)$判断氧化还原反应进行的方向、次序及用$K^{\ominus}$判断反应进行的程度，均是热力学问题，并未涉及反应速率的问题。也就是说，对于一个具体的氧化还原反应的可行性即现实性问题，还需要同时考虑反应速率的大小。

5）测定难溶电解质的溶度积常数$K_{sp}^{\ominus}$

前面利用标准电极电势可以求得氧化还原反应的平衡常数，而难溶电解质的溶度积常数也是平衡常数，因此，只要设计一个合理的原电池，即可通过测量电池电动势而求出难溶电解质的溶度积常数。

【例 3.31】 将 Ag 电极插入 $AgNO_3$ 溶液中，Cu 电极插入 0.1 mol·L^{-1}的 $Cu(NO_3)_2$ 溶液中。两个半电池相连，在 Ag 半电池中加入过量 KBr 以产生 AgBr 沉淀，并使 AgBr 饱和溶液中 $c(Br^-)=0.1\ mol\cdot L^{-1}$，这时测得电池电动势为 0.21 V，Ag 电极为负极，试计算 AgBr 的溶度积。已知 $\varphi^{\ominus}(Cu^{2+}/Cu)=0.347\ V$，$\varphi^{\ominus}(Ag^+/Ag)=0.799\ 6\ V$

解 由于 Ag 电极为负极，因此电池反应为

$$2Ag+Cu^{2+}\rightleftharpoons 2Ag^+ + Cu$$

$$E=E^{\ominus}+\frac{0.059\ 2\ V}{2}\lg\frac{c(Cu^{2+})/c^{\ominus}}{\{c(Ag^+)/c^{\ominus}\}^2}$$

$$=(\varphi^{\ominus}(Cu^{2+}/Cu)-\varphi^{\ominus}(Ag^+/Ag))+\frac{0.059\ 2\ V}{2}\lg\frac{c(Cu^{2+})/c^{\ominus}}{\{c(Ag^+)/c^{\ominus}\}^2}$$

又因 $\varphi^{\ominus}(Cu^{2+}/Cu)=0.347\ V$，$\varphi^{\ominus}(Ag^+/Ag)=0.799\ 6\ V$，

$c(Cu^{2+})=0.1\ mol\cdot L^{-1}$，$E=0.21\ V$，

$$c(Ag^+)/c^{\ominus}=\frac{K_{sp}^{\ominus}(AgBr)}{c(Br^-)/c^{\ominus}}=\frac{K_{sp}^{\ominus}(AgBr)}{0.1}$$

$$0.21\ V=(0.347\ V-0.799\ 6\ V)+\frac{0.059\ 2\ V}{2}\lg\frac{0.1}{\left(\frac{K_{sp}^{\ominus}(AgBr)}{0.1}\right)^2}$$

求出 $\lg K_{sp}^{\ominus}(AgBr)=-12.73$

得 $K_{sp}^{\ominus}(AgBr)=1.86\times10^{-13}$

答：AgBr 的溶度积为 1.86×10^{-13}。

6) 测定配离子的稳定常数 $K_{稳}^{\ominus}$

与测定难溶电解质的溶度积常数类似，也可设计合适的原电池测定配离子的稳定常数，或者已知配离子的稳定常数，计算原电池的电动势。

【例 3.32】 已知 $\varphi^{\ominus}(Fe^{3+}/Fe^{2+})=0.770\ V$，$\varphi^{\ominus}(Ag^+/Ag)=0.799\ 6\ V$，用其组成原电池。若向 Ag 半电池中加入氨水至其中 $c(NH_3)=c(Ag(NH_3)_2^+)=1\ mol\cdot L^{-1}$时，Ag 为负极测得的电动势为 0.383 V，求此时 $\varphi(Ag^+/Ag)$为多少？$[Ag(NH_3)_2^+]$的稳定常数为多少？

解 先求 $\varphi(Ag^+/Ag)$：

$$E=\varphi_{正}-\varphi_{负}=\varphi(Fe^{3+}/Fe^{2+})-\varphi(Ag^+/Ag)$$

$$=0.770\ V-\varphi(Ag^+/Ag)=0.383\ V$$

故 $\varphi(Ag^+/Ag)=0.387\ V$

根据 Nernst 方程式，得

$$\varphi(Ag^+/Ag)=\varphi^{\ominus}(Ag^+/Ag)+\frac{0.059\ 2\ V}{1}\lg\{c(Ag^+)/c^{\ominus}\}$$

$$= \varphi^{\ominus}(Ag^+/Ag) + 0.059\ 2\ V\ \lg \frac{c(Ag(NH_3)_2^+)/c^{\ominus}}{K_{稳}^{\ominus}\{c(NH_3)/c^{\ominus}\}^2}$$

$$= 0.799\ 6\ V + 0.059\ 2\ V\ \lg \frac{1}{K_{稳}^{\ominus} \times 1^2} = 0.387\ V$$

求出 $\lg K_{稳}^{\ominus} = 6.97, K_{稳}^{\ominus} = 9.32 \times 10^6$

答：$\varphi(Ag^+/Ag)$为 0.387 V，$[Ag(NH_3)_2^+]$的稳定常数为9.32×10^6。

复习思考题

1．为什么说胶体溶液是动力学稳定又是热力学不稳定的体系？

2．破坏溶胶的方法有哪些？其中哪些方法最有效？为什么？

3．简述稀释定律的内容，试问：某一弱酸，若将其浓度稀释时，其解离度增大，故溶液的 $c(H^+)$也一定增大，pH 值也增大，对吗？

4．相同浓度的 HCl 和 HAc 溶液的 pH 值是否相同？若用 NaOH 中和 pH 值相同的 HCl 和 HAc 溶液，哪个用量大？为什么？

5．往氨水中加入少量下列物质时，氨水的解离度和溶液 pH 值将发生怎样的变化？

①$NH_4Cl(s)$；②NaOH(s)；③HCl(aq)；④H_2O。

6．举例说明缓冲溶液的作用原理。当往缓冲溶液中加入大量的酸或碱，或用大量水稀释时，溶液的 pH 值是否仍保持基本不变，为什么？

7．欲配制 pH 值为 3 的缓冲溶液，问宜选择下列哪组缓冲对较合适？

①HCOOH～HCOONa；②HAc～NaAc；③$NH_3 \cdot H_2O$～NH_4Cl。

8．什么是溶度积？它与溶解度有何异同？对不同类型的难溶电解质，溶度积小的物质溶解度是否也一定小？举例说明。

9．试用标准溶度积规则，解释下列现象：

① $CaCO_3$ 溶于稀 HCl 溶液；

② $Mg(OH)_2$ 溶于 NH_4Cl 溶液；

③ ZnS 能溶于盐酸和稀硫酸，而 CuS 不溶于盐酸和稀盐酸，却能溶于硝酸；

④ $BaSO_4$ 不溶于稀盐酸。

10．向含有固体 AgCl 的饱和水溶液中：(1) 加入 $AgNO_3$；(2) 加入 NaCl；(3) 加入 AgCl；(4) 加入 H_2O，上述各情况下，沉淀—溶解平衡向何方向移动？溶液中 Ag^+ 和 Cl^- 浓度是增加还是减少？它们的乘积是否变化？

11．什么是分步沉淀？它与物质的溶度积和离子浓度有何关系？

12．金属硫化物沉淀与溶液 pH 值有关。试导出它们之间的关系，并说明金属硫化物沉淀和溶解的 pH 值范围。

13．无水 $CrCl_3$ 和 NH_3 能形成两种配合物，其组成分别为：$CrCl_3 \cdot 6NH_3$ 及 $CrCl_3 \cdot 5NH_3$。用 $AgNO_3$ 溶液能从第一种配合物的水溶液中沉淀出全部的氯(形成 AgCl 沉淀)，而从第二种配合物的水溶液中只能沉淀出 2/3 的氯。根据上述结果，写出这两种配合物的化学式和名称，并指出中心离子的氧化数、配位体及配位数。

14. 解释下列现象：

① 在$[Ag(S_2O_3)_2]^{3-}$溶液中加入 KBr 溶液，不生成沉淀，但加入 KI 溶液立即生成黄色沉淀。

② 用水稀释$[FeF_6]^{3-}$溶液，出现棕色沉淀。

③ $ZnSO_4$ 溶液中加入 $NH_3 \cdot H_2O$，开始先生成白色沉淀，加入过量 $NH_3 \cdot H_2O$ 后，沉淀消失，生成无色溶液。

④ 用 NH_4SCN 溶液检出 Co^{2+} 离子时，加入 NH_4F 可消除 Fe^{3+} 的干扰。

⑤ AgCl 沉淀不能溶解在 NH_4Cl 中，却能溶解在 $NH_3 \cdot H_2O$ 中。

15. 试综合比较下列标准平衡常数的异同：$K_a^{\ominus}$，$K_b^{\ominus}$，$K_w^{\ominus}$，$K_{sp}^{\ominus}$，$K_{稳}^{\ominus}$，$K_{不稳}^{\ominus}$。

16. 举例说明配合物在定性分析、电镀和生命化学中的应用。

17. 当衣服上沾有黄色铁锈斑点时，用草酸即可将其消除，请解释之。

18. 什么叫元素的氧化数？试用元素氧化数的概念说明氧化和还原、氧化剂和还原剂。

19. 相同电对(如 Zn^{2+}/Zn)能否组成原电池？如何组成？应具备什么条件？

20. 下列说法是否正确？

(1) 电极正极所发生的反应是氧化反应；

(2) $\varphi^{\ominus}$值越大则电对中氧化态物质的氧化能力越强；

(3) $\varphi^{\ominus}$值越小，则电对中还原态物质的还原能力越弱。

21. 由标准锌电极和标准铜电极组成原电池：

$(-)\quad Zn|ZnSO_4(1\ mol \cdot L^{-1}) \parallel CuSO_4(1\ mol \cdot L^{-1})|Cu\quad (+)$

(1) 改变下列条件对电池电动势有何影响？

① 增加 $ZnSO_4$ 溶液的浓度；② 增加 $CuSO_4$ 溶液的浓度；③ 在 $ZnSO_4$ 溶液中通入 NH_3 气；④ 在 $CuSO_4$ 溶液中通入 H_2S。

(2) 当电池工作 10 min 后，其电动势是否发生变化？为什么？

(3) 在电池的工作过程中，锌的溶解与铜的析出质量上有什么关系？

22. 怎样利用电极电势来确定原电池的正、负极，计算原电池的电动势。

23. 判断氧化还原反应进行的方向的原则是什么？什么情况下用 E 值？什么情况下可以用 $E^{\ominus}$值？

24. 今有一种含有 Cl^-，Br^-，I^- 3 种离子的混合溶液，欲使 I^- 氧化为 I_2，而又不使 Br^-，Cl^- 氧化，在常用的氧化剂 $Fe_2(SO_4)_3$ 和 $KMnO_4$ 中，选择哪一种能符合要求？

25. 试比较下列反应进行的程度

① $Cu^{2+} + Zn = Cu + Zn^{2+}$；② $Sn + Pb^{2+} = Sn^{2+} + Pb$

习　题

1．欲使 H_2S 饱和溶液中 $c(S^{2-})=1.0\times10^{-18}\ mol\cdot L^{-1}$，该溶液的 pH 值应为多大？

2．在 $0.05\ mol\cdot L^{-1}$ 次氯酸(HClO)溶液中，已知 $K_a^{\ominus}=3.5\times10^{-8}$。试计算溶液中 H^+ 及 ClO^- 离子的浓度和 HClO 的解离度。

3．试计算 298 K 时，$0.10\ mol\cdot L^{-1}$ 磷酸溶液中 H^+、H_3PO_4、$H_2PO_4^-$、HPO_4^{2-} 离子浓度和溶液的 pH 值。

4．在 1 L $0.2\ mol\cdot L^{-1}$ HAc 溶液中，需加入多少克无水 NaAc，才能使氢离子浓度保持为 $6.5\times10^{-5}\ mol\cdot L^{-1}$。

5．取 50 mL $0.10\ mol\cdot L^{-1}$ 某一弱酸溶液，与 20 mL $0.10\ mol\cdot L^{-1}$ KOH 溶液混合，将混和溶液稀释至 100 mL，测得此溶液的 pH 值为 5.25，求此一元弱酸的标准解离常数。

6．在烧杯中盛放 20 mL $0.10\ mol\cdot L^{-1}$ 氨的水溶液，逐步加入 $0.100\ mol\cdot L^{-1}$ HCl 溶液，试计算：

① 当加入 10 mL HCl 后，混和液的 pH 值；

② 当加入 20 mL HCl 后，混和液的 pH 值；③ 当加入 30 mL HCl 后，混和液的 pH 值。

7．欲配制 pH=6.80 的 KH_2PO_4-Na_2HPO_4 标准缓冲液 0.500 L，并使溶液中 KH_2PO_4 的浓度为 $0.050\,0\ mol\cdot L^{-1}$，问需 KH_2PO_4 和 Na_2HPO_4 各多少克？如何配制？

8．人体血液中含 H_2CO_3-HCO_3^- 组成的缓冲溶液，其中 $c(H_2CO_3)=1.25\times10^{-3}\ mol\cdot L^{-1}$，$c(HCO_3^-)=2.5\times10^{-2}\ mol\cdot L^{-1}$，计算其 pH 值。(假设人体温度 37 ℃ 的解离常数与 25 ℃ 时相同)。

9．已知 $Pb_3(PO_4)_2$ 的溶解度等于 $1.37\times10^{-4}\ g\cdot L^{-1}$，计算 $Pb_3(PO_4)_2$ 的溶度积。

10．在含有 Mn^{2+}，Pb^{2+} 的混合溶液中，其离子浓度均为 $0.10\ mol\cdot L^{-1}$，计算 MnS、PbS 开始沉淀时，溶液中 H^+ 的最高浓度分别为多少？

11．草酸铅(PbC_2O_4)沉淀在 NaI 溶液中可转化为 PbI_2 沉淀，如欲在 1.0 L NaI 溶液中使 0.010 mol PbC_2O_4 沉淀完全转化，NaI 溶液的最初浓度应为多少？

12．某溶液中含有 Pb^{2+} 和 Ba^{2+}，它们的浓度分别为 $0.10\ mol\cdot L^{-1}$ 和 $0.010\ mol\cdot L^{-1}$，逐滴加入 K_2CrO_4 溶液，问哪种离子先沉淀？两者有无可能分离？($K_{sp}^{\ominus}(PbCrO_4)=1.77\times10^{-14}$，$K_{sp}^{\ominus}(BaCrO_4)=1.17\times10^{-10}$)

13．① 在 10 mL $0.001\,5\ mol\cdot L^{-1}$ $MnSO_4$ 溶液中加入 5 mL，$0.15\ mol\cdot L^{-1}$ 氨水溶液，能否生成 $Mn(OH)_2$ 沉淀。

② 若在上述 10 mL，$0.001\,5\ mol\cdot L^{-1}$ $MnSO_4$ 溶液中，先加入 0.495 g $(NH_4)_2SO_4$ 固体，然后再加入 5 mL，$0.15\ mol\cdot L^{-1}$ 氨水溶液，能否生成 $Mn(OH)_2$ 沉淀？(设加入固体后，溶液的体积不变)。

14．用计算表明 AgBr 沉淀会溶于 $Na_2S_2O_3$ 溶液中。

15．在 298 K 时，1.0 L 的 $6\ mol\cdot L^{-1}$ KCN 溶液可溶解多少克 AgCl？

16. 填充下表：

配合物	命名	中心离子及氧化数	配位体及配位原子	配位数	配离子电荷数
$H_2[PtCl_6]$					
$[Cu(NH_3)_4](OH)_2$					
$[Ag(S_2O_3)_2]^{3-}$					
$K_4[Fe(CN)_6]$					
$[Ni(CO)_4]^{2+}$					
$[Co(NH_3)_6]Cl_3$					
$[PtCl_2(NH_3)_2]$					
$[Co(NO_2)_3(NH_3)_3]$					

17. 在含有$[Ag(NH_3)_2]^+$的溶液中(其平衡式为$[Ag(NH_3)_2]^+ \rightleftharpoons Ag^+ + 2NH_3$)，分别加入下列物质：①稀 HNO_3；②$NH_3 \cdot H_2O$；③Na_2S 溶液，问上述平衡向哪一个方向移动？

18. 用计算说明下述配合物间的转化反应能否进行完全。

① $[Cu(SCN)_2]^- + 2CN^- \rightleftharpoons [Cu(CN)_2]^- + 2SCN^-$

② $[HgI_4]^{2-} + 4Cl^- \rightleftharpoons [HgCl_4]^{2-} + 4I^-$

19. 将 40.0 mL 0.10 $mol \cdot L^{-1}$ $AgNO_3$ 溶液和 20.0 mL 6.0 $mol \cdot L^{-1}$氨水混合并稀释至 100 mL，试计算：

(1) 平衡溶液中 Ag^+、$[Ag(NH_3)_2]^+$和 NH_3 的浓度；

(2) 在混合稀释后的溶液中加入 0.010 mol KCl 固体，是否有 AgCl 沉淀产生？

(3) 若要阻止 AgCl 沉淀产生，则应取 12.0 $mol \cdot L^{-1}$氨水多少毫升？

20. 已知：$Cu^{2+} + 2e^- \longrightarrow Cu$，$\varphi^{\ominus}(Cu^{2+}/Cu) = 0.34$ V

$Cu^{2+} + 4NH_3 \rightleftharpoons [Cu(NH_3)_4]^{2+}$，$K^{\ominus}_{稳} = 4.86 \times 10^{12}$

计算 $Cu(NH_3)_4^{2+} + 2e^- \longrightarrow Cu + 4NH_3$ 的电极反应的标准电极电势。

21. 判断下列氧化还原反应进行的方向(设离子浓度均为 1 $mol \cdot L^{-1}$)。

① $2Fe^{3+} + 2I^- = I_2 + 2Fe^{2+}$

② $2Cr^{3+} + 3I_2 + 7H_2O = Cr_2O_7^{2-} + 6I^- + 14H^+$

③ $Cu + 2H^+ = Cu^{2+} + H_2$

④ $Fe^{2+} + NO_2^- + 2H^+ = Fe^{3+} + NO + H_2O$

22. 通过计算判断下列氧化还原反应进行的方向。

① $Sn + Pb^{2+}(1\ mol \cdot L^{-1}) = Sn^{2+}(1\ mol \cdot L^{-1}) + Pb$

② $Sn + Pb^{2+}(0.1\ mol \cdot L^{-1}) = Sn^{2+}(1\ mol \cdot L^{-1}) + Pb$

23. 下列原电池的电动势为 0.016 V

(−) Pt, H_2(100 kPa) | H^+ (x $mol \cdot L^{-1}$) ‖ H^+ (0.1 $mol \cdot L^{-1}$) | H_2(100 kPa), Pt (+)

求 $c(H^+)$的 x 值。

24. 求下列反应的标准平衡常数：

$MnO_4^- + 5Fe^{2+} + 8H^+ \longrightarrow Mn^{2+} + 5Fe^{3+} + 4H_2O$

25．计算电极反应 $Cr_2O_7^{2-} + 14H^+ + 6e^- \rightleftharpoons 2Cr^{3+} + 7H_2O$ 在 $c(H^+) = 1\ mol\cdot L^{-1}$ 和 $10^{-2}\ mol\cdot L^{-1}$ 时的电极电势，其余离子浓度均为标准状态。

26．298 K 时由标准电极电势 $\varphi^{\ominus}$，计算下列反应的 $\Delta_r G_m^{\ominus}$

$Cr_2O_7^{2-}(aq) + 6Fe^{2+}(aq) + 14H^+ \longrightarrow 2Cr^{3+}(aq) + 6Fe^{3+}(aq) + 7H_2O$

27．在含有 Sn^{2+} 和 Cd^{2+} 的混合溶液中，欲将 Sn^{2+}、Cd^{2+} 都还原，选择下列哪种还原剂？若只还原 Sn^{2+}，而不还原 Cd^{2+}，应选择哪种还原剂？提供选择的还原剂有：Cu，Pb，Ni，Zn，Sn，Cd。

28．为测定 $PbSO_4$ 的溶度积，设计了如下原电池：

(－)　$Pb, PbSO_4(s) | SO_4^{2-}(1.0\ mol\cdot L^{-1}) \parallel Sn^{2+}(1.0\ mol\cdot L^{-1}) | Sn$　(＋)

25 ℃时测得该电池的电动势 $E^{\ominus} = 0.22$ V，试求 $PbSO_4$ 的 $K_{sp}^{\ominus}$。

29．今有下列原电池：

(－)　$Zn | Zn^{2+}(0.010\ mol\cdot L^{-1}) \parallel Cu^{2+}(0.010\ mol\cdot L^{-1}) | Cu$　(＋)

(1) 先向右半电池中通入过量 NH_3，使游离 NH_3 的浓度为 $1.00\ mol\cdot L^{-1}$，测得电动势 $E_1 = 0.714$ V，求 $[Cu(NH_3)_4]^{2+}$ 的 $K_{稳}^{\ominus}$（假定 NH_3 的通入不改变溶液体积）。

(2) 然后向左半电池加入过量 Na_2S，使游离 S^{2-} 的浓度为 $1.00\ mol\cdot L^{-1}$，求此时原电池电动势 E_2。（已知 $K_{sp}^{\ominus}(ZnS) = 1.6\times10^{-24}$，假定 Na_2S 的加入也不改变溶液的体积）

(3) 用原电池符号表示经(1)、(2)处理后的新原电池，并标出正、负极。

(4) 写出新原电池的电极反应和电池反应，计算新原电池的平衡常数 $K^{\ominus}$ 和 $\Delta_r G_m^{\ominus}$。

4 物质结构与性质

物质世界的种类复杂繁多、变化万千。物质所具备的特性(如熔点、溶解度和反应性能等)是与其自身的结构密切相关的,物质的性能是工程化学中的一个基本问题,因此,对物质结构的研究是必不可少的。本章将在量子力学基本概念的基础上,介绍原子结构与元素性质的关系、分子结构与分子性质的关系,其中原子核外电子排布的周期性及化合物的几种价键理论是本章学习的重点。最后还将讨论晶体的几种结构及其性质的关系。

4.1 原子结构与元素性质

4.1.1 量子力学中的几个基本概念

1) 微观世界的量子化现象

实验证明,当原子受到火焰、电弧或其他方法激发时,就会发出明亮的光线,用三棱镜(或光栅)将原子在激发状态下产生的光线进行分光,可以得到一系列的线状光谱,称为原子光谱。进一步的研究还发现,不同的元素产生的线状光谱频率不同,每一种原子的线状光谱都具有特定的频率,称为原子的特征频率。为什么原子在激发状态下会产生辐射并具有一定的特征频率呢?为了解释这一现象,普朗克在 1900 年提出一个非常重要的假设:一个原子不能连续地吸收或发射能量,而只能按一定的大小,一份一份地吸收或发射能量。因此,在微观世界中,能量不再是连续的,这种现象就称为微观世界中的能量量子化。普朗克还进一步地假定能量的大小与吸收或发射电磁波的频率成正比。

$$E = h\nu$$

式中 E 是能量(J),ν 是电磁波频率(s^{-1}),h 为普朗克常数(其值为 6.626×10^{-34} J·s)。

普朗克的假设得到了大量实验的证实,爱因斯坦用光量子的假设成功地解释了光电效应,玻尔根据普朗克的量子论思想提出了原子轨道能级的概念,从而奠定了现代量子力学的基础。经过海森堡、薛定谔等几代科学家的努力,量子力学已发展成一门描述微观世界规律的学科。

2) 物质的波粒二象性

在经典物理中,光具有典型的波动性质。让光通过一个窄缝,就会产生衍射现象，光还具有一定的波长和频率，因此光是波。可是当光被原子吸收或发射时，光的能量是量子化的，光像微粒一样，一份一份地被吸收或发射，实验证明光还具有动量（即光的运动质量和光速的乘积），具有动量和质量是微粒的特征，从这方面来看，光又具有微粒性，因而光又称为光子。

电子具有质量，运动中具有动量和能量，因此电子的微粒性是很明显的。但是，当电子通过晶体时，晶体的晶格成为与电子波长相当的狭缝，则可以发现电子也有衍射现象，由此可见电子也具有波动性。

光子、电子、质子、中子等基本粒子在运动中既表现出粒子性，又表现出波动性的这种现象就称为物质的波粒二象性。理解物质的波粒二象性，需要用量子力学的概念。

量子力学告诉我们，所有运动着的物质都具有波动性和微粒性，与运动物质相适应的波长为

$$\lambda = h/p = h/mv$$

上式称为德布罗意关系式，式中 $p = mv$ 为物质的动量（m 是运动物质的质量，v 是 物质运动的速率），这个关系式通过普朗克常数把物质的波动性和微粒性定量地联系起来，体现了二象性物理量间的内在关系。波粒二象性是物质世界的普遍现象，只是在微观世界中的波粒二象性比宏观世界中的表现得更明显。

3）波函数和原子轨道

实验已经证明微观世界的微粒都具有波动性，所以不能用经典力学的运动方程来描述微粒的运动，而要用量子力学的方法来描述。1926 年，薛定谔给原子核外电子的运动建立了著名的运动方程，称薛定谔方程

$$-\frac{h^2}{8\pi^2 m}\left(\frac{\partial^2\psi}{\partial x^2}+\frac{\partial^2\psi}{\partial y^2}+\frac{\partial\psi}{\partial z^2}\right)+V\psi = E\psi^{①}$$

这是量子力学的一个基本方程，适用于微观粒子运动的稳定态（不随时间变化的状态），它的解是一个包含空间坐标 x,y,z 的函数式，称为波函数 $\psi(x,y,z)$，是描述原子核外电子运动状态的函数式。根据 $\psi(x,y,z)$ 就可绘出波函数在三维空间中的图形，如图 4.1 所示。

波函数 $\psi(x,y,z)$ 是描述核外电子运动状态的数学函数式，并没有相应的宏观物理意义。但 $|\psi|^2$ 却有明确的物理意义，它代表空间某处单位体积中该电子出现的几率，称为电子的几率密度。原子在稳定状态下，每个电子都有自己相对应的波函数 ψ_i 代表它的运动状态，如 $\psi_s,\psi_p,\psi_d,\psi_f$ 就分别代表 s,p,d,f 电子的运动状态，因此 ψ_i 又称为原子轨道。电子在 ψ_i 代表的每一个运动

---

① 其中 ψ 是波函数；m 是电子的质量；E 是系统的总能量；V 是系统的势能；对最简单的氢原子系统来说，势能为 $-\frac{e^2}{r^2}$，e 是电子电荷，r 是电子与核之间的距离。

状态中又具有相应的能量 E_i，称为轨道能级，如 s 轨道能级，p 轨道能级，等等。图 4.1 所示的 ψ 图形中标明了正号或负号，它表明在该空间内 ψ 值是正还是负（ψ 的这种正负号对原子轨道重叠形成化学健时有重要的意义）。

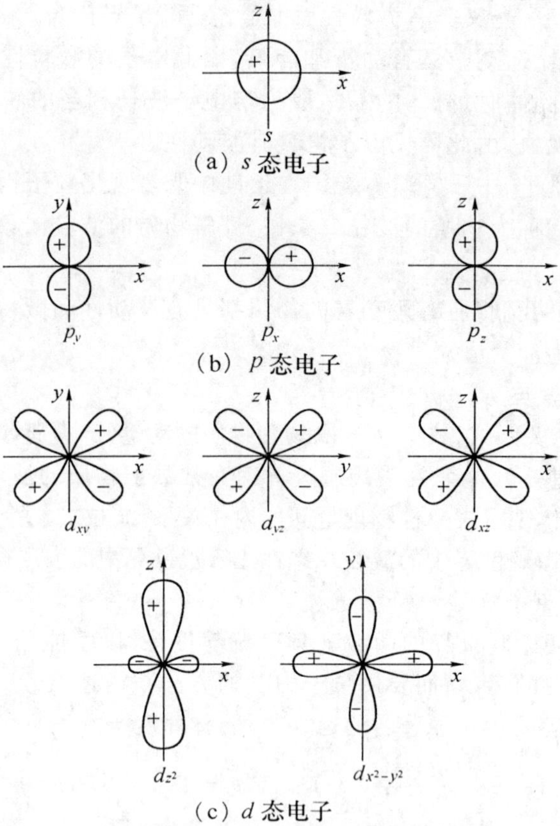

图 4.1　波函数 ψ 的空间图形

4) 几率密度与电子云

量子力学本质上是统计性的，知道了波函数 ψ 确定的态，并不能确切地预知电子位置测量的结果，而只能知道各种可能测量结果的几率，即电子在坐标为 x, y, z 附近的空间体积元 $\mathrm{d}\tau$ 中出现的可能性，就是该点的几率密度。

为了更好地理解几率密度，让我们看一下戴维逊和革末为证实电子的波动性在 1927 年所做的电子衍射实验（如图 4.2 所示）。

电子束从晶体粉末中穿过，投射到底片上，可得到一系列的同心环纹，叫做电子衍射环。如果我们控制电子一个接一个地通过晶体粉末后落到照相底片上，尽管对每一个电子来说无法知道它经过晶体粉末后落在底片上的确切位置，但在一段时间后，必有 q 个电子相继落到底片上。当 q 足够大时，从各衍射环所显

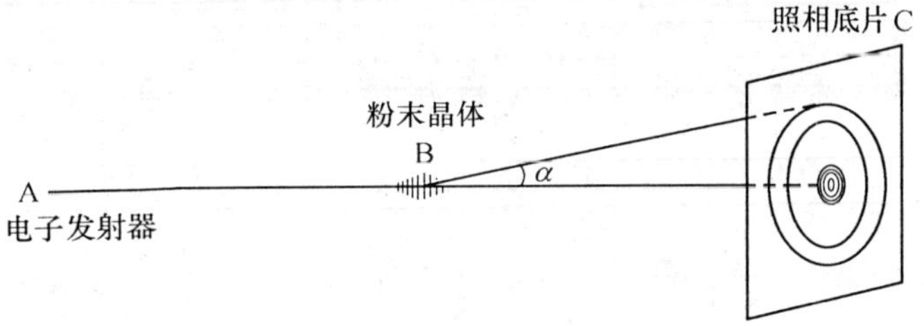

图 4.2　电子衍射实验示意图

示的相对强度，我们就可知道落在底片上某个体积元 $d\tau$ 内的电子数 dq 与总数 Q 之比 dq/Q，这就是任何一个电子落在 $d\tau$ 内的几率。两者的关系为

$$dq/Q = |\psi|^2 d\tau$$

这就是电子波的统计意义，量子力学并不是说电子像一个波那样分布于一个大的空间区域，而是说明用几率图像（波函数）去描述电子的运动，其表现像波一样并满足波动方程（薛定谔方程）。

我们不能确切地确定某一时刻电子的位置，而只能得到空间各点电子可能的分布像，即电子在空间各点的几率密度分布。从理论上说，电子在某一时间内在任何空间都有可能出现，只是几率不同而已。从这个角度看，电子围绕原子核快速运动，就好像一团浓淡不均的云一样分布在原子核周围空间，我们形象地称之为电子云。要强调的是，电子云这种说法并不是说电子像云一样分散开了，而只是对电子运动具有统计性的一种形象化的描述，就是说电子云密度大的地方电子出现的机会多，而电子云密度小的地方电子出现的机会少。

几率密度的概念和电子云的概念使抽象的量子理论应用在化学中时变得简明直观，因而具有重要的意义。

电子云既然是 $|\psi|^2$ 的图像，显然它也是波函数的一种表现形式，正如波函数 ψ 一样，每种电子状态也有对应的 $|\psi_i|^2$，如 $|\psi_s|^2$，$|\psi_p|^2$…… 分别代表 s 电子的几率密度，p 电子的几率密度 …… 等等，电子云图像也各不相同，如图 4.3 所示。

由图 4.3 可见，电子云的空间图像与原子轨道的图像（图 4.1）很相似，主要的区别是：① 电子云图像比原子轨道的“瘦”一点；② 电子云没有正负号，因为 ψ 平方之后就没有正负号了。

5）量子数

不同的电子运动状态可用不同的波函数 ψ 来描述，在量子力学中，需要用 3 个参数 n、l、m 来确定波函数 ψ 的形式和性质，这 3 个参数叫做量子数。一个确定的波函数可表示为 $\psi(n,l,m)$，它类似于一个点在空间的位置可由空间坐标参数来确定并表示为 $P(x,y,z)$ 一样。下面分别介绍这几个量子数。

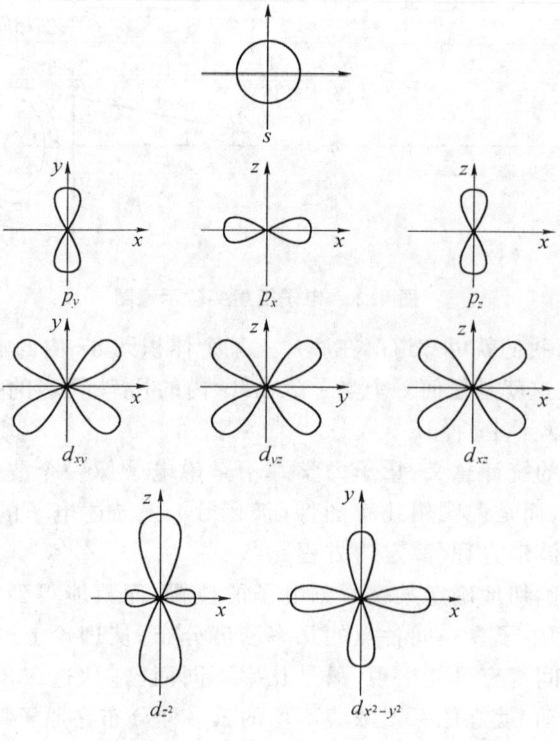

图 4.3　电子云的空间图像

(1) 主量子数 n

一般讲,主量子数确定电子所处的能级,n 值都是大于零的正整数 1,2,3,…,+∞。n 值增大时,第 n 能级中的电子与核的平均距离亦随着增大。因此,主量子数 n 常常习惯地称为"电子壳层数"或"主层数"。主层数常用大写的拉丁字母 $K,L,M,N,\cdots$ 来表示。这是因为在量子理论诞生之前,光谱学已发展了一套表示光谱的方法。量子理论发展后,用量子参数解释了这些光谱表示法的内涵,并沿用了这些已普遍使用的习惯表示法(以下的几个量子数也是同样,不再一一说明),当我们说电子从 K 层跃迁到 L 层时,就是说电子状态的主量子数从 1 改变到 2,余类推。

(2) 角量子数 l

量子理论表明,每一个能级的电子壳层是由一个或几个亚壳层组成,每个亚壳层的角动量各不相同。角量子数 l 表示每个亚壳层并确定亚壳层的原子轨道的形状。l 的取值受 n 值的约制,可以是 $0,1,2,\cdots,n-1$ 的正整数。即 $n=1$ 时,l 允许的最大值为 $n-1=0$,表示 K 层不分层。$n=2$ 时,l 可取值为 0 和 1,表示 L 层分为 2 个亚壳层,等等。光谱学中通常用不同的 l 值来表示 s,

p, d, f 等各种电子状态。

(3) 磁电子数 m

每个亚壳层又由一个或几个原子轨道组成，用磁量子数 m 来区分(磁量子数 m 的原意是指原子光谱的某条谱线在磁场中分裂成新谱线的条数)，这里 m 确定原子轨道在空间的伸展方向，m 取值范围是从 0 到 $\pm l$ 的所有正负整数。例如，$l = 0$ 时，只有 $m = 0$，即 s 亚壳层中只有一种原子轨道(称为 s 轨道)；$l = 1$ 时，$m = +1, 0, -1$，即 p 亚壳层中有 3 个原子轨道(p_x, p_y, p_z)，它们在空间的伸展方向各不相同。

3 个量子数之间关系归纳在表 4.1 中。

表 4.1　表征原子轨道的 3 个量子数

主量子数(主层) n		角量子数(分层) l	分层的符号	磁量子数(原子轨道) m	分层中的原子轨道数	主层中的轨道总数
1 或 K		0	$1s$	0	1	1
2	L	0	$2s$	0	1	4
		1	$2p$	$-1, 0, +1$	3	
3	M	0	$3s$	0	1	9
		1	$3p$	$-1, 0, +1$	3	
		2	$3d$	$-2, -1, 0, +1, +2$	5	
4	N	0	$4s$	0	1	16
		1	$4p$	$-1, 0, +1$	3	
		2	$4d$	$-2, -1, 0, +1, +2$	5	
		3	$4f$	$-3, -2, -1, 0, +1, +2, +3$	7	

(4) 自旋量子数 m_s

当一个波函数 ψ 的一套量子数 n, l, m 完全确定时，就代表一个特定的原子轨道。但要完全确定一个电子的运动状态，还需要用到描述电子运动特征的第四个参数 m_s，称为自旋量子数，它是由实验确定的，并不是解薛定谔方程的结果。当原子核外的电子以极高的速度(接近光速)在轨道空间运动时，电子本身还有两种奇妙的量子化运动状态。这两种状态有不同的自旋角动量，其值可取 $+1/2$ 或 $-1/2$，常用形象化的上下箭头"↑"，"↓"来表示。因此自旋量子数有两个值，即 $m_s = +1/2$ 和 $m_s = -1/2$。值得指出的是，正像波函数所描述的轨道和宏观世界的轨道完全不一样，电子的自旋也决不像地球的自转。

4.1.2　核外电子排布的周期性

1) 核外电子排布的基本规则

前面介绍了量子理论中的几个基本概念和决定电子运动状态的 4 个量子

数 n,l,m 和 m_s,在用量子理论讨论各元素的核外电子排布规律前,我们先介绍量子理论中电子在填充轨道时必须遵循的几条基本原则。

(1) 泡利不相容原理

任一原子中不允许两个电子具有完全相同的状态,即 4 个量子数 n,l,m,m_s 不能完全相同。由于一个原子轨道需要 3 个量子数 n,l,m 来确定,所以在一个轨道中最多只能容纳两个 m_s 不同的电子,一个的 $m_s=+1/2$,另一个的 $m_s=-1/2$。

(2) 电子壳层最大容量原理

每个主量子数为 n 的电子壳层具有 n^2 个原子轨道,最多可容纳 $2n^2$ 个电子,如表 4.2 所示。

表 4.2　泡利不相容原理的推论

主量子数	1	2	3	4	…	n
符　　号	K	L	M	N	…	
轨道总数	1	4	9	16	…	n^2
允许电子数	2	8	18	32	…	$2n^2$

表 4.2 是泡利不相容原理的推论。正是这个最大容量原理,决定了核外电子排布的周期性。

(3) 能量最低原理

电子填充具有不同能量的原子轨道时,将尽可能先进入低能量的轨道,以使整个系统能量最低且最稳定。

(4) 洪特规则

电子在填充具有相同能量的原子轨道时,将尽可能的以平行自旋的方式分占不同轨道。量子力学从理论上证明这样的填充方式可以使整个系统能量最低。因为同一轨道填入两个电子时,必须克服它们之间的排斥作用(其所需的能量叫做电子配对能),平行分占不同轨道不需要电子配对能,有利于系统的能量降低。

2) 原子轨道的能级次序

多电子原子的原子轨道能级次序由主量子数 n 和角量子数 l 所决定,如图 4.4 所示。

从图中可以看出:① n 增大时,能级依次增高。② 当 n 相同而 l 不同时,亚层上的能量次序为 s 轨道 < p 轨道 < d 轨道 < f 轨道。③ 由于 l 不同的轨道在空间的分布不同,而使 n 值不同的原子轨道之间出现“能级交错”现象。所谓“能级交错”,是指 n 值大的原子轨道的能量反而低于 n 值小的原子轨道,违反了 n 值大即能级高的一般原则,例如:

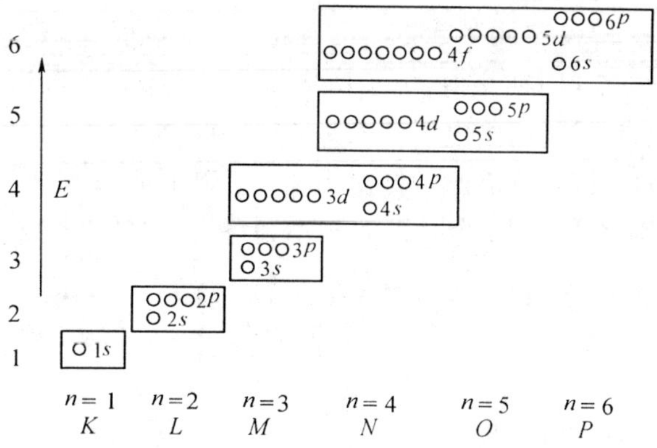

图 4.4　原子轨道的能级次序

$4s < 3d < 4p$

$5s < 4d < 5p$

$6s < 4f < 5d < 6p$

$7s < 5f < 6d < 7p$

等都是“能级交错”现象。我们以后还会看到，正是由于 d 轨道的“能级交错”，形成了过渡族元素（5 个 d 轨道，10 个副族元素）。而 f 轨道的能级交错，则是镧系和锕系元素性质相近的根本原因（7 个 f 轨道，14 个稀土族元素）。④ 不同方框中的能级差较大，而同一方框中的能级差较小。这种能级组的划分是元素周期律的基础。

我国徐光宪院士根据光谱数据的分析，提出对于原子的外层电子可用（$n + 0.7l$）值的大小近似决定其能级的高低。

3）核外电子排布

知道了原子轨道的能级次序以及电子填充轨道时遵守的能量最低原理、洪特规则、泡利不相容原理等原则，就可以开始研究核外电子的排布规律了。周期表中的短周期元素，包括了第 1，2，3 周期。电子从能量最低的 $1s$ 轨道开始，一直填充到 $3p$ 轨道。根据泡利不相容原理，每个轨道只能填充两个电子，其结果如表 4.3 所示。注意，电子在填入 p 轨道时，按照洪特规则，电子应尽可能地先以平行自旋方式分占 3 个 p 轨道，这样可避免电子配对能，有利于系统的稳定（能量更低），如第 2 周期的 B，C，N 元素和第 3 周期的 Al，Si，P 元素。

第 4 周期主族元素与 $4s$，$4p$ 轨道相对应，但由于 $3d$ 轨道的能量居于两者之间，即 $4s < 3d < 4p$，所以第 4 周期最初的两个元素钾和钙的电子填充到能量最低的 $4s$ 轨道中。从 Sc 开始，电子进入 $3d$ 轨道，一直到 Zn 元素为止，依次增加的 10 个电子填满了 5 个 $3d$ 轨道。然后从 Ga 到 Kr，电子再依次填入能量

较高的 $4p$ 轨道，完成第 4 周期，共 18 个元素。其中，由于 $3d$ 轨道的插入（能级交错），出现 10 个“过渡族”元素。

第5周期与第4周期相似，电子依次填入 $5s$，$4d$，$5p$ 轨道，也有10个“过渡族”元素。同理，第6周期中电子依次进入 $6s$，$4f$，$5d$，$6p$ 轨道，第7周期中电子则进入 $7s$，$5f$，$6d$，$7p$ 轨道。这时，由于7个 f 轨道的插入，同4、5周期相比，第6、7周期又分别多出含 14 个元素的镧系和锕系，习惯上称为“稀土元素”。

表 4.3　第 1、2、3 周期的元素的电子层结构

	1s	2s	2p			3s	3p			
H	↑									$1s^1$
He	↑↓									$1s^2$
Li	↑↓	↑								$1s^2 2s^1$
Be	↑↓	↑↓								$1s^2 2s^2$
B	↑↓	↑↓	↑							$1s^2 2s^2 2p^1$
C	↑↓	↑↓	↑	↑						$1s^2 2s^2 2p^2$
N	↑↓	↑↓	↑	↑	↑					$1s^2 2s^2 2p^3$
O	↑↓	↑↓	↑↓	↑	↑					$1s^2 2s^2 2p^4$
F	↑↓	↑↓	↑↓	↑↓	↑					$1s^2 2s^2 2p^5$
Ne	↑↓	↑↓	↑↓	↑↓	↑↓					$1s^2 2s^2 2p^6$
Na	↑↓	↑↓	↑↓	↑↓	↑↓	↓				$1s^2 2s^2 2p^6 3s^1$
Mg	↑↓	↑↓	↑↓	↑↓	↑↓	↑↓				$1s^2 2s^2 2p^6 3s^2$
Al	↑↓	↑↓	↑↓	↑↓	↑↓	↑↓	↑			$1s^2 2s^2 2p^6 3s^2 3p^1$
Si	↑↓	↑↓	↑↓	↑↓	↑↓	↑↓	↑	↑		$1s^2 2s^2 2p^6 3s^2 3p^2$
P	↑↓	↑↓	↑↓	↑↓	↑↓	↑↓	↑	↑	↑	$1s^2 2s^2 2p^6 3s^2 3p^3$
S	↑↓	↑↓	↑↓	↑↓	↑↓	↑↓	↑↓	↑	↑	$1s^2 2s^2 2p^6 3s^2 3p^4$
Cl	↑↓	↑↓	↑↓	↑↓	↑↓	↑↓	↑↓	↑↓	↑	$1s^2 2s^2 2p^6 3s^2 3p^5$
Ar	↑↓	↑↓	↑↓	↑↓	↑↓	↑↓	↑↓	↑↓	↑↓	$1s^2 2s^2 2p^6 3s^2 3p^6$

通常把周期表内的元素按填充的轨道类型分为 5 个区域：① s 区，包括第ⅠA，ⅡA 族元素，电子结构为 ns^1 和 ns^2；② p 区，从第 ⅢA 族到 ⅧA 族元素，电子结构为 $np^1 \sim np^6$；③ d 区，从第 ⅢB 族元素到第 ⅧB 族元素，电子结构为 $ns^2(n-1)d^x$ 或 $ns^1(n-1)d^{x+1}$ 或 $ns^0(n-1)d^{x+2}$（其中 $x = 1 \sim 8$）；④ ds 区，包括第 ⅠB 族和 ⅡB 族，电子结构为 $(n-1)d^{10}ns^1$ 和 $(n-1)d^{10}ns^2$；⑤ f 区，包括镧系和锕系元素，电子结构为 f^x（$x = 0 \sim 14$）。表 4.3 给出了第 1，2，3 周期的元素的电子层结构。通过研究周期表中核外电子的排布规律，可以看到元素性质的周期性来源于元素核外电子结构的周期性，这就是周期律的实质。即同族元素在化学或物理性质上的类似性，取决于原子最外电子层结构的类似性。而同族元素从上到下的性质递变，则取决于原子中电子层数的顺序递

增。我们将在下面进一步讨论各种元素性质的周期性与电子排布结构的关系。

4.1.3 元素某些性质的周期性

1) 有效核电荷与原子半径

(1) 有效核电荷

在多电子原子中，每一个电子不仅受到原子核正电荷的吸引，同时还受到其他同核电子的排斥，其结果是削弱了原子核电荷对电子的吸引作用，这种现象称为屏蔽效应。对于原子序数为 Z 的原子，由于屏蔽效应的影响，每一个电子只是处在 $(Z-\sigma)$ 个核电荷作用下运动，$(Z-\sigma)$ 就称为有效核电荷（常用 Z^* 表示），σ 为屏蔽常数。不同壳层的电子其屏蔽效应各不相同，$(n-2)$ 层以内对 n 层电子屏蔽常数为 1.00，$(n-1)$ 层对 n 层为 0.85，同层电子之间为 0.35，外层对内层无屏蔽作用。由于同层之间屏蔽并不完全，所以在同一周期中随着原子序数 Z 的增加，外层电子的有效核电荷 Z^* 还是递增的。

(2) 原子半径

根据电子云的概念，电子在所有空间都有出现的几率，因此包括原子核和电子在内的原子并没有一个明确的界面来定义原子半径。通常的原子半径是根据原子存在的不同形式而分为共价键半径、金属半径和范德华半径。同种元素以共价单键结合时，两个原子核间距离的一半定义为原子的共价半径，金属晶格中同种原子核间距离的一半定义为金属半径；范德华半径则是指同种原子之间以范德华力相结合时核间距的一半。

对同一种元素来说，原子半径的数值并不相等。如在金属钠晶体中钠原子的核间距为 0.372 nm，金属键半径 R(Na) 等于0.186 nm，而在钠的气态双原子分子中，单键的共价半径 R(Na) 为 0.154 nm。一般金属半径较共价半径大 10% ～ 15%。本节所列数据均指共价半径。

由于同一周期中有效核电荷 Z^* 随原子序数递增，核对外层电子的吸引亦逐步增强，因此原子半径逐步减少。值得注意的是过渡元素和镧系、锕系元素。对过渡元素来说电子填入 $(n-1)d$ 轨道，屏蔽作用较大（$\sigma = 0.85$），因此 $(Z-\sigma)$ 增加较小。因而同一周期自左向右，每增加一个 $(n-1)d$ 电子，原子半径也还是缩小，但程度不及主族元素那么显著，并且在 ds 区还有一个原子半径突然增大的起伏，这是由于 $(n-1)d^{10}$ 有一个较大的屏蔽作用，使 Z^* 降低引起的。在镧系和锕系的 f 电子为 f^1 和 f^{14} 结构时，也会出现类似的情况。

稀有气体的原子半径均较大，因为稀有气体不是以共价键相连而是仅以范德华力相互接触，所以其原子半径不是共价半径而是范德华半径。

在同一族中由上到下，原子半径增加，这是由于主量子数 n 增大并起主导作用，导致半径增大。

注意第5周期和第6周期元素，其同族元素的原子半径非常相近，这是由镧系收缩效应引起的。所谓"镧系收缩"是指镧系元素原子半径减小，由于 f 电子是填在 $(n-2)$ 内层上，屏蔽作用较强。虽然收缩很小（镧系元素半径总共收缩了0.011 nm），但已足以抵消主量子数 n 增长对半径的影响，使镧系后面的各族过渡元素的半径与上一周期的同族元素的半径差不多相等，如Zr和Hf，Nb和Ta…… 等等，这就决定了它们彼此性质上的相似，难以分离（见表4.4）。

2）金属性与非金属性

原子失去电子成为正离子的趋势称为元素的金属性，而得到电子成为负离子的倾向称为元素的非金属性。由于有效核电荷的增强，同一周期中元素自左向右非金属性逐渐增强；同一族中自上而下，由于主量子数 n 增加，电子离核更远，核对电子的控制能力减弱，电子容易失去，因而金属性逐渐增强。

3）电离能

元素失去电子的难易，可用电离能来度量。处于基态的气态原子失去一个电子所需的外来能量称为元素的电离能，电离能的单位常用 $kJ \cdot mol^{-1}$ 来表示。由于要克服核的束缚力，电离能皆为正值。原子失去一个电子后生成+1价的气态正离子所需能量称第一电离能（I_1），从+1价正离子再失去一个电子生成+2价气态正离子所需的能量称第二电离能（I_2），其余类推。

例如：

$$Mg(g) - e^- \longrightarrow Mg^+(g) \quad I_1 = \Delta H_1 = 737.7 kJ \cdot mol^{-1}$$

$$Mg^+(g) - e^- \longrightarrow Mg^{2+}(g) \quad I_2 = \Delta H_2 = 1\,450.7 kJ \cdot mol^{-1}$$

显然，可以得到结论：$I_1 < I_2 < I_3 < I_4 < \cdots$。除特别指明外，本节讨论的电离能均为第一电离能。从图4.5中可看到元素的电离能随原子序数增加而出现的周期变化。

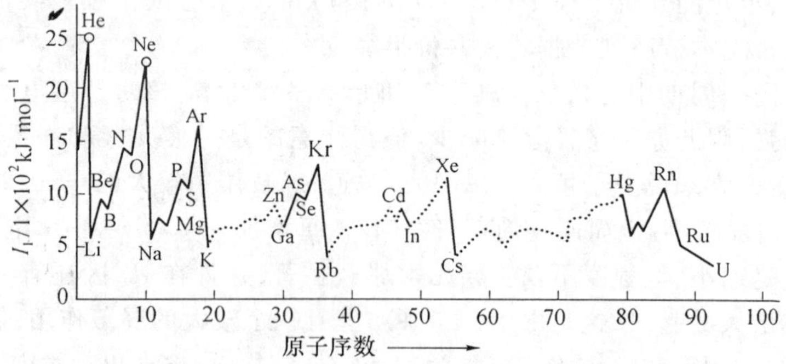

图4.5 元素第一电离能的周期性变化

同一族从上到下，随着原子半径增加，外层电子离核越来越远，核的束缚力逐渐减弱，电离能就越来越小，金属性逐渐增强。同一周期从左到右，原子半

表 4.4　元素的原子半径/nm①

	ⅠA	ⅡA	ⅢB	ⅣB	ⅤB	ⅥB	ⅦB	Ⅷ B			ⅠB	ⅡB	ⅢA	ⅣA	ⅤA	ⅥA	ⅦA	ⅧA
1	H 0.037																	He
2	Li 0.152	Be 0.111											B 0.080	C 0.077	N 0.074	O 0.074	F 0.071	Ne
3	Na 0.186	Mg 0.160											Al 0.143	Si 0.118	P 0.110	S 0.103	Cl 0.099	Ar
4	K 0.227	Ca 0.197	Sc 0.161	Ti 0.145	V 0.131	Cr 0.125	Mn 0.137	Fe 0.124	Co 0.125	Ni 0.125	Cu 0.128	Zn 0.133	Ga 0.122	Ge 0.123	As 0.125	Se 0.116	Br 0.114	Kr
5	Rb 0.248	Sr 0.215	Y 0.178	Zr 0.159	Nb 0.143	Mo 0.136	Tc 0.135	Ru 0.133	Rh 0.135	Pd 0.138	Ag 0.145	Cd 0.149	In 0.163	Sn 0.141	Sb 0.145	Te 0.143	I 0.133	Xe
6	Cs 0.267	Ba 0.217	La 0.187	Hf 0.150	Ta 0.143	W 0.137	Re 0.137	Os 0.134	Ir 0.136	Pt 0.139	Au 0.144	Hg 0.150	Tl 0.170	Pb 0.175	Bi 0.155	Po 0.118	At	Rn

① 不同文献、著作或手册所查获的原子半径值不尽相同，本表数据仅用以说明的原子半径的周期性变化趋势。

径减小，有效核电荷增加，原子核对外层电子控制增强，电离能越来越大，金属性逐渐减弱。副族元素从左至右电离能总的看来是略微增大，但有时变化并不规律，使得金属性强弱的变化不明显。稀有气体电离能为每一周期的顶峰，是因其具有稳定的 ns^2np^6 电子结构。

4）电子亲合能

原子的电子亲合能是指一个气态原子得到一个电子形成气态负离子所放出的能量。电子亲合能越大，表示元素夺取电子的倾向越大。在同一周期中自左向右，电子亲合能逐渐增加，同一族中自上而下电子亲合能逐渐减小，这与元素非金属性的变化是一致的，因此电子亲合能可作为元素非金属性的一个定量标准。需要说明的是同族元素电子亲合能最大值不是出现在第 1 个元素而往往是在第 2 个元素，这是因为第 2 周期的非金属元素（如 F，O 等）的原子半径很小，电子云密度高度集中，对外来电子排斥作用很强，系统保留的能量较高，放出的能量减小。第 3 周期以下的元素由于半径大，且有空 d 轨道，排斥力较小，放出的电子亲合能便较大。由于测定困难，目前电子亲合能的数据较少，表 4.5 汇列了一些已经公认的数据。

表 4.5　某些元素的电子亲合能①

元素	电子亲合能 /($kJ \cdot mol^{-1}$)	元素	电子亲合能 /($kJ \cdot mol^{-1}$)
H	−77	F	−333
O	−142	Cl	−348
S	−200	Br	−324
C	−108	I	−296

5）电负性

元素的原子在化合物中把电子吸引向自己的能力叫元素的电负性，电负性和电离能及电子亲合能有一定的联系。电负性越大，原子吸引电子的能力就越大；反之，电负性越小，原子吸引电子的能力就越小。但由于元素所处状态不同，彼此之间又有区别，因此元素的电负性是一个相对值，它是以氟的电负性规定为 4.0 后，再用对比法分别求出的。各元素的电负性列于表 4.6。

从表中看出，同一周期自左向右电负性递增，在主族中自上而下递减，在副族中自上而下递增。根据元素的电负性大小，可判断元素金属性和非金属性的强弱。然而，元素所处价态不同，其电负性是有差异的。如 Fe(Ⅱ) 和 Fe(Ⅲ) 的电负性分别为 1.7 和 1.8，这是由于有效核电荷不同，吸引电子的能力自然也就不同了。

① 本表数据录自 Robert C. Weast. CRC Handbook of Chemistry and Physics. 71rd ed., 1990 − 1991

表 4.6　元素的电负性(L.Pauling)[①]

s 区		d 区								ds 区		p 区				
H 2.1																
Li 1.0	Be 1.5											B 2.0	C 2.5	N 3.0	O 3.5	F 4.0
Na 0.9	Mg 1.2											Al 1.5	Si 1.8	P 2.1	S 2.5	Cl 3.0
K 0.8	Ca 1.0	Sc 1.3	Ti 1.5	V 1.6	Cr 1.6	Mn 1.5	Fe 1.8	Co 1.9	Ni 1.9	Cu 1.9	Zn 1.6	Ga 1.6	Ge 1.8	As 2.0	Se 2.4	Br 2.8
Rb 0.8	Sr 1.0	Y 1.2	Zr 1.4	Nb 1.6	Mo 1.8	Tc 1.9	Ru 2.2	Rh 2.2	Pd 2.2	Ag 1.9	Cd 1.7	In 1.7	Sn 1.8	Sb 1.9	Te 2.1	I 2.5
Ca 0.7	Ba 0.9	La ~ Lu 1.0 ~ 1.2	Hf 1.3	Ta 1.5	W 1.7	Rc 1.9	Os 2.2	Ir 2.2	Pt 2.2	Au 2.4	Hg 1.9	Tl 1.8	Pb 1.9	Bi 1.9	Po 2.0	At 2.2
Fr 0.7	Ra 0.9	Ac 1.1	Th 1.3	Pa 1.4	U 1.4	Np ~ No 1.3 ~ 1.3										

6）氧化数

由于外层电子排布的规律性，元素的氧化数也呈现明显的周期变化，元素的最高正氧化数是其可失去的全部外层价电子数，而最低负氧化数则是元素形成 8 电子构型时所需的价电子数，因而图 4.6 所示元素的氧化数周期性变化是显而易见的。

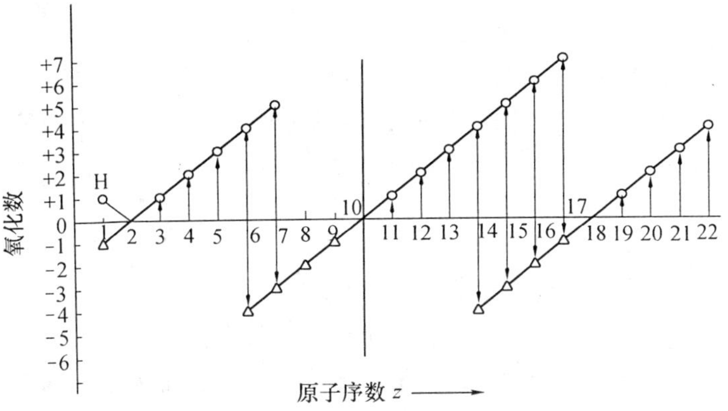

图 4.6　氧化数的周期性变化

① 数据录自 L.Pauling and Peter Pauling.Chemistry 1975,175

4.1.4 原子光谱的应用

1) 原子发射光谱分析法

一般情况下,物质的原子所处的能量是最低的,这种原子所处的最低能级状态叫做基态。但在外界能量(如热能、光能、电能等)的激发下,处于基态的原子与高速运动的气态粒子、电子等碰撞,或者直接吸收光子而获得能量,其外层电子(一个或几个)转移到能级较高的轨道上,这种新的原子运动状态叫激发态。处在激发态的原子是不稳定的,当它跃迁回基态或其他较低能态时,将以电磁波的形式辐射出多余的能量,其辐射能之值 ΔE 为

$$\Delta E = E_2 - E_1 = h\nu = hc/\lambda$$

式中 E_2, E_1 分别为跃迁前后高低能级的能量,ν, λ 分别为原子所发射的电磁波频率及波长,c 为光速。

上式表明原子辐射的波长和频率取决于跃迁前后的能级差,而原子中各能级的能量是量子化的。也就是说,对于确定的两能级间的跃迁所产生的辐射,其波长或频率是确定的值,即原子发射的光谱具有一定的波长或频率。但不同的原子发出的确定谱线却各不相同,称为原子的特征谱线。

原子发射光谱分析就是根据上述原理进行的。将电弧激发后的原子释放出的电磁辐射经仪器进行分光处理,可将混在一起的各种不同波长或频率的特征谱线按波长次序排列。由于各原子的谱线波长或频率具有特征性,据此可以进行定性分析。

原子发射光谱分析的一个突出优点是简单、快速,尤其是用于定性分析。由于各种元素都有很多条各自的特征谱线,所以对于同时存在的几十种元素,可不经分离而同时进行测定,因此在地质、冶金、电子、机械等部门应用广泛。但由于原子发射光谱分析温度很高,所以不能用于分析有机物和大部分非金属元素,也不能作为分子结构和元素价态的分析手段,只能进行物质中待测元素总量的定性或定量分析。

2) 原子吸收光谱分析法

当处于基态的待测元素的原子蒸气在受到一定波长电磁辐射时,就会吸收这种电磁辐射而跃迁到较高的原子能态。原子吸收光谱分析法就是利用处于基态的待测原子蒸气对从光源辐射出的一定波长电磁辐射的吸收来进行分析的。

在原子吸收光谱分析中,为了使原子对一定波长电磁辐射的吸收与样品中待测原子浓度成正比,即服从比耳定律

$$A = kc$$

(式中 A 为吸光度;c 为样品中基态原子浓度;k 为比例常数,与测定条件有

关)，就必须使光源发出的电磁辐射符合下述两个条件：

(1) 光源的发射谱线宽度必须比待测原子的吸收谱线宽度窄；

(2) 光源发射谱线的中心频率与待测原子吸收谱线的中心频率一致。

为了满足上述两个条件，目前常用的光源中发射谱线的原子就是与待测原子相同的元素。由于原子的发射谱线比吸收谱线窄，而且是同种元素的同一条谱线(光源发射谱线，而样品吸收谱线，同种元素的这两种过程是在相同的两能级间发生的方向相反的跃迁，其能级差是相同的)，所以很好地符合了上述两个条件，使原子吸收光谱分析成了一种实用的分析方法，由于其测定灵敏度高、特效性好、抗干扰能力强、准确度高、稳定性好，因而其应用范围日益广泛，现在已成了一般试样中金属元素定量分析所首选的测定方法。

4.2 化学键、分子结构及性质

分子是由原子组成的，所以分子的性质与原子的性质有关，但另一方面，分子的性质还与分子中各个原子的连接方式，即分子内部结构有关，因此，研究分子结构是化学研究的中心课题之一。

研究分子结构通常涉及两个方面的内容：一是化学键，二是分子构型。化学键是相邻两个(或多个)原子之间强烈的相互作用，它决定了分子的骨架，对分子的性质起着决定性的影响。另一方面，原子并不是靠静止简单的堆积来构成分子的，而是按照一定规则相互连接并处于不断地运动之中，使分子有一定的空间几何形状，称为分子构型。此外，分子与分子之间还有一种相对较弱的相互作用，叫分子间力或范德华力，分子聚集成物质主要靠这种力。

本节首先讨论几种化学键类型，包括离子键、共价键和金属键等，同时介绍几种普遍应用的化学键理论，然后讨论分子间力及其对宏观物性的影响，最后介绍分子结构与性质的关系。

4.2.1 离子键理论

1) 离子键

由活泼金属元素与活泼非金属元素形成的化合物，如 NaCl，KF，CaO 等，包括大多数的无机盐和金属氧化物，在熔融状态或水溶液中能够导电。实验表明这类化合物中存在着带正电荷的正离子和带负电荷的负离子，因而这类化合物称为离子化合物。阐明离子化合物的形成及性质的理论，称为离子键理论。

离子键理论的要点：① 活泼金属原子和活泼非金属原子相互作用时，前者具有强烈的给电子趋向，而后者则有强烈的夺电子趋向，结果在两种原子间发生了电子转移过程。② 电子转移的结果,使夺取电子的非金属元素由中性原子变成带负电荷的负离子,而失去电子的金属元素则由中性原子变成带正电荷的正离子。③ 正负离子之间将产生静电相互吸引而靠拢,但由于离子外层电子之间还存在着相互排斥作用,当离子间距离适当时,这两种相反的作用就会达到平衡,两个相反电荷的离子就会稳定地连接。这种靠正负离子的库仑(静电)引力形成的化学键称为离子键,由离子键形成的化合物称为离子化合物。

2) 离子半径

正负离子通过离子键形成离子化合物时,两种离子间有一稳定的平衡距离,称为核间距(a),其值可用实验方法确定。假定核间距 a 是正负离子半径之和($a = r_+ + r_-$),其中,r_+ 和 r_- 分别是正离子和负离子的有效半径,其值反映了离子的相对大小。

推算各种离子的半径是一个比较复杂的问题,它必须解决核间距怎样划分为两个半径的问题。最早的一套数据是哥希密德先从晶体结构数据中推出 F^- 离子半径为 0.133 nm,O^{2-} 离子半径为 0.132 nm,然后由此求出其他离子半径而得到的。最常用的一套离子半径数据是 1927 年鲍林从有效核电荷及屏蔽常数推算出来的。1968 年拉德又根据电子密度图获得了一套新的离子半径数据。本教材的离子半径主要以鲍林的数据为准,表 4.7 列出了部分离子半径数据。其他离子半径数据可从有关化学手册中查得。

表 4.7 一些元素的离子半径 单位:nm

离子	Na^+	K^+	Rb^+	Cs^+	Mg^{2+}	Ca^{2+}
半径	0.097	0.133	0.147	0.167	0.066	0.099
离子	Ba^{2+}	F^-	Cl^-	Br^-	I^-	
半径	0.134	0.133	0.181	0.196	0.220	

一般来说,正离子的半径比相应的原子半径小,而负离子的半径则比原子半径大。离子半径的大小对离子型化合物的化学性质影响很大,例如离子半径越小,离子间的吸收力就越大,拆开它们所需能量就越多,化合物的熔点就越高。又如 F^-,Cl^-,Br^-,I^- 中,I^- 的还原性最强,就是因为 I^- 的离子半径最大,更容易在氧化剂的作用下丢失电子变成 I_2 的缘故。

3) 离子电荷

根据库仑定律:$f = q^+ \cdot q^- / r^2$,正负离子相互作用力 f 的大小不但与核间距 r 有关,还与离子电荷 q^+ 和 q^- 的乘积有关,因此离子电荷对离子型化合物性质有重要影响。一般来说离子电荷越多,离子键越强,化合物的熔点、沸点就越高。同一种元素的离子电荷不同时,其化学性质亦不同,如 MnO 和 MnO_2 的水合物就分别呈碱性和酸性。

4）离子的电子构型

简单负离子（如F^-，Cl^-，Br^-，I^-，S^{2-}等）的外层电子都是8电子构型。正离子除了8电子构型外（如Na^+，K^+，Al^{3+}等），还有最外层是两个电子的，称2电子构型（如Li^+，Be^{2+}等）。最外层是18个电子的，称18电子构型（如Zn^{2+}，Ag^+等）。次外层为18电子而最外层为2个电子的，称18+2电子构型（如Sn^{2+}，Pb^{2+}等）。最外层电子在9～17之间的，称不饱和电子构型（如Fe^{2+}，Co^{2+}）等。

离子的电子构型也是影响离子型化合物性质的因素之一，如Na^+和Cu^+的半径分别为0.097 nm和0.096 nm，几乎相等，但由于它们的电子构型不同（Na^+为8电子构型，Cu^+为18电子构型），其化合物性质有明显差异。NaCl易溶于水，而CuCl则难溶于水。

5）离子型化合物

单独的离子型分子是存在的，如LiF蒸气中就有独立的LiF分子。但大多数离子键化合物以晶体的形式存在，如NaCl等晶体。通常所说的离子型化合物指的正是这种离子晶体，它有以下两个特点：

（1）晶体中不存在单个的分子，离子键没有方向性和饱和性，只要空间条件许可，一个离子可以向任意方向吸引几个异号离子。如在NaCl晶体中，每个钠离子同时吸引6个氯离子，每个氯离子也同时吸引6个钠离子，并不存在NaCl这种独立的分子，整个晶体是一个巨大的分子。

（2）晶体中正负离子电荷总数相等，晶体呈电中性，正负离子的数目总保持一定比例关系。如氯化钠晶体中，$Na^+ : Cl^- = 1 : 1$，其最简化学组成为NaCl，所以严格来说NaCl只能叫做最简式，而不是分子式。

离子晶体的其他性质将在以后的晶体结构中再进一步讨论。

6）晶格能

晶格能是指在298.15 K，100.000 kPa状态下相互远离的气态正离子和负离子形成1 mol离子晶体时所放出的能量。根据能量最低原理，如果放出的能量越多，系统能量就越低，也就越稳定。因此，晶格能的大小不仅反映了晶体结构的稳定性，还可以代表离子键的强弱。

一般来说，对于相同类型的离子晶体，核间距越小，电荷越多，晶格能数值就越大。晶格能对于解释和预言离子型化合物的物理化学性质是很重要的。例如：晶格能越大，表明离子键越牢固，其宏观物理性质上必有较高的熔点、沸点和硬度，较大的熔化热和升华热等。

4.2.2 共价键的几种理论

在出现离子键理论的同一时期，有人提出了共价键理论，对电负性相差不大的或同种非金属元素的原子间形成的化学键做出了解释。按照共价键理论，成键原子间可以通过共享电子对而形成稳定分子。这种由共享电子对而形成的化学键称共价键。而由共价键结合起来的化合物称共价化合物。

由于每种元素的原子能形成的共价键数目是一定的，即等于该原子所能提供的未配对电子数，因此，共价键具有饱和性。另外，因为原子间形成共价键时，总是按确定的方向成键，所以，各种原子以共价键结合成分子时，具有确定的空间结构，故而共价键具有方向性。这是共价键与离子键相比时，所具有的两个明显的特征。

由于历史的原因，共价键理论几经发展，新的理论更趋完善。现代共价键的概念认为：成键双方不一定要共享电子对，也可以共享 1 个电子或 3 个电子；形成共价键的共用电子对不一定由成键原子平均提供，也可以由某一方单独供给（这种共价键又称配位键或共价配键）；形成的共价键不一定只限于在两个原子间，也可以在多个原子间共享若干个电子而形成广域的共价键。由于原来的理论具有较好的简明性和实用性，故而至今并未完全废弃。下面主要介绍价键理论、杂化轨道理论、分子轨道理论和金属键的能带理论等。

1）价键理论——电子配对法

价键理论简称 VB 法（Valence Bond Theory），其基本要点如下：

(1) 自旋相反的未成对电子相互接近时可形成稳定的化学键（电子配对）；

(2) 成键电子的原子轨道重叠愈多，电子云密度愈大，所形成的共价键就愈稳固，因而共价键的方向一定指向电子云密度最大的方向，称为原子轨道最大重叠原理。

现以最简单的分子 H_2 为例来说明以上两点。量子力学处理两个氢原子组成的系统时，根据两个电子不同的自旋方向，可得到两种不同的结果：① 当两个电子自旋方向相同时，电子互相排斥，随着原子间距离的减小，系统能量越来越高，没有一个稳定的平衡点，电子云并不相互重叠，此时两个氢原子不成键，不能形成稳定的氢分子；② 两个电子自旋方向相反时，电子云可以最大限度重叠，核间电子云密集，这样一方面降低了核间正电荷的相互排斥，另一方面增加了核对电子云密集区域的吸引，两者均使系统的能量降低，因而存在着一个稳定的平衡距离 r_0，此时系统的总能量最低，两个氢原子之间生成共价键，形成氢分子。

共价键与离子键的主要区别是共价键具有饱和性和方向性。由于生成共价键需要与未成对电子配对，所以一个原子有几个未成对电子就只能生成几个共价键。另一方面，共价键指向电子云密度最大方向。如果原子轨道不是球形对称，共价键的方向就由原子轨道在空间的伸展方向所决定。

共价键主要有两种键型——σ 和 π 键。如果原子轨道重叠的结果是以键轴为圆柱形对称分布(即以“头碰头”的方式重叠)形成的共价键称为 **σ** 键,一般键能较大,稳定性也较高;如果原子轨道重叠的结果是以镜面反对称于键轴(即以“肩并肩”的方式重叠)所形成的共价键则称为 π 键,其键能较低,活泼性较高。如 N 的价电子构型为 $2s^2 2p^3$,形成 N_2 时用的是 $2p$ 轨道的 3 个电子,所以能形成 1 个 σ 键和 2 个 π 键(见图 4.7)。

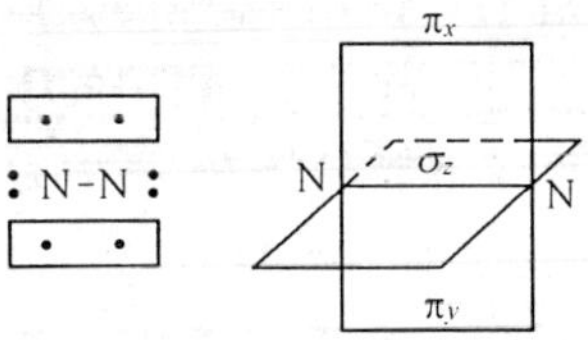

图 4.7　N_2 中的化学键

一般的共价化合物都具有确定的几何构型,知道键长和键角的值时,该分子的几何构型就可以确定了。键长、键角及键能统称为键参数。

键能是指在 298.15 K,100.000 kPa 状态下使 1 mol 气态双原子分子拆开成为气态单原子所需要的能量。其值越大,表示键越牢固,分子越稳定。如氧分子的键能只是氮分子的一半,但却比氟分子的键能大 3 倍多。

键长是指分子中 2 个原子核间平衡距离。一般来说键长越短,键越牢固。

分子中键与键之间的夹角叫做键角,是反映分子空间结构的一个重要参数,可以用 X 射线光衍射实验方法测定。如 H_2O 是 V 型,CO_2 为直线型分子。

电子配对法虽然解释了共价键的形成过程,但对一些化合物的键参数却无法说明,例如甲烷(CH_4)的 4 个 C—H 键经测定均为等同键长,夹角均为 109°28′,是一个正面体空间结构。而电子配对法推测 C 只有 2 个未成对电子,只能形成 2 个共价键,且键角应为 90°,与事实显然不符,这说明电子配对法有其局限性。鲍林在“电子配对成键”的基础上,建立了杂化轨道理论,较完善地解释了许多用电子配对法不能解释的事实。

2) 杂化轨道理论

杂化轨道理论认为:原子在形成分子的时候,能够将能量相近的、不同的类型的原子轨道重新组合成能量、形状和方向均与原来不同的新原子轨道来参与成键。这种组合称为轨道杂化,杂化后的新轨道称为杂化轨道。组合过程所需的能量可由成键释放的能量来提供。杂化轨道的生成可以提高原子的成键能力而使分子稳定性增加。如 CH_4 中 C 的电子构型是 $1s^2 2s^2 2p_x^1 2p_y^1 2p_x^0$,成键时受到激发后,$2s$ 的一个电子跃迁到 $2p_z$,形成 $2s^1 2p_x^1 2p_y^1 2p_z^1$ 结构的 4 个未成对电子;其 $2s$ 轨道与 3 个 $2p$ 轨道杂化后生成 4 个相同的杂化轨道,称为 sp^3 杂化,每个杂化轨道含有 1/4 的 s 轨道成分和 3/4 的 p 轨道成分,方向指向四面体的 4 个顶点;夹角为 109°28′,可与 4 个 H 的 $1s$ 的电子配对生成 CH_4。这样,杂化轨道理论圆满地解释 CH_4 中 4 个 C—H 键的键长、键角、键能均相等的实验事实。

杂化轨道的类型很多,如果是 s 轨道与 2 个 p 轨道杂化就形成 sp^2 杂化,键角 120°,如乙烯中的碳原子。如果是 s 轨道与一个 p 轨道杂化就形成 sp 杂化,键角 180°,如乙炔中的碳原子。如果杂化后的轨道中含有成对电子,则这杂化轨道不能参与成键,称为不等性杂化,如水分子中的氧原子就是 sp^3 不等性杂化,具有两对孤对电子,只能与H形成 H_2O,键角也从 109°28′ 变成 104°45′。如果有 d 轨道参与,还会按 d 轨道的参与数量形成 sp^3d、sp^3d^2 等杂化。各种杂化轨道的类型汇于表 4.8 中。

表 4.8 各种杂化轨道的类型

类型	杂化轨道数目	形状	实例
sp	2	直线	$HgCl_2$
sp^2	3	平面三角形	BF_3
sp^3	4	四面体	CH_4
dsp^2	4	平面正方形	$[Ni(CN)_4]^{2-}$
sp^3d	5	三角双锥	PCl_5
sp^3d^2 或 d^2sp^3	6	八面体	SF_6

3）分子轨道理论

杂化轨道理论简明直观地解释了分子的价键形成和空间构型,具有相当的实用性而被广泛应用。但任何理论都有一定的局限性,由于杂化轨道只考虑了成键的原子轨道,所以无法解释具有顺磁性的氧分子中存在未成对电子的现象。分子轨道理论则强调分子的整体性,电子在分子中不再局限于原来的原子轨道,而在属于整个分子的轨道中重新排布和运行。

分子轨道理论认为,分子轨道是由原子轨道重新组合而成,原子轨道组合后形成的分子轨道数目不变,其中一半分子轨道是成键轨道,另一半是反键轨道。成键轨道的能量低于原来的原子轨道,而反键轨道能量则高于原子轨道。电子进入分子轨道时也服从能量最低原理、泡利不相容原理、洪特规则等原则。

分子轨道理论也允许生成 σ 键和 π 键,当原子轨道“头对头”重叠时可以形成 σ 分子轨道和 σ^* 分子轨道,而“肩并肩”方式重叠时则分子形成 π 轨道和 π^* 分子轨道,“*”号表示反键分子轨道。如 s 轨道重叠时只能形成 σ 和 σ^* 分子轨道,当 p 轨道重叠时可形成两种分子轨道,一种是由 P_x 轨道重叠生成 σ 和 σ^*,而 P_y 或者 P_z 重叠则分别生成两套形状、能量完全相同,但空间取向相差 90° 的 π 和 π^* 分子轨道。对同核双原子分子,其分子轨道符号可记为 σns,πnp 等,其含义表示由主量子数为 n 的 s 原子轨道组成的 σ 分子轨道,由 np 原子轨道组成的 π 分子轨道等等,余类推。

下面分别讨论几种典型双原子分子用分子轨道法处理的结果。

(1) 氢分子

氢分子是由两个氢原子构成，其电子在 $1s$ 轨道上。当两个 $1s$ 轨道重叠后，形成了两个分子轨道 $\sigma 1s$ 和 $\sigma^* 1s$，电子按能量最低原理首先填充到 $\sigma 1s$ 成键轨道中，形成稳定的氢分子，见图 4.8。

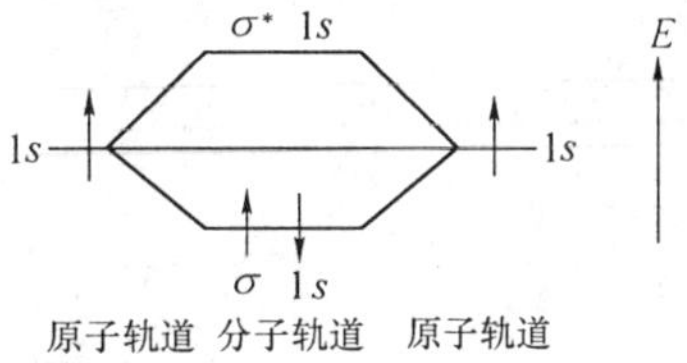

图 4.8　氢分子的分子轨道能级图

分子轨道理论中常用的键级来表示分子的稳定性，定义为

键级 = (成键轨道电子数 − 反键轨道电子数) ÷ 2

对 H_2，键级 = (2 − 0)/2 = 1，即为通常所谓的单键。

(2) 氧分子

氧分子的处理结果是分子轨道理论最强有力的支持之一，氧原子的电子结构是 $1s^2 2s^2 2p^4$，2 个氧原子组成的分子轨道按能级顺序从小到大为 $(\sigma 1s)(\sigma^* 1s)(\sigma 2s)(\sigma^* 2s)(\sigma 2p)(\pi 2p_y)(\pi 2p_z)(\pi^* 2p_y)(\pi^* 2p_z)$ $(\pi^* 2p)$，其中 $(\pi 2p_y)$ 能量与 $(\pi 2p_z)$ 相同，而 $(\pi^* 2p_y)$ 与 $(\pi^* 2p_z)$ 相同，2 个氧原子共有 16 个电子。按照能量最低原理和泡利原理，每个分子轨道只能容纳 2 个电子，这样必然有 2 个电子要填入 π^* 反键轨道中，按照洪特规则，这 2 个电子将以平行自旋的方式分占 2 个能量相同的 $(\pi^* 2p_y)$ 和 $(\pi^* 2p_z)$，其电子排布表示如下：

O_2:　$(\sigma 1s)^2(\sigma^* 1s)^2(\sigma 2s)^2(\sigma^* 2s)^2(\sigma 2p)^2(\pi 2p_y)^2(\pi 2p_z)^2(\pi^* 2p_y)^1$ $(\pi^* 2p_z)^1$ 其中成键的 $(\sigma 1s)^2$、$(\sigma 2s)^2$ 与反键的 $(\sigma^* 1s)^2$、$(\sigma^* 2s)^2$ 抵消，余下 $(\sigma 2p)^2$ 构成 1 个 σ 键，成键的 $(\pi 2p_y)^2$ 和反键的 $(\pi^* 2p_y)^1$ 构成 1 个 3 电子 π 键，同样的道理，$(\pi 2p_z)^2$ 和 $(\pi^* 2p_z)^1$ 构成另 1 个 3 电子 π 键。所以，氧分子中包含了 1 个 σ 键和 2 个 3 电子 π 键，可以表示为

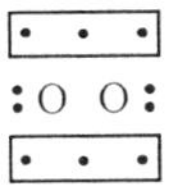

或

据此，氧分子中应含有 2 个平行自旋的未成对电子，这与光谱实验的结果吻合。

要说明的是，3 电子 π 键中 1 个电子是在反键中，会抵消和削弱 π 电子的成键作用，因此 3 电子 π 键要比双电子 π 键弱得多。氧分子的键级为 (10 − 6)/2 = 2，即通常认为氧分子是以双键相结合的结果也可以在分子轨道理论中得到解释。

(3) 氮分子

氮分子是特别稳定的叁键分子，每个氮原子有 3 个平行自旋的 $2p$ 电子，组合成分子轨道后的电子排布如图 4.9 所示。

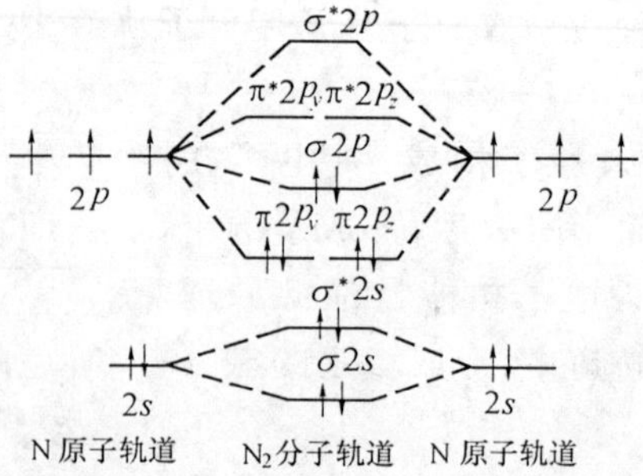

图 4.9　氮分子的分子轨道能级图

与 O_2 所不同的是 $\pi 2p$ 分子轨道能级比 $\sigma 2p$ 为低，这是由于其 $2s$ 原子轨道与 $2p$ 原子轨道能级很接近，相互重叠而使能级顺序错位，这种现象也是常见的。

由于氮分子的 3 对成键电子均填充在成键分子轨道中，没有任何反键电子，因此，可以预期氮分子比氧分子稳定。实验亦证明氮分子的离解能（950 kJ · mol^{-1}）大于氧分子的离解能（498 kJ · mol^{-1}）。

4）配位键

以上介绍的共价键均是由成键的 2 个原子各提供 1 个电子组成的。此外，还有另一类常见的共价键，其共用电子对是由成键原子中的一方单独提供的，而成键原子中的另一方则只提供空轨道，这样形成的共价键称配位键（亦称配价键）。含有配位键的化合物称为配位化合物，其中提供孤对电子成键的一方称配体，如 H_2O，NH_3 中均含有孤对电子的氧、氮等配位原子。而提供轨道的一方称为中心原子（或离子），例如 Cr，Mn，Fe，Zn，… 等 d 区和 ds 区的副族元素。

配位化合物中配位键的表示方法一般是用一个箭头从配位原子指向中心原子，例如［$Zn(NH_3)_4$］$^{2+}$

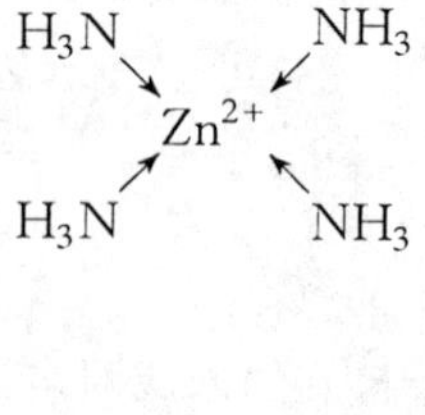

4.2.3　金属键

大多数金属元素的价电子都少于 4 个，多数只有 1 个或 2 个价电子，但在金属晶格中每个原子要被 8 ～ 12 个相邻原子所包围。离子键理论和价键理论均不能说明金属键是怎样形成的。为了说明金属键的本质，发展了金属键的改性共价理论和能带理论。

1）改性的共价理论

在固态或液态金属中，价电子可以自由地从一个原子跑向另一个原子，并为许多原子所共有(快速交换),这些共有电子把许多原子连接在一起,形成了金属键。

由于连接原子的共有电子是能自由流动的,因此金属具有良好的导电性和导热性,电子在电场作用下定向移动形成电流时会与原子发生碰撞,使原子振动加速,表现为导体发热。另一方面,由于温度升高,原子的热振动加速,增加了碰撞电子的机会而对电子的流动形成阻碍,因此金属一般来说随温度升高而电阻增大。由于起连接作用的电子并无方向性,所以金属有良好的机械加工性能。此外,外力作用下原子在原子之间的滑动并不会破坏金属键,故而金属大多具有良好的延展性。

2) 能带理论

能带理论是在分子轨道理论的基础上发展起来的,按照分子轨道理论,当原子轨道组合成分子轨道时,轨道的数目不变,只是一些轨道能量较高,另一些的能量较低,电子首先填充在能量较低的轨道上。因此,当 N 个金属原子轨道组合成分子轨道时,就会形成 N 个分子轨道。由于金属中的原子轨道数目巨大,如此众多的分子轨道分布在一较小的能级范围中,彼此间的能级差非常小,基本上可以认为轨道能级是连续分布的,从而形成了有一定上下限的能带。电子一般首先填充的能级较低的一半分子轨道中(也称价带)。当电子受到电场作用时,可以轻易地跃迁到能级较高的空轨道(也称导带)中自由移动而形成电流(导电)。

在绝缘体中情况有所不同,价带和导带之间具有较大的能级间隙(价带和导带之间的能级差,亦称为禁带)其价带一般被价电子填满(满带),不再导电。电子必须在较高电场的作用下才能够越禁带而到达导带(空带)自由移动(击穿现象),因此,在低于击穿电压时,绝缘体是不导电的。半导体的情况介于金属与绝缘体两者之间,其禁带宽度比绝缘体小,但比金属大。例如绝缘体金刚石的禁带宽度为 511.5 $kJ \cdot mol^{-1}$,而半导体硅和锗的禁带宽度仅分别为 108.1 $kJ \cdot mol^{-1}$ 和 64.7 $kJ \cdot mol^{-1}$。所以半导体的导电性不如导体,但比绝缘体强。这样,能带理论较圆满地说明了金属键的导电性,同时也说明了导体、半导体和绝缘体之间的区别,因而成为一种应用比较广泛的近代金属键理论。

4.2.4 分子间力

1) 范德华力

离子键、共价键和金属键这 3 大类化学键均具有比较大的键能(100 ~ 600 $kJ \cdot mol^{-1}$),除了这些原子间的强相互作用之外,在分子之间还存在着一种较弱的相互作用称为范德华力。其结合能力大约只有几个 $kJ \cdot mol^{-1}$,气态分子能形成聚集态的液体和固体就是由于这种分子的相互作用,它是决定物质的熔点、沸点、溶解度等物理化学性质的一个重要因素。范德华力包括 3 个方面。

(1) 取向力

主要来源于极性分子偶极间的相互作用。极性分子的电荷重心不重合而使分子的一端带正电荷,另一端带负电荷。正负电荷的吸引作用使分子转动到相互吸引力最大的位置,故称这种力为取向力,其本质是库仑作用力。

(2) 诱导力

在极性分子与非极性分子之间,由于极性分子偶极产生的电场对非极性分子的电子云产生作用,迫使非极性分子的电子云发生变形,导致非极性分子产生偶极。因是在外来分子诱导下产生的偶极,所以称为诱导偶极,以区别极性分子固有的偶极。诱导偶极与固有偶极的相互作用叫做诱导力,诱导力的本质仍是库仑作用力,它也存在于极性分子之间、离子与分子之间以及离子与离子之间。

(3) 色散力

非极性分子之间也有相互作用,称为色散力(名称来源于量子力学导出的这种力的计算公式与光色散公式相似)。色散力可以看做是分子的“瞬时偶极矩”相互作用的结果。由于电子的运动,电子的瞬时位置对原子核是不对称的,即瞬时正负电荷重心并不重合(时间平均后的宏观正负电荷重心还是重合的),分子产生瞬时偶极,这种瞬时偶极之间的相互作用便是色散力。

范德华力中的这 3 种相互作用力,取向力只存在于极性分子间,诱导力存在于极性分子与非极性分子、极性分子与极性分子之间。而色散力不论何种分子都永远存在。对大多数分子来说,色散力是主要的。范德华力一般没有方向性和饱和性,其作用范围不到 1 nm,其作用能比一般化学键能小 1 ~ 2 个数量级。

2) 氢键

当氢原子同电负性大的原子 X(如 F,O,N) 形成化学键时,由于 X 电负性很大,吸引价电子对,使 H 的电子云移向 X,造成 H 核裸露。带部分正电荷的 H 与另一分子的带部分负电荷的 Y 原子接近时,由于库仑力的作用而形成氢键。例如水分子中的氢键结构为

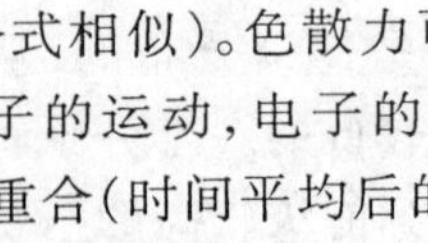

因此氢键的强弱与 X 和 Y 的电负性大小有关。一般来说氢键的键能要小于化学键的键能,而键长则较长。如 O—H…O 中氢键的键能为 18.83 $kJ\cdot mol^{-1}$,键长为 0.276 nm(氢键键能指 O—H…O—H 分解成 O—H + O—H 所需能量,而键长指 O—H…O 中由氧原子到氧原子中心的距离)。由于结构上的特点,氢键

具有饱和性和方向性。

氢键还可以在分子内生成，叫分子内氢键，如邻硝基苯酚就能生成分子内氢键。

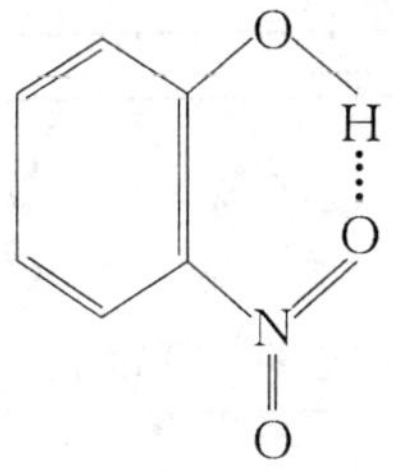

氢键对化合物性质的影响很显著。如水的比热和气化热较同系列物质（H_2S，H_2Se等）大，就是因为水分子间产生氢键，破坏它需要额外能量。在生命体中，氢键也具有特殊的意义，各种蛋白质和酶的二级空间结构或三级空间结构[①]就是由氢键维持的。当加热使氢键破坏后，具有特定功能的空间结构也就破坏了。例如鸡蛋加热至 345 K 时，蛋清由于氢键被破坏而凝固，虽然还是蛋白质，但已经没有生物活性了。

3）离子的极化作用

（1）离子极化

在外电场作用下，离子中的原子核和电子云会发生相对位移，离子就会变形，产生诱导偶极而被极化。但实际上由于离子都带有电荷，本身就可以产生电场。当正、负离子充分靠近时，正离子吸引负离子的电子云，负离子排斥正离子的电子云，使离子内部的原子核与电子云发生相对位移，离子发生变形，产生诱导偶极。

在考虑离子极化时，必须认识到离子的双重性：一方面，离子本身固有的电荷是一个电场，所以它能对周围的离子产生极化作用；另一方面，每一个离子又被其他离子形成的电场所极化，它的外层电子云发生变形。因此，决定离子极化作用大小的内在因素就是离子的极化能力以及它的变形性。

正、负离子都同时具有极化作用和变形性两个方面。负离子的离子半径较大，极化作用相对较小而变形较大；正离子半径较负离子小，电场强，极化作用大而变形性相对较弱。它们呈现出一定的规律性，正负离子相互极化的结果，彼此的变形性增大，产生诱导偶极矩加大，从而进一步加强了它们的极化能力，这种加强的极化作用称为附加极化。每个离子的总极化作用应是它原来的极化作用和附加极化作用之和。

---

① 通常的分子结构式为一级结构，立体分子空间结构称二级结构，大分子在空间形成特定形状，如球状、螺旋状等，称为三级结构。

(2) 离子的极化力

离子的极化力是指某种离子使异号电荷离子极化(即变形)的能力。影响极化力强弱的因素如下:

① 离子的正电荷数越高,半径越小,极化作用越强。例如

$$\begin{array}{ccccc} Al^{3+} & > & Mg^{2+} & > & Na^{+} \\ & & \vee & & \vee \\ & & Ca^{2+} & > & K^{+} \end{array}$$

② 当离子电荷相等,半径相近时,其极化力与离子的构型有关,两者的关系是

8 电子型 $<$ 9 ~ 17 电子型 $<$ 18,18 + 2 电子型

例如,(K^+,Na^+,Ca^{2+},Mg^{2+}) $<$ (Mn^{2+},Fe^{2+},Co^{2+},Ni^{2+}) $<$ (Zn^{2+},Ag^+,Hg^{2+},Sn^{2+},Al^{3+},Pb^{2+})。负离子的极化力很小,但电荷高的复杂负离子也有一定的极化能力,例如 SO_4^{2-} 和 PO_4^{3-} 等。

(3) 离子的变形性

由于离子的外层电子不如内层电子与原子核的联系紧密,在外电场作用下容易与核发生相对位移,所以,离子的变形可以近似理解为离子最外层电子云的变形。

影响离子变形性大小的因素如下:

① 具有相同电荷和相似电子构型的离子,其半径越大,变形性越大,例如:

$F^- < Cl^- < Br^- < I^-$

$Li^+ < Na^+ < K^+ < Rb^+ < Cs^+$

② 具有相似电子构型的离子,其变形性随负离子负电荷的增多、正离子正电荷的减少而增大。例如:

$Si^{4+} < Al^{3+} < Mg^{2+} < Na^+$

$F^- < O^{2-}$,$Cl^- < S^{2-}$

具有 18 电子或不规则外壳结构的正离子,其变形性比 8 电子型大得多。复杂无机负离子中心原子的氧化数越高,变形性越小,例如:

$ClO_4^- < NO_3^-$,$SO_4^{2-} < CO_3^{2-}$

离子变形性的大小可用离子极化率①来度量。离子中的电子被核吸引得愈不牢,则离子的极化率愈大,也就是该离子的变形性也越大。

(4) 离子极化的规律

---

① 因电子云变形而产生的诱导偶极矩 μ 与外加电场 E 成正比关系:$\mu = \alpha E$。其比例系数 α 的大小表明了电子云变形的难易,称为极化率。

① 负离子的变形性相同时，正离子的电荷越多，负离子越容易被极化，产生的诱导偶极越大；

② 正离子的电荷相同时，正离子越大，负离子被极化程度越小，产生的诱导偶极越小；

③ 正离子的电荷相同、大小相近时，负离子越大，越容易被极化，产生的诱导偶极越大。

4.2.5 化学键的极性与分子的极性

1）键的极性

在共价键中，根据成键轨道中电子云的分布是否对称、均匀，可分为极性键和非极性键。在 H_2，Cl_2 这类分子中，成键电子云的分布是均匀对称的，形成的键没有极性，称非极性键。而在 HCl，H_2O 等分子中，两种原子吸引成键电子云的能力不同，成键电子云距吸引力大的原子（Cl，O 等）近些，而距吸引力小的原子（H 等）远些，因此电子云不是均匀分布的。使键的一端（Cl，O）带部分负电荷，而另一端（H）显部分正电荷，称为极性键。

原子对电子云的吸引力是用电负性来衡量的，因此键的极性亦可用电负性来衡量。例如，H_2 中，2 个 H 的电负性（2.1）一样，其差值为零，故为非极性键；而 HCl 中 Cl 的电负性（3.0）较大，H 的较小，其差值不为零，电子云偏向电负性较大的 Cl 一方，因此 Cl 显负电荷，H 显正电荷，为极性键。而电负性很小的 Na（0.9）与较大的 Cl 形成 NaCl 时，电负性相差很大，电子云完全转移到 Cl 上，则形成离子键。一般来说，电负性差值越大，键的极性也越大。离子键可看成极性键的极端情况，而非极性键是相应的另一个极端。在两个极端中间，存在着一系列极性不同的极性键。由此可见，离子键理论和共价键理论是彼此互补的，各自描述了价键的一个方面。

2）分子的极性

分子是由原子通过一定的化学键结合而成的，分子的极性来源于化学键的极性。因此，由非极性键形成的分子当然不会有极性，但是，反过来则不一定，由极性键形成的分子可能有极性，也可能没有极性，这取决于分子中正、负电荷的重心是否重合。如 CH_4 中，每一个 C—H 键均是极性键，但由于 4 个键是对称分布在正四面体和 4 个角上，整个分子的正负电荷重心是重合的，CH_4 仍然是非极性分子。但在 H_2O 中，氢原子是不对称分布在氧原子周围的，分子正负电荷重心不重合，H_2O 是极性分子。所以判断分子的极性及大小时，除了根据键的极性外，还要考虑分子的结构。

3）电偶极矩

分子的极性常用电偶极矩 μ 来衡量。μ 的定义为：一个带 $+q$ 电荷和一个

带 $-q$ 电荷的 2 个质点，相距为 d，则电偶极矩 μ 的大小为

$$\mu = q \times d$$

电偶极矩是一个矢量，方向从正电荷指向负电荷，因为电子的电荷等于 1.6×10^{-19}C，2 个质点的距离和分子的直径有相同的数量级，即 10^{-10}m，故电偶极矩的大小的数量级为 10^{-30}C·m。

非极性分子的电偶极矩为零。分子的电偶极矩越大，分子的极性就越大。一些物质的电偶极矩列在表 4.9 中。

电偶极矩的数值可由实验测定。由同种元素组成的双原子分子（如 H_2、N_2、O_2…）是非极性分子，电偶极矩为零；由不同元素组成的双原子分子（如 HF、HCl、HBr、HI）是极性分子，其电偶极矩不等于零。在 CO_2、CS_2 等分子中其共价键虽有极性，但分子的空间结构对称，电偶极矩等于零，所以是非极性分子。

表 4.9　一些物质的电偶极矩

物质	$\mu/(10^{-30}$C·m)	物质	$\mu/(10^{-30}$C·m)
H_2	0	HI	1.27
N_2	0	HBr	2.63
CO_2	0	HCl	3.61
CS_2	0	HF	6.40
CH_4	0	H_2O	6.23
CCl_4	0	H_2S	3.67
CO	0.33	NH_3	4.33
NO	0.53	SO_2	5.33

4.3　晶体结构与性质

4.3.1　晶体结构

固态物质中有很多是晶体。晶体是由空间排列很有规律的微粒（原子、离子和分子等）组成的，晶体中微粒的排列按一定的方式不断重复出现，这种性质叫做晶体结构的周期性。晶体的许多特性都和微粒排列的规律有关。

为便于研究晶体的几何结构及周期性，将晶体中的微粒抽象为几何学中的点，无数这样的点的空间按照一定的规律重复排列而成的几何图形叫做点阵。更确切地说，凡一组点按连接其中任何两点的向量进行平移后能复原者即为点阵，点阵中的每一个点叫做点阵点（简称阵点）。例如，直线点阵就是等距离分布在一条直线上的无限点列；平面点阵的阵点分布在同一平面上，平面点阵按照确定的平行四边形为单位划分之后称为平面格子；空间点阵的阵点分布在三维空间，空间点阵按照确定的平行六面体为单位划分之后称为空间

格子。

从点阵的观点出发，晶体可确切地定义为：离子、原子或分子按点阵结构排列而成的物质就叫做晶体，每个微粒的位置就是阵点的位置。

直线点阵在晶体外形上表现为晶棱，平面点阵在晶体外形上表现为晶面，空间格子在晶体中叫晶格，空间点阵的六面体单位在晶体中叫晶胞，晶胞可视为晶体结构的最小单位，晶胞的3个边长（晶轴）a,b,c 和其相互之间的轴间夹角（α,β,γ）称为晶胞参数，可由X射线衍射等方法测得。因为晶胞是晶体结构的基本重复单位，因此知道晶胞的形状、大小和组成（微粒的种类和位置分布），就可知道相应的空间结构。

晶体可分为4大类：金属晶体、离子晶体、原子晶体（共价键晶体）和分子晶体。

4.3.2 金属晶体

金属原子只有少数价电子（一般不少于3个）可供成键，这样少的价电子不足以使金属原子间形成正规的共价键或离子键。因此金属在形成晶体时倾向于组成紧密坚实的结构，相邻原子的数目在空间条件允许时无严格限制，金属原子按最紧密方式堆积起来的结构具有最高稳定性。

金属原子可视为圆球，等径圆球的最紧密堆积方式有两种，如图4.10所示。第一层圆球的最紧密堆积只能是每个球和周围6个球相切。第二层球堆上去时，放在第一层的空隙上，第三层球的放法有两种：一种是每个球正对着第一层球，叫AB堆积，以后则按AB，AB，… 重复堆积下去；另一种是将第三层球与第一层错开，也与第二层错开并放在第二层的间隙内，这叫ABC堆积，然后ABC，ABC，… 重复堆积下去，在这两种最紧密堆积中，每个圆球均与上下左右12个圆球相接触，故配位数为12，空间利用率74.05%，从AB堆积中可以取出一个六方晶胞，故又称六方密堆积，通常用符号 A_3 表示。从ABC堆积中可取出一个立方面心晶胞，故这种堆积又叫做立方密堆积，用符号 A_1 表示。

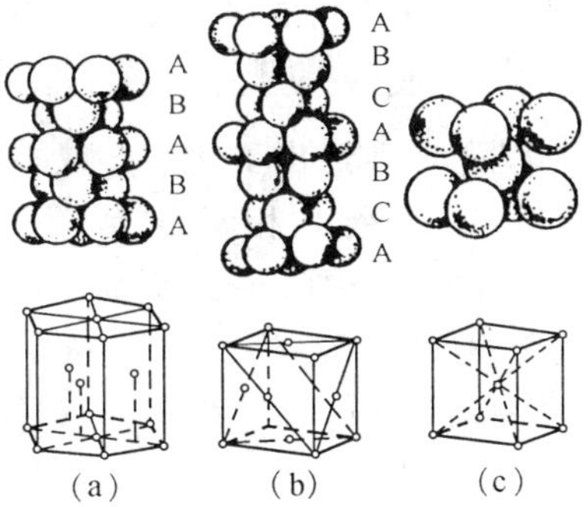

图4.10　等径球的两种最紧密堆积和一种次密堆积

除了 A_1 和 A_3 最紧密堆积之外，还有一种配位数为8的次密堆积方式，与这种方式相对应的晶胞为立方体心（如4.9(c)），其空间利用率为68.02%，用符号 A_2 表示。

金属单质的晶体结构属于 A_1 型的有Ca，Sr，Al，Cu，Ag，Au，Pt，Pb，Ir，Rh，

Pd,Co,Ni,Fe,Ce,Pr,Yb,Th 等,属于 A_2 型的有 Li,Na,K,Rb,Cs,Ba,Ti,Zr,V,Nb,Ta,Cr,Mo,W,Fe 等,属于 A_3 型的有 Be,Mg,Ca,Sc,Y,La,Ce,Pr,Nd,Eu,Gd,Td,Dy,Ho,Er,Tu,Ti,Zr,Hf,Te,Re,Co,Ni,Ru,Os,Zn,Cd 等。其中有的金属有两种不同的构型。

4.3.3 离子晶体

通常正离子和负离子的电子云都具有球对称性,故离子键没有方向性和饱和性,在几何因素允许的条件下,正离子力求与尽可能多的负离子相接触,负离子同样力求与尽可能多的正离子相接触,以使系统的能量最低而最稳定。一般的离子晶体往往具有较高的配位数、较大的硬度和相当高的熔点,离子晶体易溶于极性溶剂,熔融状态能导电。

离子晶体可以看成是不等径圆球的密堆积,因为负离子的半径都比较大,正离子的半径都比较小,所以正离子只能嵌在负离子圆球堆积的空隙中。这种镶嵌关系显然受到正、负离子半径比 r_+/r_- 的限制,表 4.10 列出了半径比和配位数的关系。

表 4.10 配位数和离子半径比的关系

r_+/r_-	0.155 ~ 0.225	0.225 ~ 0.414	0.414 ~ 0.732	0.732 ~ 1.00	1.00
配位数	3	4	6	8	12
构型	三角形	四面体	八面体	立方体	最密堆积

图 4.11 给出了几种典型的离子晶体结构。其他常见的一些离子晶体结构与这些典型结构相同,或者是这些典型结构的变形。CsCl 属于简单立方,即 Cs^+ 和 Cl^- 分别组成一套简单立方形式的点阵(见图 4.11a)。处于立方体顶角位置的可视为 Cs^+,处于立方体体心位置的可视为 Cl^-。NaCl 型属于立方面心(见图 4.11b),Na^+ 和 Cl^- 分别组成一套立方面心点阵。立方 ZnS 型属于立方面心,六方 ZnS 属于六方晶系。

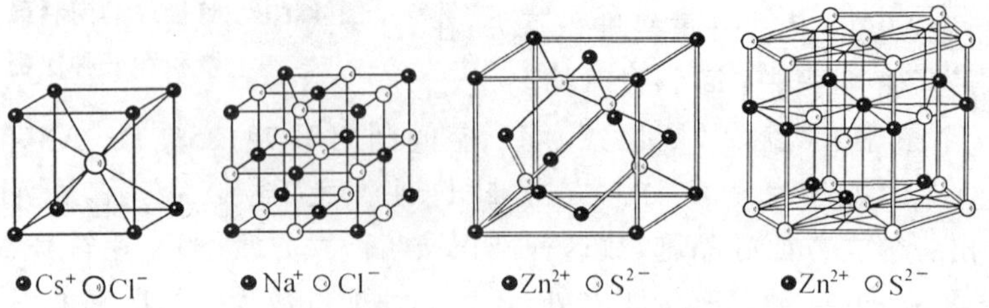

(a) CsCl 型 (b) NaCl 型 (c) 立方ZnS 型 (d) 六方ZnS 型

图 4.11 几种典型的离子晶体结构

4.3.4 原子晶体

原子晶体又称共价键晶体，是原子通过共价键结构而形成的。由于共价键具有方向性和饱和性，所以在共价键晶体中配位数一般都比较小。共价键的结合力比离子键的结合力强，故共价键晶体的硬度和熔点一般都比离子晶体的高。

金刚石是最典型的共价键晶体，其中每个碳原子通过 sp^3 杂化轨道与其他碳原子形成共价键，故配位数等于 4，金刚石的晶体结构属于立方 ZnS 型，硬度为 10，是所有材料中最硬的，熔点(3825 K) 也比离子晶体的熔点(一般小于 3000 K) 要高得多。

4.3.5 分子晶体

金属晶体、离子晶体和共价键晶体就分子的定义来说，每一个晶体仅是一个巨型分子。但是，就很多能够形成结晶的化合物来说，其分子都是有一定大小的，这些分子内部是以共价键相结合，但分子与分子之间则只有范德华力的作用，这样形成的晶体就是分子晶体。

分子晶体的结合力弱，故其熔点低，硬度小，绝大部分的有机化合物、稀有气体元素以及小分子的 H_2、N_2、Cl_2、Br_2、I_2、CO_2、SO_2、HCl 等化合物的晶体都是分子晶体。因为范德华力是没有方向性和饱和性的，所以分子晶体都有形成紧密堆积的趋势。但除了稀有气体外，一般的共价分子都有一定的几何构型，它们在堆积成晶体时，虽然存在尽量减少空隙的趋势，但实际的堆积仍不能像原子或离子的那样紧密。因此多数分子晶体，特别是有机化合物的晶体，其对称性都比较低。

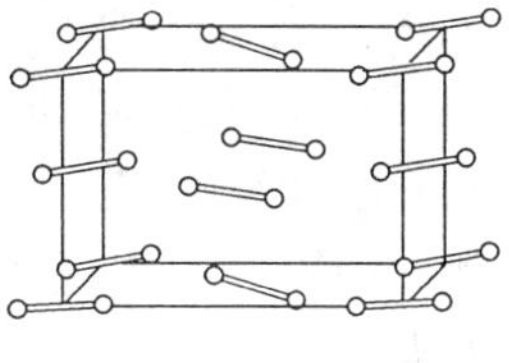

图 4.12　Cl_2，Br_2，I_2 的晶胞结构

Cl_2，Br_2，I_2 的晶胞如图 4.12 所示，F_2 的晶体结构尚不清楚，已知 F_2，Cl_2，Br_2，I_2 的极化率依次增加，范德华力也依次增加，故晶体的熔点依次增高。F_2 和 Cl_2 在室温下已经是气体，Br_2 是液体，而 I_2 是固体。在卤素晶体以及其他一些分子晶体中，不属于同一个分子的两个最接近的原子间距的一半称为范德华半径，属于同一个分子内的两原子间距的一半称为共价半径。表 4.11 列出了卤素原子的范德华半径、共价半径和它们的比值，由表可见两种半径的比值依次减小，因为在金属单质晶体中这一比值最小(等于 1)，故这种减小的趋势意味着晶体的键型逐渐带有一定的金属性，因此 I_2 的晶体已经具有类似金属的光泽。

表 4.11　卤素原子的各种半径(nm)

卤素	范德华半径	共价半径	比值
F	0.135	0.027	0.188
Cl	0.180	0.099	0.182
Br	0.195	0.114	0.171
I	0.215	0.133	0.161

4.3.6　液晶

我们知道晶体是各向异性的,液体则是各向同性的,即前者的性质(光学性质、力学性质、导热导电性、溶解度等)与方向有关,后者的性质与方向无关。例如,云母很容易沿某一平面的方向裂成薄片;石墨晶体在平行于石墨层方向的电导率要比垂直于石墨层方向的电导率大得多。一般的晶体在熔化后即转变为各向同性的液体,但也有一些物质在从晶体变到各向同性液体的过程中,要经历各向异性的液态的中间状态,这种状态下的物体叫做液晶,例如4,4′-二甲氧基氧化偶氮苯。

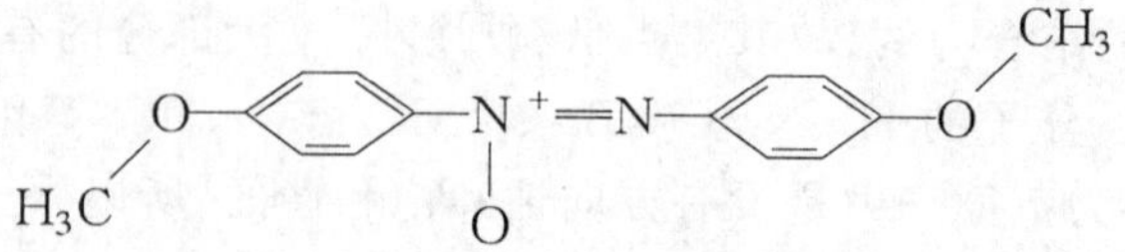

当将固体加热到熔点 389 K 时,转变为各向异性的浑浊流体;当温度升高到 406 K 时,才进一步转变成各向同性的透明液体。后一温度称为清晰点。

现在已知的液晶结构有 3 种类型,即近晶型、向列型和胆甾型(甾读 zai),前两者结构如图 4.13 所示。在近晶型液晶结构中,长条形的分子竖着排列成层状,同一层中的分子只要求有共同的取向,而不要求有晶体那样的点阵周期性。除了层与层之间可相对滑动外,沿其他方向运动则很困难,所以这种中间相的粘度较大。近晶型液晶保持着二维有序性,它是最相似于晶体的液晶类型,4,4′-二甲酸乙酯氧化偶氮苯就可形成近晶型液晶,其熔点为 387 K,而清晰点为 395 K。

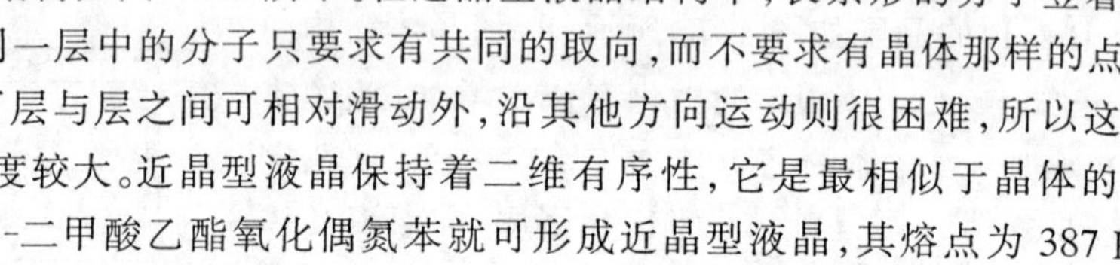

在向列型液晶中分子间也保持着定向排列,但并不像近晶型液晶那样有层状结构,即分子的重心位置是无序的。此时的分子易于取向以适应流动情况,故其粘度较小,4,4′-二甲氧基氧化偶氮苯就是向列型液晶化合物。

液晶的第三种类型为胆甾型。此名称来源于形成这类液晶的多数化合物(不是全部)均是胆甾醇的衍生物,胆甾醇的结构式如下:

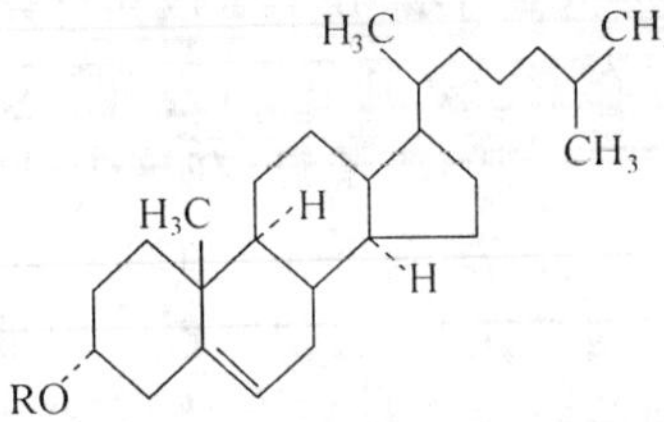

这种分子除了侧基突出于稠环平面以外，具有扁平伸长的形状。许多这样的分子可顺着平面排成平面层状结构，排法与近晶型相似，但每层中的分子排列方向要与相邻两层的分子排列方向稍微错开，这是为了适应避开突出平面外的侧基的要求。这样层层扭转形成的螺旋面的结构是胆甾型液晶的结构特征。

胆甾型液晶可将白光色散成彩虹般的颜色，具有很高的旋光本领，这也是此类液晶的显著特征。胆甾型液晶的粘度比相应的各向同性液体的要大得多。

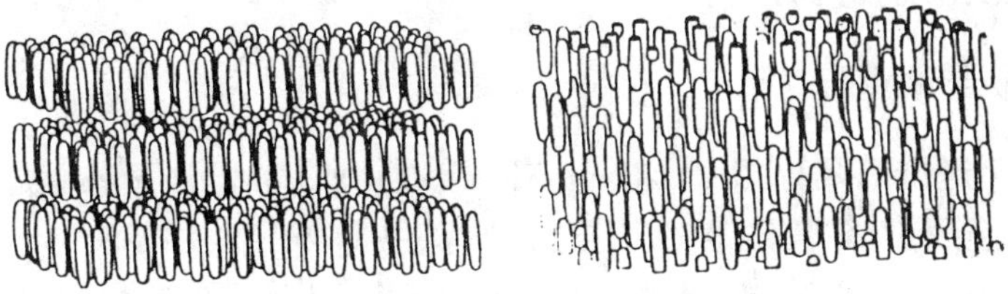

（a）近晶型　　（b）向列型

图 4.13　液晶结构示意图

液晶现象在生物系统中广泛存在，对生物系统的作用机理尚在进行深入研究。但是液晶的某些特性已经清楚并得到实际应用，例如胆甾型液晶的颜色对温度的变化很敏感，可用来测量温度和温度梯度。现在人们用它来探测微型电路中很小的发热点，或用于皮肤表面来探测动脉、静脉血管的位置。因为血管的温度与周期组织有一定区别，随温度而敏锐变化的液晶颜色就会形成清晰的血管分布图。

4.4　物质的结构与性质的关系

上面讨论了晶体的 4 种基本类型是根据其内部微粒间作用力的不同性质而加以划分的。原子晶体内部微粒间的作用力是共价键，离子晶体内部微粒间的作用力为离子键，而分子晶体内部微粒间的作用力则是分子间力。很明显，如晶体内部微粒间作用力的性质发生变化时，则必然将引起晶体类型的改变，同时也将引起物质性质的变化。共价键和离子键的成键机理是完全不同的，是两种性质不同的化学键。

现在我们从键的极性方面来讨论，发现它们又存在着一定的联系。如果把典型的非极性共价键和典型的离子键分别看成是化学键的非极性和极性的极限，那么在这两者之间还存在着一系列的中间过渡状态，即极性大小不同的各种极性共价键和离子性不很显著的离子键。在这个过渡系列中间，共价键和离子键间并没有一个严格的绝对的明确界限。当组成共价键的原子之间电负性差值增加时，就会使共价键的极性变大，使共价键中带有越来越多的离子键特性。当成键原子间的电负性差值达到相当大时，便会发生价电子转移，形成正负离子，这样原子间不是形成共价键，而是形成离子键。而以离子键结合起来的离子间，也会因相互作用、极化和靠近，以致发生部分电子云重叠，向共价键转化。

化学键性质的改变将引起晶体结构和性质的变化。虽然在大多数情况下，还不会导致晶体类型的完全改变，但能引起物质在熔点、沸点、硬度、溶解度和颜色等方面出现较大的差别。

4.4.1 熔点和沸点

在上面讨论的几种相互作用中，各键能大小的次序一般来说是共价键 > 离子键 > 金属键 > 氢键 > 范德华力。所以化合物在发生物态变化时，根据克服哪种类型的力来决定其熔、沸点的高低。其中，共价键的能量最高，破坏共价键所需的能量最大，因此，共价化合物的熔、沸点相应地也最高。例如，金刚石是C以共价键连接而成的，所以金刚石的熔点(3825 K)很高。这里需要明确指出的是，平常所说的共价化合物大多数是指分子晶体，它们在熔化和气化时其分子结构并没有破坏，需要破坏的并不是共价键，而仅仅是分子间的范德华力。此类化合物的熔点和沸点不但远远低于金刚石类物质，就是比 NaCl 之类的离子晶体也要低许多(例如烷烃等的熔点和沸点都很低)，这种只有范德华力起决定作用的化合物又称为“范德华液(固)体”。

离子键化合物的熔点和沸点也是比较高的，因为离子晶体在熔化和气化时要克服相当大的晶格能和库仑吸引力。同样，生成氢键的化合物也使熔点和沸点升高，要使它们熔化或气化，不仅要破坏分子间力，还必须提供额外的能量去破坏分子间的氢键。例如 H_2O 和 HF，由于氢键的作用而生成缔合性液体，其熔点和沸点比一般的范德华液(固)体要高。

离子的极化作用使键的离子性成分降低，共价性成分增加，晶体的构型随离子极化作用的加强而从离子型向分子型转变。由于分子型晶体在熔化或气化时只需克服范德华力，而不像离子晶体那样必须使其化学键断裂，所以极化作用强的离子晶体熔点和沸点都较低。例如：AlF_3 是离子晶体，熔点 1313 K，沸点 1533 K；而 $AlCl_3$ 的极化作用较强，含共价键成分较多，熔点和沸点分别降为 464 K 和 453 K(升华)。同样，极性分子的熔点和沸点较非极性分子的为高，因为极性分子除了要克服范德华力中的色散力外，还要克服分子偶极间的相互吸引力。

对于范德华液（固）体来说，其熔点和沸点一般随相对分子质量的增大而升高。这是因为大多数物质的范德华力以色散力为主，所以力的大小取决于极化率的大小。同类型物质的相对分子质量和分子体积越大，极化率越大，熔点和沸点就越高。

4.4.2 溶解度

影响无机化合物溶解度的因素很多，但离子极化往往起着很重要的作用。由于偶极水分子的吸引，离子键结合的无机物一般是可溶于水的，而共价型的无机晶体却难溶于水。离子极化的存在改变了彼此电荷的分布，导致离子间距离的缩短，使离子键逐步过渡向共价键，因而相应化合物的溶解度降低。

以 K^+ 为例，由于 K^+ 极化能力较小，几乎其所有化合物都溶于水，这些易溶物包括硫化物、卤化物、硝酸盐、硫酸盐、碳酸盐和氢氧化物等。只有当 K^+ 结合的负离子半径很大而极易极化时，才能形成难溶于水的化合物，这样的负离子有$[PtCl_4]^{2-}$，$[Co(NO_2)_6]^{3-}$ 等。

CuCl 与 NaCl 同是一元氯化物，但 CuCl 在水中溶解度比 NaCl 小得多，因为 Cu^+ 是 18 电子构型，而 Na^+ 是 8 电子构型，Cu^+ 比 Na^+ 极化力要强得多，CuCl 是共价键结合，而 NaCl 则是离子键结合。

在极性溶剂中，如溶质分子与溶剂分子之间可以形成氢键，则溶质的溶解度增大，HF 和 NH_3 在水中的溶解度比较大，就是这个缘故，再如酒精能与水完全互溶，主要是由于酒精分子和水分子之间形成氢键，彼此相互结合，从而加大溶解。

一般来说，极性物质易溶于极性溶剂中，例如常温下 1 体积水可溶 760 体积的氨气。这可从范德华力来理解，把物质溶解过程看做分子相互穿插的过程。溶质分子必须克服本身的范德华力，然后与溶剂分子靠范德华力结合而溶解，因而溶质与溶剂分子间的范德华力必须相当才能完成这样的过程，即才易溶。氨与水的极性都较大，若不考虑氢键的影响，彼此的分子间都包括 3 种力(定向力，诱导力，色散力)，很容易相互穿插，所以易溶。同理，碘与四氯化碳都是非极性物质，彼此的分子间力仅是色散力，也很容易穿插，所以也易溶。而非极性物质碘与极性较大的水，它们彼此分子间的范德华力不同，不易相互穿插，所以难溶。这就是“相似相溶”的经验规则，即极性物质易溶于极性溶剂中，非极性物质易溶于非极性溶剂中。当然，这个经验规则是十分粗浅的，各种物质的溶解规律与多方面的因素有关，相当复杂，至今还没有完整和统一的理论。

4.4.3 导电性和导热性

离子晶体中的离子是固定在晶格中的,不能自由移动,因此一般的离子晶体均不是电和热的良导体。但熔融状态的离子化合物中的离子由于可以自由移动而成为导电体。金属晶体中存在着可以自由移动的自由电子,可以导电也可以传热。导电性能最佳的金属是银,其次是铜和铝。一般的共价化合物既无自由电子也无离子可以自由移动,因此都不是电和热的良导体。但是,如果共价化合物中有形成共轭大 π 键的 π 电子可在一定范围内自由流动,则该化合物就可能是一种导体。例如聚乙炔化合物就是一种高分子链的有机导电材料,其化学结构如下:

$$\mathrm{[\!\!-CH{=}CH{-}CH{=}CH{-}CH{=}CH{-}CH{=}CH-\!\!]_n}$$

有机导体由于重量轻,且有一定柔软性而用途广泛,一直是化学和材料科学中的前沿研究课题之一。

4.4.4 离子极化对物质结构和性质的影响

离子极化使离子晶体中的离子键逐渐向共价键过渡,使相应的离子晶体带有某些共价特性,因而引起物质颜色、溶解度发生变化。

比较和分析 AgF、AgCl、AgBr 和 AgI 4 种物质的晶体结构、键型和性质的关系,如表 4.12 所示。

表 4.12 离子极化对晶体结构和性质的影响

晶体	AgF	AgCl	AgBr	AgI
离子半径之和 /pm	262	307	321	342
实测的键长 /pm	246	277	288	305
键　　型	离子键	过渡型	过渡型	共价键
晶体类型	NaCl	NaCl	NaCl	ZnS
颜色	白色	白色	淡黄	黄色
溶解度 /($mol \cdot L^{-1}$)	易溶	1.35×10^{-5}	7.05×10^{-7}	9.10×10^{-9}

由于 Ag^+ 具有 18 电子层结构,它的极化力和变形性都较大。因此,在卤化银 AgF、AgCl、AgBr 和 AgI 晶体中,银离子和卤离子间的互相极化十分强烈,而相互极化引起的变形亦很大。这种相互的反复的影响而获得的附加极化,使卤化银晶体中的离子键带有一定的共价性。从 AgF、AgCl、AgBr 到 AgI,随着卤离子 F^-、Cl^-、Br^- 到 I^- 的变形性的增加,离子间互相极化的作用越来越强,离子键中的共价键成分也越来越多。至 AgI 时,已基本过渡成为共价键了。

化学键性质的变化将引起晶体构型的变化,也影响了物质晶体物理化学性质的变化。例如物质的溶解度,一般离子晶体都易溶于水。但卤化银中只有

AgF 是易溶于水的，AgCl、AgBr 和 AgI 3 种卤化银都难溶于水。这是由于只有 AgF 具有典型的离子键特性，而其他 3 种卤化银的化学键中都呈现出较强的共价性。因为 F^- 的半径很小，其变形性也小，故而 F^- 与 Ag^+ 间相互极化的程度也较小，因此，AgF 基本属于离子型晶体。AgCl、AgBr 中的化学键逐渐带有了部分共价性，到 AgI 时，其间的化学键已基本上变成共价键了。因此，它的溶解度很小。

物质的熔点和沸点也和化学键的类型和性质密切相关。一般离子晶体的熔点都比较高，而分子晶体的熔点都较低。例如 AgCl 和 NaCl 都具有相同的晶体构型，而且 Ag^+ 和 Na^+ 的半径相近，电荷相同，都是氯化物，但是 Ag^+ 的变形性和极化力皆比 Na^+ 大得多，因此，NaCl 是典型的离子晶体，而 AgCl 中的化学键已带有一定的共价性，结果 NaCl 的熔点为 801 ℃，而 AgCl 的熔点要低得多，仅为 455 ℃。

离子极化还会导致物质离子晶体的导电性和导热性下降、颜色加深、硬度降低等物理化学性质的变化，在生产和生活中有多方面的应用。

复习思考题

1. 光的波粒二象性有哪些实验根据？如果有人提问：光究竟是一种波动还是一束微粒流，你如何回答？

2. 电子的波动性可用什么实验来证实？这是不是可以说电子以波浪方式前进呢？为什么？

3. 波函数 ψ 有何意义？试比较波函数的空间图形与电子云的空间图像有何异同？

4. 什么是元素的电负性、电离能和电子亲合能？

5. 离子键是怎样形成的？它的特征和本质是什么？

6. 离子键和共价键有什么区别和联系？

7. σ 键和 π 键有何区别？

8. 什么叫等性杂化？什么叫不等性杂化？各举一例说明？

9. 杂化轨道的类型与分子空间构型有何关系？

10. 分子间力是怎样产生的？分子间力的大小对物质的熔、沸点有何影响？

11. 什么叫氢键？它的形成条件是什么？

12. 晶体最一般的特点是什么？点阵和晶体的结构有何关系？

13. 什么是晶胞和晶胞参数？

14. 金属原子半径、离子半径、共价半径、范德华半径有何不同？举例说明。

15. 从结构上说明金刚石与石墨的物理性质为什么差别大？

习　　题

1. 量子数 n, l, m, m_s 有何物理意义？它们能取哪些数值？

2. 何谓 s 态、p 态、d 态和 f 态电子？s 态和 p 态波函数的图像如何理解？

3. 当主量子数为4时，电子可处于哪几种状态？试分别以4个量子数的组合（n, l, m, m_s）来表示。

4. 下列各组量子数，哪些是不允许的？为什么？

(1) 若 $n = 2$ 时，准许有 $l = 1, m = 0$；

(2) 若 $n = 2$ 时，准许有 $l = 2, m = -1$；

(3) 若 $n = 3, l = 0$ 时，准许有 $m = +1$；

(4) 若 $n = 2$ 时，准许有 $l = 3, m = +2$。

5. 对下列各组轨道，填充合适的量子数：

(1) $n = ?\ l = 2\ m = 0\ m_s = +1/2$；

(2) $n = 2\ l = ?\ m = -1\ m_s = -1/2$；

(3) $n = 4\ l = 2\ m = 0\ m_s = ?$；

(4) $n = 2\ l = 0\ m = ?\ m_s = +1/2$；

6. 写出原子序数分别为25，49，78，86，4种元素的核外电子排布，并判断它们在周期表中的位置。

7. 根据下列各元素的价电子层结构，指出它们在周期表中所处的周期和族，是主族还是副族。

$3s^1, 4s^24p^5, 3d^24s^2, 3d^54s^1, 4d^{10}5s^1, 4s^24p^6$

8. 某些元素其原子最外层有2个电子，次外层有13个电子，问这些元素在周期表中应属哪族？最高正价是多少？是金属还是非金属？

9. 填充下表：

原子序数	原子的外层电子构型	未成对电子数	所属分区
19			
34			
48			
75			

10. 指出下列物质中哪些是离子化合物或共价化合物？哪些是极性分子或非极性分子？

KBr　HI　CsCl　CCl_4　SO_2

11. 试用杂化轨道理论说明 BF_3 是平面三角形，而 NF_3 却是三角锥形。

12. 试写出下列各化合物分子的空间构型，成键时中心原子的杂化轨道类型以及分子的电偶极矩（是否为零）。

(1) SiH_4　(2) H_2S　(3) BBr_3　(4) $BeCl_2$　(5) PH_3

13. 写出 Be_2 分子轨道表示式,并判断该分子是否能稳定存在?

14. 用分子轨道法判断 O_2^+,O_2,O_2^-,O_2^{2-} 等的键级和未成对电子的变化情况。

15. 已知下列两组化合物的熔点(K)为

(1)	NaF	NaCl	NaBr	NaI
	1265	1081	1028	934
(2)	SiF_4	$SiCl_4$	$SiBr_4$	SiI_4
	182.8	203	278.4	393.5

为什么钠的卤化物的熔点总是比硅的卤化物的熔点高?为什么两组化合物熔点的递变规律不一致?

16. 试按键的极性由强到弱的次序重新排列以下物质:

HCl　NaF　F_2　HI　HF

17. 解释下列问题:

(1) 室温下 CCl_4 为液体,CH_4,CF_4 为气体,CI_4 为固体。

(2) HF 的熔点高于 HCl。

18. 下列化合物中是否存在氢键?

(1) NH_3　(2) 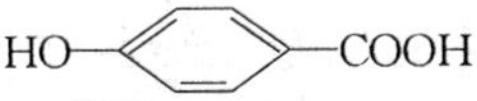　(3) H_3BO_3

(4) CF_3H　(5) 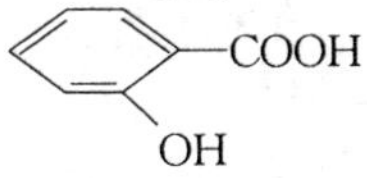　(6) C_2H_6

19. 何谓金属键?请举例说明金属的性质和金属键的关系。

20. 试判断下列晶体物质熔化时哪个导电性好?哪个导电性差?

$MgCl_2$　$SiCl_4$　NaCl　$AlCl_3$

5 有机化合物与高聚物

18 世纪中期,人们就把来源于矿物的物质叫做无机物,而把那些从有生命的动、植物体内分离出来的物质叫做有机物,即有机化合物。有机化学是研究有机物的学科,除一些最简单的含碳化合物外,其余的含碳化合物都属于有机物的范畴,从这个意义上来说,有机化学就是碳化合物的化学。绝大多数有机物中含有氢,其次还可能含有氧、氮、卤素、硫和磷等元素。因此,更确切地说,有机物指的是碳氢化合物及其衍生物。由此可见,有机化学就是研究碳的化合物或碳氢化合物及其衍生物的组成、结构、性质、变化以及合成的学科。

现在已知的无机物约 10 万种,而已知的有机物在 600 万种以上,远远超过无机物。

有机化学蓬勃发展的结果是,现在不仅能合理利用存在于石油、煤、粮食、油脂、木材、棉花等物质中的有机物,而且能人工合成许多复杂的天然有机物,如生物碱、维生素、抗生素、氨基酸和蛋白质等。此外,还能合成符合人们要求的性能比天然有机物更为优异的有机合成材料和功能材料。这些新型材料的出现,促进了现代工业和科学技术的发展。

5.1 有机化合物概述

5.1.1 有机化合物的特征

有机物在结构和性质上有许多共同的特征,现分叙如下。

1) 结构特征

有机物如此多的原因是由于碳元素的特殊性质,它能和多种多样非金属原子组成很强的键(键能单位为 $kJ \cdot mol^{-1}$。C—H:414;C—O:351;C—Cl:331;C—N:293),更为重要的是碳原子彼此间能形成很强的单键或重键(C—C:347; C═C :598; C≡C:820) ,并且可以形成很长的碳链(甚至可多达成千上万个碳原子),碳原子的这种能力任何其他元素都不可比拟。在稳定的有机分子中,每个碳原子周围有 4 个键,基本上不存在未成键电子对。

在有机物中同分异构现象非常普遍。无机物的分子式或化学式一般只表示一种物质,而对于有机物来说,一个分子式常可代表几种性质不同的化合物(异构体)。例如,组成为 C_2H_6O 的有机物有 2 个不同的同分异构体乙醇和二甲醚，乙醇为液体，它能与水以任何比例混溶；二甲醚为几乎不溶于水的气体，其化学性质跟乙醇也完全不同。由于乙醇和二甲醚分子中各原子的连接顺序不同，所以它们的性质不同，其结构简式如下所示：$CH_3—CH_2—OH$（乙醇），$CH_3—O—CH_3$（二甲醚）。

我们把这些分子式相同而结构式不同的化合物称为同分异构体，而把这种现象称为同分异构现象。由此可见，导致有机物品种繁多的一个主要原因是同分异构现象。

同分异构现象可分为构造异构与立体异构两大类。

(1) 构造异构

由于分子中原子连接的次序不同而产生的异构现象，叫做构造异构，构造异构体的形式包括下列几种：

① 碳链异构体。由于分子中碳骨架不同而形成的异构体，如正戊烷与异戊烷、正辛烷与2-甲庚烷等。

② 位置异构体。由于分子中官能团的位置不同而形成的异构体，如正丙醇（$CH_3CH_2CH_2OH$）与异丙醇（$CH_3CH(OH)CH_3$），对苯二酚（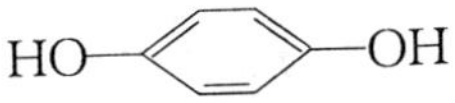

）、邻苯二酚（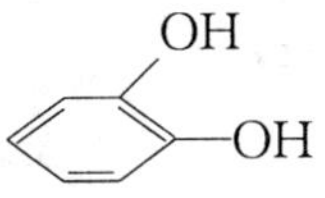

）与间苯二酚（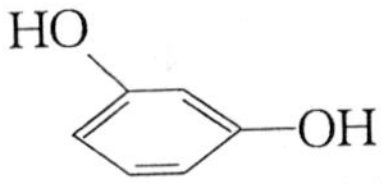

）。

③ 官能团异构体。由于分子中所含官能团不同而形成的异构体，如二甲醚与乙醇，丙醛（CH_3CH_2CHO）与丙酮（CH_3COCH_3）等。

(2) 立体异构

立体异构则是由于分子中的原子在空间排列方式不同而引起的异构现象，它们的分子式和结构式都相同，只是空间排列方式不同，即分子中的空间结构不同。例如，2-丁烯分子，其原子在空间的排列有两种不同的方式。一种排列是双键碳上两个甲基或两个氢原子（相同的成键原子或基团）在同侧，叫做顺式；另一种排列是双键碳上两个甲基或两个氢原子（相同的成键原子或基团）在异侧，叫做反式。这两种排列方式在常温下不能互变，因此它们代表两种不同的化合物，称为顺反异构体或几何异构体。

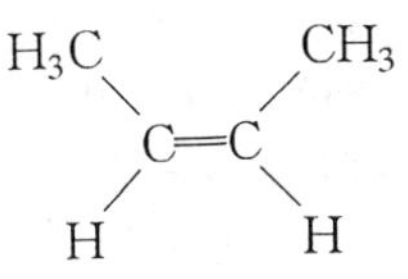

顺-2-丁烯

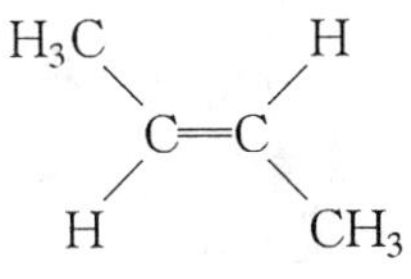

反-2-丁烯

2）性质特征

（1）易燃性

无机物一般不易燃烧，而大多数有机物（CCl_4 等除外）都易燃烧。当它们完全燃烧时，其中 C、H 和 O 变成 CO_2 和 H_2O，而 N 则生成 N_2。目前所用的固体、液体、气体燃料，大都是有机物。

（2）熔点沸点低

绝大多数有机物晶体的熔点、沸点较低，在加热时有机物的熔点一般不超过 623.3～673.2 K，大多数在 473.2～373.2 K 以下熔化。这是由于有机物的晶体结构属于分子晶体类型，分子间力较小的缘故。很多有机物受热时，在熔化或沸腾以前就开始分解。

（3）反应速率慢

大多数有机物不能解离成离子，因此有机物的反应速率一般很慢，有的需几小时、几十小时或更长的时间才能完成。因此，加热和使用催化剂对于有机反应而言，具有重要意义。

（4）有机反应较复杂

有机分子大多为较多原子组成的复杂分子，当与另一分子反应时，分子中各个官能团都可能起反应，因此有机反应常有许多副反应发生，而产物多为复杂的混合物。一般有机反应方程式是在反应物与产物（主要的）之间用一个箭头来表示。

（5）溶于有机溶剂

大多数有机物是弱极性或非极性分子，根据“相似相溶”规律，它们易溶在非极性的有机溶剂中，而难溶于强极性的水中。

（6）有机物具有特殊的生理作用

许多有机物是生命活动过程中的载体、成分或产物，例如：酶、激素、维生素等是生理过程的生物催化剂、引发剂和调节剂。

（7）绝缘性能好

在有机物分子中，绝大部分是共价键，没有或仅有极少的自由电子，因此都有较好的绝缘性。特别是许多有机高聚物，更是电气工业中广泛应用的绝缘材料。

5.1.2 有机化合物的分类

有机物的分类方法有两种，即根据分子中碳原子的连接方式（碳链骨架），或按照决定分子主要化学性质的特殊原子或基团（官能团）来分类。

1）按碳链骨架分类

根据有机物分子碳链的形式和组成碳链的原子的特征，有机物可分为三类。

(1) 开链化合物

这类化合物分子中的碳链是由连接成链状的碳原子构成的。由于这类化合物最初在油脂中发现,因此又叫脂肪族化合物。根据碳原子间链的特征性,此类化合物可分为两类:

① 饱和化合物。碳链中只含有单键的有机物。如丁烷 $CH_3CH_2CH_2CH_3$,异丁烷 $CH_3CH(CH_3)CH_3$,十一醇 $CH_3(CH_2)_9CH_2OH$,硬脂酸 $CH_3(CH_2)_{16}COOH$ 等。

② 不饱和化合物。碳链中含有双键或叁键的有机物。如乙烯 $CH_2{=}CH_2$,乙炔 $CH{\equiv}CH$ 等。

(2) 碳环化合物

这类化合物分子中含有完全由碳原子组成的环。根据碳环的特点,它们又分为以下两类:

① 脂环族化合物。在这族化合物的分子中,碳原子互相连接而成环状。环内也可以有双键,其性质和脂肪族化合物相似。如:

环戊烷 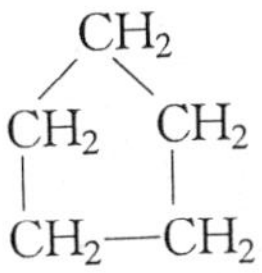

或  ;环己烯 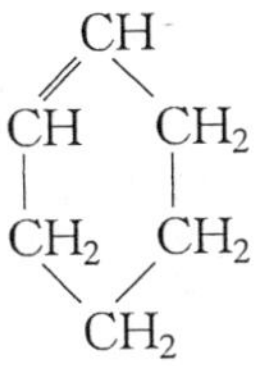

或 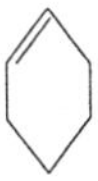

② 芳香族化合物。分子含有一个或多个苯环,它们在性质上与脂肪族化合物有较大的区别。如苯  ;萘 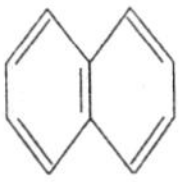 ;联苯 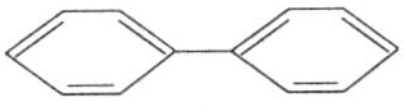 ;苯酚 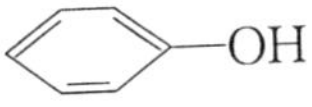

等。

(3) 杂环化合物

这类化合物分子中的环是由碳原子和其他元素的原子组成的。如呋喃

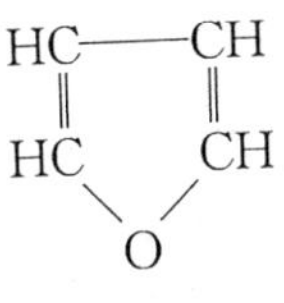

或 

;噻吩 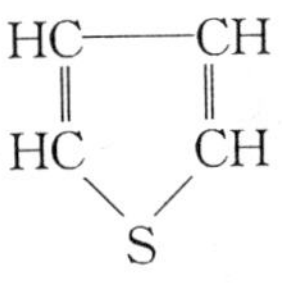

或 

;吡啶 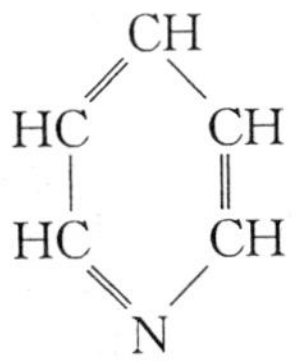

或

等。

2）按官能团分类

所谓官能团，又称为功能团，是指能反映出某类有机物特性的原子或原子团（包括双键和叁键）。因此，含有相同官能团的化合物其化学性质基本相似，可以归于一类。现将一些常见有机物的类别及其官能团列于表 5.1 中。表中 R 与 R′分别代表不同的烷基或芳烃基，也就是烷基或芳烃基的通式。所谓基就是有机物分子中去掉一个氢原子所剩余的部分，如乙基 CH_3CH_2-、苯基 C_6H_5-等。

表 5.1　一些烃类和含一个官能团的有机化合物通式

类名	通式	官能团或其他结构特征
烷烃	C_nH_{2n+2}	全部为 $-\overset{\vert}{\underset{\vert}{C}}-\overset{\vert}{\underset{\vert}{C}}-$ 键
烯烃	C_nH_{2n}	含 $-\overset{\vert}{C}=\overset{\vert}{C}-$ 键
二烯烃	C_nH_{2n-2}	含两个双键
炔烃	C_nH_{2n-2}	含 $-C\equiv C-$ 键
芳香烃	Ar—H	含  环或 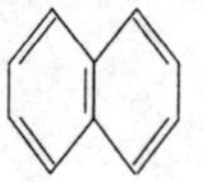 环等
卤代烃	R—X （X = F，Cl，Br，I）	含 $-\overset{\vert}{\underset{\vert}{C}}-X$
醇	R—OH	含 $-\overset{\vert}{\underset{\vert}{C}}-OH$
酚	Ar—OH	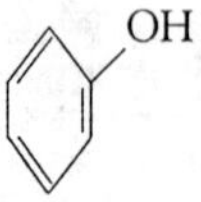（—OH 直接连在苯环上）
醚	R—O—R′ （R，R′可以相同）	含 $-\overset{\vert}{\underset{\vert}{C}}-O-\overset{\vert}{\underset{\vert}{C}}-$
醛	RCHO	含 $-\overset{O}{\overset{\Vert}{C}}-H$
酮	$\underset{\underset{O}{\Vert}}{RCR'}$ （R，R′可以相同）	含 $\underset{\underset{O}{\Vert}}{-C-}$ 两边都连碳原子
羧酸	RCOOH	含 $-\overset{O}{\overset{\Vert}{C}}-OH$

续表 5.1

类名	通式	官能团或其他结构特征
酸酐	$R-C(=O)-O-C(=O)-R'$ （R,R′可以相同）	含 $-C(=O)-O-C(=O)-$
酯	$RCOOR'$ （R,R′可以相同）	含 $-C(=O)-OR$
酰卤	$R-C(=O)-X$	含 $-C(=O)-X$
酰胺	$R-C(=O)-NH_2$	含 $-C(=O)-NH_2$
胺 （伯胺）	RNH_2	含 $-N(H)-H$
仲胺	R_2NH	含 $>N-H$
叔胺	R_3N	含 $-N<$
腈	RCN	含 $-C\equiv N$
硝基化合物	$R-NO_2$	含$-NO_2$
磺酸	$R-SO_3H$	含$-SO_3H$

5.2 有机化合物的反应类型

有机反应极为复杂。但从本质上说，任何有机反应的发生，都是旧键断裂和新键产生的过程。

有机物绝大多数是共价化合物。共价键的断裂方式有两种，一种叫做均裂，也就是一个共价键断裂时，组成该键的一对电子由键合的两个原子各留一个

$$X:Y \longrightarrow X\cdot + Y\cdot$$

均裂生成的带单电子的原子或原子团，称自由基（游离基），具有很大的活性。均裂发生的反应叫自由基反应，反应一般在光和热的作用下进行。

另一种断裂方式是，成键的一对电子保留在一个原子上，这叫异裂。

$$X:Y \longrightarrow X^+ + Y^-$$

经异裂生成离子的反应，称为离子型反应。应该指出的是，不同于无机物的瞬间的离子反应，有机化学中的“离子型”反应一般是发生在极性分子之间，通过共价键的异裂形成一个离子型的中间体而完成的，因此离子型反应一般在酸碱或极性物质(如极性溶剂)催化下进行。

这样的分类是在讨论有机反应历程时，根据反应过程中共价键断裂的方式来考虑的，不涉及到通常所说的反应类型。

目前最常用的有机反应类型分类，是根据反应物和生成物之间的关系来分类的，主要的有以下几类：取代反应、加成反应、消除反应、氧化还原反应。

下面按这种分类法同时结合反应历程，讨论有机反应中的几条重要规律。

5.2.1 取代反应

有机物分子的一个原子或原子团被其他原子或原子团所取代的反应称为取代反应。

1) 烷烃的取代反应

烷烃的取代反应是典型的自由基反应。如 CH_4 和 Cl_2 的反应，在光或热的作用下，CH_4 和 Cl_2 都可发生均裂。

(a) $Cl_2 \longrightarrow 2Cl\cdot \qquad \Delta_r H_m^{\ominus} = 242\ kJ \cdot mol^{-1}$

(b) $CH_4 \longrightarrow CH_3\cdot + H\cdot \qquad \Delta_r H_m^{\ominus} = 426\ kJ \cdot mol^{-1}$

显然，反应(b)要困难得多，Cl·自由基则引起链反应：

$$Cl\cdot + CH_4 \longrightarrow CH_3\cdot + HCl$$

$$CH_3\cdot + Cl_2 \longrightarrow CH_3Cl\cdot + Cl\cdot$$

$$\vdots$$

氯与甲烷的反应得到一系列氯代甲烷 CH_3Cl，CH_2Cl_2，$CHCl_3$ 和 CCl_4。

取代反应难以在烯烃或炔烃中进行，这是因为它们具有活泼的双键或叁键，通常只能导致加成反应，而不是取代反应。

2) 芳烃的取代反应

取代反应是芳烃最重要的反应，现以苯的重要取代反应卤化、硝化、磺化和烷基化为例说明：

(1) 卤化

卤化通常指在有机物分子中直接引入卤素原子的反应，例如：

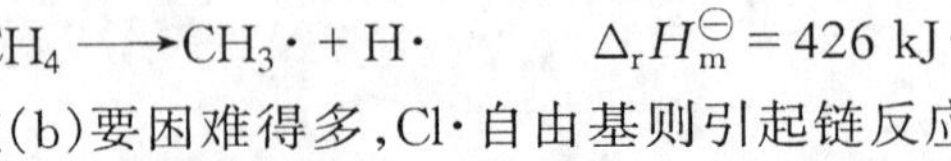

氯苯是无色透明的液体，有像苯的气味，易燃、不溶于水。

(2) 硝化

在有机物分子中引入硝基(—NO_2)的反应叫硝化。例如：

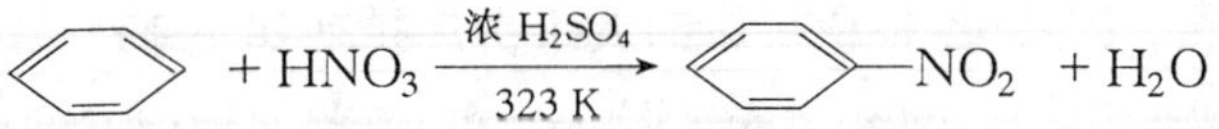

苯和热的浓硝酸只能缓慢地反应，但浓硝酸和浓硫酸组成的混酸(浓硫酸和浓硝酸的体积比约为 1:0.8)能与苯迅速地反应，硝基苯是黄色液体，有苦杏仁气味，其蒸气有毒。

(3) 磺化

在有机物分子中引入磺酸基(—SO_3H)的反应叫磺化。例如：

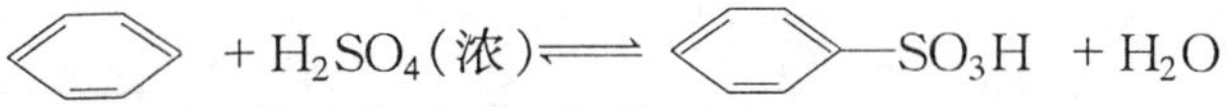

苯磺酸是无色晶体，具有强酸性，能溶于水。

芳环的磺化反应是可逆的，上述反应在 373～473 K 温度条件下，苯和 73% 的硫酸达到平衡。要使平衡向正向移动，可将生成的水不断蒸出，或用含 SO_3 的发烟硫酸反应。

(4) 烷基化

在分子中引入烷基的反应叫烷基化。例如：

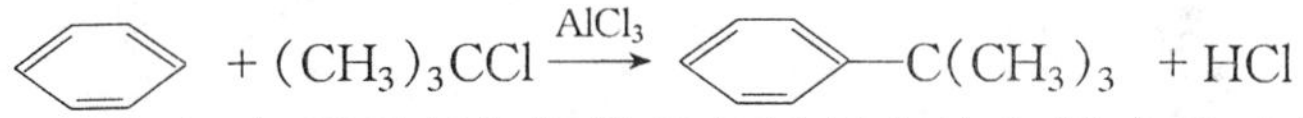

在上述反应中，与芳烃起作用的都是试剂中缺电子或带正电荷的亲电部分(如$(CH_3)_3C^+$)，因此这些反应都是属于离子型反应中的亲电取代反应。

3) 定位效应

硝基苯的进一步硝化反应比苯的硝化反应更困难，其硝化反应(需用发烟硝酸并加热到较高温度)如下：

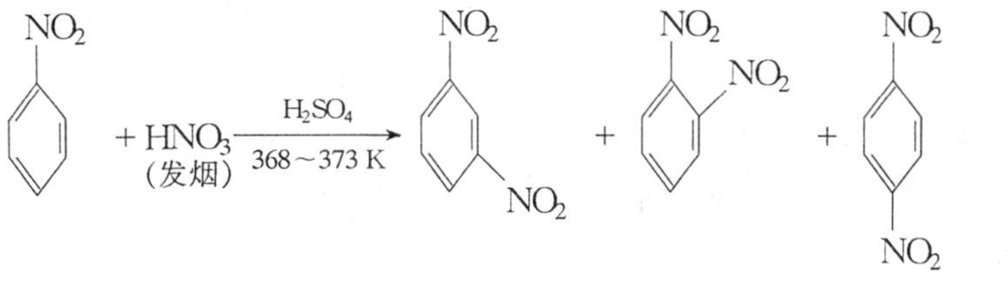

93.2%　　6.5%　　0.3%

显然，苯环上原有取代基对新引入取代基的位置有影响，即有“定位作用”，这叫做取代基的定位效应。

根据实验结果，可以把取代基分为两类。

第一类是邻、对位定位基，按定位效应的大小依次排列如下：

$$—NH_2 > —OH > —OCH_3 > —CH_3 > —Cl > —Br > —C_6H_5 \cdots$$

这些取代基中与苯环直接相连接的原子一般只具有单键。它们使进入的取代基主要进入邻位和对位，并能使苯环活化，使苯环上的取代反应容易进行。

第二类是间位定位基,按定位效应的大小次序排列如下:

$$—NO_2 > —CN > —SO_3H > —CHO > —COOH > —CONH_2\cdots$$

这些取代基中与苯环相连接的原子一般具有重键。它们使新进入的取代基主要进入间位并能使苯环钝化,从而使取代反应不易进行。

应用定位效应,可以合理安排反应步骤,以提高人们预期产物的产量。例如,由苯制间硝基溴苯,应先硝化后溴代;制取邻、对硝基溴苯,应先溴代后硝化。

5.2.2 加成反应

有机物分子中的不饱和键与其他原子或原子团相结合,变为饱和(或较饱和)化合物的反应称为加成反应。

根据反应历程,加成反应一般可分为亲电加成与亲核加成。

1) 亲电加成

不饱和烃的加成反应一般属于亲电加成。例如,把溴的四氯化碳溶液滴入烯烃中,溴的红棕色很快消失。通常用这个反应去鉴别化合物中碳碳双键(或叁键)是否存在。

$$CH_2{=\!=}CH_2 + Br_2 \xrightarrow{CCl_4} CH_2BrCH_2Br$$

在上述加成反应第一步中起决定作用的是缺电子的带正电荷的溴离子,这种试剂是一种亲电试剂①。由亲电试剂作用而引起的加成反应叫做亲电加成反应。

不对称的烯烃与极性试剂加成时,其主要产物是极性试剂中"负"的部分加在双键中含氢较少的碳原子上所生成的化合物。例如:

$$CH_3—CH{=\!=}CH_2 + HBr \longrightarrow CH_3—CHBr—CH_3$$

这一规律称为马尔可夫尼可夫(B.B.МАРКОВНИКОВ)规律,简称马氏规律。

与烯烃相似,乙炔也可以发生亲电加成反应,举例如下:

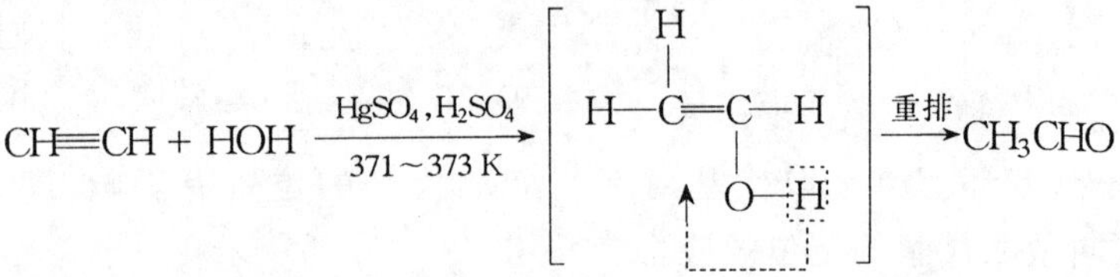

$$CH{\equiv}CH + HCl \xrightarrow[463\sim478\ K]{HgCl_2} CH_2{=\!=}CHCl$$

$$CH{\equiv}CH + HCN \xrightarrow[353\sim363\ K]{Cu_2Cl_2,\ NH_4Cl} CH_2{=\!=}CHCN$$

第一个反应的产物是乙醛,第二、三个反应的产物氯乙烯与丙烯腈都是合成高

---

① 作用试剂在反应中是接受一对电子的,就称之为亲电试剂。

聚物的重要原料。

2）亲核加成

带有未共用电子对的负离子或中性分子（亲核试剂）作用而引起的加成反应叫做亲核加成反应，羰基化合物的加成一般是亲核加成，这是由于羰基中氧原子的电负性比碳强，碳氧双键是一个极性不饱和键，氧原子上的电子密度较高，而碳原子上电子密度较低，即 $>C^{\delta+}=O^{\delta-}$ ，易受亲核试剂进攻。

如醛或酮与氢氰酸作用，得到 α-羟腈（腈醇）。

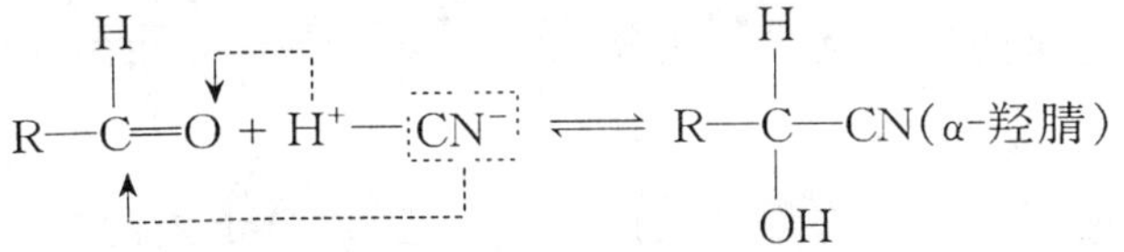

反应是可逆的，羰基与氢氰酸的亲核加成，是使碳链增长的方法之一。

CN^- 以其碳上所带的 1 对电子与羰基碳原子结合形成碳—碳键，π 键的一对电子转移到氧上，从而形成氧负离子中间体，此中间体一经形成，便立刻与 H^+ 结合形成 α-羟腈。

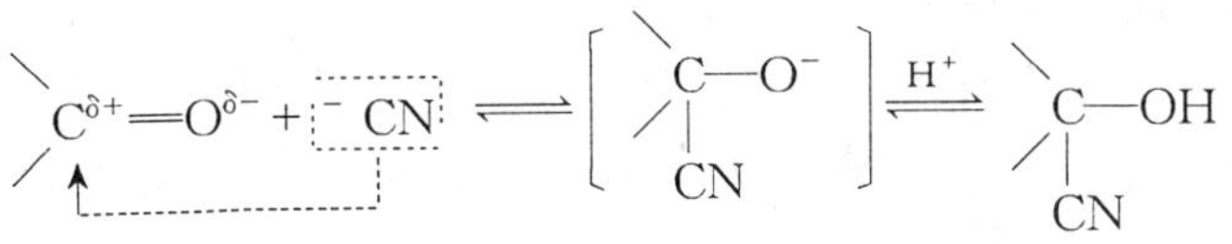

由上述可见，羰基碳氧双键的亲核加成与烯烃碳碳双键的亲电加成有着本质上的区别。在烯烃加成反应中所用的亲电试剂如 Br_2、HX 等在一般情况下与羰基不作用。

5.2.3 消除反应

在有机物分子中失去一个 HX、H_2O、NH_3 等简单分子而生成双键的反应称为消除反应。

1）卤代烷的消除反应

卤代烷与氢氧化钠或氢氧化钾溶液共热时可发生消除反应，卤原子可以与相邻碳原子上的氢脱去卤化氢，生成烯烃。例如：

$$CH_3CH_2Br + KOH \xrightarrow[\triangle]{\text{乙醇溶液}} CH_2{=}CH_2 + H_2O + KBr$$

叔卤代烷最容易脱卤化氢，仲卤代烷次之，伯卤代烷最难（伯、仲、叔、季分别表示碳原子与 1 个、2 个、3 个、4 个碳原子直接相连）。如果卤原子不在链端，它可以与左或右相邻碳原子上的氢脱去卤化氢，就可得到两种不同的烯烃。例如 2-溴丁烷脱卤化氢的主要产物是 2-丁烯，只有少量 1-丁烯。

$$CH_2CHBrCH_3 + KOH \xrightarrow[\triangle]{\text{乙醇溶液}} \underset{81\%}{CH_3—CH═CH—CH_3}$$

$$+ \underset{19\%}{CH_2═CH—CH_2—CH_3} + KBr + H_2O$$

产物 2-丁烯中顺、反异构体各占一半。扎依采夫(A.M.ЗАЙЧЕВ)等人总结了这类消除反应的经验规律——扎依采夫规律:在卤代烷的消除反应中,卤原子主要是与相邻的含氢较少的碳原子上的氢结合脱去卤化氢。

卤代烃脱卤化氢的消除反应是在分子中引入 $\gt C═C \lt$ 的方法之一。

2) 醇的消除反应

醇在较高温度下与过量浓硫酸进行消除反应,醇分子内的羟基与相邻碳原子上的氢脱去一分子水形成烯烃。

$$\underset{\boxed{H \quad OH}}{CH_2—CH_2} \xrightarrow[483\sim503\ K]{\text{浓 } H_2SO_4} CH_2═CH_2 + H_2O$$

醇的消除反应也可在 Al_2O_3 的催化下进行。

对于仲醇或叔醇的消除反应与卤代烃的消除反应相似,都符合扎依采夫规律,主要是脱去含氢较少的碳原子上的氢原子,这样形成的烯烃比较稳定。例如:

$$CH_3—CH_2—CH(OH)—CH_3 \xrightarrow[-H_2O]{H_2SO_4,\triangle} \underset{65\%\sim80\%}{CH_3—CH═CH—CH_3}$$

5.2.4 氧化还原反应

在有机化学中,常把与氧化合或失去氢的反应叫氧化;把与氢化合或失去氧的反应叫还原。

1) 氧化反应

所有烃在高温时都可以与氧作用,若氧气充足会燃烧而生成 CO_2 和 H_2O,并放出大量的热。例如

$$CH_4(g) + 2O_2(g) ═ CO_2(g) + 2H_2O(l)$$

$$\Delta_r H_m^{\ominus} = -890.3\ kJ \cdot mol^{-1}$$

当燃烧不完全时,会产生有毒的 CO 和煤烟状的 C。从汽车和工厂燃烧不完全所产生的 CO,是使空气受到严重污染的根源之一。

烯烃分子中由于存在双键,要比烷烃容易氧化,例如,冷的稀高锰酸钾碱性溶液能使烯烃氧化为二元醇。

$$3CH_2=CH_2+2KMnO_4+4H_2O \longrightarrow 3CH_2OHCH_2OH+2KOH+2MnO_2\downarrow$$

此反应能使高锰酸钾溶液的紫色立即消失，并生成褐色的二氧化锰沉淀，所以常用来检验不饱和烃。

在强烈的氧化条件下，烯烃分子就在双键处断开。例如：

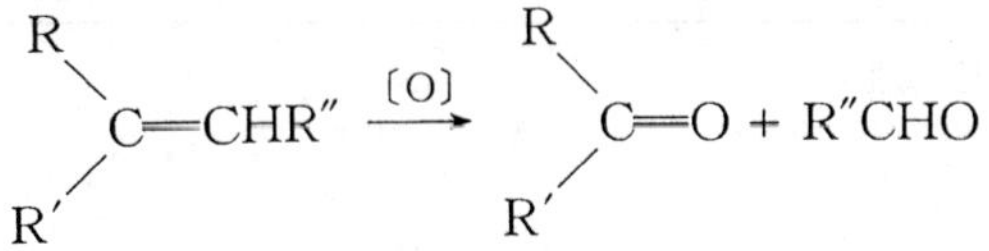

生成的醛还可进一步被氧化成羧酸。

苯的结构非常稳定，在普通情况下不与氧化剂作用。但如果苯环上有侧链，不管侧链的长短如何，所得氧化产物都是苯甲酸。

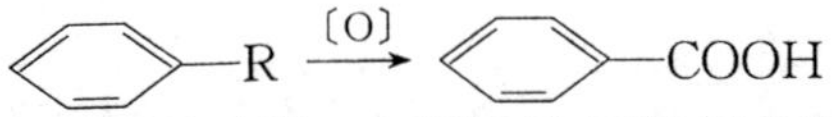

醇氧化生成不同的产物，主要取决于被氧化醇的种类和氧化剂的强弱。

伯醇用温和氧化剂作用生成醛，例如：

$$CH_3CH_2OH+\frac{1}{2}O_2 \xrightarrow[823\ K]{Ag} CH_3CHO+H_2O$$

但与较强的氧化剂如 $K_2Cr_2O_7$ 或 $KMnO_4$ 作用时，最初生成醛，可进一步被氧化成羧酸。例如：

$$CH_3CH_2OH \xrightarrow[298\ K]{K_2Cr_2O_7,H_2SO_4} CH_3CHO \longrightarrow CH_3COOH$$

溶液的颜色在反应前后由橙红变成绿色。

仲醇与强氧化剂反应生成酮，例如：

$$CH_3CH(OH)CH_3 \xrightarrow[298\ K]{K_2Cr_2O_7,H_2SO_4} CH_3-\overset{\overset{\displaystyle O}{\|}}{C}-CH_3$$

叔醇与氧化剂不反应。重铬酸钾氧化醇的反应可用来区别伯醇、仲醇与叔醇。

醛非常容易氧化，氧化后生成与原来醛具有相同碳原子数的羧酸。较弱的氧化剂就可以使醛氧化，但不能使酮氧化。如斐林(Fehling)试剂即硫酸铜及酒石酸钾钠的碱溶液(生成氢氧化铜)，使醛发生氧化反应，而本身被还原成红色的氧化亚铜沉淀。

$$R-CHO+2Cu(OH)_2+NaOH \xrightarrow{\triangle} RCOONa+Cu_2O\downarrow+3H_2O$$

而斐林溶液不与酮反应，因而用它可区别醛和酮。

2) *还原反应*

烯烃可还原生成烷烃，例如：

$$CH_2=CH_2+H_2 \xrightarrow{Pt} CH_3-CH_3$$

在一定条件下醛可以被还原为伯醇，酮可以被还原为仲醇。例如：

$$CH_3CHO \xrightarrow{[H]} CH_3CH_2OH$$

$$R-\overset{\overset{\displaystyle O}{\|}}{C}-R \xrightarrow{[H]} R-\overset{\overset{\displaystyle OH}{|}}{C}H-R$$

有时酮可被还原为烷烃，例如：

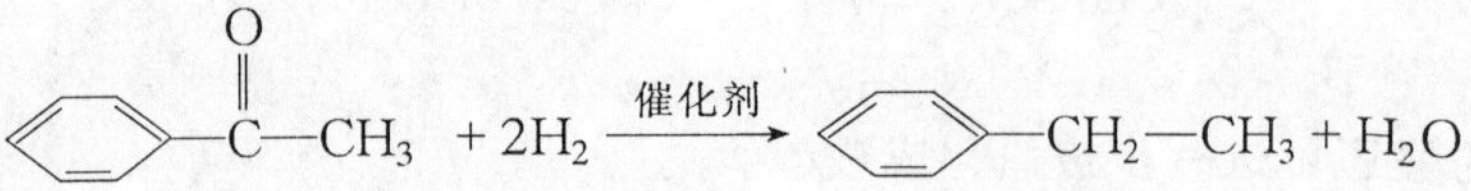

5.3 高聚物

高聚物又称为高分子化合物，尽管分子巨大，但其分子结构都是由多个简单的结构单元构成的。

5.3.1 高聚物的一般概念

1) 高聚物的基本特征

构成高聚物每个结构单元的起始物质叫做单体，而这些重复的结构单元称为链节，链节的数目称为聚合度，一般用 n 表示。例如，由乙烯制聚乙烯的反应如下

$$n\,CH_2=CH_2 \longrightarrow \text{[}CH_2-CH_2\text{]}_n$$

式中 $CH_2=CH_2$ 为单体，$-CH_2-CH_2-$为链节，n 为聚合度。

高聚物的聚合度一般由几百到几千，相对分子质量由几万到几十万，相对分子质量和聚合度有下列简单关系：

$$M_r = n \times M_0$$

式中 M_r 为高聚物的相对分子质量，M_0 为链节的式量，n 为高聚物的聚合度。例如聚合度为 1 000 的聚乙烯，其相对分子质量为

$$M_r = 1\,000 \times 28 = 28\,000$$

同一种高聚物的分子所含链节数不相同，相对分子质量也不相同，所以高聚物在实质上是由许多链节的结构相同而聚合度不同的化合物所组成的混合物，这种特征叫做高聚物的多分散性。由于高聚物相对分子质量的多分散性，故高聚物的相对分子质量只有统计平均的意义，并不表示该高聚物的每个分子的真实相对分子质量。例如聚苯乙烯相对分子质量为 1～3 万，聚氯乙烯则为 2～16 万，聚丙烯腈为 6～50 万。

综上所述，高聚物的两个基本特征是高相对分子质量和多分散性，这种特征对高聚物的性质有很大影响。

2) 高聚物的分类

高分子化合物有天然和合成两大类,各自又有无机和有机之分。本节只讨论合成有机高聚物(简称高聚物)的分类。

(1) 按高聚物的性能和用途分类

可分为塑料、纤维和橡胶三大类,通称为三大合成材料。

(2) 按高聚物的主链结构分类

可分为碳链、杂链和元素有机高聚物。

① 碳链高聚物:大分子主链全由碳原子构成。例如:

聚丙烯 $\left[\!-CH_2-\underset{}{\overset{\displaystyle CH_3}{\overset{|}{C}H}}-\right]_n$

② 杂链高聚物:在大分子主链上,除碳原子外,还含有氧、氮、硫等元素。例如:

聚酯 $\left[\!-CORCOOR'O-\right]_n$　　聚酰胺 $\left[\!-CORCONHR'NH-\right]_n$

聚脲 $\left[\!-NRCONR'-\right]_n$　　聚硫橡胶 $\left[\!-SSRSS-\right]_n$

③ 元素有机高聚物:主链不含碳,而是由硅、氧、氮、铝、硼、磷、钛等元素组成。例如

聚硅氧烷 $\left[\!-\underset{\displaystyle R}{\underset{|}{\overset{\displaystyle R}{\overset{|}{Si}}}}-O-\right]_n$　　聚钛氧烷 $\left[\!-\underset{\displaystyle R}{\underset{|}{\overset{\displaystyle R}{\overset{|}{Ti}}}}-O-\right]_n$

(3) 按高聚物的应用功能分类

① 通用高聚物。塑料中的"四烯"即聚乙烯、聚丙烯、聚氯乙烯和聚苯乙烯;纤维中的"四纶"即涤纶、锦纶、腈纶和维纶;还有橡胶中的"四胶"即丁苯橡胶、顺丁橡胶、异戊橡胶和乙丙橡胶等。

② 功能高聚物。即具有特定光、电、磁、声、热和力等功能的高聚物。

③ 其他应用高聚物。如医用高聚物、高聚物试剂、高聚物催化剂、仿生和生物高聚物等。

(4) 按形成高聚物的反应类型分类

① 加聚物:凡是通过加成聚合反应制得的高聚物叫做加聚物,例如聚氯乙烯、聚丙烯等。

② 缩聚物:凡是通过缩合聚合反应制得的高聚物叫缩聚物。例如酚醛树脂、聚酯等。

3) 高聚物的命名

以高聚物的原料单体命名,实际上是按高聚物的链节所含单体结构单元的名称来命名的。

(1) 由加聚反应所得的高聚物就在单体名称前加“聚”字，例如聚苯乙烯、聚氯乙烯等。

(2) 由缩聚反应所得的高聚物，如果结构比较复杂或不太明确，则往往在单体名称之后加“树脂”两字。如由尿素和甲醛缩聚成的高聚物称为脲醛树脂，由环氧氯丙烷和双酚 A① 缩聚的高聚物称环氧树脂等。现在，“树脂”这个名词应用范围扩大了，未加工成型的高聚物往往都叫“树脂”，如聚乙烯树脂、聚丙烯腈树脂等。由此可知，“树脂”是高聚物在工程材料中的同义词。

(3) 橡胶命名是在单体名称后面加“橡胶”两字，例如，丁(二烯)苯(乙烯)橡胶。

有时，高聚物也采用商品名称，如聚己二酰己二胺的商品名称为尼龙-66，又叫锦纶-66。

5.3.2 高聚物的合成

高聚物的原料来自煤、石油、天然气、农林副产物等资源，将这些资源经化工过程制成乙烯、乙醇、甲苯、苯酚等有机物，它们有的可直接合成高聚物，有的需进一步加工，如加工成苯乙烯、氯乙烯等高聚物的原料。

高聚物是由原料(单体)经聚合反应制得，聚合反应可以分为加成聚合反应(简称加聚反应)和缩合聚合反应(简称缩聚反应)两大类。

1) 加聚反应

由不饱和小分子化合物(单体)经相互加成连接而成高聚物的反应叫加聚反应。在此反应过程中，没有产生其他副产物，因此，高聚物和单体具有相同的化学组成，其相对分子质量为单体相对分子质量的整数倍。反应开始不久相对分子质量即可达到很大(几十万)的定值；单体随着反应时间逐步减少，而高聚物的产量随时间而增加，高聚物的平均相对分子质量不变；多数加聚反应为不可逆的连锁反应，在几秒钟内即可完成。

例如，乙烯类单体在加热和光的照射时，双键中的 π 键就会被打开，发生加聚反应：

$$nCH_2{=}CHX \longrightarrow \text{[}CH_2{-}CHX\text{]}_n$$

式中 X 可以是 H，R，Cl，CN，C_6H_5 等等。不同的乙烯类单体可得不同的乙烯类高聚物，如表 5.2。

---

① 双酚 A 的结构式为 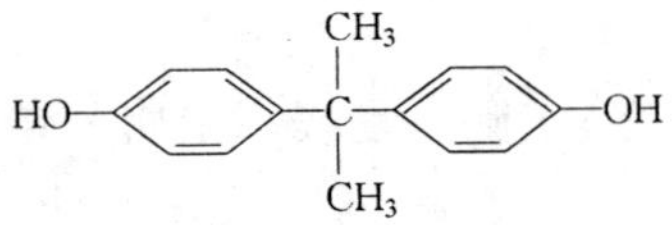

表 5.2　乙烯类高聚物

单　体	高聚物
$CH_2=CH_2$	$\left[CH_2-CH_2\right]_n$ 聚乙烯
$CH_2=CHCH_3$	$\left[CH_2-CHCH_3\right]_n$ 聚丙烯
$CH_2=CHCl$	$\left[CH_2-CHCl\right]_n$ 聚氯乙烯
$CH_2=CHCN$	$\left[CH_2-CHCN\right]_n$ 聚丙烯腈
$CH_2=CHC_6H_5$	$\left[CH_2-CHC_6H_5\right]_n$ 聚苯乙烯
$CH_2=\underset{\underset{OCOCH_3}{\mid}}{CH}$	$\left[CH_2-\underset{\underset{OCOCH_3}{\mid}}{CH}\right]_n$ 聚乙酸乙烯酯
$CH_2=\overset{\overset{CH_3}{\mid}}{C}-COOCH_3$	$\left[CH_2-\overset{\overset{CH_3}{\mid}}{\underset{\underset{COOCH_3}{\mid}}{C}}\right]_n$ 聚 2-甲基丙烯酸甲酯(有机玻璃)
$CF_2=CF_2$	$\left[CF_2=CF_2\right]_n$ 聚四氟乙烯(塑料王)

根据反应活性中心的种类不同,可把加聚反应分为自由基加聚反应、离子型加聚反应和配位加聚反应。

自由基加聚是指单体共价键中共用电子对发生均裂,生成活性很高的自由基,自由基再发生连锁反应;离子型加聚是指单体中共价键的共用电子对发生异裂,生成带电离子,由离子再进行连锁反应;而配位加聚是指用含有过渡元素的催化剂使单体分子中的双键活化而进行的加聚反应。过渡元素催化剂的出现使得控制聚合物的线性和立体规整性成为可能,从而使合成的高聚物具有较高的刚性、较高的抗拉强度和高密度。

自由基加聚反应是目前生产上使用最广的一类反应。现以氯乙烯加聚成聚氯乙烯为例说明。

首先,在光、热或加入引发剂的作用下,单体变为自由基。工业上广泛采用热分解引发剂引发。引发剂是一类活性较大而易于产生自由基的物质,最常用的引发剂过氧化二苯甲酰在受热后裂解为两个自由基。

$$C_6H_5\overset{\overset{O}{\parallel}}{C}-O-O-\overset{\overset{O}{\parallel}}{C}-C_6H_5 \longrightarrow C_6H_5\overset{\overset{O}{\parallel}}{C}-O\cdot + C_6H_5\cdot + CO_2$$

设 R·代表引发剂所产生的自由基,则氯乙烯聚合反应的 3 个阶段简单表达如下:

① 链的引发。自由基 R·与单体氯乙烯分子结合,开始链的引发

$$R\cdot + CH_2=CHCl \longrightarrow RCH_2-\dot{C}HCl$$

② 链的增长。单体引发后,即开始链的增长,形成一长的带有自由基的活性分子链:

$$RCH_2—\dot{C}HCl + CH_2=CHCl \longrightarrow RCH_2CHClCH_2\dot{C}HCl$$

③ 链的终止。当链增到一定程度后就失去活性而终止。两个链相结合，叫做双基结合，是链的终止的主要反应

$$R(CH_2CHCl)_nCH_2\dot{C}HCl + R(CH_2CHCl)_mCH_2\dot{C}HCl$$
$$\longrightarrow R(CH_2CHCl)_mCH_2CHClCHClCH_2(CHClCH_2)_nR$$

在自由基聚合反应中，链引发、链增长和链终止之间不是孤立的，而是互相联系、互相竞争的。在加聚反应中，我们就是利用和调节这 3 个反应步骤，高产优质地获得高聚物产品。

高聚物由一种单体相互加成的加聚反应叫做均聚反应，得到的产物叫均聚物。而高聚物由两种或两种以上的单体相互加成的加聚反应叫做共聚反应，得到的产品叫共聚物。

值得指出的是共聚反应具有重要意义，它可用于高聚物的改性。例如，现在广泛应用的 ABS 树脂是丙烯腈(A)、丁二烯(B)和苯乙烯(S)的共聚物，其反应式如下：

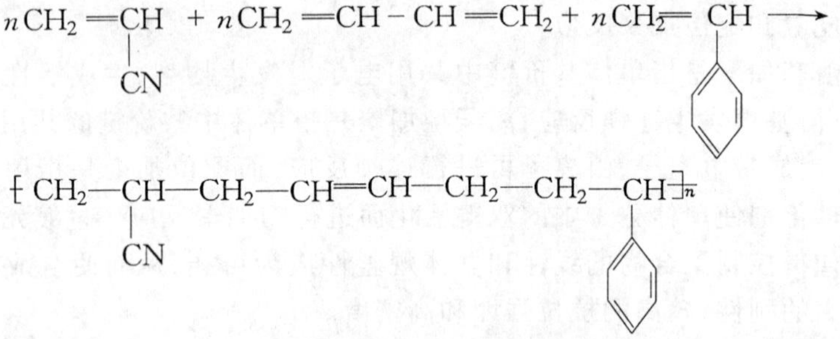

丙烯腈组分使 ABS 耐化学腐蚀，具有一定的表面硬度；丁二烯组分提供 ABS 以橡胶般的韧性，使之耐冲击；苯乙烯组分使 ABS 具有良好的电性能和加工性能。因此，ABS 成了综合性能良好的一类重要工程塑料。

2) 缩聚反应

具有两个或两个以上官能团的一种或多种单体之间进行连续缩合反应而聚合成高聚物，同时析出小分子物质(如水、氨、醇、卤化氢等)的反应叫做缩聚反应。因为小分子物质析出，所以生成的高聚物的成分与单体不同。

聚酰胺(尼龙)是由许多酰胺—CO—NH—结构单元连接起来的长链高聚物，是一类重要的合成纤维。例如聚酰胺-610(尼龙-610)是由己二胺与癸二酸缩聚而得到的，其反应式如下：

$$nH_2N—(CH_2)_6—NH_2 + nHO—\overset{\overset{O}{\|}}{C}(CH_2)_8—\overset{\overset{O}{\|}}{C}—OH \longrightarrow$$

$$H\!-\!\!\left[HN-(CH_2)_6-NH-\overset{\displaystyle O}{\overset{\|}{C}}-(CH_2)_8-\overset{\displaystyle O}{\overset{\|}{C}}\right]_n\!OH+(2n-1)H_2O$$

如果参加缩聚反应的单体是双官能团化合物,则得到线型缩聚物,上述聚酰胺就是线型缩聚物。含有两个以上官能团的单体分子缩聚时,可能生成交联的体型高聚物,不溶也不熔。例如,甘油和二元酸酐缩聚得到的醇酸树脂可用于油漆工业,苯酚和甲醛在碱催化下缩聚得到的酚醛树脂可用于电器工业,它们都属于体型高聚物。

因为缩聚反应是官能团之间的反应,所以链的增长是逐步的。首先是单体分子间相互作用,反应一开始单体就几乎消耗完全,生成的缩聚物可以与其他单体相互作用,同时缩聚物之间也可以相互作用,链的增长主要是后者。

缩聚反应生成的高聚物的相对分子质量是逐步增加的,并且生成的是相对分子质量大小不同的同系物,它们的组成具有多分散性,其最终产物的相对分子质量也只有几万。

值得指出的是,缩聚反应一般是可逆的,每一步都存在可逆平衡问题,因此通常得到的缩聚产物,聚合度没有加聚物大。提高反应温度,在减压下排除小分子副产物,有利于反应向生成缩聚物的方向进行。

缩聚反应在高聚物的生产中具有重要地位。聚酰胺、聚酯、酚醛树脂、环氧树脂、聚碳酸酯、聚砜、聚酰亚胺等都是通过缩聚反应合成的。

5.3.3 高聚物的结构与物理状态

人们通过在高聚物的分子链上安排不同的链节,可以得到千差万别的物理性能,如机械性能、塑性、弹性、耐热性及电绝缘性等,这些不同的性能与它的分子结构有着密切的关系。

1) 高聚物的分子结构

(1) 高聚物分子链的结构

高聚物的分子链有线型、支链型和体型三种结构,如图 5.1 所示。

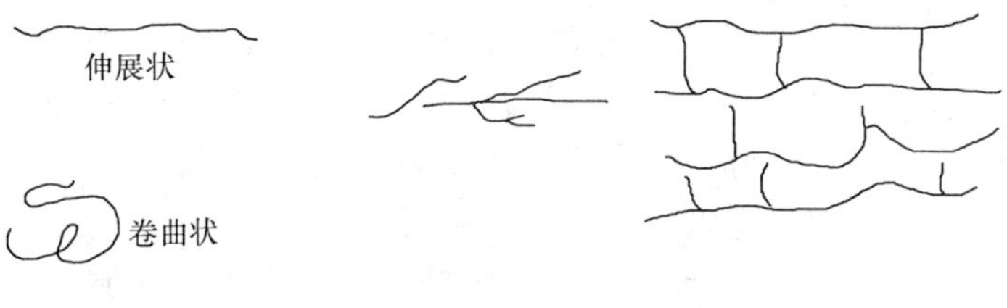

(a) 线型结构　　(b) 支链型结构　　(c) 体型结构

图 5.1　高聚物分子链结构示意图

① 线型。是指构成高聚物分子的许多链节相互连接成一个长的分子链，其长度往往是直径的几万倍。如果没有外力把它拉直，是不会保持直线形状的，而是处于卷曲状态，因此，这些高聚物分子链很柔顺，未硫化的天然橡胶、聚丙烯、低压聚乙烯、聚酯都是线型高聚物。

② 支链型。如果在主链的结构上还带有数量和长短不等的支链，那么就叫做支链型结构，如高压聚乙烯和接枝型 ABS 树脂等。

③ 体型。如果支链型分子在一定条件下相互作用，以化学键交叉连接(称为交联)起来，形成三维空间的网状结构，称为体型结构。它是许多分子结合成的一个整体，已无单个大分子可言，如酚醛树脂、硫化橡胶及离子交换树脂都是体型高聚物。

线型高聚物受热时，分子动能增大，分子间力被破坏，分子间发生相对滑动而变形，这时放在模具里可塑制成一定形状，冷却后形状保持不变，反复加热和冷却这种可塑性并不消失，因此这类物质称为热塑性高聚物。

体型高聚物，交联程度小的，受热时可以软化，但不能熔融；加适当溶剂可使其溶胀，但不能溶解。交联程度大的，则不能软化，也难溶胀。

因体型高聚物不溶不熔，成型加工只能在其形成网状结构之前进行，一经形成网状结构，就不能再改变形状，因此，这类物质称为热固性高聚物。

(2) 高聚物分子链的柔顺性

在大多数高聚物的分子链中，都存在许多单键，例如在聚乙烯中，主链全部由 C—C 单键组成，这些 σ 键的电子云分布是轴向对称的，C—C 单键能够绕着轴线相对自由旋转，即“内旋转”，例如丁烷的 C—C单键键角 109°28′，若以 C_1—C_2 键内旋转，就可以使 C_3 原子处于以 C_2 为顶点的圆锥体底圆周上，同样以 C_2—C_3 键内旋转，又可使 C_4 原子处于 C_3 为顶点的圆锥体底圆周上，见图 5.2。

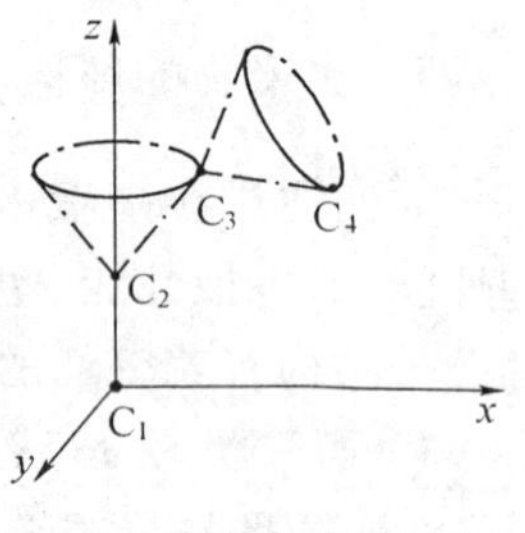

图 5.2 单键内旋转示意图

由单键的旋转性，可知一高聚物分子链的形状不是单一和固定不变的，若每一种形状称为一种“构象”，则一高聚物分子链有许多构象，由于分子总是处于不断的热运动中，具有一定的热运动能量，能克服内旋转势垒的阻碍，因而不断从一种构象转变为另一种构象。所以高聚物的构象是在不断变化着的。高聚物分子链绝大部分是以卷曲形式存在的，好似一个不规则的线团。高聚物分子链中各链节能自由旋转，并使分子链有强烈卷曲的性能叫做高聚物分子链的柔顺性。柔顺性决定于链节的化学组成，包括主链和侧链，也决定于键接情况和对称性，因为它们决定着高聚物的结晶度。结晶度越大，链的柔顺性越小。链的柔顺性对高聚物的物理性能，尤其是塑性和弹性，有重要影响。

2）高聚物的物理状态

高聚物只有液态和固定态(晶态和非晶态)两种相态。

(1) 线型非晶态高聚物的物理状态

高聚物分子链和链段(几个到几百个链节组成)热运动的双重性,决定了高聚物的物理状态。线型非晶态高聚物没有一定的熔点,根据温度的不同,可以呈现出 3 种不同的物理状态,即玻璃态、高弹态和粘流态。这 3 种状态可用温度—形变曲线(亦称热—机械曲线)来表示,如图 5.3 所示。

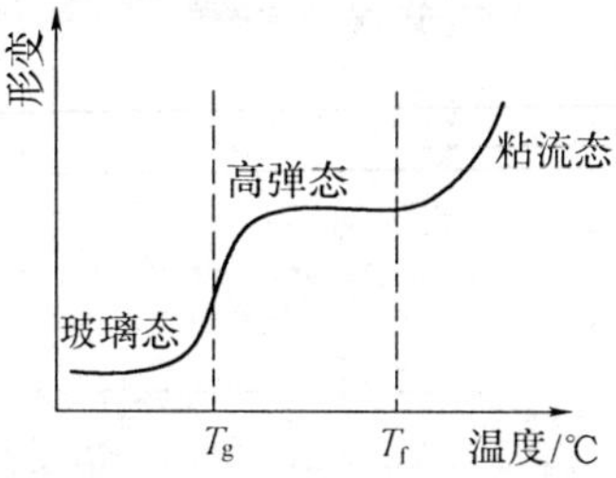

图 5.3 线型非晶态高聚物的温度—形变曲线

① 玻璃态。高聚物在足够低的温度下,其分子链和链段的运动都被冻结,分子链上的原子只能振动,分子排列仍很紊乱,施加外力,产生的形变很小,链段只作瞬时的微小伸缩和键角改变,当外力去除后形变能立即恢复,因而高聚物变成如同玻璃体那样的硬块,叫做玻璃态。

② 高弹态。随着温度的升高,分子热运动能量增加,当达到某一温度时,对整个高聚物分子链来说还不能移动,但分子中的链段已可内旋转。此时在外力作用下可产生很大的可逆变形,当外力去除后又恢复到原来的形状,表现出很高的弹性,因此叫做高弹态。

③ 粘流态。如果温度继续上升,达到适当的温度范围时,分子链和链段都可以运动,此时高聚物成为流动的粘稠液体。当施加外力时,高聚物分子链间相互滑动,产生形变,除去外力后,不能恢复原状,这种不可逆的变形叫做塑性变形,高聚物所处的这种状态叫做粘流态。

线型无定形高聚物的这种不同的物理状态,随着温度的变化可以相互转化。实验证明这 3 种状态的转变都不是突变过程,而是在一定温度范围内完成的,并有两个转变点,即玻璃化温度和粘流化温度。

由玻璃态向高弹态转变的温度叫做玻璃化温度,用 T_g 表示(表 5.3),由高弹态向粘流态转变的温度叫做粘流化温度,用 T_f 表示(表 5.4),人们习惯上把 T_g 在室温以上的许多高聚物叫做塑料,把 T_g 在室温以下的许多高聚物叫做橡胶,把 T_f 在常温下处于粘流态的高聚物称为流动性树脂。

表 5.3 几种高聚物的玻璃化温度

高聚物名称	T_g/℃	高聚物名称	T_g/℃
乙基纤维素	43	聚四氟乙烯	126
三醋酸纤维素	105	聚砜	189
硝酸纤维素	45	尼龙-66	48

续表 5.3

高聚物名称	T_g/℃	高聚物名称	T_g/℃
聚苯乙烯	90~100	聚乙烯	-120
聚氯乙烯	75	聚丙烯	-20
聚乙烯醇	85	天然橡胶	-73
聚丙烯腈	104	丁苯橡胶	-63~-75
有机玻璃	57~68	氯丁橡胶	-40~-50
聚碳酸酯	148	硅橡胶	-109

表 5.4　几种高聚物的粘流化温度

高聚物名称	T_f/℃	高聚物名称	T_f/℃
聚氯乙烯	175	聚砜	300
低压聚乙烯	100~130	天然橡胶	122
聚苯乙烯	112~146	硅橡胶	250
聚甲基丙烯酸甲酯	150	尼龙-66	264
聚碳酸酯	225		

塑料在室温下大都处于玻璃态，T_g 是其使用的上限温度；橡胶处于高弹态，T_g 是其使用的下限温度；大多数合成纤维是结晶高聚物，熔点 T_m 是其使用的上限温度。高聚物的玻璃化温度越高，它的使用温度也就越高，通常所说某高聚物的耐热性高，其玻璃化温度高是一个主要条件。

玻璃化温度是可以改变的。人们可以采取改变聚合条件，加入增塑剂或采用定向聚合等措施来改变原来高聚物的 T_g，从而提高其耐寒性或耐热性。例如，普通聚苯乙烯的 $T_g = 353$ K，而定向聚苯乙烯由于分子排列整齐，其 $T_g = 571$ K，耐热性大为提高。

高聚物的上述三种状态和两个转变温度对它们的加工和应用有重要意义。对橡胶而言，要保持高弹性，可选取 T_g 低、T_f 高的高聚物，这样高弹态的温度范围较宽。例如天然橡胶 $T_g = 200$ K，$T_f = 395$ K；硅橡胶 $T_g = 164$ K，$T_f = 523$ K。由于硅橡胶 $T_g - T_f$ 差值较大，所以用做橡胶其耐热耐寒性能更好。塑料和纤维是在玻璃态下使用，T_g 则越高越好，同时作为塑料还要求它既易于加工又要很快成型，所以 $T_g - T_f$ 的差值要小。例如，聚苯乙烯 $T_g =$ 363 K、$T_f = 385 \sim 419$ K 就可作为一种塑料。对加工成型来说，T_f 越低越好，对耐热性能来说，T_f 越高越好。对于要求机械强度好的材料，应选 T_f 高的高聚物。一般 T_f 较高且结构较规整的高聚物，适合做纤维。

(2) 高聚物的结晶

高聚物的结晶一般是在线型、支链型以及有少量交联的网状结构高聚物中形成。体型结构高聚物(如酚醛树脂、环氧树脂等)则不能结晶。

完全结晶的高聚物,在结晶熔融前,一直保持没有链段运动的状态,即在熔点 T_m 以下它总处于硬性固体状态,不出现玻璃化转变和高弹态。但是,高聚物分子链长,且又卷曲,因此要使高聚物分子链完成有规则的排列是不可能的,所以只存在部分结晶,即高聚物中同时存在结晶的晶区和无定形的非晶区两部分。因为"晶区"和"非晶区"比整个大分子链小得多,故每一个高聚物分子都可以同时穿过几个"晶区"和"非晶区"。在"晶区"里,大分子链的部分是规则而紧密排列的,而在"非晶区"中,大分子链则是蜷曲和排列无序的。结晶区域在高聚物中所占的重量百分数叫结晶度。例如,高压法制得的聚乙烯,其结晶度为 50%～70%,这是因为聚乙烯的化学结构简单容易形成结晶。主链上的取代基若体积越小,对称性越高,则容易形成结晶。例如,聚四氟乙烯,因氟原子体积小,且分布对称,故是一种典型的结晶高聚物。但是,聚氯乙烯、聚苯乙烯和聚甲基丙烯酸甲酯等,由于取代基无对称性,体积又大,因而空间阻碍大,相邻分子很难靠近,不易结晶。

高聚物分子链的立体规整性也有利于高聚物的结晶。例如,由特殊的催化剂得到的聚丙烯中,95%是等规聚丙烯[①],具有高度的结晶性,熔点达 431.2～433.2 K,这种聚丙烯可以制成优良的纤维。

当高聚物分子链上有强的极性基团(如—OH,—NH_2,—CN 等)存在时,则会产生较大的分子间力,有的可能存在氢键,使高聚物分子链靠近形成有序的排列而促成结晶。例如尼龙-6($\mathrm{+NH(CH_2)_5CO+_n}$),尽管它的结构没有对称性,但因其分子间存在着很多氢键,使分子间作用力大大增加,因而它的结晶能力就很大,是一个典型的结晶高聚物。

高聚物的结晶和结晶度大小,对高聚物的物理、机械性能有很大影响。高聚物的结晶度越大,造成了分子的紧密聚集状态,增强了分子间的作用力使其机械强度越高,熔点越高,相对密度也越大,但柔软性、透明度和冲击强度降低。大多数纤维是部分结晶高聚物,由于存在结晶区域而保证了纤维具有一定的机械强度。例如无定形的聚丙烯,在常温下是一种粘稠的液体,不能作为塑料使用。但是有较高结晶度的聚丙烯,熔点为 449 K,是一种耐热性较好、韧性和硬度都较高的塑料。

5.3.4 高聚物的性能与结构的关系

上述高聚物的结构特征对它的性能有着重要的影响。下面进一步讨论高聚物的性能与结构之间的关系,这对于合成特殊用途的高聚物,改进现有高聚

---

① 等规聚丙烯是指甲基在聚丙烯分子主链平面一侧(上方或下方)。

物的性能有重要指导意义。

1）机械性能

高聚物都具有一定的抗张、抗压、抗冲击、抗弯曲强度及硬度等机械性能。高聚物的两分子链间每对链节产生的范德华力等于单体分子间的范德华力，大量链节间的范德华力就是各单体分子间范德华力的简单加和，所以大分子间的作用力往往超过分子链内共价键力的数值。

高聚物分子链中有几千、几万甚至几十万个原子，分子的直径和长度相差几万倍，是细长而卷曲的，分子与分子之间又相互纠缠在一起，接触点很多，相互作用力就很大，因此高聚物能承受相当强的外力而分子间不发生相对移动，表现出足够的强度。凡是能够增大分子间作用力的因素（如引入极性基团、氢键等），都能提高高聚物的机械强度。

高聚物的结晶程度越大，分子排列越整齐，分子间相互作用力越强，机械性能也越好。另外，合成某一高聚物时，要保持一定的聚合度（如 400 左右），并且要求尽量减少多分散性，才能具有良好的机械性能。

高聚物的相对密度一般约为 1.0～2.0，只有钢铁的 1/8～1/4，铝的 1/2，相对于金属材料来说相对密度很小。所以，高聚物的特点之一是比强度（强度除以相对密度）、比模量（模量除以相对密度）大。

塑料的硬度一般比金属低，但其耐摩擦和耐磨损性能却大大优于金属。塑料的摩擦系数比较低，有的塑料（如尼龙，聚甲醛）本身还有自润滑性。

2）塑性和弹性

塑性又称可塑性，即固体受外力作用变形后，能完全或部分保持其变形的性质。高聚物是由许多很长的分子链构成的，当链的某部分受热时，这一部分结构单位的运动量就增加。但由于高聚物分子链不易传热，所以其他结构单位则受热不多，甚至还没有受热，这些部分的结构单位运动量就不大。因此高聚物不可能直接由固态转化为液态，而是要经过一个软化过程，这就是高聚物具有塑性的原因。高聚物分子链越柔顺，其塑性就越大。

弹性是指在外力作用下发生变形，外力除去后它又恢复原状的能力。由于高聚物分子链在通常情况下是卷曲的，而且许多分子链纠缠在一起，好像一个线团。当用力去拉伸时，分子链可被拉长，拉力除去后，高聚物又可恢复原来的形状，因此高聚物具有弹性。高聚物分子链柔顺性越大，弹性越好。

一般来说凡是线型非晶态高聚物，塑性和弹性较好，如橡胶和塑料；凡是属于晶体的高聚物，塑性和弹性较差，如纤维。

3）电绝缘性

很多高聚物具有优良的电绝缘 ，可与陶瓷等绝缘材料媲美，这对发展电机、电器、无线电电子工业具有独特的意义。高聚物分子链中的化学键都是共价键,不能解离,所以它不具有电子和离子的导电能力,是优良的电绝缘材料。

对于直流电而言,绝大多数高聚物具有较好的电绝缘性,而差别甚微,但对于交流电来说,高聚物的电绝缘性与它的极性有关,而分子的极性又与分子中基团的性质、数量及相互排列有关。高聚物从电性能上可分为 3 类电介质(绝缘体):

① 高频电介质。例如,聚乙烯是无极性基团且结构对称的高聚物;再如,聚四氟乙烯,虽然 C—F 键有极性,但整个链节对称而使极性抵消,仍是非极性高聚物。它们的电偶极矩 $\mu=0$,介电常数 $\varepsilon=1.8\sim2.0$,可用做高频电介质。

② 中频电介质。如聚苯乙烯、天然橡胶等,是无极性基团但结构不对称的高聚物,具有弱极性,其 $\mu=0.5$,$\varepsilon=2\sim3$;而聚酰胺等,带有极性基团,属于极性分子,其 $\mu=0.5$,$\varepsilon=3\sim4$。它们可用做中频电介质。

③ 低频电介质。如酚醛树脂、脲醛树脂、聚酯、聚乙烯醇等强极性高聚物,其 $\mu=0.7$,$\varepsilon=4\sim7$,它们只能做低频电介质。

4) 耐热性

很多塑料只能在 353～393 K 温度下工作,温度较高会变软或发生变形,所以一般高聚物的缺点是耐热性较差。热固性塑料一般比热塑性塑料的耐热温度高。

合成耐高温的高聚物,就是尽可能提高它的玻璃化温度(非晶态)或熔点(晶态)。从高聚物的结构来看,增加分子间的作用力,提高结晶度和降低高聚物分子链的柔顺性都有利于提高它的耐热性。如在高聚物分子链中引入苯环、杂环和极性基团等。都大大提高了它的耐热性,新型的耐高温工程塑料都具有这种特性。如聚砜可在 528 K 下长期工作;聚酰亚胺可在 533 K 下长期使用,间隔使用温度可达 753 K;聚苯并咪唑可以在 673 K 以上短期使用;聚四氟乙烯可长期在 73～523 K 下使用。

复习思考题

1. 有机物如何分类?什么叫官能团?
2. 何谓同分异构现象?举例说明同分异构的类型及特点。
3. 什么叫定位效应?说明定位基的类型与特点。
4. 什么叫亲电加成与亲核加成,举例说明。
5. 何谓消除反应,它有什么规律?举例说明。
6. 解释下列各对名词,并说明它们之间的关系。

（1）单体与链节；（2）聚合度与平均相对分子质量；（3）线型高聚物与体型高聚物；（4）热塑性塑料与热固性塑料。

7．什么叫高聚物分子链的柔顺性？它对高聚物的物理性能有何影响？

8．何谓 T_g 和 T_f？它们的数值与高聚物的哪些性能有关？

习　题

1．试写出具有分子式为 C_4H_8O 的醛和酮的基本碳架不同的构造异构体的结构简式。

2．试写出 C_6H_{14} 基本碳架不同的构造异构体的结构简式。

3．下列物质属于哪一类有机物？写出它们的名称。

（1）$CH_3CH_2OCH_3$；（2）$CH_3CH_2COCH_3$；（3）CH_3CH_2CHO；

（4）$CH_3CH_2CH_2COOH$；（5）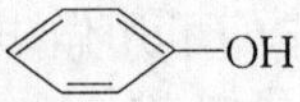

4．以苯为原料，用两步取代反应制备下列化合物，写出取代反应的先后反应式。

（1）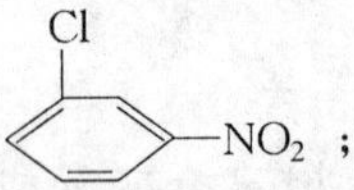；（2）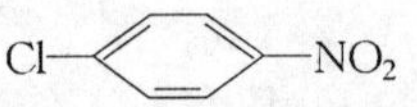；（3）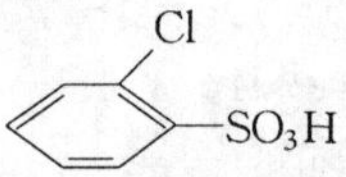

5．一种有刺激性气味的无色液体，分子中含有一个碳原子，并能和乙醇酯化，还能显示银镜反应。判断该有机物是什么？并写出有关反应式。

6．试用简单的化学方法区别下列各组有机物。

（1）正丁醇和1-丁炔；（2）正丁醇、仲丁醇和叔丁醇；（3）乙丁醚和乙丙烯醚

7．按照沸点升高的次序排列下列有机物。

（1）丁烷；（2）正丁醇；（3）α-甲基丙烷；（4）乙醚。

8．完成下列反应：

（1）$CH_3OH + O_2 \xrightarrow{\text{完全燃烧}}$

（2）$(CH_3)_2C{=}CHCH_3 \xrightarrow[\text{酸性}]{KMnO_4}$

（3）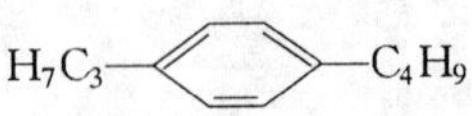 $\xrightarrow[\text{酸性}]{KMnO_4}$

（4）$CH_3CH{=}CH_2 \xrightarrow[\text{中性}]{KMnO_4}$

9．完成下列反应：

（1）$CH_3CH_2C{\equiv}CH + HBr \longrightarrow$

（2）$CH_3CH_2C(CH_3){=}CH_2 + HCl \longrightarrow$

（3）$CH_3CH_2CH_2OH + CH_3COOH \longrightarrow$

（4）$CH_3CH_2CH_2CHBrCH_3 + KOH \xrightarrow[\triangle]{\text{乙醇}}$

10．下列各种聚合物的聚合度是多少？

(1) $\text{-[}NH-(CH_2)_5-CO\text{]}_n\text{-}$　　$M_r = 100\ 000$

(2) $\text{-[}CH_2-CCl_2\text{]}_n\text{-}$　　$M_r = 100\ 000$

(3) $\text{-[}OCH_2CH_2O-CO-CO\text{]}_n\text{-}$　　$M_r = 100\ 000$

(4) $\text{-[}Si(CH_3)_2-O\text{]}_n\text{-}$　　$M_r = 100\ 000$

11．下列结构的高聚物由何种单体合成的？

(1) $-NH-(CH_2)_6-NH-CO-(CH_2)_8-CO-NH-(CH_2)_6-NH-CO-(CH_2)_8-CO-$

(2) $-CH_2-CH{=}C\quad H-CH_2-CH_2-CH{=}CH-CH_2$

(3)

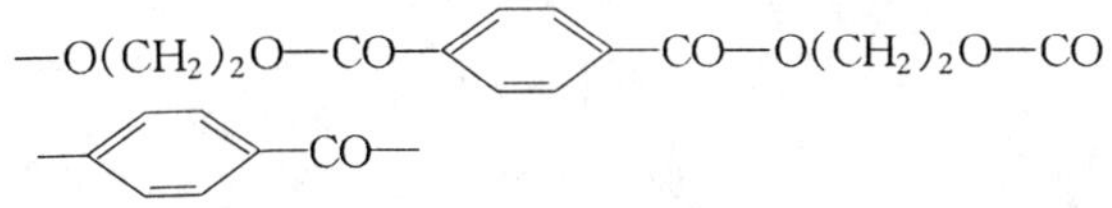

(4)

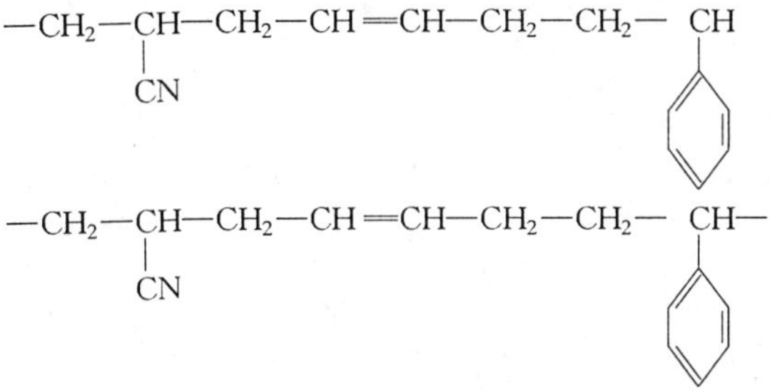

12．下列哪些低分子有机物能生成加聚物或缩聚物？写出有关反应式。

(1) C_2H_6　(2) C_2H_2　(3) $(CH_2OH)_2$　(4) C_2F_4　(5) 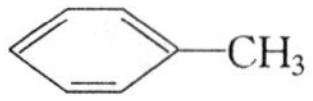

13．把下列的高聚物和相对应的链节用横线连接起来。

(1) 天然橡胶　① $-CH_2-C(CH_3){=}CH-CH_2-$

(2) 聚苯乙烯　② $-CH_2-CH(Cl)-$

(3) 聚乙烯　③ 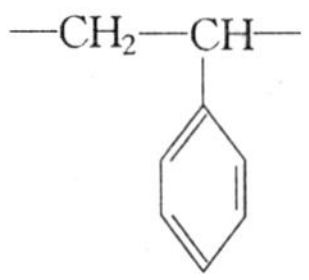

(4) 聚丙烯　④ $-CH_2-CH_2-$

(5) 聚氯乙烯　⑤ $-CH_2-CH(CH_3)-$

14．写出合成下列高聚物的反应式并指出反应类型。

(1) 聚丙烯腈；(2) 尼龙-1010；(3) ABS 树脂。

15．高聚物有哪 3 种物理状态？在这几种状态下，高聚物分子运动的特点分别是什么？

16. 填充下表：

高聚物种类	T_g	T_f	T_g 与 T_f 差值
橡胶			
塑料			

6 材料化学

6.1 概论

材料科学主要研究材料的成分、分子或原子构成，微观及宏观组织，以及加工制造工艺和性能之间的关系。众所周知，人类社会的进步和发展主要依赖于人类使用的材料——从史前的石器时代，发展到青铜和铁器时代，直至具有高度物质文明的现代社会。尤其是现代社会对新材料的依赖更显著。半导体材料的出现使计算机、电视机等性能和质量得到飞跃式发展，光刻胶的出现使大规模集成电路得以迅速运用，纳米材料又将使现代科学推向一个新的高潮。

20 世纪以前，所使用材料大多只停留在材料固有的宏观性质，如强度、硬度、耐热性、耐腐蚀、导电性等，20 世纪 50 年代人们才将目光转向材料的特殊光、电、磁、热、声性能，并开始注重从化学组成和内部结构上去探求材料物性的起因，从材料合成工艺条件与材料性质、功能和组成关系上去寻求规律以指导新型材料的制备，材料科学就应运而生。材料化学是材料科学的一个重要分支，是从化学角度出发，研究材料的化学组成、内部结构与性能之间的关系，它是新材料得到发展的根本，将为制造出人类社会所需的各种功能材料做出重大贡献。

展望 21 世纪，信息技术、生命技术、新能源技术将是现代社会高速发展的重要基础，而新材料技术又是上述技术发展的基础。

6.1.1 材料的分类

目前世界上的材料种类繁多，不胜枚举，而新型材料层出不穷。从不同角度出发，材料的分类方法也就各不相同。有从物理或化学角度出发来分类的，也有从功能、用途或状态来分类的。表 6.1 列出了现代一些重要材料的不同分类方式。

6.1.2 材料应用和研究的新趋势

现代科学技术和工业生产对材料性质、使用效率、寿命的要求不断提高，下面介绍其发展趋势。

表 6.1　现代材料的分类

物理分类	化学分类		功能分类	用途分类	状态分类
超导材料	有机高分子材料	塑料	激光材料	耐火材料	晶体材料
磁性材料		树脂	磁光材料	感光材料	多晶材料
高温材料		橡胶	电光材料	电子材料	非晶材料
超硬材料		合成纤维	声光材料	光学材料	液晶材料
导电材料	无机非金属材料	陶瓷材料	热电材料	信息材料	薄膜材料
半导体材料		玻璃材料	压电材料	光纪录材料	胶体材料
绝缘材料		水泥基材料	铁电材料	阻燃材料	气态材料
高强材料		耐火材料	光电材料	耐酸材料	液态材料
纳米材料	金属材料	黑色金属	智能材料	研磨材料	非平衡态材料
低维材料		有色金属	储氢材料	结构材料	
非线性光学材料		合金	生物材料	电工材料	
	复合材料	无机	功能材料	光纤材料	
		有机		建筑材料	
	杂化材料			医用材料	
				能源材料	

1）非金属材料代替金属材料

以非金属材料代替金属材料，有色金属代替部分钢铁，是材料应用的大势所趋。世界普通钢铁产量近几年徘徊不前，而钛合金、铝合金产量稳步上升，合成聚合物的增长速度每年都在 10％以上。以汽车工业为例，发达国家汽车配件中非金属材料用量达到 80％，而在 20 世纪 80 年代只有 30％左右。非金属材料几乎在所有领域都得到广泛应用。非金属材料由于其质量轻、强度高、韧性好、来源广泛、加工方便，在今后将得到更广泛的应用。例如，防水堤用土工布代替钢铁，可使大堤的寿命从50 年提高到 200 年以上。

2）材料的强度和韧性不断提高

20 世纪 60 年代低碳钢的屈服强度只有 200～300 N/mm^2。80 年代，由于晶粒细化，使低碳钢的强度达到 450～500 N/mm^2。而通过掺入其他金属（合金钢），屈服强度可高达 2 000 N/mm^2 以上，通过掺杂纳米稀土氧化物强度和韧性又有明显提高。

陶瓷材料具有很高的强度，例如烧结 Al_2O_3 的强度可高达 600 N/mm^2，理论强度还要高 1～2 个数量级，氮化硅、碳化硅的高强度材料也得到大量应用，这类材料还具有耐高温、耐磨损的优异性能。其缺点是韧性相对较差，提高该类材料的韧性是今后发展的趋势。目前通过纳米晶化或掺入其他材料（如 Al_2O_3 中掺入 ZrO_2）来提高韧性已取得一定的突破。

聚合物的理论强度按键能计算约为 20 000 N/mm^2。而目前实际聚合物的强度要低 1～2 数量级。通过提高聚合物的结晶度，添加增强剂(尤其是纳米填料)，提高其密度和熔点，进而提高抗拉强度、冲击强度是研究聚合物材料的主要方向。

3）复合材料的应用

由于单一材料存在难以克服的缺点，例如陶瓷的脆性，有机材料的低模量等。但如果把不同材料进行复合以后，往往可以得到比原组分性能都要好的新材料，这已经成为当今结构材料发展中的一个新的趋势，如玻璃钢材料，碳纤维增强的树脂复合材料等。目前正在发展的复合材料有陶瓷基、金属基与碳碳复合材料。陶瓷基是为了增加韧性，金属基是为了增加强度，并增加刚度，碳碳则是为了耐骤冷骤热而不致破裂，复合材料要解决的关键是不同材料间的界面匹配问题。通过把不同种类的有机、无机金属材料在原子、分子水平上的杂化，从而形成新型原子、分子集合结构的物质，是复合材料发展的一个新方面。人们将这类复合材料称做杂化材料，其构成示意图如下：

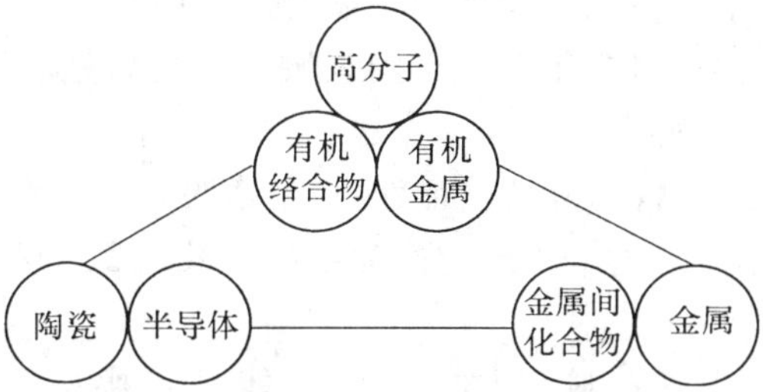

图 6.1　复合材料构成示意图

杂化材料大致可分为 3 类：

(1) 功能杂化材料；

(2) 结构杂化材料；

(3) 医用杂化材料。

4）信息材料异军突起

21 世纪将是信息技术高速发展的时代，第三代、第四代移动通信技术，光通信、量子通信等未来通信技术对新材料提出更高的要求，信息材料的核心是电子材料和光子材料，而目前的研究重点仍在电子材料。电子材料主要有：以硅及砷化镓等半导体为中心的半导体材料、记录及记忆用的磁性材料以及电子陶瓷，其他如光半导体材料、光导纤维、液晶。

电子工业要求高集成和高密度电路并降低能耗、价格。电子元件尺寸已达到 0.2 μm。单晶硅的制作工艺和生产成本方面已经取得重大突破，硅储存器已突破 1 G/cm^2。随着纳米材料的发展，微电子学正在向纳米电子方向发展，单位面积的容量有可能成百倍增长。

光磁材料的出现，是原有的磁记录面密度有了很大的提高，高密度光盘仍是一个发展方向。

电子陶瓷已普遍用做电介质、压电体和半导体材料，它将在传感器、超大规模集成电路微细加工方面发挥重大作用。

光导纤维、半导体激光器、大面积液晶显示器、等离子场高清晰电视等领域将会在不久的将来取得重大的突破。

5）高温超导材料将大步发展

超导材料由于其极低电流运输损耗和其他的特殊性能，已得到广泛应用。随着高温超导材料的突破，超导电缆输电、超导发电机、超导电动机、超导磁流体、超导磁悬浮、超导计算机元件等都将得以实现。

6）合成聚合物仍将进一步发展

合成高分子材料千姿百态，品种繁多，除了目前大量使用的塑料、合成橡胶、合成纤维、油漆涂料、高分子粘合剂将更广泛使用外，功能高分子的研究与应用是当前世界化学工业和科学技术发展的重要趋势。它将是高分子化学和材料科学中发展最快最具有重要意义的领域。功能高分子材料按性质和功能可划分成以下6种类型：

（1）膜型高分子材料（分离膜、稀释膜、半透膜）；

（2）光敏型高分子材料（光稳定剂、光刻胶、感光材料和光致变色材料等）；

（3）电活型高分子材料（导电聚合物、能量转换型聚合物和其他电敏材料）；

（4）反应型高分子材料（试剂和催化剂等）；

（5）吸附型高分子材料（吸水树脂、凝聚剂、其他吸附型树脂等）；

（6）其他类型的功能高分子材料（高分子液晶材料，医用高分子材料，磁性高分子材料等）。

7）研究特殊条件下应用的材料

在高温、高压、高真空、高辐射等条件下应用的材料将具有广阔的市场前景。工业和科研上已广泛应用的有合成金刚石、聚碳化硅、碳化硼等超硬材料、耐高温陶瓷材料、高压超导材料。其他如耐强磁场、强光源、强电场材料的深入研究，将为材料应用领域的拓宽起到极大的推动作用。

8）其他新材料

镁、稀土及镍合金等是良好的吸氢材料，可以用于储存能源，是目前国内外研究的重点能源材料。光电转换材料也是洁净能源发展的一个重要内容。

其他与环境、生命等有关的新材料在21世纪将得到飞跃式的发展。

综上所述，新材料的研究会在新世纪大有用武之地，新材料的研究离不开化学、物理。材料学的发展必将使物理学家、电子学家、化学家等多领域专家走到一起，携手合作、共同探索，共创美好未来。

6.2 金属材料

1) 金属

在目前已经发现的100多种元素中，除22种是非金属元素外，其余都是金属元素。

金属有光泽，具有导热性、导电性和延展性，在常温时除汞是液体外，其余都是固体。一般金属元素的原子在反应时较易失去电子而变成正离子。

在自然界中常用来提取金属的矿物有天然金属矿(如金、银和铂等)、硫化物矿(如闪银矿 Ag_2S、闪锌矿 ZnS 和辰砂 HgS 等)、氧化物矿(如赤铁矿 Fe_2O_3、铝土矿 $Al_2O_3 \cdot nH_2O$ 和锡矿 SnO_2 等)、硫酸盐矿(如石膏 $CaSO_4$、重晶石 $BaSO_4$、天青石 $SrSO_4$ 等)、碳酸盐矿(如白云石 $CaCO_3 \cdot MgCO_3$、菱镁矿 $MgCO_3$ 和方解石 $CaCO_3$ 等)和氯化物矿(如钾石盐 $KCl \cdot NaCl$、光卤石 $KCl \cdot MgCl_2$)等。矿物经预处理、冶炼和精炼等工艺制备成各种金属。

金属的分类有很多种。冶金部门把铁、铬、锰称为黑色金属，而把其余金属称为有色金属。也有按比重大小来进行金属的分类，一般把比重大于5.0的金属称重金属，小于5.0的金属称轻金属。也有按金属元素在周期表中的位置而分为 s 区金属元素、p 区金属元素、过渡金属元素和稀土金属元素等。另外，还会见到一些俗称如稀有金属、贵金属、放射金属等名称。

2) 合金

纯金属具有较高的导电、导热性，但强度和硬度大多较低，且资源有限，成本较高，故工业上不能大量应用，主要使用合金。

合金是两种或两种以上的金属元素或金属元素与非金属元素熔合且有金属特色的物质。目前世界上已制成的合金约有4万种，而且还在以每年新发明1千种合金的速度增长着。在强度、硬度、熔沸点、相对密度、导电导热性和电磁性等方面，合金与金属相比更是千差万别，这是由于合金的组分元素的数量、品种和制备条件各不相同，因而形成了不同的合金组成和结构。按合金的组成和结构可分为混合物合金、固熔体合金和金属化合物合金3种类型。

(1) 混合物合金

混合物合金是两种以上金属在熔融时可完全或部分互溶，但在凝固时各组分金属又分别结晶，形成不同成分的小晶体的机械混合物。这种合金熔点比组分金属低，机械性能好，导电导热性介于混合组分金属之间。

(2) 固溶体合金

固溶体合金是两种以上金属在熔融和凝固时都能相互溶解的固态溶液，也是溶质原子溶入溶剂晶格并保持溶剂晶格类型的一种金属晶体。根据溶质(金属或非金属)原子在溶剂晶体中的位置，固溶体合金可分别取代固溶体合金和间隙固溶体合金。

取代固溶体合金是溶剂晶格中的部分金属原子被溶质原子置换后形成的固溶体合金，根据溶质原子在溶剂晶格中的溶解度大小又可分为有限固溶体和无限固溶体两种。例如，在室温时硅在 α-Fe 中的溶解度小于 5%，是一种有限固溶体。又如 Cu-Ni 合金中铜和镍能以任意比例无限互溶，故是一种无限固溶体。一般原子半径相近(相差小于 15%)、外层电子结构相似、电负性相近的金属易形成取代固溶体合金。

当溶质原子半径很小(如氢、硼、碳、氮、氧等)，与溶剂原子相差较大，在互溶时溶质原子进入金属晶格的空隙中，这时便形成间隙固溶体合金。例如，碳原子溶入 α-Fe 的晶格间隙，形成铁素体间隙固溶体。

固溶体合金基本保持溶剂金属的晶格结构和性质，有些还能使强度、硬度增加。

(3) 金属化合物合金

金属化合物合金是金属元素间发生相互作用而形成的物质，晶体结构复杂，其中除离子键和共价键外还有金属键，因而熔点、硬度和脆性较大，塑性较低，一般合金钢和硬质合金都是金属化合物合金。根据金属化合物合金的组成、结构和制备方法，可分为正常价化合物合金(如 Mg_2Si，Mg_2Sn，Mg_2Pb 等，符合化合价规律，硬度和脆性大)、电子化合物合金(如 AgAl，Cu_5Zn_2 等，不遵守化合价规律，熔点、硬度高，塑性低)和间隙化合物合金(如合金钢中的 Fe_2B 等)。

6.3 无机非金属材料

岩石、粘土、窑业产品是最常用的无机非金属材料，以前称硅酸盐材料。粘土经高温焙烧可以得到各种砖瓦和陶瓷；与石灰石适当配料，在更高温度下煅烧成半融态物质就是水泥；适当配料的砂石原料，经高温熔融可以制得各种玻璃。陶瓷、水泥、玻璃统称窑业产品。

1) 无机非金属材料的组成

一般无机非金属材料由几种金属元素和非金属元素化合组成，如由金属元素和非金属元素的氧化物(Al_2O_3，SiO_2，Fe_2O_3，CaO，MgO，TiO_2，Na_2O，K_2O，PbO 等)、硅化物、氮化物、碳化物等均以各种不同的结构组成。

2) 无机非金属材料的性质

无机非金属材料的晶体结构复杂，在室温下缺乏自由电子，故一般是非导电体和不良的导热体。另外,它们大都是硬质的、脆性和刚性的,压缩强度比拉伸强度高。施加负载后,其塑性流变和绝对弹性极不明显。

无机非金属材料有很强的离子键或共价键,故抗化学侵蚀能力比金属材料和有机材料强。另外,其熔点一般较高,特别是陶瓷材料,大多在 1 573～4 073 K 之间,平均约 2 573 K。

3) 无机聚合物

凡在主链上不含碳原子的多聚化合物称无机聚合物。无机聚合物也称无机高分子,是介于无机化学、有机化学和高分子化学之间的新兴领域。无机聚合物也是陶瓷、金属和有机聚合物三者连接的一个领域,它能提供合成兼有三者性能的新的功能材料。

无机聚合物的热稳定性、阻燃性、化学稳定性和机械强度等比有机聚合物好。无机聚合物因其结构和组成的不同,它们的性能也不尽相同。例如,金刚石、玻璃、氧化硼和碳化硅等熔点、硬度高,但脆性也大,而聚硅氧烷等熔点、硬度较低,但脆性较小。

无机聚合物的分类方法很多,按骨架组成的不同,无机聚合物可分为均链无机聚合物、杂链无机聚合物、带有机基团的无机聚合物和金属配位聚合物。均链无机聚合物是由同种元素以共价键组成的具有 —A—A— 主链的聚合物。杂链无机聚合物是由异种元素交叉地以共价键组成的具有 —A—B—A—B— 主链的聚合物。带有机基团的无机聚合物是在主链或侧链上连接有机基团,整体不含金属原子或离子的聚合物。金属配位聚合物是在结构单元中既有金属原子又有配体,存在定域或不定域配位键的无机聚合物。

无机聚合物最早的研究和应用是陶瓷类、水泥类和玻璃类等聚硅酸盐,现在已出现了聚硅氧烷$(R_2SiO)_n$、聚磷腈$(NPX_2)_n$、聚氮化硫$(SN)_n$、聚氮化硼$(BN)_n$、聚磷酸硼$(BPO_4)_n$、聚氮化硅$(Si_3N_4)_n$、聚硫化砷$(As_2S_3)_n$ 和金属配位聚合物等许多新的无机聚合物。它们不仅广泛地用于工业和日常生活中,例如牙料材料、粘合剂、纺织品处理剂、喷雾润滑剂、建筑防水剂、鞋油和颜料等,而且用做电子、机械、光学、医学和军事等部门中高新技术的功能材料。无机聚合物将受到人们越来越大的重视。

6.4 有机高分子材料

6.4.1 概述

高分子材料按其组成可分为有机高分子材料和无机高分子材料两类。有机高分子材料按其形成的途径又可分为天然高分子材料和合成高分子材料两种,后者也称高聚物或聚合物。由于高分子化合物在结构上的特点,因而具有以下的一些基本性质:

(1) 质轻相对密度小,一般相对密度在1~2之间。纯塑料中最轻的聚丙烯,相对密度为0.91,比水还轻,有的泡沫塑料相对密度只有0.01。由于相对密度小,用同样重量的材料可制得更多的制品。

(2) 比强度高,它的比强度较碳素钢和一般金属都高。如玻璃纤维增强塑料——玻璃钢,其相对密度为1.90,抗拉强度为150 MPa,比强度为26.3;而3号钢的相对密度为7.85,抗拉强度为38 MPa,比强度只有4.8。玻璃钢的比强度较碳素钢大5.5倍,这对要求大幅度降低本身重量的交通运输工具和航天工业的火箭、人造卫星、宇宙飞船等来说,无疑是重要的结构材料。

(3) 具有良好的耐磨、耐蚀和电绝缘性。

(4) 具有一定的弹性和塑性。

高分子合成材料具有某些天然材料所没有的优越性能,原料主要是石油化工的副产品,来源丰富、价格低廉,生产不受自然条件的限制。因此,自从1891年首次制出了人造化学纤维,1935年研制成功合成纤维尼龙66以来,至今仅数十年,发展极为迅速。工农业机械上的许多零部件、交通运输工具的外壳及内部设备都广泛应用高分子合成材料,国防和尖端科学技术应用它的耐高温、耐腐蚀、高强度、高绝缘的特性,制作经受3 000 ℃以上高温的本体。在日常生活方面,其应用更为广泛。可以说,高分子合成材料已成为各个领域中技术进步的标志,也是衡量一个国家现代化水平的标志之一。

高分子合成材料主要有塑料、合成纤维、合成橡胶、胶粘剂和涂料等。

6.4.2 塑料

塑料是以合成树脂为基本原料,加入适量的填料和添加剂,在一定的压力和温度下塑制成型的一类高分子合成材料的总称。

成型工艺有压制成型、挤压成型、压延成型、注射成型和浇铸成型等多种。

1) 塑料的成分

塑料由合成树脂、添加剂和填充料等三部分组成。

(1) 合成树脂

合成树脂是由一种或两种以上的单体(不饱和的低分子化合物)聚合而成。根据聚合反应的不同,可分为聚合树脂和缩聚树脂两类。

合成树脂按其受热表现的性能,可分为热塑性树脂和热固性树脂两类。

热塑性树脂受热时会软化,冷却后变硬。这类树脂结构形式属线型分子结构或支链型分子结构,所有的聚合树脂均属这一类,如聚乙烯、聚氯乙烯、聚苯乙烯、聚酰胺、聚丙烯酸类树脂等。

热固性树脂在初受热时会软化，但加热到一定时间或加入固化剂后，就会硬化成型，再加热也不会软化，结构形式呈体型网状分子结构。属于这类树脂的有酚醛树脂、脲醛树脂、密胺树脂、硅树脂、聚酯树脂等。

因为合成树脂是塑料的基本组分，所以合成树脂的这些性质也就决定了塑料必具有这些性质。合成树脂不仅是塑料的基本组分，也是合成树脂涂料和粘结剂的基本组分。

(2) 添加剂

随着塑料工业的迅速发展，添加剂的品种愈来愈多，不同品种的添加剂能改善塑料的不同性能。常用的添加剂有以下几种：

① 增塑剂。为了改善塑料的弹性和塑性，尤其是改善低温脆性，增加塑料产品的柔韧性，使它便于加工成型而加进的添加剂叫增塑剂。塑料与增塑剂之间必须有良好的相溶性。如聚氯乙烯塑料在配料时加进30%～50%的邻苯二甲酸二丁酯，就可制成软质聚氯乙烯，不仅降低了成型加工温度，而且产品的弹性和柔软性大为提高，也就提高了这种塑料的耐寒性和抗冲击性。若配料时不加增塑剂，便只能制成硬质聚氯乙烯。

增塑剂的缺点是降低了塑料制品的强度和耐热性。常用的增塑剂有邻苯二甲酸酯类、己二酸酯类、磷酸酯类和氯化石蜡等。

② 稳定剂。为了防止塑料在加工和使用过程中受光、氧和热的作用而老化变质所加进的添加剂叫稳定剂。稳定剂能提高塑料抗老化的能力，延长使用时间。要求稳定剂能与树脂互溶，在成型加工过程中不分解，在使用环境中保持稳定。

常用的稳定剂有硬脂酸盐和碳黑等，选用时应视具体要求而定。如为了提高塑料的热稳定性，可掺加硬脂酸盐；聚丙烯易老化，应掺加碳黑作为紫外线吸收剂等。

③ 色料或着色剂。塑料着色为的是美化、装饰，有时色料还有稳定、填充和改性等多功能作用，但也有可能使塑料加速老化的副作用。所以应根据塑料的用途、树脂特性及其他添加剂的影响，选取合适的色料。着色剂要求分散性好，着色力强，使塑料在通常情况下不易变化。又因着色剂大多为金属化合物，在光和热的作用下，能促使塑料加速老化，故选用的着色剂应不降低塑料的性能和其他添加剂的作用。

常用的着色剂有铅盐、炭黑、氧化锌等。

④ 润滑剂。润滑剂是为顺利加工容易脱模而加进的一种添加剂。润滑剂分外润滑剂和内润滑剂两种。外润滑剂的作用是使聚合物熔体的表面形成一层润滑膜，降低聚合物与金属模之间的粘附力，易于成型和脱模。常用的外

润滑剂有硬脂酸及其盐类。内润滑剂相溶于塑料内,它的作用是降低聚合物大分子之间的粘度,减少内摩擦,增加聚合物的流动和降低因内摩擦所引起的温升,故内润滑剂与聚合物必须有较好的相溶性。常用的内润滑剂有低分子量聚乙烯、聚四氟乙烯树脂等。

⑤ 固化剂。固化剂的作用是使聚合物线型分子结构交联成稳定的体型分子结构,从而制得坚硬的塑料制品,故又名硬化剂或交联剂。

不同的合成树脂适用不同的固化剂,制得不同的塑料产品。如环氧树脂用胺类或酸酐类固化剂;酚醛树脂用六次甲基四胺固化剂;聚酯树脂用过氧化物作为固化剂。

⑥ 其他添加剂。制造泡沫塑料所加进的添加剂叫发泡剂,有偶氮二甲酰胺和碳酸氢钠等。为了减缓塑料燃烧性能而加进的添加剂叫阻燃剂,这种添加剂有氧化锑、氢氧化铝和磷酸酯类等。为了减少或消除塑料表面静电的积聚,从不影响安全使用所加进的添加剂叫抗静电剂,这种添加剂有酰胺、胺类及具有聚醚结构的化合物。

(3) 填充料

填充料是塑料的重要组成部分。随着塑料工业的发展,它变得越来越重要。它不仅能增加塑料的产量,降低塑料的价格,而且还能克服塑料本身的某些缺点,大大提高塑料的技术性能,起到良好的改性作用。

硬质聚氯乙烯和聚烯烃等塑料,在添加了大量硫酸污泥和石粉等钙质填料后(掺量可达 70%),即成为钙塑材料。这是一种价格便宜有足够刚性的复合材料,大量地用于制造民用塑料制品。

纤维增强塑料就是用纤维(如玻璃纤维,石棉纤维等)作为填充料,可以大大提高塑料的抗拉强度。玻璃钢的抗拉强度可达 150 MPa。

耐磨工程塑料就是用二硫化钼、石墨和聚四氟乙烯等作为塑料的填充料,改善塑料的润滑、摩擦和磨损性能。

电气工程塑料中掺入填充料云母后,能大大增强塑料的电绝缘性能。

填充料在塑料中占有很重要的地位,塑料作为一种新兴的工程材料,应充分利用各种填充料的作用,发展多功能的新型复合材料,以适应各种工程的不同需要。

2) 塑料的分类

塑料品种繁多,现有 300 多种,它们的产量(按体积计)已接近钢产量。塑料分类方法主要有两种,一种是根据塑料受热后表现的性能,可分为热塑性塑料和热固性塑料两大类,因为这一性能完全决定于合成树脂,故也与合成树脂的分类相同;另一种是按塑料的应用进行分类,它们可分为通用塑料、工程塑料和改性、增强塑料。各种塑料的品种、代号见表 6.2。

表 6.2 塑料的分类附表

通用塑料		工程塑料			
名称	代号	名称	代号	名称	代号
聚氯乙烯	PVC	聚酰胺66	尼龙66	聚酰亚胺	PI
聚苯乙烯	PS	聚甲醛	POM	环氧树脂	EP
聚乙烯	PE	聚碳酸酯	PC	三聚氰胺	
聚丙烯	PP	聚四氟乙烯	PTFE	甲醛树脂	MF
酚醛树脂	PF	聚甲基丙		不饱和聚酯	UP
脲醛树脂	UF	烯酸甲酯	PMMA	有机硅树脂	SI

3) 常见塑料及其应用

(1) 通用塑料

这是指日常所见的用途广、产量大的一些塑料品种,主要有聚氯乙烯、聚苯乙烯、聚烯烃、酚醛塑料和脲醛塑料等。

(2) 工程塑料

所谓工程塑料是指在工业上可用做工程材料或能取代金属制作结构材料和部件,并能在规定条件下长期工作的塑料。

作为结构材料,和金属相比工程塑料具有以下特点:①可用简单的模制法加工成型为形状复杂的制品;②相对密度小,可以减轻运输机械的自重,并便于运输;③可以满足各项物理机械性能的要求,如耐热、耐化学品、耐磨、耐震动,强度高、刚性好,尺寸稳定性高等;④节省能量。

因此,无论从技术条件或经济效益上比较,用高功能的工程塑料代替金属材料是必然的趋势和现实的要求。

在通用塑料和工程塑料之间并无严格的界限,主要视制品的性能及使用对象加以区分。例如,ABS 经过用纤维状材料或矿物填充增强后,即可满足工程塑料的要求;又如聚丙烯经过增强后也可成为工程塑料。

工程塑料是在通用塑料的基础上发展起来的,除了开发一些新的专用功能塑料外,大量的还是在通用塑料的基础上经过改性而得到。改性的办法有二:一是通过共混将通用塑料加工成掺合塑料或塑料"合金",再就是用适当的材料进行增强来达到工程塑料的要求。热塑性工程塑料将有一半左右是通过以上两种途径制得的。

按照国际上通常的分类方法,以下几类塑料列为工程塑料:聚酰胺、聚缩醛、聚碳酸酯、聚对苯二甲二乙酯(PET)、聚对苯二甲酸二丁酯(PBT)、氟塑料、强化聚丙烯、强化 AS、强化 ABS、强化 PP、改性聚苯撑氧(PPO)、聚砜、聚酰亚胺、聚苯并噻唑、聚苯并咪唑、聚苯撑硫(PPS)等。

(3) 改性增强塑料

改性是指对原有塑料改变和提高它的技术性能,扩大它的使用范围。改性的方法有共聚、交联和增强复合等。

共聚和交联是使两种或两种以上的单体链节交错连接成一种新的高分子化合物(共聚物)。这种共聚物把两种或两种以上高分子材料的特性综合在一起,使共聚物具有更好的技术性能,如ABS塑料就属于这一类。再如聚氯乙烯流动性较差,若将氯乙烯单体与醋酸乙烯酯进行共聚,则新的共聚物既能保持原来聚氯乙烯的良好性能,又能提高其流动性。

玻璃钢是以玻璃纤维为增强材料和塑料组成的一种复合材料,即玻璃纤维增强塑料。由于玻璃纤维的抗拉强度很高,因而这种复合材料的强度大大提高。如环氧树脂用玻璃纤维增强复合成的环氧玻璃钢,强度可达150 MPa以上,超过一般普通碳素钢的的强度,而且重量轻、耐高温,故成为航天业的重要结构材料。

6.4.3 纤维

纤维有天然纤维和化学纤维两类。目前,化学纤维的应用范围已超过了棉毛丝麻等天然纤维。化学纤维又可分为“再生”纤维和合成纤维两种。最近,化学纤维的发展重点是用化学和物理方法进行纤维改性,发展超细、阻燃、复合、中空、抗静电、异形、高吸湿、着色、无纺布等新品种,制成仿毛、仿丝、仿棉、仿兽皮、仿麻等织物。为了提高生产率,降低成本,扩大应用范围,化纤工业正向连续化、高速化、合理化、功能化的方向发展。化纤产品已广泛应用在宇航、海洋、交通、建筑、国防、医疗等各个工业部门,例如高强度、高模量、高韧性的纤维产品,吸附性的海洋生物种植纤维产品,耐高温、耐腐蚀、耐辐射的纤维产品,防止江河湖海污染的纤维产品等。

本节主要介绍合成纤维和特种纤维。

1) 合成纤维

合成纤维是利用石油、煤、天然气和石灰石等原料,经过化学合成和机械物理加工制成的一种人造纤维。合成纤维的分子是线型结构,由于成型时的拉伸作用,产生部分结晶现象,致使纤维非常坚韧。因此,合成纤维具有强度高、密度小、弹性好、耐磨、耐酸、耐碱等特点,成为工业、国防和日常生活方面不可缺少的材料。

合成纤维的发展极为迅速,品种繁多,大规模生产的约有三四十种,发展最快的是聚酰胺纤维(锦纶)、聚酯纤维(涤纶)、聚丙烯腈纤维(腈纶)、聚乙烯醇纤维(维纶)、聚丙烯纤维(丙纶)和聚氯乙烯纤维(氯纶),通称为六大纶。其中最主要的锦纶、涤纶和腈纶三个品种,它们的产量占合成纤维总产量的90%以上。

2）特种纤维

特种纤维是指有别于通常纺织纤维的一个广泛名词，并无科学上的含义，主要是按其应用性能区分的。例如耐高温纤维，高强力、高模量纤维，中空纤维和光学纤维。

特种纤维的诞生和发展取决于两个基本条件，一是高分子合成技术的进展，二是为满足某种特需目的。多数的特种纤维最初往往是与军事工业联系在一起的，随着原子能工业、人造卫星、航天飞行、宇宙开发等新兴事业的发展，特种纤维在不断发展。

特种纤维发展的基本动向和工程塑料类似。不在于开发新的品种，而是在已有的纤维基础上开发新的工艺和新技术，提高其专用性能和开拓应用领域，以增加产量和降低成本。这是当前特种纤维研究开发和生产竞争的主要方面。

6.4.4 橡胶

橡胶是一种有机高分子化合物，其主要特点是具有高弹性，还具有良好的耐磨性、不透水性和电绝缘性以及一定的强度，因此在工农业生产、交通运输和人民生活方面得到广泛使用。如利用它的高弹性和耐磨性可制成轮胎、运输带、传动带、三角带等；利用它的电绝缘性，可制成电线、电缆及其他电气设备的绝缘材料等。

橡胶按其来源可分为天然橡胶和合成橡胶两大类。天然橡胶是由橡胶树中的胶乳制得，合成橡胶是由低分子量的单体经人工合成的高分子化合物。合成橡胶的化学结构与天然橡胶有相似之处，故在性能上也有相似之处，且合成橡胶具有较天然橡胶更好的性能，原料来源丰富，故成为目前橡胶工业中的主要原料。

1）合成橡胶的生产原料

制造合成橡胶所用的单体，可以从三个方面取得。

（1）石油和天然气

从炼制石油和天然气中可以得到能用来制造合成橡胶的各种气体，如甲烷、丙烷、丁烷、乙烯、丙烯、丁烯、异丁烯、戊烯、异戊烯、苯、甲苯等，这些都是制造合成橡胶单体的基本原料。如乙烯与水作用可合成乙醇（酒精），两个乙醇分子脱水后就成为丁二烯；丁烯和丁烷在高温下也能反应成丁二烯。丁二烯是许多合成橡胶的基本组成部分，丁二烯经聚合能合成丁钠橡胶、顺丁橡胶。这种由一种单体聚合得到的高分子化合物，叫做均聚物。如顺丁橡胶

$$\underset{\text{(丁二烯)}}{nCH_2{=}CH{-}CH{=}CH_2} \longrightarrow \underset{\text{(顺丁橡胶)}}{\left[CH_2{-}CH{=}CH{-}CH_2\right]_n}$$

丁二烯和苯乙烯能聚合成丁苯橡胶；丁二烯和丙烯腈能聚合成丁腈橡胶。

这种由两种以上的单体聚合得到的高分子化合物，叫做共聚物，如丁苯橡胶。

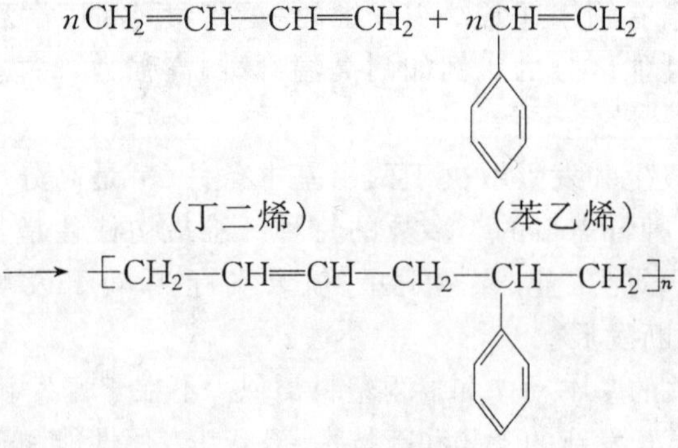

（丁二烯）　　（苯乙烯）

（丁苯橡胶）

(2) 煤和石灰石

用焦炭和石灰石制成电石(CaC_2)，电石加水即得乙炔。乙炔加工可制得丁二烯、氯丁二烯、乙烯等合成橡胶的单体。

(3) 农副产品

粮食经发酵或木材经水解可制得乙醇，再由乙醇制得丁二烯等合成橡胶单体。

2) 合成橡胶的种类

我国石油和天然气资源丰富。随着石油化工的发展，由此生产的单体已成为目前我国生产合成橡胶的主要原料。由于单体品种较多，故生产的合成橡胶的种类也很多，性能也各不相同。按合成橡胶的性能和用途可分为通用橡胶和特种橡胶两大类。工业上往往把用于制造轮胎、胶管、胶带以及橡胶杂品的通用橡胶以外的橡胶泛称为特种橡胶。

通用橡胶主要有丁苯橡胶、顺丁橡胶、氯丁橡胶、丁基橡胶、乙丙橡胶和异戊橡胶等。特种橡胶主要有聚氨酯橡胶、硅橡胶、氟橡胶、聚硫橡胶、丙烯酸酯橡胶和丁腈橡胶等。

3) 合成橡胶制品的应用

橡胶最突出的优点是高弹性和绝缘性，故其制品在水利电力工程上得到广泛应用。如农田水利排灌工程需用大量的胶管，水利工地大批运输车辆面用的轮胎，水电站、火电厂各种动力机械用的运输带、传动带和三角带。利用合成橡胶的高弹性和密封性，做闸门止水设施和水坝防水层；利用它的绝缘性做电线、电缆及其他电器设备的绝缘材料。

6.4.5 胶粘剂

胶粘剂又称粘合剂、粘接剂、粘着剂，简称胶，它是一种能把各种材料紧密地结合在一起并具有良好性能的物质。

用胶粘剂进行各种材料连接的工艺就是胶接技术，简称“胶接”，又称“粘接”。被胶接的材料称为“被粘物”，胶粘剂与被粘物形成的连接部分称为“胶接接头”。

胶接技术与传统的焊接、铆接、螺钉连接方法相比，不仅有方便、快速、经济、节能等优点，而且具有接头表面光滑、应力分布均匀、重量轻及密封、防腐、绝缘等特点。目前胶接技术已经成为航空、航天、机械、电子、电器、交通、建筑、轻工、纺织、医疗等行业不可缺少的专门技术之一。可以毫不夸张地说，现在几乎没有不用胶粘剂的地方，也几乎没有不能胶接的材料。

胶粘剂如何进行合理分类，尚未统一。如下所列为按主要组分（粘料）分类：

- 胶粘剂
  - 有机胶粘剂
    - 天然胶粘剂
      - 动物胶：鱼胶、骨胶、虫胶等
      - 植物胶：淀粉、松香、阿拉伯树胶等
    - 合成胶粘剂
      - 热塑性树脂胶粘剂：聚醋酸乙烯酯、聚酰胺等
      - 热固性树脂胶粘剂：环氧、有机硅、聚酰亚胺等
      - 橡胶型胶粘剂：氯丁胶、丁腈胶、硅橡胶等
      - 混合型胶粘剂：环氧-酚醛、酚醛-丁腈、环氧-尼龙等
  - 无机胶粘剂
    - 磷酸盐型
    - 硅酸盐型
    - 硼酸盐型
    - 玻璃陶瓷及其他低熔点物等

除了起基本粘附作用的粘料外，为了满足特定的物理化学性能和各种工作条件的要求，通常都需加入各种辅助成分。例如，为了使基体形成网状或体型结构，增加胶层的内聚强度，应加入固化剂；为了加速固化，缩短固化时间，降低固化温度，需加入催化剂；为了提高胶层的耐大气老化、热老化、电弧老化、臭氧老化等性能，需加入防老剂；为了增加强度，提高耐热性，降低成本，需加入填料；为了改善工艺性，降低粘度，需加入稀释剂；为了提高冲击韧性，改善耐寒性、耐震性、流动性，需加入增韧剂或增塑剂；为了改善胶接接头的强度，需加入偶联剂等等。

胶粘剂与胶接技术及其应用是一门新兴的边缘学科，它涉及到高分子材料（包括高分子化学与物理）、无机材料及表面科学、固体物理及力学、合成化

学等有关学科。它随着科学技术的发展而发展,亦将由于它自身的广泛应用及理论研究的深入而有更加广阔的前景。

今后,胶粘剂的发展应考虑能源、环境、经济、效用等方面问题。可以说节省能源、改善环境是新型胶粘剂发展的方向。

6.5 复合材料

6.5.1 概述

复合材料是由两种或两种以上性质不同的材料组合而成,它在性能上具有所选定的各材料的优点,克服或削弱了各单一材料的弱点。因此,可以根据使用性能的要求,合理地选择组成材料和增强方法,这样为新材料的研制和使用提供了更大的自由度,开辟了广阔的应用前景。复合材料在具体性能上有许多优点:较高的比强度和比刚度(如碳纤维增强复合材料的比强度为钢的3倍,比刚度为钢的1.8倍,比弹性模量为钢的4.4倍);较高的疲劳强度(如硼-铝复合材料的疲劳强度能达到抗拉强度的50%~80%,而一般的铝合金只达30%);耐高温及良好的隔热性能(如一些纤维增强材料能在1 273 K以上工作);耐蚀性好(如玻璃钢有良好的化学稳定性,在333 K以下有很高的耐酸耐碱性能);还有耐冲击、自润滑性、减振性、容伤性(即发现裂纹后仍可承载,可检查和维修,破坏前也有征兆)以及特殊的电、磁、光等性质。复合材料既可在一般条件下提高产品性能,又可满足许多特殊的要求,例如适合一次整体成型,工艺、加工性能优良。

复合材料有着广泛的含义,例如混凝土以及用焊接方法连接不同的金属或塑料等等,都可看做复合材料。它们是一些宏观复合材料,在工程上有重要的用途。我们通常说的复合材料,是指所谓的微观复合材料,即以某种材料为基体,以另一种细小的材料如粉末、纤维、晶须、小片、细丝等制品为增强剂,通过一定的工艺方法(缠绕、压制、沉积、喷涂、铸造等)制成的材料。其中用做基体的材料包括金属(Al,Ti,W等)、塑料(酚醛、环氧树脂、聚酰亚胺等)、橡胶、石墨和陶瓷等。用做增强材料的有各种纤维(硼纤维、玻璃纤维、碳纤维、石墨纤维等)、各种颗粒(Al_2O_3,MgO,SiO_2,ThO_2,Cr_2O_3等)、各种晶须(金属晶须、蓝宝石晶须)以及各种板状薄片等。复合材料中基体的作用是将高强度的增强剂紧密相连,保持一定的方向和间距,成为坚强的整体。

6.5.2 复合材料的分类

复合材料按应用可分为结构复合材料(注重材料的力学性能)和功能复合

材料(注重材料的物理或其他性能)。

按增强材料和基体材料使用的材料类型,复合材料可分为三类:①增强材料为金属,基体材料为金属、陶瓷、高聚物;②增强材料为陶瓷,基体材料为金属、陶瓷、高聚物;③增强材料、基体材料均为高聚物。

复合材料也可按结构形态特点分为纤维复合材料、层叠复合材料、颗粒复合材料和骨架复合材料等。

纤维复合材料有玻璃纤维、硼纤维、石棉纤维、无机晶须与高聚物的复合材料,碳纤维与高聚物、金属、陶瓷的复合材料。

高性能复合材料较贵,人们试图通过采用廉价原料(如沥青碳纤维等)、改进工艺以及充分利用各增强纤维的特长等途径来降低成本,以此大力扩大应用。另一方面,继续研究、开发新型复合材料,除纤维增强塑料外,对纤维增强金属和纤维补强无机非金属的研究也将深入开展。前两种复合材料主要着眼于材料在强度和弹性模量的增强上;而纤维补强无机非金属复合材料则除了希望在强度和弹性模量上的增强外,更着眼于弥补无机非金属固有的脆性这一缺陷。目前后者已经取得了富有实际效益的结果,例如碳纤维补强石英复合材料的强度可以达到纯石英玻璃的12倍,抗冲击强度可提高到40倍,而表征材料韧性的指标——断裂功则可提高约3个数量级。又如最近发展起来的碳纤维补强氮化硅复合材料是一种典型的陶瓷基复合材料,通过理论研究和成分、工艺的调整,解决了烧结时纤维受损以及碳纤维与氮化硅在物理上的不相容问题,从而制得具有较高韧性的材料,这对材料科学的发展或者是实际应用都具有重要的意义。

层叠复合材料有金属与塑料的复合材料、玻璃与高聚物的复合材料。例如,钢材上复叠一层塑料,可提高耐腐蚀性能,用于食品和化工部门;两层玻璃间夹一层聚乙烯醇缩丁醛可用做安全玻璃。

颗粒复合材料有:①金属颗粒与塑料的复合材料,可改善导电、导热性能,降低膨胀系数,如银-塑料导电复合材料;②陶瓷颗粒与金属的复合材料,如碳化物、氧化物金属陶瓷可用做高速切削和高温耐磨材料;③有机与无机材料的复合材料,例如聚氨酯或多硫橡胶加铝粉、过氯酸盐氧化剂,可用做火箭的推进剂。

骨架复合材料有多孔浸渍复合材料和夹层结构复合材料两类。多孔浸渍复合材料如利用多孔金属材料浸渗氟塑料或油脂,可做成轴承;如利用石墨浸渗树脂,可做抗磨材料。夹层结构复合材料是用两层薄而强的面板,中间为蜂窝或泡沫塑料夹芯,再用胶粘剂胶接成整体。面板可用纸板、木板、塑料板、石棉板或金属板;蜂窝夹芯材料可以是金属箔、织物或塑料,一般做成正六角形的格子形状。夹层结构复合材料的刚度和抗压稳定性好、重量轻,在航空航天、造船等工业部门将得到广泛的应用。

6.5.3 复合材料的应用

复合材料在航空、航天、运输、建筑、机械、体育等方面已得到了广泛应用，不久将遍及整个国防工业和国民经济的许多部门。

航空、航天部门大量应用复合材料，例如碳纤维增强复合材料强度高、刚性好、耐腐蚀、重量轻、抗疲劳、尺寸稳定性好、高温烧蚀性好，已用做洲际弹道导弹、载人宇宙飞船的部件，人造卫星上的太阳能电池基板用的也是镀铜或镀银的碳纤维复合材料。

交通运输和造船部门也越来越广泛地使用复合材料。最近，国外已大量应用碳纤维复合材料制作汽车零部件，可减轻汽车自重、降低能耗，而且机械性能优良。在造船工业中主要使用玻璃纤维复合材料，美国已规定不超过 30 m 的小型船体一律采用玻璃纤维复合材料制造。

能源工业中也大量应用新型复合材料。例如，用碳纤维复合材料制造太空太阳能发电站的构件、分离铀 235 的离心机高速转筒、风力发电机的桨叶。

此外，机械工业、电气设备、建筑材料、医疗器械、体育用品、日用工业等部门将有越来越多的复合材料新产品不断面世。

6.6 功能材料

6.6.1 概述

功能材料是指用于工业和技术中的有关物理功能的各类材料，即具有特定光、电、磁、声、热、力等特性的各类材料。它们是能源、计算技术、通信、激光、红外线、电子和空间等现代技术的基础。例如，在能源方面，开发替代石油的新能源——太阳能电池、燃料电池等技术；在交通运输方面，开展高速磁浮列车、高速节能飞机、防污染汽车等研究；在机械、化工方面，进行各种传感器的研究。为了实现许多重要技术的发展目标，各个应用领域都急需高性能、高功能的新材料。今后，功能材料的应用范围将不断扩大，其重要性和技术水平将日益增长。

1）功能材料的特点

功能材料的发展是与新技术的研究开发密切相关的，功能材料的研制是知识密集、技术密集、资金密集的新兴产业，功能材料是多种学科相互渗透和相互交叉的成果，品种多、式样新、更新换代快、性能优良。

2）功能材料的发展趋向

（1）大力开发通信材料和电子材料，例如半导体材料、信息记录材料、光导纤维等。

(2) 重视高强度、高韧性、耐高温、抗腐蚀、抗辐射等高性能材料的研制，为发展核能、海洋、空间技术和交通运输等打好基础。

(3) 发展节能材料和新能源材料，例如太阳能光电转换材料、贮氢材料、新型磁性材料、超导材料和高能大功率二次蓄电池、有机导体和分离膜等。

(4) 发展表面改性和涂层新技术，它是改善材料性能较为经济有效的方法。例如激光处理、离子注入、表面合金化和气相沉积金刚石薄膜等。

(5) 密切结合材料与元件的制备，发展新的材料和新的元件。

(6) 随着科学的发展和技术的进步，逐步走向按需要进行新材料的设计。

6.6.2 功能材料的主要类型

1) 机械功能材料

机械功能材料主要有超塑性功能材料(如Zn-Al合金等)、轻质高强功能材料(如含钛、镍、锰等合金钢)、防震功能材料(如Fe-Cr-Al合金、Cu-Mn-Al合金、颗粒高分子复合材料等)、高硬度功能材料(如碳化钨-钴超硬合金、TiN系金属陶瓷、Si_3N_4系陶瓷等)、耐磨功能材料(如有机系、硅系、无机系耐磨涂料，热塑性、热固性合成树脂滑动材料等)、固体润滑功能材料(如层状二硫化钼、石墨、氮化硼等)。

2) 热功能材料

热功能材料主要有高温耐热功能材料(W基合金、Si_3N_4陶瓷等)、绝热陶瓷(聚氨酯-Al_2O_3陶瓷海绵)、形状记忆功能材料(形状记忆合金、形状记忆聚合物等)、红外功能材料(氧化锆、氧化硅陶瓷)、发热功能材料(镍铬系金属、氧化锆陶瓷等)、蓄热功能材料(液态金属、熔融盐、金属氢化物等)、超低温材料(钛合金、铜合金等)。

3) 电功能材料

电功能材料主要有导电纤维(有机导电纤维、导电玻璃纤维等)、导电涂料、导电胶、导电树脂(聚乙炔等)、透明导电薄膜、超导功能材料、光电转换功能材料(Se、Ge、CdSe、PbS、聚乙烯咔唑等)、压电转换功能材料(陶瓷系$BaTiO_3$、CdS等，塑料系聚偏氟乙烯、聚氟乙烯等)。

4) 磁功能材料

磁功能材料主要有永磁材料(铁氧体磁铁、阿尔尼科铝镍钴系磁铁和稀土类磁铁等)、磁流体功能材料(Fe_3O_4磁流体、导热性磁流体和Fe、Co、Fe-Co合金磁流体等)、磁记录材料(氧化铁磁粉等)、磁性塑胶等。

5) 光功能材料

光功能材料主要有显示材料(光致发光材料：用紫外光激发的Y_2O_3:

Eu^{3+},用普通光激发的 $Y_3Al_3O_{13}$:Nd^{3+} 等;场致发光材料:ZnS、ZnS:Mn、ZnSe等)、激光材料(砷化镓、锑化铟、硫化镉、红宝石、钕玻璃等)、光致变色材料(有机物系、无机物系和玻璃系等)、透光和导光材料(光学纤维:石英纤维、多组分玻璃纤维、塑料包覆二氧化硅芯线纤维和塑料纤维等)、光磁功能材料(多晶系:MnBi、MnAlGe、EuO 等;单晶系:GdIG 铈铁石榴石;非晶态系:CdCo、CdFe、TbFe 等)、声光功能材料($PbMoO_4$ 晶体、钕玻璃等)、电光功能材料($LiNbO_3$、$LiTaO_3$、GaAs 等晶体)、光选择透射功能材料(紫外线吸收剂二苯甲酮、苯甲酸酯;红外线吸收材料:ZnS、TiO_2 中加 Au、Ag,PbS/Al、CdTe/Al 复合膜)。

6) 生物功能材料

生物功能材料主要有抗血栓功能材料(带硫酸盐的粘多糖类的肝素)、人造骨和人造关节功能材料(金属、有机材料、无机材料和复合材料等)。

7) 化学功能材料

化学功能材料主要有气体选择透过功能材料(富氧膜材料:聚二甲基硅氧烷与聚碳化二亚胺共聚体)、吸水功能材料(玉米淀粉和丙烯腈接枝共聚物的水解物)、离子选择透过功能材料(离子交换膜)、贮氢功能材料(稀土系、镁系、钛系、氧化锆系、钒铌系、合金混合物系等)。

8) 半导体材料

半导体技术是当前最重要的科技领域之一,用半导体材料制成的各种功能器件,如晶体管、集成电路,对于发展微电子设备、超高频无线电装置、超高速电子计算机和红外探测器具有重大意义。

半导体是相对于导体、绝缘体而言的,主要是材料中的电子运动不同于金属或绝缘体。金属中电子运动可以近似看做是自由的,在电场的作用下,电子可以定向运动形成电流,电阻随温度升高而升高。如果将组成材料的原子或分子轨道的能级,引伸到固体中,就成为能带。由于固体是分子或原子的有序排列(周期排列)而成,紧邻的分子或原子间存在成键和反键作用,使分子或原子轨道的能量降低或升高,这样就形成了能带(即轨道的能量变化范围),电子填充到最低的各能带中,而部分能量较高的能带空着。而占据与空置轨道的最低能量差就称为带隙(E_g),带隙不同,其导电性也不同。

图 6.2 是金属、半导体和绝缘体的能带结构示意图,一般带隙小于 3.5 eV,且大于零的材料称为半导体,这类材料在绝对零度时,由于电子全部在满带上,不能导电(感兴趣的同学可参考固体物理等书)。当温度升高时,电子的热运动,使部分电子能激发到空带(也称做导带)上,这时,就可以在电场作用下产生电流,而激发的电子数目可以用玻尔兹曼能量分布来推导,其电导率与 $e^{-E_g/RT}$成正比。当 $E_g = 1$ eV 左右时(硅的带隙 1.12 eV,锗为 0.67 eV,砷为

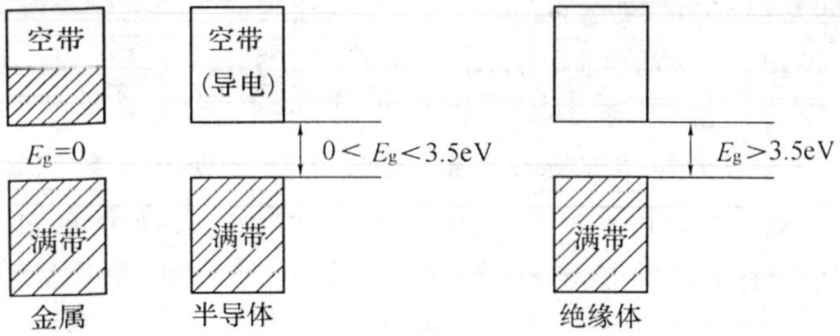

图 6.2　金属、半导体和绝缘体的能带结构示意图

1.43 eV),常温下已能导电,但电导率是非常低的(激发电子数大约为 e^{-40} 的比例)。为了提高电导率经常在纯的半导体材料中加入一些杂质(掺杂),如在硅中掺入 P 或 As(砷),或者 B 或 Al 都可以使电导率大大增加,可以从能带结构分析其原因,如图 6.3 所示。

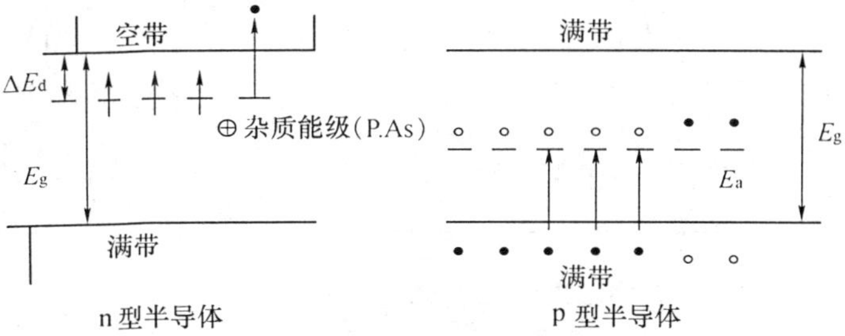

图 6.3　掺杂半导体的能带结构示意图

因为杂质的加入(杂质的电子占据能量最高的轨道,或最低未占据轨道的能级必须在导带和满带之间),改变了电子激发过程,电子激发能大大降低 E_d 或 $E_a \ll E_g$,从而使电导率显著增加。在硅、锗等外层有 4 个电子(IV 主族)的原子中掺入的部分 V 族原子(如 P,As),通常称为施主杂质(杂质释放电子)或 n 型杂质,它的导电是由激发到空带的电子引起的,以电子导电为主,该导体称为 n 型半导体。在硅、锗中加入的Ⅲ族原子(如 Al,B 等),则称为受主杂质(杂质接受电子)或 p 型杂质,它的导电主要是由于满带中电子激发到杂质轨道上产生空穴(可理解成带正电荷的电子),空穴在电场中运动(实际是邻近电子向空穴填充)产生电流,是空穴导电,称 p 型半导体。选择不同掺杂方式,导电行为不一样。由于科学家们已掌握了很多材料的能带结构,也清楚各种元素的原子轨道能级,可以根据需要来设计各种半导体材料。除了在Ⅳ族掺杂外,科学家们根据上述理论设计出了Ⅲ—V 族型半导体(如 AlP,AlSb,AlAs,GaAs,InP,InAs,InSb),其导电性能各有差异,通过调节Ⅲ族原子和Ⅳ族原子的比例可以设计成 p 型或 n 型半导体,也可以在Ⅲ—V 族半导体中掺入杂质(如 C,甚至是金属如 Zn 等)。

半导体由于其特殊的导电行为,而产生了许多特殊性能,最常用的就是二极管和三极管,它是半导体技术的基础,其核心就是 p-n 结。将一个 p 型半导体与一个 n 型半导体连接在一起,会发生什么现象?我们知道当两种不同金属放在一起,由于电子的逸出功不一样,电子就会在金属间传递,最后达到平衡,得到电子就带负电,失去电子就带正电,产生电势差(接触电势)。在 n 型半导体中存在自由电子(空带上的电子)和相同浓度的带一正电荷的施主杂电子,以保持电中性,同样 p 型半导体中存在自由空穴和相等浓度的带一负电荷得受主杂原子。当 p 型半导体与 n 型半导体接触时自由电子能级的差异而引起载流电子移动,如图 6.4 所示。

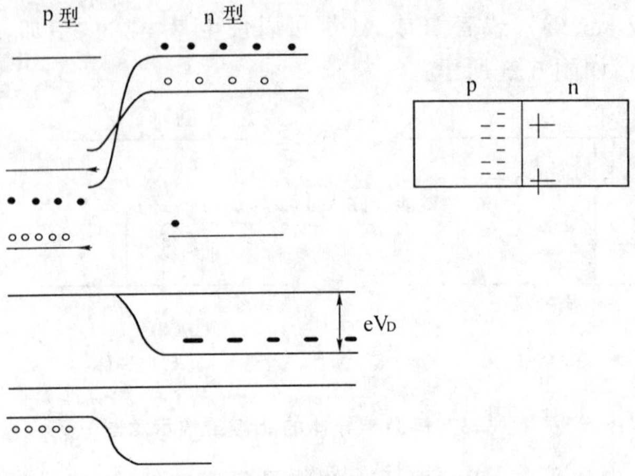

图 6.4　p-n 结势垒的形式

n 型半导体上自由电子流动到 p 型半导体的自由空穴中,使得 p 型半导体带负电。由于 p 的负电势($-V_D$)阻止了 n 上的电子继续流入(及施主与受主的能级拉平),当达到平衡时,形成内建电场 V_D。p 区电子的静电势能提高了 eV_D。利用 p-n 结势垒这一特性,可起到整流器的作用。若在 p 区上接正电位,n 区接负电位,这时电子就不断地与界面的正电荷复合,产生大电流通过,而反之则仅有很微小的电流通过。若施加一个交流电压那么电流将向一个方向流动,即起整流作用。

图 6.5 表示了 p-n 结的典型伏安特性。

p-n 结的典型加工工艺方法有合金法和扩散法。合金法制作 p-n 结,是将金属(如 Al)放在一块 n 型半导体上(如 n 型单晶硅),加热到一定温度,这时 Al 与 Si 开始熔合,降低温度。这样,在 n 型硅片上形成了一层含有高浓度 Al 的合金层,即 p 型半导体。扩散法制造 p-n 结,在 n 型(或 p 型)半导体表

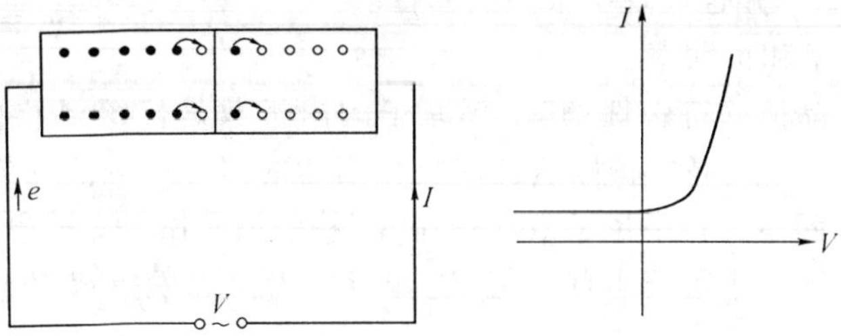

图 6.5　p-n 结的典型伏安特性

面通过施光刻胶，通过光栅进行光刻蚀，使 Si 片按需要暴露，进行扩散渗透，在暴露的 Si 片表面形成 p 型（或 n 型）半导体。

9）纳米材料

纳米是计量单位，即 10^{-9} m，也写做 nm，纳米材料是由主要宏观尺寸在 1～100 nm范围的超细粒子组成的。该类材料在结构上既不同于通常的长程有序的晶态，也不同于仅有短程有序非晶态。它展现出了许多特有的性质，尤其是表面性质，将在催化、滤光、光吸收、医药、磁介质、电子器件等方面得到广泛应用。纳米材料是由微观世界向宏观世界的过渡区域，有时称它为介观材料。超细颗粒有很大的比表面和比表面能，如颗粒为 5 nm 时，每 cm^3 有 10^{19} 个晶粒，若是二维材料，每 cm^2 有 10^{12} 晶粒。可以想像若将每个粒子作为器件或记录元将使现代计算机达到一个非常高的水平。纳米材料的制备方法可以分为化学法和物理法。化学法是由分子或离子聚沉到纳米尺度而得到，通常称做溶液－凝胶法（胶体颗粒的尺寸正好是纳米尺度）；物理法是指用物理手段（如粉碎、胶磨、气相沉积等）将大颗粒材料分散而成，也叫分散法。纳米材料正以超常速度发展，已迅速成为一门新的科学技术。由于近几年研究特别多，种类、性能也很多，这里仅以纳米金属为例，说明纳米材料的一些特性。

（1）高催化特性

金属是工业上常用的催化剂，如乙烯工业石油重整等大型石化企业。常用金属负载型催化剂，当金属分散到 nm 量级时，催化性能显著提高。其比表面积（单位重量表面积）与粒子半径成反比，粒径缩小，比表面积大大增加，加上纳米粒子的特有电子特性，催化活性将大大提高。

（2）高强度与高韧性

一般情况下，金属的强度与韧性成反比，如铸铁强度高，但韧性差。而纳米 Fe 晶体（6 nm 左右）的断裂强度比多晶铁提高了 12 倍，硬度提高 2～3 个数量级。长期以来人们希望能把陶瓷的韧度增加，而纳米陶瓷晶体实现了这个愿望。美国 Argonnel 实验室制成的纳米 CaF_2 晶体在室温下可弯曲 100%，

室温下的纳米 TiO_2 也表现了很强的韧性。

(3) 电导率和扩散率

由于纳米晶体的特殊性,其内部原子的内扩散是传统晶格的 $10^{16} \sim 10^{19}$ 倍,是晶界的 10^3 倍,高的扩散速度使复相固体的固态反应能在室温和低温下进行。而纳米固体材料中量子效应使电子输运表现出反常现象,其电导系数将随尺寸减小而减小甚至出现负值,这些特征为大规模集成电路器件的设计提供基础。

(4) 高比热和高热膨胀

纳米金属的比热是传统金属的两倍,热膨胀也提高两倍,可广泛应用于热交换器上。

(5) 高磁化率

纳米磁性金属的磁化率是普通金属的20倍。

(6) 光吸收

纳米固体具有很好的吸光性能,且具有吸收频率宽的特点,纳米粒子表面沉积金属的多层复合膜,对微波有很好的吸收特性,几十纳米的膜可相当于现有的几十微米厚的吸波材料。在雷达隐身、红外隐身方面将发挥重要作用。

利用纳米材料的特性可能创造出许多优异性能的新材料。纳米材料将成为新材料领域的一个重要组成部分。

10) 功能高分子材料

功能高分子材料的研究和应用是当前世界化学工业和科学技术发展的重要趋势。它也是高分子化学和材料科学中发展最快最具有重要意义的领域。功能高分子材料以其独特的电学、光学以及其他物理化学性质构成的功能材料学科的研究为其主要组成部分,有以下5种类型:

膜型高分子材料,包括各种分离膜、稀释膜和其他半透性膜;

光敏型高分子材料,包括各种光稳定剂、光刻胶、感光材料和光致变色材料等;

电活型高分子材料,包括导电聚合物,能量转换型聚合物和其他电敏材料;

吸附型高分子材料,包括高分子吸附树脂,高分子胜聚剂和吸水性高分子吸附剂等;

其他功能高分子材料,如液晶材料,医用高分子材料等;

下面将重要的功能高分子材料作简单介绍。

(1) 高分子功能膜材料

膜是一种二维材料,广泛存在于自然界,起着分隔、分离和选择性透过等重要作用,高分子功能膜是利用其在不同条件下表现出的特殊性质,广泛地应用于工农业生产和科学研究上的一种由高分子材料合成的膜。目前用做膜材料的主要聚合物有:纤维素类膜材料(应用最早,最多),主要用于微滤、超滤和反渗透,它们在气体分离和渗透汽化中也有应用;芳香聚酰胺类和杂环膜材料,目前主要用于反渗透;聚酰亚胺是近年开发出来的耐高温、抗化学试剂的优良膜材料,目前主要用在超滤、反渗透和气体分离膜;聚砜是微滤、超滤膜的重要材料,由于其性能稳定,机械强度良好,是许多复合膜的支柱材料;聚丙烯腈是微滤、超滤膜的常用材料,因为它具有亲水性,因此使它的膜的水通量比聚砜大。硅橡胶类、聚烯烃、聚乙烯醇、尼龙、聚碳酸酯、聚丙烯腈和含氟聚合物等都可作气体分离和渗透汽化膜材料。

在应用高分子功能膜时,由于特殊的需要常常要将材料进行改性,常用的改性方法有:接枝、共聚、交联、等离子、放射性刻蚀等。

(2) 光敏高分子材料

光敏高分子材料是指在光的作用下能够显示特殊性能的聚合物,主要分为下列几类:

① 光固化涂料。是指在光照下发生光聚合或光交联反应而快速固化的一种涂料,它有三部分组成,即成膜物、颜料和溶剂,常用的成膜物有环氧树脂低聚物、不饱和聚酯、聚氨酯、聚醚等,它起决定性的作用。颜料有许多种,主要起改变色泽作用。溶剂常用的有甲苯、二甲苯、汽油、乙酸乙酯等起到降低粘度、增加交联度和涂料的机械性能作用。光固化涂料在日常生活中应用极为广泛,主要应用有上光(如书本封面、石材处理、包装材料等)、光纤保护(可以使玻璃比钢的强度还高)、油墨等。

② 感光材料。主要用于制版技术,利用高分子材料在光照下固化或分解,将图形文字制成底片。现在常用 4 种印刷方式:凸版印刷,胶印,凹版印刷和丝网印刷都可通过感光树脂来方便的实现,尤其是激光直接制版(计算机制版),可以以不同的底片在感光树脂上直接制版,是印刷术的一次飞跃性革命,已广泛的应用。常用的感光树脂有重氮盐类、邻醌重氮基、聚乙烯醇肉桂酸盐和光聚型聚合物。

③ 光刻胶芯片的制造是微电子技术的关键,而芯片制造的关键技术是光刻,光刻胶是实现光刻的关键。利用光刻胶和多次光刻,人们可以在高纯硅片上采用离子注入、扩散掺杂或金属化制造二极管、电阻、电容和导线,最终实现大规模集成电路。没有光刻胶就没有现代的计算机制造技术。具有代表性的光刻胶有:聚乙烯醇肉桂酸酯,橡胶叠氮型,邻醌重氮型。

(3) 高分子液晶

某些物质在晶体受热熔融或溶剂溶解后,形成一种兼有晶体的各向异性和液体的可流动性的过渡状态,这种中间状态称做液晶态,而这种状态的物质就叫做液晶。液晶按形态可分为近晶型、向列型、胆甾型。常见液晶分子中刚性不易变形的结构是由两个苯环或芳香环通过一个刚性连接部件组成：

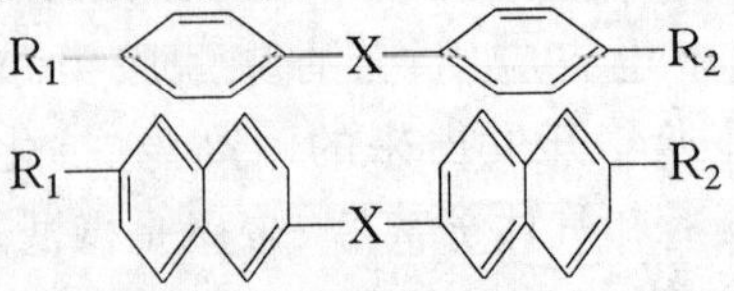

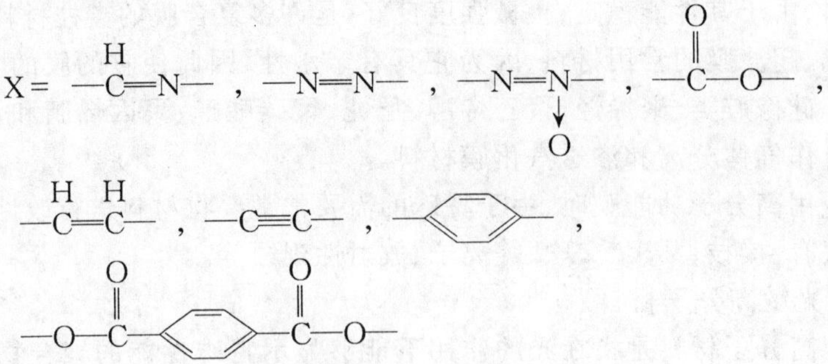

$R_1 = C_nH_{2n}—, C_nH_{2n-1}O—, C_nH_{2n-1}OCO—$

$R_2 = —F, —Cl, —Br, —CN, —NO, —N(CH_3)_2$

如果刚性部分处在刚性高分子液晶的主链上称做主链型液晶，若在侧链上称为侧链型液晶，加溶剂溶解型液晶称为溶液型，加热熔融型液晶称为热熔型。

高分子液晶制备的工程材料模量可高达 60 GPa，拉伸强度可达 700 MPa，断裂伸长率低于 1.5%。可以代替钢筋且具有优异的耐腐性、柔韧性，还可以用做直升飞机的绞盘索和沉降绳。

高分子液晶材料可广泛地应用于数码显示器、电光学快门、电视屏幕和广告显示牌，具有超薄、制作方便等优点；也可以作为信息存储材料，与目前的光盘相似。它具有可靠性高、不怕灰尘和表面划伤、可长期保存等优点。高分子液晶固定相正广泛用于毛细管气相色谱、超临界色谱和高效液相色谱中。

6.6.3 功能材料的应用

功能材料因其特殊的性能、品种的繁多，在工程技术中有着广泛而特殊的应用。

随着新技术、新工艺的发展，出现了许多新型的金属功能材料和结构材料，例如非晶体态金属、减振合金、形状记忆合金、超导材料、贮氢合金、超微粉、超塑性合金、超强度合金、超高温合金等，它们广泛应用于航空航天、石油、交通、能源、建筑、电子等领域。

越来越多的新型无机功能材料也在国民经济的各个部门发挥其优良的作用。例如，利用它们优异的特性，可以制备最小导热系数的隔热材料（陶瓷粘结微孔硅石质隔热材料)、蜂窝状高温陶瓷换热器(硅酸铝镁)、高温隔热涂层(氧化物、碳化物等)。铬酸镧是一种电子导电陶瓷,可用做磁流体发电的电极材料;β-氧化铝离子导电陶瓷可用做离子选择性电极;氧化锡等氧化物半导体陶瓷可用做气敏传感器,检测有毒气体的泄漏。另外,还可制成使电能和机械能相互转变的压电陶瓷、各种磁性材料、透明陶瓷等,使电子工业、国防工业、日用工业等得到日新月异的发展。

日益增多的高分子功能材料已引起人们的高度重视。例如,塑料光导纤维用于长距离通信,聚乙烯二茂铁等高分子用做微电子技术中的电子束与X射线抗蚀剂,聚N-乙烯基咔唑用于电子摄影的光导电材料,复合型磁性塑胶已广泛应用于电冰箱和玩具等。高分子制作的生物工程材料已越来越多地用于医疗和保健部门。

此外,高分子特种离子交换剂和高分子功能复合材料可以用做吸附剂、催化剂和压电材料、吸波材料、发热材料,在环境保护、化学合成和国防、石油等部门得到广泛应用。

6.7 材料的腐蚀

1) 腐蚀的定义

金属因其优良的高强度、导电导热性、可塑性以及浇铸成型等性能而成为应用最广泛的工程材料。而非金属材料由于耐腐蚀,并具有比重小、耐磨、绝缘、易成型等特性,近年来在各个领域也得到越来越广泛的应用。但是,无论是由金属材料制成的构件还是由非金属材料制成的构件,都不是永久常存的,或迟或早总会变质或损坏。

材料或构件最主要的损坏形式有机械损坏、材料的磨损和腐蚀等几种。其中,腐蚀是最引起人们重视的问题。金属材料的腐蚀主要是由于环境介质的化学和电化学作用引起的损耗和破坏;非金属材料的腐蚀是在环境的化学、机械和物理因素的作用下,出现龟裂、氧化、溶胀、溶解、强度下降,以及重量的增减变化等。但是,不管是金属材料还是非金属材料在腐蚀破坏方面有许多共同点,即它们在环境介质(如大气、水分、土壤、阳光、高温和应力等)作用下,都会发生恶化变质、性能降低以至于损坏。所以腐蚀就是物质(或材料)与环境介质发生物理、化学作用而引起的恶化变质和破坏。

2) 腐蚀的危害

腐蚀给人类造成巨大的危害,这些严重后果促使人们对腐蚀问题加深了认识。

(1) 巨大的经济损失

腐蚀是材料在各种环境作用下发生的破坏和变质，遍及国民经济各部门，给国民经济带来巨大损失。根据工业发达国家的调查，每年因腐蚀造成的经济损失约占国民生产总值的2%～4%，钢铁的腐蚀总量约为全年总产量的20%，每年约有10%的钢铁变为无用的铁锈。我国每年因腐蚀造成的经济损失至少达200亿元。

(2) 资源和能源的浪费

据估计，全世界因腐蚀而损耗的金属每年达1亿吨以上，不但浪费了宝贵的矿石资源，而且在重新冶炼金属、加工制造构件过程中所需的宝贵能源，如电力、石油和煤炭等也白白浪费了。这在资源和能源日趋紧张的当今，更是一个严重的问题。

(3) 腐蚀造成污染和事故

腐蚀会使工矿企业的生产设备、构件损坏而使有毒物质扩散，污染大气、污染地下水，给人民的健康和正常生活带来巨大威胁。

(4) 阻碍新技术的发展

目前，化学、机械、能源、核能等工业，不断向高温、高压、高速等方向发展，这样才能改造旧工艺，发展新工艺，以便提高生产率、降低能耗和成本。但是高温、高压和高速通常会造成更为严重腐蚀，如果不采用耐腐蚀材料、不控制腐蚀的条件，许多新工艺、新技术就无法实现。例如，阿波罗登月飞船是在解决了储存 N_2O_4 的高压容器的应力腐蚀问题之后，才实现了人类登月的愿望。

从以上几项看出，腐蚀的危害是十分严重的，腐蚀与防护已成为一项重要的研究课题，是关系到保护资源、节约能源、节省材料、保护环境和发展新技术等一系列重大的社会和经济问题。

6.8 材料的防护

腐蚀是由于材料表面与周围环境介质发生作用而产生的，因此对于腐蚀系统来说，材料和环境介质是两个对立的方面。要防止或控制材料腐蚀，可以从改变或控制环境入手，也可以从材料本身入手，即首先要选择在特定介质中具有较高耐蚀性的材料；还可以用化学或电化学方法以及施加覆盖层的方法对材料加以保护，下面简单介绍腐蚀控制的一般问题。

6.8.1 腐蚀环境的改善

腐蚀环境不但对使用期间的设备腐蚀有重要的影响，而且对原材料、半成品和成品在加工、运输和贮存等过程中的腐蚀也有重要的影响。有许多环境因素需要考虑，下面仅列出一些主要问题进行简要的讨论。

1）温度

腐蚀介质的温度对材料的腐蚀速率有明显的影响。在一般情况下，许多介质随着温度升高而对材料的腐蚀性增强，降低温度可以使腐蚀速率显著降低。只有少数例外，在温度降低时，由于水中氧的溶解度变高而会加快材料的腐蚀速率。

温度变化有时也会加速材料的腐蚀，例如在大气中如果温度急剧变化就会使空气中的水分形成凝露，而加速对金属的腐蚀。所以对原材料、半成品和成品的存放，一般都有在一定范围内保持恒温的要求。

2）流速

腐蚀介质的流动速率对金属腐蚀的影响可分为几种不同的情况。

在很高的介质流速下，某些金属，如铅和钢在高速流动的硫酸介质中，由于表面保护膜被高速介质冲刷而发生破损，就导致腐蚀的加速，即产生磨损腐蚀。在这种情况下如果允许降低介质的流速，则可以减轻或避免磨损腐蚀。

对于由氧扩散控制的吸氧腐蚀，提高流速或搅拌速率可使氧的扩散流量加大，因此会使腐蚀加快。但如果金属依靠扩散的氧来维持钝态，则保持一定的流速，便可保证金属钝化所需的氧，就可以使金属具有较好的耐蚀性，不锈钢在流动介质中的腐蚀行为就是上述情况。

对于析氢腐蚀，由于腐蚀速率受电化学极化控制，所以改变介质的流速对腐蚀速率没有明显的影响。

3）氧和氧化剂

吸氧腐蚀是最普遍的一种腐蚀形式，它是由于氧的存在而发生的腐蚀，如果去除环境介质中的氧，则可以减轻和防止腐蚀。

例如，防止锅炉腐蚀最有效的措施就是除去锅炉用水中的氧，一般使用化学试剂除氧，在水中加入亚硫酸钠和联氨，它们能与溶解于水中的氧发生化学反应，从而除去水中的氧，其反应式如下

$$2Na_2SO_3 + O_2 = 2Na_2SO_4$$

$$N_2H_4 + O_2 = 2H_2O + N_2$$

这样就可以对锅炉进行腐蚀控制。

但对于可钝化的金属或合金，一定的含氧量或人为地加入一定量的强氧化剂，可使金属转变为钝态，则腐蚀可控制在最低限度。

4）湿度

潮湿空气是产生大气腐蚀的重要条件。金属在潮湿的空气中接触腐蚀性气体或电解质溶液，就会加速腐蚀。非金属材料，例如填料、包装材料，有很强的吸水性，它们受潮吸水后会产生变形、机械强度损失和电绝缘性能破坏。排除湿气可采用通风、密封包装、利用干燥剂等方法。

5）真空和稀有气体

抽真空既可去除腐蚀性介质氧，又可保持环境的干燥，因此有时采用抽真空的办法防止腐蚀，当然，此法只适用于小型的工作空间或小型零件的贮存。此外，对于一些易于产生挥发性气体的非金属材料，抽真空会促进气体挥发，产生腐蚀性气体，因此最好不在抽真空的条件下使用或贮存。

在抽真空以后再充以稀有气体——氩气或氮气，是某些小型零件长期贮存的好方法。

6）杀菌

为了防止金属材料和非金属材料发生细菌腐蚀，通常在油漆等涂料中或在塑料中放入杀菌剂。此外，还要保持环境干燥、避免尘埃粘附、禁止手摸以防留下指纹汗渍等，防止微生物繁殖。

7）避免腐蚀性蒸气

在产品的制造、贮存和工作期间，应尽量避免腐蚀性蒸气的腐蚀。除前面已经讨论过应排除氧、空气和潮气外，还要避免在酸洗、电镀等过程中由于清洗不净而在工作或贮存期间放出酸性蒸气，并且要防止某些材料放出挥发性有机腐蚀气体。

8）材料的相容性

当一种材料与另一种材料接触时，实际上也是一种腐蚀环境问题。有时两种材料接触会产生接触腐蚀、化学腐蚀、互溶等，例如橡胶可能使与其接触的铜或锰等发生腐蚀。有些材料会挥发腐蚀性有机物，对易受腐蚀的锌和镉等金属来讲属于不相容材料，不相容材料不能在一起共同使用。

9）缓蚀剂

利用缓蚀剂来改善腐蚀环境。是十分重要的防蚀措施之一。

6.8.2 缓蚀剂

在腐蚀介质中，加入少量称为缓蚀剂的物质能有效阻止腐蚀继续发生或降低腐蚀速率。

在石油工业中，H_2S气体及NaCl溶液对管道及容器的腐蚀，酸洗除锈工艺中酸对被洗金属的腐蚀，工业用水中水对容器的腐蚀，金属切削工艺中切削液对金属工件的腐蚀，以及锅炉的腐蚀等方面常用缓蚀剂防腐。

缓蚀剂按照化学组成可分为无机缓蚀剂和有机缓蚀剂两大类。

1）无机缓蚀剂

在中性或碱性介质中主要采用无机缓蚀剂，如铬酸盐、重铬酸盐、磷酸盐、酸式碳酸盐等，它们主要是在金属的表面形成氧化物膜或沉淀物。例如，铬酸钠（Na_2CrO_4）在中性水溶液中可使铁氧化成氧化铁（Fe_2O_3），并与铬酸钠的还

原产物 Cr_2O_3 形成氧化物保护膜。

$$2Fe + 2Na_2CrO_4 + 2H_2O = Fe_2O_3 + Cr_2O_3 + 4NaOH$$

又如，在含有氧气的近中性水溶液中，硫酸锌对铁有缓蚀作用。这是因为锌离子能与阴极上产生的 OH^- ($O_2 + 2H_2O + 4e^- \longrightarrow 4OH^-$)反应，生成难溶的氢氧化锌沉淀保护膜。

$$Zn^{2+} + 2OH^- = Zn(OH)_2 \downarrow$$

聚磷酸盐，如六偏磷酸钠 $Na_6(PO_3)_6$ 能与 Ca^{2+} 形成 $[Na_5CaP_6O_{18}]_n^{n+}$ 带正电荷的胶体离子，因而对于含有一定钙盐的水，聚磷酸盐是一种有效的缓蚀剂。

2) 有机缓蚀剂

在酸性介质中，无机缓蚀剂的效率较低，因而常采用有机缓蚀剂。它们一般是含有 N、S、O 的有机化合物。常用的缓蚀剂有乌洛托品、硫脲、若丁(主要组分为苯基硫脲)等。

在有机缓蚀剂中还有一类气相缓蚀剂，它们是一类挥发速率适中的物质，其蒸气能溶解于金属表面的水膜中。当金属制件吸附缓蚀剂后，再用薄膜包起来，就可达到缓蚀的作用。常用的气相缓蚀剂有亚硝酸二环己胺、碳酸环己胺、亚硝酸二异丙胺等。

许多有机缓蚀剂属于表面活性物质，有机分子由亲水性的极性基团(如 RNH_2 中的—NH_2 基)和亲油性的非极性基团(如 RNH_2 中的—R 基)两部分所组成。当它们加入介质中时，缓蚀剂的极性基团定向吸附排列在金属的表面，从表面上排除了水分子或氢离子等腐蚀性介质，或者使介质的分子或离子难于接近金属表面，从而起到缓蚀作用。

6.8.3 电化学保护

根据金属电化学腐蚀机理，在金属设备或设施上加一定的保护电流或保护电势，从而防止或减轻金属腐蚀的防护方法。电化学保护有两种方法，一种是阴极保护，一种是阳极保护。

1) 阴极保护

所谓阴极保护，就是让被保护的物体成为电化学系统中的阴极，从而使其受到保护的一种电化学保护方法。根据所选用方法的不同，又可将其分为两类。

(1) 牺牲阳极保护

在被保护的金属上连接一种电极电势更小的金属或合金，当这两种连接的金属处于电解质中(如海水或土壤等)就构成了一个腐蚀大电池。电极电势小的金属或合金成为腐蚀电池的阳极(称为牺牲阳极)，被保护的金属物成为腐蚀电池的阴极而受到了保护。一般常用的牺牲阳极材料有铝合金、镁合金和锌合金等。

牺牲阳极保护常用于保护海轮外壳、锅炉和海底设备。牺牲阳极的表面积与被保护金属的表面积应有适当比例,通常前者为被保护金属表面积的1%~5%左右,分散于被保护金属的表面。

(2) 外加电流阴极保护

这是在直流电源作用下,将被保护的金属设备与电源的负极相连,使之成为阴极,而用另一种附加电极(如废钢或石墨)与电源的正极相连,使之成为阳极,当电化学系统工作时,被保护金属作为电解池的阴极而受到了保护。

2) 阳极保护

阳极保护是使金属处于稳定的钝化状态的一种防腐方法,其基本原理是:对于那些能够钝化的金属和合金,如铁、镍、铬、钛和不锈钢,通过外加电流对这些被保护的金属进行阳极极化,达到一定电势,金属表面便生成一层耐腐蚀性的钝化膜,使金属和腐蚀介质隔开,从而腐蚀速率显著降低,金属受到了保护。

6.8.4 覆盖层保护

所谓覆盖层保护,就是通过各种工艺方法,在金属材料或非金属材料表面覆盖上一层保护层,使材料与其周围的腐蚀介质隔开,从而起到防止或减少材料被腐蚀的作用。例如,铁用铅覆盖以后,就可以防止硫酸的侵蚀,这是因为铅把铁和硫酸隔离开来,而铅对硫酸具有耐蚀性。同样,用酚醛清漆作为覆盖层,可以保护铁在盐酸中不致遭受腐蚀。

覆盖层除了要求在环境介质中具有较高的耐蚀性之外,还要满足以下一些基本要求:覆盖层本身应具有连续性、完整性和致密性;覆盖层应具有良好的物理性能、力学性能;要与被保护的基体材料结合牢固,附着力好;覆盖层在整个保护面上应均匀分布。

为了保证覆盖层能满足上述要求,涂覆保护层之前材料制件表面的前处理是十分重要的,它对防腐层的质量和使用寿命往往起着决定性的作用。表面处理一般包括除油、除锈和一定程度的表面粗糙等几部分。

覆盖层保护是材料保护,特别是金属材料保护的最普遍、有效的方法。根据覆盖层材料性质的不同,大体上可分为3类:金属覆盖层、非金属覆盖层和转化膜层。

1) 金属覆盖层

在金属、非金属制品或材料的表面,覆盖上一层另一种金属或合金作为保护层,所覆盖的金属或合金在腐蚀介质中应是耐蚀的。根据环境介质的不同,可以选择金、银、锌、镉、铬、镍等金属或铜-镍，镍-铁等合金作为保护层。

覆盖金属的工艺方法很多，主要有电镀、化学镀、热镀、渗镀、真空镀膜和热喷镀等。

(1) 电镀

电镀是利用直流电源，以电解的方式在金属或非金属表面沉积一层金属、合金等镀层的涂覆工艺方法。

电镀是一个电化学过程，即在外加电源作用下的氧化还原过程。以镀镍为例，简要说明电镀原理，如图 6.6 所示。

将要镀的零件作为阴极，金属镍板作为阳极，浸在镍盐(如 $NiSO_4$)溶液中，当接通直流电源后，在一定的工艺条件下，阳极镍板就会不断溶解，而零件表面就会有镍层沉积出来，从而完成了被镀零件的镀镍过程。

在电镀过程中，在阳极和阴极分别进行着氧化反应和还原反应：

阳极　$Ni \rightleftharpoons Ni^{2+} + 2e^-$

阴极　$Ni^{2+} + 2e^- \rightleftharpoons Ni$

由于镀层金属和一般金属一样，都具有晶体结构，因而金属在阴极上沉积过程亦可称为电结晶过程，如图 6.7 所示。

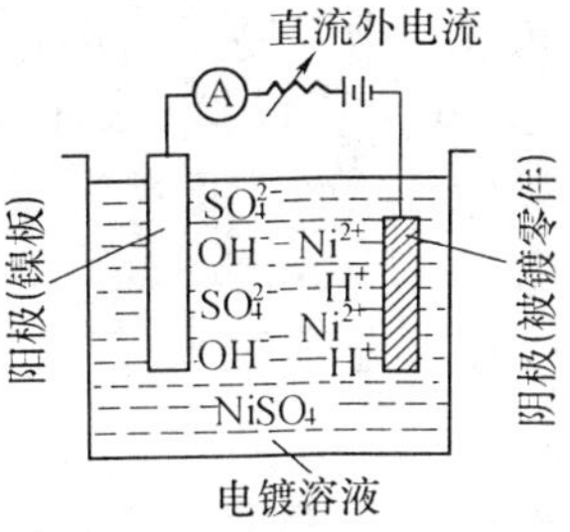

图 6.6　电镀过程示意图

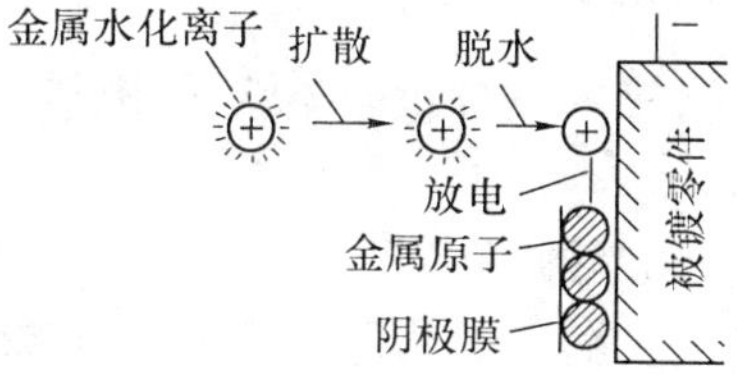

图 6.7　电结晶过程示意图

电结晶过程大致可分为以下几个步骤：

① 水化的金属离子向阴极表面扩散和电迁移；

② 水化膜变形，水化金属离子脱水从水化膜中分离出来；

③ 金属离子被吸附并迁移到阴极表面上的活性部位；

④ 金属离子得到电子还原为金属原子，并按一定次序排列成具有一定晶格的金属晶体，从而形成镀层。

最后一步的结晶过程又可分为两个阶段，即晶核的形成与晶核的成长。这两个阶段同时进行，但速度不同，两者相对速度的大小决定着镀层晶粒的粗细，决定着金属保护层的质量。若晶核形成速度较慢，所得结晶层越细致，镀层质量好，若晶核成长速度较快，所得结晶层粗大，镀层质量就差些。

为了得到质量好的镀层，通常电镀液不能直接用简单离子的单盐溶液(如硫酸盐、氯化物等为主的电镀溶液),而使用主要金属离子为配离子的配盐镀液。例如,在金属零件表面镀锌,用硫酸锌做电镀液时,由于锌离子浓度较高,会使镀层粗糙,厚薄不均,与基体金属结合力差。若电镀液是由氧化锌、氢氧化钠和其他添加剂组成,则由于氧化锌在氢氧化钠溶液中形成了配离子

$$ZnO + 2OH^- + H_2O = [Zn(OH)_4]^{2-}$$

在溶液中存在下列平衡:

$$[Zn(OH)_4]^{2-} \rightleftharpoons Zn^{2+} + 4OH^-$$

而使镀液中 Zn^{2+} 离子浓度大大减小,使金属晶核在镀件上析出后,其成长速度减小,从而有利于新的晶核形成,得到结晶较细密的镀层。因此,由配盐溶液中所得的镀层质量一般比单盐镀液中所得的镀层质量优良。

(2) 化学镀

不利用外加电源,而利用还原剂将溶液中的金属离子还原并沉积在具有催化活性的物体表面,使之形成金属镀层的工艺方法叫做化学镀,亦称不通电镀或自催化镀。

与电镀相比,化学镀具有以下优点:第一,不需要外加电流,操作时只需将欲镀的零件浸入化学镀液或将镀液喷到零件上即可;第二,化学镀不仅可以使金属零件直接获得镀层,而且可以使经过特殊镀前处理后的非金属(如塑料、玻璃、陶瓷等)直接获得镀层;第三,镀层厚度均匀,不受零件复杂形状的影响;第四,镀层晶粒细、致密、孔隙少,因而镀层外观好(呈光亮或半光亮),耐蚀性强。

化学镀的品种有化学镀镍、铜、钯、金、铂、钴以及化学镀各种合金和复合镀层,其中最为常用的是化学镀镍和化学镀铜。

化学镀镍层是含磷量为 3%～15% 的镍磷合金层,硬度较高,耐磨性较好。当镀层中磷含量大于 8% 时,具有优异的抗蚀性和抗氧化性,并能进行锡焊和铜焊。

化学镀镍的原理是利用镍盐溶液在强还原剂次磷酸盐的作用下,使镍离子还原成金属镍,同时次磷酸盐分解析出磷,从而获得镍磷合金的沉积层。

按照电化学理论,次磷酸盐被氧化,释放出电子,使镍盐被还原,反应式如下:

次磷酸盐释放出电子

$$H_2PO_2^- + H_2O = H_2PO_3^- + 2H^+ + 2e^-$$

镍离子得到电子被还原

$$Ni^{2+} + 2e^- = Ni$$

在次磷酸盐作用下,镍还原总反应式:

$$Ni^{2+} + H_2PO_2^- + H_2O = H_2PO_3^- + 2H^+ + Ni\downarrow$$

次磷酸盐得到电子析出磷

$$H_2PO_2^- + e^- = P\downarrow + 2OH^-$$

同时 H^+ 得到电子还原成 H_2

$$2H^+ + 2e^- = H_2\uparrow$$

由以上可见，化学镀镍所得到的镀层实际上是镍磷合金。

化学镀虽然存在着一些缺点，如镀液维护要求高、工作温度要求较高以及成本较高等，但是近几十年来，化学镀已经得到广泛发展和应用，尤其是化学镀镍工艺已成为金属精饰工业中发展最快的基本方法之一。

(3) 热镀

将要保护的金属制件浸入另一种熔融的液态金属中，以获得金属涂层。这是在钢铁制件上获得金属涂层的最古老的方法之一，由于方法简单，所以在工业上应用比较普遍。

热镀方法使用的条件：镀层金属必须熔点较低，因为熔融金属时需要消耗很大的电能或热能，而且熔融金属的温度太高对被镀制件的机械性能影响也很大。目前作为热浸镀层的金属主要是锌(熔点 692 K)、锡(熔点 505 K)、铅(熔点 600 K)、铝(熔点 923 K)。工业上常用热镀方法使钢铁材料或制作镀锌和镀锡。镀锌层对于大气和水的抗蚀性能很好，镀锡铁(又名马口铁)因为无毒，又能抵抗有机酸的腐蚀，所以主要应用在食品贮存容器方面；热镀铅主要用在化工防腐和包覆电缆；热镀铝则主要用于钢铁零件的高温抗氧化。

在热镀的过程中，实质上是利用了两种金属在熔融状态下互相溶解和相互扩散的性质，在热镀层与基体金属之间形成了一层中间合金层，故结合力较高，而在合金层之外，还存在一层较纯的镀层金属层。

(4) 渗镀

用加热扩散的方法使欲镀的金属渗入到被镀金属基体的表面，以形成表面合金层，所得镀层叫做渗镀层。用渗镀的方法不但可以渗入单一元素，也可以几种元素同时共渗，在同一种材料的表面获得不同的组织和性能，以满足各种不同的需要。例如，在工业上常把钢铁加以表面合金化处理，渗入 Zn、Al、Cr、Si 4 种元素。

渗镀层是用加热扩散方法制取的，因此它与基体之间的结合是冶金结合，结合非常牢固，不容易脱落。金属基体经过渗镀处理之后，可以提高其耐蚀性和高温抗氧化性能，因此渗镀层常用做高温涂层和石油、化工、电力、冶炼等工业中的耐蚀涂层。

渗镀的方法有固渗、液渗和气渗 3 类。

(5) 真空镀膜

真空镀膜技术，是指在真空室或充有惰性气体的真空室内进行气相镀覆的一类技术，主要包括真空蒸镀、阴极溅射镀和离子镀。用这些方法所得到的膜层，还可以进一步在高温下进行扩散渗镀处理，以提高其与基体之间的结合力。

(6) 热喷镀

热喷镀也叫热喷涂，首先用喷枪将涂层材料加热到熔融或接近到熔融的状态，然后高速将其喷射到工件表面以形成防护层。所形成的防护层叫喷镀层或喷涂层。

根据涂层材料加热源的不同，可将热喷涂分为两大类。以气体燃烧或爆炸作为热源的叫做气喷涂，其中包括火焰喷涂和爆炸喷涂；以电能作为热源的叫做电喷涂，其中包括电弧喷涂、等离子喷涂和低压等离子喷涂等。

用热喷涂技术不但可以喷涂金属和合金，还可以喷涂金属氧化物、碳化物、氮化物、硼化物和硅化物等，也可以喷涂尼龙和塑料等有机材料。

2) 电化学及化学转化膜层

所谓转化膜层，就是用化学或电化学的方法，由基体金属直接参与成膜反应而生成某种化合物，成为覆盖层，以达到防腐的目的。由化学处理而生成的转化膜层有钢铁的氧化(发蓝)膜层、磷化膜层、铝合金和镁合金的化学氧化膜层、有色金属(如铜、锌、镉)的钝化膜层等。由电化学处理而生成的转化膜层主要是铝、镁以及钛合金的阳极氧化膜层。

工业上用得最多的是使金属表面生成氧化膜层和磷酸盐膜层。

(1) 钢铁表面的氧化处理

在钢铁表面用氧化剂进行氧化，使之生成一层致密而有一定防护能力的磁性氧化铁薄膜，这层薄膜一般呈黑色或深蓝色，所以，也称为“发蓝”处理。常用的氧化处理是碱性氧化法。把钢铁制件放入含有氧化剂的热苛性钠溶液中，在一定温度下进行处理。钢铁表面发生了如下的反应

$$3Fe + NaNO_2 + 5NaOH = 3Na_2FeO_2 + H_2O + NH_3\uparrow$$

$$6Na_2FeO_2 + NaNO_2 + 5H_2O = 3Na_2Fe_2O_4 + 7NaOH + NH_3\uparrow$$

$$Na_2FeO_2 + Na_2Fe_2O_4 + 2H_2O = Fe_3O_4 + 4NaOH$$

为了获得较厚和较高耐蚀能力的氧化膜，通常进行两次氧化。各种武器如步枪、机枪等零件广泛采用发蓝膜作为防护装饰层；机床、仪表等零件也常采用发蓝膜；在航空工业中，发蓝膜也用于点火系统的抗氧化零件。

(2) 金属的磷化处理

将金属制件放入含有锰、铁、锌的磷酸盐溶液中进行化学处理，使其表面生成一层难溶于水的磷酸盐保护膜的过程，叫做磷化处理，又叫做磷酸盐处理。

磷酸盐的水溶液按下式水解：

$$3M(H_2PO_4)_2 \rightleftharpoons M_3(PO_4)_2 + 4H_3PO_4$$

式中 M 为二价的金属锌、锰、铁等。

把铁浸入这个溶液中，铁因下列反应产生氢而溶解，在铁的表面生成磷化膜。

$$2H_3PO_4 + Fe = Fe(H_2PO_4)_2 + H_2\uparrow$$

磷化处理不仅可用于黑色金属，也可以用于锌、镉、铝和镁等有色金属。磷化膜在大气条件下比较稳定，但是多孔，在进行铬酸盐封闭和浸油补充处理之后，其耐蚀性可大为提高，可用于燃油和滑油的导管内腔和高压气瓶内腔等零件的防腐。大量应用是作为黑色金属涂漆前的底层，以提高漆层与基体的结合力并提高抗蚀能力。磷化膜具有很高的电绝缘性能，因此电机和变压器的矽钢片多采用磷化处理，还可以用于要求电绝缘性的其他钢铁制件。

(3) 铝及铝合金的电化学氧化处理

铝及铝合金是飞机的重要结构材料，日常生活用品中铝制品也很多。铝的表面虽然有天然的氧化膜，但很薄，只有 0.02～0.14 μm。如果经电化学氧化处理，可以使氧化膜增厚到 20～30 μm，在特殊条件下可达 300 μm，这种氧化膜与底层金属结合得非常牢固，故耐蚀性很强。

铝的电化学氧化又称阳极氧化，是将铝以及铝合金制品放在一定的电解液中(一般用草酸、铬酸、硫酸或磷酸)作为阳极，通以电流进行电解，在阳极上形成氧化膜的过程。

铝在电解池中作为阳极，在外加电压的影响下很容易失去电子，变成 Al^{3+} 离子，然后进行水解生成 $Al(OH)_3$，其反应如下：

$$Al \rightleftharpoons Al^{3+} + 3e^-$$

$$Al^{3+} + 3H_2O \rightleftharpoons Al(OH)_3 + 3H^+$$

因此，在阳极附近的液层 $Al(OH)_3$ 很快地就达到了过饱和，于是 $Al(OH)_3$ 即在铝的表面上生成薄膜。但是在薄膜上仍然存在着小孔，由于 $Al(OH)_3$ 膜本身是电介质，电流可从有孔处通过，这样就有大量的热量产生，以致使 $Al(OH)_3$ 发生脱水，生成 Al_2O_3。

$$2Al(OH)_3 \rightleftharpoons Al_2O_3 + 3H_2O$$

用阳极氧化形成的 Al_2O_3 膜具有多孔性，需要进一步进行钝化处理，以提高其抗腐蚀性能。为了填补或封闭 Al_2O_3 膜上的细孔，有时用蒸汽或热水处理，使 Al_2O_3 发生水合作用。

$$Al_2O_3 + H_2O \rightleftharpoons Al_2O_3\cdot H_2O$$

未封闭前的 Al_2O_3 膜，由于具有多孔性，所以有很强的吸附染料的能力，可采用各种有机染料进行着色，作为表面装饰。日常生活中使用的多数铝制品，通常都是经过氧化处理的，所以美观耐用。

3）非金属覆盖层

非金属覆盖层种类很多，包括衬里、搪瓷、无机或有机涂层等，本节着重介绍高分子有机涂料和涂层（油漆层）方面的知识。

涂料是一种用途广泛的化工材料，涂覆于物体表面能形成一层薄膜，赋予物体以保护、美化或其他预期的效果。

在各种工程中，许多巨大钢铁结构，若没有涂料保护，就会被锈蚀倒塌。大量的涂料在建筑、船舶、桥梁、机械、电器、军械、食品罐头、文教玩具、容器贮槽等等各方面都发挥着保护和装饰作用。

（1）涂料的组成

有机涂料是对各种材料进行保护、装饰或使其获得某种特殊功能的一种重要而有效的非金属覆盖层材料。将它涂覆于物体表面之后，能在物体表面上流展成为连续的薄膜，并在一定的条件下干结为坚实的固态涂膜，称为有机涂层或油漆涂层。

涂料虽然种类繁多，但在它们的基本组成中大都包括油料、树脂、颜料、溶剂、稀释剂以及辅助材料等成分，主要由下列三部分组成：

① 成膜物质。包括树脂或聚合物，其主要作用在于粘结其他组分，形成能牢固附着在物体表面的涂膜，也可单独成膜。常用的树脂有一部分是天然树脂，如松香、琥珀、沥青等，但大部分为合成树脂，如过氯乙烯树脂、聚丙烯树脂、醇酸树脂、酚醛树脂、环氧树脂、聚酰胺树脂和聚氨酯树脂等。树脂是涂料的基础，决定着涂料的主要性能，故常称为基料。

② 颜料。颜料兼有装饰和保护作用，是涂料的重要组分之一。颜料分为着色颜料和体质颜料。着色颜料起着着色和遮盖物面的作用，体质颜料是无色或白色的填料，它可增加涂膜厚度，提高涂膜的机械强度。

③ 液体。溶剂、稀释剂等液体，它们对树脂和油类有一定的溶解能力，使涂料成为一种流动体而本身又能挥发的液体有机物质，如苯类、醇类、酯类和酮类等，这是涂料的又一个重要组分。

另外，在涂料中加入一些助剂，可用来改进涂膜的表面状态，如催干剂能加速涂膜干燥；增塑剂用于改善涂膜的韧性；乳化剂能促使两种互不相溶的液体互相均匀混合；润湿剂可提高基料对颜色的润湿性，使涂膜更加光滑美观。

此外，还有消光剂、防霉剂、防老化剂、防紫外线剂等等，一般在涂料中只要加入少量就起到显著的特殊作用，赋予涂膜特殊的功能。

过去由于涂料主要以植物油、天然树脂为主要成膜物质，因此一直被叫做“油漆”，随着石油化工和有机合成工业的发展，为涂料工业提供了新的原料来源，许多新型涂料不再使用植物油脂。

（2）涂膜的固化机理

涂层的干燥过程，即涂膜的形成过程，通常可分为4种类型，氧化聚合型、溶剂挥发型、加热聚合型和固化剂型。它们各有特点，对干燥条件各有不同的要求。

① 氧化聚合型。通常使用的油基漆、脂胶漆、醇酸漆等都属于氧化聚合型涂料。它们在干燥过程中主要是依靠成膜物质在空气中的氧化聚合作用而固化成膜。涂料的干燥速率主要取决于氧化聚合反应的速率。

② 溶剂挥发型。常用的硝基漆、过氯乙烯漆等均属于这一类型。这类涂料在干燥过程中主要依靠溶剂的挥发，使其粘度增加，而主要成膜物质不起化学反应。影响干燥速率的因素有：溶剂的类型及其配比、主要成膜物质对溶剂的释放性、环境的温度和湿度等。

③ 加热聚合型。这类涂料不能在常温下自干，只有在较高的温度下才能发生聚合反应而固化成膜。

④ 固化剂型。这类涂料在使用时需要加入一定量的固化剂才能使成膜物质交联成膜。影响干燥固化的因素主要是固化剂的种类及其加入量等。

(3) 常用耐腐蚀涂料

① 底涂料。俗称底漆，通常可分为防锈底漆、带锈底漆和其他配套底漆。其主要作用是增强涂层与工件表面的附着力，提高涂层的机械强度和防锈能力，是整个涂层的基础。

防锈底漆是一种能阻止金属锈蚀发生和发展的底漆，它能通过涂料中的颜料对钢铁表面起牺牲阳极的保护作用（如富锌底漆），还能通过底漆中的强氧化性颜料，使金属表面钝化。底漆中含有化学稳定性好的颜料（如铁红、云母氧化铁等），具有很强的遮盖力，使漆膜起到物理覆盖的防锈作用。

带锈底漆是一种涂敷在带锈钢铁表面的底漆。磷化底漆能在工件表面形成一层致密的钝化保护涂层，增强防锈能力和提高金属与涂层之间的粘结力。

② 油性涂料。以植物油为主要成膜物质的涂料总称，也叫油基涂料或油性漆，常用的品种有油性底漆、清油及调合漆等。主要优点是施工方便、涂刷性好、渗透性好、价格低廉并具有一定的保护作用。缺点是干燥慢，且耐候性、耐水性和耐化学性差。

③ 硝基纤维涂料。简称硝基漆。它是以硝酸纤维酯为主体，加入少量树脂、增塑剂、溶剂和颜料等经加工而制成的一种挥发型涂料。

硝基漆的特点是干燥快、涂层光泽好、耐磨，可以打蜡抛光，具有装饰性。缺点是涂膜易泛白，施工中溶剂消耗量大、污染环境。

硝基漆广泛用于汽车、机床、电机、木器、皮革、工艺品、织物及需要迅速干燥涂装的地方，还用于化工设备表面的装饰保护。

④ 醇酸树脂涂料。简称醇酸漆，以醇酸树脂为主要成膜物质。它耐候性

好，不易老化，涂膜韧性好并耐磨，广泛用于金属、木材表面的防护装饰。可用于室外金属建筑物，也可用于船舶、机器和家具，还可用于电气产品的绝缘。缺点是完全干透的时间长，并且不耐碱。

⑤ 酚醛树脂防腐涂料。以酚醛树脂或改性酚醛树脂为主要成膜物质的漆类。酚醛树脂的原料易得，低价，合成工艺简单，耐腐蚀性较好。尤其是改性酚醛耐酸漆，具有快干、耐水、耐酸碱及绝缘等性能，机械性能也得到改善，可用于机械、造船、电器及化工防腐等方面。

⑥ 环氧树脂防腐涂料。以双酚 A 型环氧树脂为主要成膜物质，再加入固化剂和其他成分制成的固化型防腐涂料。其主要优点是附着力强、耐腐蚀性好，收缩率低，耐碱性比较突出，涂膜机械强度高，热稳定性和电绝缘性较好。但固化剂与基本漆料是双组分包装，使用时不太方便。一般多用在打底防蚀和电气零件的绝缘等方面。

⑦ 沥青防腐涂料。以各种沥青为主要成膜物质，加入适量的溶剂和填料配制成的挥发型的防腐涂料。主要优点是原料易得、价廉、干燥快、漆膜弹性好、施工方便，在常温下能耐各种化工气体和较低浓度的酸、碱、盐溶液。在造船、化工防腐、电器等方面都广为采用。

⑧ 聚氨酯防腐涂料。主要成膜物质是由异氰酸酯和多羟基化合物反应制得的高聚物。主要特点是具有优良的耐蚀性能，耐酸、碱，耐油，耐溶剂性等；与基体结合力强，耐热、耐磨，可承受高速气流冲刷。可用做甲板漆和超音速飞机的蒙皮漆，还可用于化工管道，贮槽以及高温高湿和海洋气候条件下的构筑物、机械设备、仪器仪表等的涂装。

⑨ 乙烯树脂防腐涂料。乙烯树脂防腐涂料品种很多，以过氯乙烯树脂作为主要成膜物质，借溶剂挥发干燥而成膜的过氯乙烯防腐涂料最为常用。这种涂料的特点是有良好的耐化学气体，耐酸、耐海水、耐醇和防霉、防潮等性能，尤其是具有不延燃性，故可以做成防火漆。其缺点是附着力较差，耐热性也较差，使用温度在 253～333 K 左右。在机械、仪表、车辆及轻工产品上广泛应用。

⑩ 橡胶防腐涂料。以各种天然橡胶衍生物或合成橡胶为主要成膜物质的涂料。应用较多的是氯化橡胶防腐漆（多用于船舶）；环化橡胶漆能耐浓度为 50％～70％的碱液腐蚀；聚硫橡胶漆可耐任何溶剂；W 型氯丁橡胶漆可作为化学铣切防腐可剥漆等。

⑪ 有机硅耐热防腐涂料。以有机硅树脂为主要成膜物质，加入其他改性树脂、颜料和有机溶剂配制合成。其特点是涂膜耐高温（473 K 以上），可在 1 073～1 173 K的短时间高温条件下使用；涂膜的耐寒性也好，可在 223 K 以下的条件下工作；绝缘性、耐水、耐候性也好。其缺点是价格较贵，固化温度高

并对基体表面处理要求高。主要用于一些温度较高的设备，如烟囱、排气管道、高温炉、石油裂解装置等。

(4) 特种涂料

除了保护和装饰两大作用外，一些特种涂料还具有特定的功能，可满足特殊要求。

特种涂料除了涉及一般的涂料技术以外，尚与光学、声学、热学、电学、生物学、晶体结构等许多学科相关，是发展中的边缘技术。特种涂料赋予物体以各种特种功能，为尖端技术提供了重要的材料。例如，发射人造卫星，需要火箭壳体的隔热烧蚀涂料，卫星的温控材料，卫星内小型电机电器的耐热绝缘涂料，试制过程中测试发热条件的不可逆示温涂料以及在发射过程中计算机贮存信息的磁性涂料等。由此可见，特种涂料的发展是一个国家的经济技术和军事科技水平的反映。各种高性能、新功能的特种涂料正在不断出现，特种涂料是特种材料中施工最方便、价格较低廉、效果较显著的材料，因此发展很快，现在已经成为各个科学技术领域、国防及工业中不可缺少的材料。

复习思考题

1. 工程材料按所起作用如何进行分类？
2. 无机非金属材料的主要组成和性质？
3. 高分子材料有哪些结构和性质特点？
4. 塑料由哪几部分组成？常用添加剂有哪些？
5. 塑料按应用如何进行分类？工程塑料有哪些特点？
6. 常见的合成纤维有哪几种？商品名称叫什么？
7. 合成橡胶的主要生产原料是什么？列出 3 种合成橡胶。
8. 什么叫复合材料？可分哪几类？发展趋向如何？
9. 试述一种本专业可以应用的功能材料。
10. 分别简述无机缓蚀剂和有机缓蚀剂能使材料防蚀的原理。
11. 涂覆金属覆盖层的工艺方法有哪几种？简单叙述其原理。
12. 电镀工艺中为什么一般采用金属的配盐溶液做电镀液？举例说明。写出反应式，简单叙述化学镀镍的原理。
13. 电化学和化学转化膜层有哪几种？
14. 高分子有机涂料的基本组成是哪些？涂膜固化类型有哪几种？简单叙述常用的耐腐蚀有机涂料有哪些？

7 能源化学

能源在一个国家的经济发展中是先行,能源供应水平标志着一个国家的发达程度。现在我国人口接近13亿,每年能源需求量为10亿吨标准煤,仍是发展中国家的工业水平。到21世纪中叶,我国经济将达到中等发达国家水平时,对能源的需求量也将达到40亿~50亿吨标准煤。目前,能源结构主要是煤,还有石油、天然气、核能等,研究和开发清洁而又用之不竭的能源将是21世纪发展的首要任务。

7.1 概述

7.1.1 能源的概述

能源是指能够转换成热能、机械能、光能、电能、化学能等各种能量形式的资源,例如矿物燃料、风能、地热能、海洋能、太阳能、水能、生物质能等。

经济增长与能源消费增长是紧密联系的。目前人类利用的能源有煤、天然气、石油、核能、水力、太阳能、生物原料等。世界能源结构比例列于表7.1中。

表7.1 世界能源结构分析(%)

范围	年代	能源种类			
		煤	石油	天然气	水力、核能
国际	1950	61.5	27.0	9.8	1.7
	1983	32.2	41.5	22.0	4.1
	2020(预计)	30.0	20.0	45.0	–
国内	1997	71.5	20.4	1.7	6.2

能源消费总的趋势要看资源情况。国际上以石油为主,而我国仍以煤为主。再过20~30年,天然气将逐渐成为能源的主力,石油将退居第三位,因此在煤、天然气、石油三大能源支柱中,化学在满足国家能源需求方面,将仍起中心科学的作用。

我国能源资源探明的储量:煤6 000亿吨,石油34亿吨,天然气2万亿 m^3。目前年产量:煤12亿吨、石油1.5亿吨、天然气150亿 m^3。按此速度开发石油,只有23年左右的可供开采资源。因此,在能源开发和利用上,要实施近期和远期开发相结合的策略,及早做好准备,一方面寻找新资源,一方面则是合理使用现有资源。

7.1.2 能源的分类

能源按来源不同可分为三类:第一类是来自地球外的能源,例如太阳辐射能、宇宙射线等;第二类是来自地球内部的能源,例如地热能、核能等;第三类是来自地球和其他天体作用的能源,例如潮汐能。地球上的能源99.99%来自太阳辐射能、核能、地热能和潮汐能。

能源按开发技术不同可分为常规能源(例如煤、石油、天然气、水力等)和新能源(例如核能、太阳能、地热能、海洋能、风能和生物质能等)两大类。

人们把自然界中存在的现在形成的能源称为一次能源,把需要依靠其他能源才能产生和制取的能源称为二次能源。按能否可以再生的形式,一次能源又可分为再生能源和非再生能源,详见表7.2能源分类表。

表 7.2 能源分类表

<table>
<tr><td rowspan="2">一次能源</td><td>再生能源</td><td>风能、水能、海洋能、生物质能、太阳辐射能、地震、火山、地热能等</td></tr>
<tr><td>非再生能源</td><td>化石燃料(煤、石油、天然气等)
核燃料(铀、钍、硼、氘等)</td></tr>
<tr><td>二次能源</td><td colspan="2">电能、氢能、煤气、焦炭、汽油、煤油、柴油、甲醇、乙醇、火药、丙烷等</td></tr>
</table>

7.1.3 能源开发利用的展望

能源的开发和消费与国民经济的发展有着密切的关系。在全国能源消费结构中,煤的消费比例逐年下降,石油和天然气的消费比例逐年上升,但2000年后,石油和天然气的消费比例也将下降,而水能和核能的消费比例将会显著增加。世界能源消费结构变化情况见表7.3。

表 7.3 世界能源消费结构变化情况(%)

年份	石油	天然气	煤	核能	水力等
1900	4.0	—	95.0	—	1.0
1950	29.8	9.3	59.3	—	1.6
1960	35.8	13.4	48.9	0.1	1.8
1970	40.6	18.7	38.6	0.2	1.9
1980	44.0	19.0	29.0	3.0	5.0
1990	48.0	15.0	20.0	10.0	7.0
2000	29.0	20.0	25.0	13.0	13.0
2020	10.5	12.5	26.0	31.5	19.5

根据能源结构及供需矛盾,国际能源组织和我国能源部门拟定的能源开发利用规划是:有计划地开采并合理使用石油和天然气,扩大煤的开采和使

用，加强煤的液化和气化工作，使之转化为优质的液体和气体燃料；大力发展核能；加强新能源的开发利用。

自1954年原苏联建成世界上第一个核电站以来，目前世界上已有发电的核反应堆400多个，我国已建成浙江秦山和广东大亚湾两个核电站。1980年意大利建成了世界上第一座太阳能发电站，目前世界上已有80多个国家在研究利用太阳能的各种技术，例如太阳能发电、采暖、空调制冷、烧水煮饭等。20世纪50年代后，意大利、冰岛、新西兰和美国等广泛利用地热能，主要的地热资源有蒸汽、热水、干热岩、地压、岩浆等，可用做采暖和发电，1970年我国广东省建成了国内第一座地热发电站。厌氧发酵是一种最有效、最合理的生物质能转换方式，如果在广大农村普遍利用生物质能转换技术，不但可以获得气态燃料沼气和有机肥料，而且还可以进一步制取化工产品，使生物质能充分得到综合利用，这将使我国的能源消费结构更加趋向合理。地球上海洋面积约3.61亿km^2，占地球总面积的70.8%，利用海洋的温差、浓度差、波浪、潮汐、海流等能量资源进行发电，已成为许多国家的研究方向和实施计划。氢能、磁流体发电、高能电池、燃料电池、长寿命电池等新能源正由研究阶段逐步进入实用阶段，各国竞相开发能源新技术、新品种，以解决人类对能源不断增长的需求。

7.1.4 能源利用对环境的影响

开发利用能源时，一个必须要重视的问题是对环境的影响。在矿物燃料的生产、运输加工和使用的过程中，必将释放出一系列的有害物质污染环境，使环境变得更加复杂。所以污染的问题和能源的有效利用与分配问题同等重要。现代工业的发展，已使自然环境遭受着严重的污染。如：扩大煤的利用，使大气中的二氧化碳急剧增加，强化“温室效应”，引起了全球性气候日趋变暖，有可能导致区域性的气候和雨量的反常、海平面的升高等一系列的环境和生态的变化。目前，要全面彻底地解决复杂的环境污染问题还有难度，但是，在一定程度上或区域内控制污染、减少污染、治理污染是能办到的。

能源利用对环境的影响需考虑以下几个方面：

(1) 排放污染物的数量和种类。例如放射性元素、潜在有毒的贵金属、多环芳烃(PAH)、氮氧化物(NO_x)、硫氧化物(SO_x)等。

(2) 排放物在环境中的扩散。各种燃料使用的不同阶段所释放的污染物在环境中的生态化学循环与归宿。

(3) 继这些污染物以后的生态的发展，可能有很多污染物将在很长时间里仍然留在环境中，甚至进入食物链。

(4) 污染对人类以及人类环境的损害及其损失。任何一种能源技术对人类环境最重要的影响，是对人类健康、安全和社会福利的影响。有毒物质直接

(通过吸入、摄入)或间接(通过生物、地球化学循环和人类食物链)地影响人类健康、农业或资源生产,造成公害及其他的损害(例如腐蚀)。

7.2 石油、天然气和煤

7.2.1 石油

石油是一种天然的黄色至黑色粘稠的可燃液体烃类混合物,存在于地表面之下。它可以被加工成各种馏分,包括天然气、汽油、石脑油、煤油、柴油、润滑油、石蜡以及其他多种衍生物产品。石油也称为"原油"。石油的另一种定义是:以烃类为主要组分并与数量不等的硫、氧、氮等烃类衍生物构成的不均匀的混合物。石油中还可能含有不同数量的溶解气体和少量的金属化合物。由于所含的烃类品种的比例不同,因此各种石油的物理性质有很大的区别,通常,石油中还有水分存在。

1) *石油的分类*

根据原油中石蜡和沥青的相对含量,将原油分成4类:

(1) 轻质石蜡基原油——石蜡含量较低的原油;

(2) 石油基原油——高石蜡含量和渣油中沥青质较低的原油;

(3) 环烷基或沥青基原油——含微量石油及在渣油中沥青质含量高的原油;

(4) 芳香基原油——芳香烃含量高的原油。

"混合原油"是指性质介于石蜡基和环烷基原油之间的原油。蜡含量表示原油中含石蜡的程度,沥青质的存在表示是芳香基原油。

2) *石油的成分*

石油是许多碳氢化合物的混合物,主要有烷烃、烯烃、环烷烃和芳香烃,还有少量有机氮化物、水和矿物质等。石油的含碳量为75%~92%,含氧量为8%~25%,含硫量为0~5%。石油经催化裂解、分馏等加工处理后可以得到天然气、汽油、煤油、柴油、重油、润滑油和沥青等产品,其中可做液体燃料的汽油、煤油、柴油、重油的成分、相对密度及发热量见表7.4。

表7.4 液体燃料的成分、相对密度及发热量

类别	成　分	相对密度	高发热量/$(kJ\cdot kg^{-1})$
汽油	$C_5\sim C_{11}$	0.70~0.76	47 311
煤油	$C_{10}\sim C_{14}$	0.78~0.80	46 055
柴油	$C_{11}\sim C_{19}$	0.82~0.84	43 961
重油	C:15%,H:10%, 其余为S、O、N等	0.86~1.00	41 868

汽油主要用于汽车，煤油中白油用做家庭燃料，褐煤油用做石油发动机燃料，柴油用做柴油机燃料、重油调合料和裂化汽油原料。重油分成 A，B，C 3 种，A 重油用做小型柴油机燃料，B 重油用做一般柴油机燃料和锅炉燃料，C 重油用做大型锅炉燃料。C 重油的消费量最大，占全部重油消费量的 75%，C 重油是蒸馏残油的主体，所含 S，N 成分是原油的 1.5 倍，因此要充分注意防止燃料废气排放对大气造成的污染。

7.2.2 天然气

天然气是一种优质的气体燃料和重要化工原料。燃烧时容易调节气量和控制火焰，也易于机械化和自动化操作。常温时加压可以得到液化天然气。

天然气干性气体主要成分是 CH_4，而其湿性气体除 CH_4 和 C_2H_6 外还含有相当数量的 C_3H_8 以上的高级碳氢化合物。液化石油气，俗称丙烷-丙烯馏分和丁烷-丁烯馏分的混合物。

由石油类油品分解得到的气体总称为石油气。根据气体方式不同，可分为热裂化气、催化裂化气和水蒸气转化气，这种气体燃料用做城市煤气。

以煤为原料的气体燃料分别有焦炉气和高炉气，焦炉气是煤在 1 273 K 左右温度下干馏得到的气体，是钢铁厂炼焦炉的副产品。高炉气是炼铁高炉的副产品，含有大量灰尘和 CO，发热量低，表 7.5 列出各种燃料的成分和发热量。

表 7.5 气体燃料的成分及发热量

类　别	气体成分/%							高发热量
	H_2	CO	C_nH_{2n+2}	C_nH_m	CO_2	O_2	N_2	/($kJ\cdot Nm^{-3}$)
天然气干气	–	–	94.6	–	3.4	0.1	1.9	37 681
天然气湿气	–	–	99.3	–	0.7	–	–	51 079
液化石油气(4 号)	–	–	93.7	6.3	–	–	–	132 847
热裂化气	17.8	5.9	34.5	30.6	4.3	1.2	5.7	39 732
催化裂化气	56.2	14.6	12.0	7.1	8.9	0.2	1.0	19 259
低温水蒸气转化气	21.6	1.5	55.2	–	21.7	–	–	24 953
焦炉气	52.1	9.9	27.3	3.0	2.5	0.7	4.5	20 934
高炉气	2.9	23.9	–	–	17.1	–	55.5	3 768

近来一些报纸报道：海底地层中的一种物质“可燃冰”有望成为解决未来能源危机的新能源。这种看起来像冰霜的物质可以燃烧，所以人们叫它“可燃冰”。“可燃冰”的学名叫“天然气水合物”，因为主要成分是甲烷，因此也常称为“甲烷水合物”。在常温常压下它会分解成水与甲烷，1 m^3 固体“可燃冰”可释放出 164～200 m^3 甲烷气体。因而“可燃冰”可以看成是高度压缩的固态天然气。

其实“可燃冰”的发现已经有百余年了，过去在西伯利亚冻土带下曾发现过它的踪迹。对“可燃冰”的勘探技术就像对石油、天然气的勘探一样，是通过地震波反射来测定的。由于它的位置比石油、天然气浅得多，勘探起来更容易。在新疆找油、找气要把钻井打到五六千米以下，很费钱，而这种甲烷水合物在海底只有几百米深。不久前，广州市海洋地质调查局利用地震波探测海底地表反射，发现了南海区域有“可燃冰”存在，在青藏高原的冻土层中以及东海、黄海的海底，都有可能存在巨大体积的“可燃冰”。

20 世纪 80 年代初，美国能源危机，当时最大的埃索石油公司投资 10 亿美元开发人造石油，试图从油母页岩中提取石油燃料，但从经济上看效率太低，而且质量不够高。我国在五六十年代也曾在抚顺等地搞过这一技术，现在早已被淘汰。现在，许多科学家已经一致认为，“可燃冰”可能成为人类新的后续能源，帮助人类摆脱日益临近的能源危机。

现在，地质勘探证实，“可燃冰”主要存在于冻土层中和海底大陆架斜坡中，在地球上储量十分巨大。目前公认的“可燃冰”总能量是所有煤、石油、天然气总和的 2～3 倍，而且是一种较洁净的能源。要使这一巨大的潜在新能源造福于人民，关键问题就是如何开采。“可燃冰”是固体，但并非是一大块一大块的，而是分布在岩石的孔洞中，目前开采方案主要有三种。方案一是热解法。利用“可燃冰”在加温时分解的特性，使其由固态分解出甲烷蒸气。但此方法难在不好收集，海底的多孔介质不是集中为“一片”，也不是一大块岩石，而是较为均匀地遍布着，如何敷设管道并高效收集是难于在工业上和商业上解决的问题。方案二是降压法。有科学家提出将核废料埋入地底，利用核辐射效应使其分解。但它们都面临着和热解法同样的问题。方案三是由我国石油大学博士生导师郭天民教授提出的“置换法”。研究证实，将 CO_2 液化(实现起来很容易)，注入 1 500 m 以下的洋面(不一定非要到海底)，就会生成二氧化碳水合物，它的比重比海水大，于是就会沉入海底。如果将 CO_2 注入海底的甲烷水合物储层，CO_2 较之甲烷易于形成水合物，因而就可能将甲烷水合物中的甲烷分子“挤走”，从而将其置换出来。

现在国外有一种意见认为，水合物与环保有很大关系，“可燃冰”不能开采，否则会造成难以设想的灾难。如果“可燃冰”在开采中发生泄露，大量甲烷气体分解出来，经由海水进入大气层，甲烷的温室效应比 CO_2 要大 21 倍。因此，一旦这种泄露得不到控制，全球温室效应将迅速增大，大气升温后，海水温度也将随之升高，地层温度上升，这会造成海底“可燃冰”的自动分解，引起恶性循环。因此，开采必须要受控，使释放出的甲烷气体都能被有效收集起来。

全世界都在关注着“可燃冰”。1997 年在美国旧金山召开的化学会议上，美国能源部提问：我们的“可燃冰”如果开采出来可用多少年？结论是，仅卡罗来纳州大西洋底的储备就够美国人用100年。美国已探明的资源为5 700万亿m^3,为常规天然气资源(40万亿m^3)的100余倍,其目标是2015年之前能够从水合物中生产商业性甲烷。美国国家能源部已经被授权组织有关政府部门、国家实验室、国家自然科学基金、石油天然气公司和大学进行攻关,五年的研究计划初步拨款4 400万美元。日本本土能源匮乏,83%依赖进口,1994年由政府出面投资9 000万美元,制定了"五年计划",1998年在加拿大打出一口气体水合物井,现在已经开始试采。从1990年起,我国郭天民教授就开始研究"可燃冰"。1999年,国家已经开始将天然气水合物的研究列为国家研究开发计划,进行资源勘察、开采和运输的研究。现在中科院兰州冻土所、广州能源所、地质科学院、国家土地资源部和中国地质大学已经起动这项工作。

2000年5月,在北京举行的中国石油论坛上,郭天民教授发言指出:"鉴于天然气水合物作为21世纪新能源以及基于水合物的新技术开发具有广阔的发展前景,建议我国有关部门予以重视,并对有关研究给予大力支持。"

7.2.3 煤

煤是最丰富的化石燃料,作为能源,在本世纪内曾在矿物燃料中占突出地位。在普遍发现便宜的燃料石油后,煤的重要性就随之下降。随着石油资源的迅速枯竭,煤将再次发挥作用。

世界硬煤和褐煤资源,估计为1.0×10^{13}吨。技术经济可开采的储量估计是6.40×10^{11}吨,为已知资源的6.3%,到2020年时这一储量数字可能会加倍。

煤炭是我国的主要能源,资源十分丰富。随着经济建设的发展,产量与日俱增。在扩大产量的同时,特别应注重煤炭的合理开采、综合利用,不断提高能源效率。

1) 煤的化学组成及分类

煤主要是由含C,H,O,S,N等元素的可燃性高分子化合物以及灰分、水分等无机物质组成的。工业分析项目包括固定碳、挥发分和水分、灰分等。

煤炭可粗分为无烟煤、烟煤、褐煤和泥煤等。随着煤化程度的加深,固定碳成分增加,挥发分减小。固定碳和挥发分的比值称为燃料比。烟煤的燃料比大于1,无烟煤的燃料比大于4.5。燃料比越大,燃料性能越好。

2) 燃料发热量

把能源变成可用能量的技术,最简单而又古老的方法是燃烧。燃烧是一种氧化反应,它与一般氧化反应不同之处是随着反应的进行,温度显著升高,并且同时发出光。

$1\ m^3$ 气体燃料或 1 kg 液体燃料、固体燃料完全燃烧所产生的热量(kJ)称发热量,其单位是 $kJ\cdot m^{-3}$或 $kJ\cdot kg^{-1}$。发热量可以用量热计测定。发热量是评价燃料质量好坏的重要指标。根据表示方法的不同,有高发热量 Q_h 和低发热量 Q_L 两种。

在用量热计测定时,燃烧产物中的水蒸气冷凝到 273 K 水时所放出的燃料全部燃烧热量称为高发热量 Q_h;燃烧产物中的水蒸气冷却到 298 K 时所放出的燃料全部燃烧热量称低发热量 Q_L,两者间相差水冷凝热量。

固体燃料主要有泥煤、褐煤、烟煤和无烟煤等化石燃料,另外还有天然木材,以及人工产品木炭、焦炭、煤球等。表 7.6 列出了部分固体燃料的成分、相对密度和发热量。

表 7.6　固体燃料的成分、相对密度及发热量

种　类	成　分/%			相对密度	高发热量/$(kJ\cdot kg^{-1})$(daf)*
	C	H	O		
木　材	50	5	45	0.7～1.7	20 934
泥　煤	57	5	38	0.7～1.1	24 283
褐　煤	70～78	5～6	13～24	1.1～1.3	24 283～30 563
烟　煤	80～90	5～6	3～11	1.2～1.4	30 563～30 843
无烟煤	90～92	4	3～4	1.3～1.5	30 563～35 588

* daf = dry ash free,即以无水分、无灰分为基准计。

3) 煤的开发利用新技术

煤的成分十分复杂,并且杂质多,故而燃烧反应速率慢、利用率低,且不易控制,因此远远不如液体和气体燃料使用方便和优越。另外,煤的开采和运输也不方便。许多国家很早就开始研究煤的转化工艺,将煤加工成液体或气体燃料,以便提高煤的开采率和利用率。

在各种燃料的组成中,碳和氢的质量比是不同的,气体燃料最小,液体燃料次之,固体燃料最大,详见表 7.7。

表 7.7　固、液、气体燃料的碳和氢的质量比

状　态	气　体		液　体		固　体	
燃　料	CH_4	C_3H_8	轻油	重油	褐煤	烟煤
C:H	3:1	4.5:1	8:1	10:1	12:1	20:1

从表 7.7 可以看出,要使固定煤转化成液体或气体燃料,必须加入氢,减小碳和氢的质量比。

(1) 煤的液化

① 直接液化。将煤粉与重油混合,在压力 19.6 MPa,温度 700 K 左右经

催化作用，加氢反应生成液体燃料。

② 间接液化。将煤粉先气化成 CO 和 H_2 的混合物，经过净化、调整 CO 和 H_2 的比例后，在压力 0.98 MPa、温度 500 K 左右，经催化作用获得液体燃料。

用煤合成的液体燃料其基本用途是工业锅炉和燃气轮机用动力油。

(2) 煤的气化

① 水煤气。用烧红的煤和水蒸气反应，主要产物为 CO 和 H_2。

$$C(s) + H_2O(g) \xlongequal{\quad} CO(g) + H_2(g)$$

② 合成天然气。用煤气和氢气反应，主要产物为 CH_4，发热量比煤气更高。

$$CO(g) + 3H_2(g) \xlongequal{\quad} CH_4(g) + H_2O(l)$$

③ 地下气化。用空气和水蒸气交替连续鼓风进入地下煤层，使煤在地下直接燃烧生成煤气。煤的地下气化既可以提高煤的开采率，又可以减轻劳动强度、避免井下危险，并可省去尾矿、矸石等处理，保护了环境。

7.3 核能

核能，也称原子能。它的发现和发展只有 50 年的历史。但是，它的出现标志着科学技术史上的一次重大发现，为人类利用新能源开辟了新纪元。

人类利用核能的过程，首先是用于军事的目的，然后是和平利用。先是爆炸原子弹、发明核潜艇，再是原子能发电、原子能破冰船或商船。由原子反应堆所产生的放射性同位素也已被广泛应用，例如利用同位素的射线来改良品种、杀菌、杀虫、防止种子发芽、诊断和治疗癌症，对机器和钢板等进行非破坏性的检查，用同位素示踪剂来检测生物的代谢功能、医学研究、测定地质年代和制造同位素电池等。

目前使用的能源中，化石燃料占 90% 以上，同时化石燃料又是珍贵的化学工业原料。因此，开发核能刻不容缓。在一些国家，核能已成为主要的电力能源。目前世界上有 30 多个国家拥有 420 多座核电站，这 420 多座核电站提供了全球总电力的 17%。在法国，核电甚至占到 70% 以上。我国自行设计和建筑的第一座核电站——秦山核电站于 1991 年并网发电，装机容量为 3.0×10^5 kW。可以肯定，在 21 世纪，核能将很大程度取代化石燃料，以满足人类对能源的巨大需求。

核能是通过核能物质进行裂变或聚变反应时释放出来的。因此，从广义上说，核燃料包括可裂变物质和可聚变物质。原子核在裂变聚变过程中所释放出来的能量是非常巨大的。例如：一个铀－235 原子核发生裂变时，平均会

释放出大约 3.2×10^{11} kJ 的能量，而一个碳原子燃烧成二氧化碳时，只能释放出 6.6×10^{-9} J 的能量。如果和相同质量的燃料比较，核裂变能相当于化学能的 10^6 倍。理论上说，1 kg 的铀全部裂变所释放出的裂变能，大约相当于 2 500 吨煤或 2 000 吨的石油燃烧时所释放出的能量。而同样重量的轻核聚变时，放出的能量比重核裂变时还要大几倍。例如：每克氘化锂完全产生聚变反应所释放的能量约为每克铀-235 裂变的 3 倍。化石燃料从燃料中获取的能量，是靠燃料的原子重新排列构成新的化合物时释放出来的热量。如 CH_4 燃烧成 CO_2 和 H_2O 两种新化合物，这种化学反应仅仅涉及到原子的外层电子。至于原子的中心原子核还是相当稳定的，稳定到不受化学反应的影响。因为组成原子核的粒子是紧密地联合在一起的，所以使这些原子核产生变化所需的能量，要比化学反应的能量大得多。在裂变和聚变两种核反应中，由于少量的原子核的质量转变（质量亏损）成了能量，所以每个原子核都能释放出巨大的能量。

地球上蕴藏的核能资源十分丰富。据估计，目前已探明的陆上铀矿和钍矿资源，按蕴藏的能量计算，大约相当于已知的地下煤资源的 7 倍，或者石油资源的 100 倍以上。如再考虑大海中铀的蕴藏量（约 45 亿吨铀），特别是预计到不久的将来受控聚变反应的实现，足以满足人类 100 亿年的需要，为人类的能源供应展示了宏伟的前景。

7.3.1 核反应

1）放射性

在自然界中某些不稳定的核在自发进行的衰变过程中释放能量，这种衰变过程称天然放射性。用合成方法制备的一些核物质，其衰变过程称人工放射性。

天然放射性元素能放出 3 种辐射。辐射是能量传递的一种方式，辐射依能量的强弱分为 3 种：

电离辐射：能量最强，可破坏生物细胞分子，如 α，β，γ 射线；

非电离辐射（有热效应）：能量弱，不会破坏生物细胞分子，但会产生温度，如微波、光；

非电离辐射（无热效应）：能量最弱，不会破坏生物细胞分子，也不会产生温度，如无线电波、电力电磁场。

2）质能联系

伴随核反应的巨大能量变化直接与所发生的质量变化有联系并可用爱因斯坦（A. Einstein）方程式进行计算：

$$\Delta E=\Delta m\cdot c^2$$

其中ΔE 和 Δm 分别表示系统能量改变量和系统质量改变量。

$\Delta E = \sum E(生成物) - \sum E(反成物)$;

$\Delta m = \sum m(生成物) - \sum m(反成物)$;

c 表示光速,等于 $2.9979\times10^{8}\ \text{m}\cdot\text{s}^{-1}$。

3) 核裂变

1939 年哈恩(O. Hahn)发现了铀核裂变现象。在慢中子轰击下,铀-235原子俘获 1 个中子并立即发生分裂,生成两个原子序数和质量数都不相同的碎片新核(有时也分裂成 3 块或 4 块碎片),同时产生 2~3 个新的中子,并释放出很大的能量。裂变产物十分复杂,已知的有 30 多种元素,200 多种放射性核。因此,核裂变反应是在中子($^{1}_{0}n$)轰击下将较重的原子核分裂成较轻的原子核的反应。

如果能控制这种裂变链式反应,使它保持一定程度进行而不引起爆炸,人们就可以按照自己的需要来利用这一巨大的核能。反应堆就是维持和控制裂变链式反应的装置,它能将巨大的核变能以一定功率持续地输出。所以,反应堆也称为原子锅炉。

4) 核聚变

核聚变反应是使很轻的原子核在极高的温度(几千万度以上)下合成较重的原子核的反应。核聚变反应能比核裂变反应放出更多的能量,例如氘($^{2}_{1}H$)的核聚变反应

$$^{2}_{1}H + ^{2}_{1}H \longrightarrow ^{4}_{2}He$$

核聚变反应的主要核燃料是氘,可以从重水中制取,核聚变产物无放射性,这些都是核聚变的明显优点,但由于需要几千万度的高温,在材料、工艺方面存在相当难度,目前尚处于研究阶段。

5) 核反应

一个核子与一个核或两个核(核子)之间相互作用,致使原子核的质量、电荷或能量状态改变过程称为核反应。在核反应过程中,系统遵循一系列守恒定律。

在反应堆内,发生得最多的是中子与核燃料、慢化剂以及结构材料核的核反应。中子与被轰击的核即靶核(通常假设它是静止的)之间可以发生一种或几种核反应。

7.3.2 核反应堆

核反应堆是利用易裂变物质,使之发生可控自持裂变链式反应的工程装置。按其用途可分为下列几种。

1）生产堆

专门用于生产易裂变和其他材料或用于工业规模辐照的反应堆，称生产堆。例如使堆内的^{238}U转变为^{239}Pu，^{232}Th转变为^{233}U。^{239}Pu和^{233}U都是很好的裂变物质，还可以把^{6}Li放在堆内受中子辐照生产氚（^{3}H），氚是氢的重要同位素。

2）实验堆

这种堆主要用于实验研究。为设计或研制一座反应堆或一种新堆型取得必要的堆物理或堆工程的数据。

3）动力堆

用于动力或直接发电的反应堆，称为动力堆。从20世纪60年代以来，随着大量核舰艇动力堆的建造和核电站的发展，对各种堆型作了比较广泛的研究。目前用于核电站比较成熟的堆型是轻水堆和重水堆，正在研究发展的是高温气冷堆和快中子增殖堆。

轻水堆用水做慢化剂，它把中子的速度慢化以增加中子对^{235}U的核裂变作用几率。水还兼做冷却剂，重水堆是以重水做慢化冷却剂，重水对中子的慢化性能好，吸收中子的几率小。

7.3.3 核燃料

由于这种反应所需的中子来自另一些裂变燃料的裂变，因此，新的裂变燃料的产生是以另一些裂变燃料的消耗为代价的。如果新生成的裂变燃料和消耗的裂变燃料是同一种物质，则把这种过程称为核燃料的增殖，若不是同一种物质，则称为核燃料的转换。新生成的可裂变核数与消耗的可裂变核数的比值即为增殖比（或转换比）。

当增殖比大于1时，只要供给廉价的核原料就可不断产生越来越多的裂变燃料。这样，就可以充分利用天然存在的大量^{238}U和^{232}Th了。

采用^{233}U为裂变燃料、^{232}Th为增殖原料的热中子反应堆，和采用^{239}Pu为裂变燃料、^{238}U为增殖原料的快中子反应堆，最有可能实现增殖比大于1的增殖。当然，前者也可采用快中子反应堆，而后者则只有在快中子堆的条件下才有可能实现增殖比大于1。

7.3.4 核电站

连续核裂变释放巨大的能量，若人工控制使链式反应在一定的程度上进行，产生的能量加热水蒸气，推动发电机，这是建设核电站的基本原理。第二次世界大战以后，科技人员很快致力于原子能的和平利用，使它造福于人民。1954年前苏联建成世界上第一座核电站，功率为5 000 kW。至今世界上已有

30多个国家的420多座核电站在运行之中，世界能源结构中核能的比例逐渐增加。核电站的工作原理如图7.1所示。

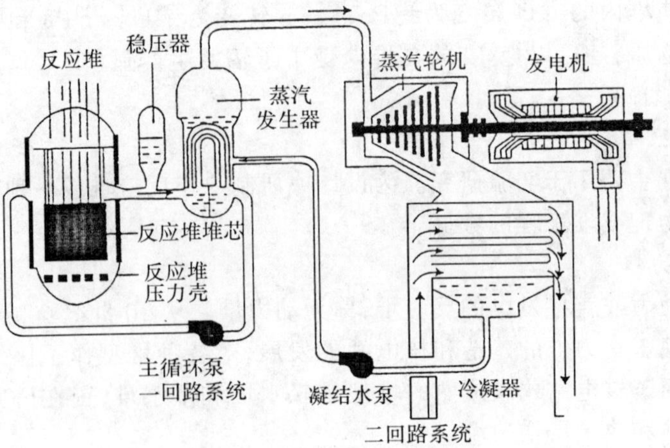

图7.1 核电站工作原理示意图

核电站的中心是由核燃料和控制棒组成的反应堆，这是一个能维持和控制核裂反应的装置，在这里实现核能与热能的转换。释放的热能由一个回路系统的冷却剂带出，用来产生蒸汽驱动汽轮发电机进行发电，在整个过程中没有废气产生，可见核电也是一种清洁的能源。我国自1982年起决定在浙江省海盐县秦山脚下，建立第一座30万kW的核电站，第一期工程于1995年7月正式通过国家验收。秦山核电站的建成，使华东地区的缺电情况有所缓解。此外，在广东大亚湾引进两台90万kW的核电站正在建设之中，辽宁建新核电站也已开始筹建。目前，核电站废料的处理是个非常棘手的事情。反应堆工作一定时间后，必须更换新的燃料，卸下的放射性废料就存在着如何处理、运输、掩埋的问题。在核电站发展过程中和核燃料的后处理过程中有许多化学问题值得深入研究。

7.4 太阳能和地热能

7.4.1 太阳能

太阳能是一种巨大、安全、经济、无污染的自然能源。太阳向宇宙太空发出的总能量为36×10^{22} kW，这些能量可在1 min内蒸干地球上所有的海洋和江湖。太阳辐射到地球表面的能量大约相当于全世界的煤、石油和天然气蕴含的总能量的1.3万倍。这些能量约有47%以热的形式被地球表面和海洋吸收；约有22%用做海水、河川、湖泊等的水分蒸发，使产生降雨、降雪；约有0.2%引起风浪波；只有0.002%左右用于植物的光合作用。

直接利用太阳能是人类长期的愿望。由于太阳能的能流密度较低，又有间歇、不稳定性的缺点，使目前太阳能利用的经济性能在许多场合还不如常规能源和核能源。但随着化石燃料的逐年减少，新技术、新材料和新设备的不断产生，利用太阳能的成本将会逐渐降低，太阳能在未来能源结构中的比例将逐渐增加。目前利用太阳能的主要方面有如下几种形式。

1）太阳能发电

太阳能发电分为热电转换系统和光电转换系统。

(1) 热电转换

先收集阳光辐射，将其转换成热能，再通过热力学循环变成机械能，驱动机械能-电能转换装置发电。这种系统的效率可达到25%。目前，又有分散式集热器系统和中心接受器系统。分散式集热器中央发电系统中，太阳能在集热器场中收集起来，加热液体或化学液体工质，随后用泵通过管网送到中央能量转换厂。另外一种方法是每个集热器系统独立发电，将电能汇集到中心再输出，后者称为分散集能与分散发电系统。在中心接受器系统中，面积巨大的定日镜场，把阳光反射到一个安放在中心塔的接受器上。定日镜场的效果相当于一个大型的焦距为200～600 m的可定向的抛物镜反射器，塔高等于焦距。在接受器产生高温蒸汽，带动蒸汽透平，驱动发电机来发电。采用中心接受器系统，可避免分散系统中需要的大型热流传递网。一个典型的1.0×10^5 kW热发电系统，可以设想是由12 500个定日镜组成，每个反射镜的面积为40 m^2，中心接受塔高250 m，支撑一个吸收器，提供蒸汽或高温气体进入透平，每天可运行6～8 h。

(2) 光电转换

太阳能电池发电是由晶体硅薄片或硫化镉薄膜构成，并采用适当的透明材料以防风化，当阳光照射在电池上时，即产生直流电流。阳光愈强，产生的电子愈多。目前硅电池的效率是15%，硫化镉电池的效率是6%。电能可储存在蓄电池中，供需要时使用。这种电池光电转换的优点突出，它没有运动部件，寿命长，可超过100年，所需的维修技术少，直接散射的太阳能均能有效利用。

2）太阳能的其他利用

除了发电之外，太阳能的利用十分广泛，建筑物采暖和空调、水的蒸发脱盐、炊事、食品冷藏、材料的高温处理、太阳能干燥以及太阳能照明、太阳能汽车、太阳能船、太阳能飞机和太阳能废水处理等。

(1) 太阳能集热器

利用太阳能采暖或供热都离不开太阳能集热器。任何材料表面暴晒在阳光下都会变热，阳光被吸收并转化为热。集热器就是由涂成黑色的金属板和金属管、玻璃盖、底层的保温绝热材料等制作成的。不同的材料吸收阳光的能力差异很大，现已研制出使用黑铬作为热吸收面的高性能集热器，它比最常使用的氧化铜的同类制品，可以提高吸收太阳能效率 20% 以上，而且可以耐受 473 K 以上的高温。这些平板式新产品采用强化玻璃作为外盖，把太阳热的透射率从 85% 提高到 91%，同时还加设一个氟树脂的内盖以减少集热器内的对流，因此它的热效率比原来的制品可以提高 71%。

(2) 太阳热机

太阳热机是指由太阳能开动的机器，这种机器的热力学循环如下：工作液体被太阳辐射加热而气化，它在往复式或旋转式热机中膨胀做功，离开热机后流入换热器而冷凝，冷凝液用泵（经常利用太阳热机本身开动）再次注入另一换热器，在那里蒸发完成一次循环。“低”温太阳热机使用平板式集热器，在 373 K 以下的温度下工作，而高温和中温热机在 373 K 以上的温度下工作，采用聚集式太阳能集热器，并有自动跟踪装置。太阳热机最普通的用途是泵水。在许多国家，已有几种太阳能灌溉泵得到发展。大多数泵的动力是1 kW，效率为 1%～3%。

7.4.2 地热能

1）地热能源

20 世纪 70 年代初以来，由于能源短缺及传统化石燃料（如煤、石油等）的使用所产生的严重环境污染问题，使人们探索诸如太阳能、生物质能、风能、海洋能、氢能、核能等新能源的热情不断增加，地热能作为一种具有广阔开发前景的新能源也日益受到关注。进入 21 世纪，能源与环境问题将是人类迫切需要解决的大问题，它直接影响到全球生态平衡和人类的可持续发展，地热能对此将作出其特有的贡献。

大家已经知道，地球内部蕴藏着巨大的热量。地球中的这种天然热能就是我们所称的地热能。但狭义上说，地热能是指封闭在地球中距地表足够近的距离内，并可被经济开采的天然地热，故又称为地热资源。目前国际上所指的地势资源，是仅以地壳浅部 5 km 以内储存的天然热量 14.2×10^{23} kJ 为依据，相当于 5 000 亿吨标准煤的热量。

按照地热资源的温度不同，通常把热储温度大于 150 ℃ 者称为高温地热能，小于 150 ℃ 而大于 90 ℃ 者称为中温地热资源，小于 90 ℃ 者称为低温地热资源。因地热利用的范围越来越广，地热资源的温度分级也将随着利用价值而有所改变。

根据热资源的性质和赋存状态可将其分为5种类型：蒸汽型、热水型、地压型、干热岩型和岩浆型。前两类统称为水热型，是现在开发利用的主要地热资源；后两类属于今后大量开发利用时可加以考虑的潜在地热资源；第三类地压型地热资源虽然生成条件不太普遍（往往在含油盆地深部），但其能量潜力巨大，而且除热能外，它往往还贮存有甲烷之类的化学能及高压所致的机械能。

2）地热能的利用

（1）地热利用史

地热利用的历史几乎与人类的历史同样久远。明代李时珍的《本草纲目》中就有记载："温泉主治诸风湿，筋骨挛缩及肌皮顽痹，手足不遂，无眉发、疥、癣诸疾；在皮肤骨节者，入浴，浴讫当大虚惫，可随与药及饮食补养……"

比较现代化的地热利用可以追溯到19世纪初叶，一名叫郎西斯科·拉德瑞罗的意大利人，他首先在现今叫做拉德瑞罗的地热区利用所产蒸汽提炼天然热水内的硼砂。第二次世界大战以后，地热发电为世界各国所重视，如今全球地热发电总量已近800万kW。地热能在温室、干燥、制冷、养殖等方面也陆续在世界各国得到了应用。这标志着地热利用跨入了一个新的时代。

（2）地热发电

地热发电是利用地下热水和蒸汽为动力源的一种新型发电技术，涉及地质学、地球物理、地球化学、钻探技术、材料科学和发电工程等一系列现代科学技术，是一门新兴的能源科学和产业。地热发电的基本原理与普通火力发电相似，也是根据能量转换原理，首先把地热能转换为机械能，然后又把机械能变为电能。

（3）地热能的直接利用

地热能除了用于发电以外，更大量地直接用于采暖、制冷、医疗洗浴和各种形式的工农业用热以及水产养殖。与地热发电相比，地热能的直接利用有三大优点：一是热能利用效率高达50%～70%，比传统的地热发电的热能利用效率5%～20%高出很多；二是开发时间短且投资也远比地热发电少；三是地热直接利用，既可利用高温地热资源，也可利用中、低温地热资源，因此应用范围远比地热发电广泛。

我国地热利用虽然发展很快，但总体水平低，热利用率不及40%，至今没有高水平的地热开发示范系统，大量开采所带来的地面沉降、坍塌等环境问题广泛存在，且管理不规范。这些问题是地热发展的障碍，必须加以解决。

7.5 氢能和化学能源

7.5.1 氢能

氢能是未来最理想的能源。氢作为水的组成,用之不竭;而且氢燃烧后惟一的产物是水,无环境问题。氢作为能源放出的能量还远大于煤、石油、天然气等能源,1 g 氢燃烧能释放出 142 kJ 的能量,是汽油发热量的 3 倍。目前世界上氢的年产量为 3 600 万吨,但绝大部分是从石油、煤炭和天然气中制取的;水电解制氢因消耗电能太多,经济上不合算,只占 4% 份额。对化学家来讲,研究新的经济上合理的制氢方法是一项具有战略意义的研究课题。理想的氢能能源如图 7.2 所示。

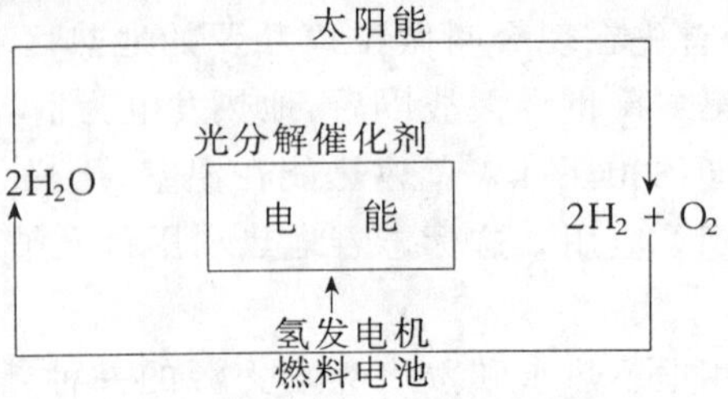

图 7.2 氢能源循环体系

图 7.2 是一种最理想的氢能源循环体系,太阳能和水是用之不竭的,而且加工低廉。急需化学家研究的是寻找合适的光分解催化剂,它能在光照下促使水的分解速度加快。当然氢发电机的反应器和燃料电池也是化学家的工作领域。实现这一良性循环,将使人类永远可以各取所需地消耗电能。

氢是一种清洁高效的燃料,被认为是取代化石燃料的有效选择。从 20 世纪 70 年代以来,世界上许多国家即开始广泛研究。近 10 年来,中国的一些高校和科研单位在太阳能制氢以及氢的储存材料方面也进行了一定的研究并取得进展。在氢能生产方法研究方面,采用不同的工艺技术,分别进行了大量的探索,这些工艺包括热化学法、光电分析法、光解水法以及生物工程等方法,有的结果是令人鼓舞的。

1) 氢的制备

(1) 热化学反应法

$$H_2O(g) \longrightarrow H_2(g) + \frac{1}{2}O_2$$

在 1 273 K 的温度下把几个热化学反应组合起来使水分解称热化学反应法。

(2) 光解水法

光分解水制氢的研究已有一段历史。目前也找到一些好的催化剂，如钙和联吡啶形成的配合物，它所吸收的阳光正好近似于水分解成氢和氧所需的能量。另外，二氧化钛和某些含钙的化合物也是较适用做催化剂。酶催化剂制氢也是一种途径，已经发现一些微生物，通过氢化酶诱发电子与水中氢离子结合起来，生成氢气。总之，光分解水制氢方面还应该加强基础研究，寻求新的方法和催化剂。一旦有所突破，这将能使人类在能源问题上一劳永逸。这是一个可能获得诺贝尔化学奖的研究课题。

(3) 电解水法

工业上电解水法是使用20% NaOH 或 KOH 水溶液，反应于 373 K 左右和一定压力下，在电解槽中进行。一般用耐碱的镀镍钢做电极，生产的成本较高，但产品纯度较好。

(4) 水煤气法

用水蒸气通过红热的煤层，产生水煤气，除去其中 CO_2、CO 和 N_2 等，即可获得氢气。

2) 氢的输送和贮存

在贮存氢技术开发方面，用化学方法合成了一系列镁基贮氢合金，用稀土系和钛铁系的贮氢材料解决了钛铁合金冶化困难；研制的 Ti-Fe-Mn 合金贮氢材料已制成 99.999 9% 高纯氢净化罐。

在氢的工业应用研究方面，已进行氢燃烧和动力循环的研究、太空工业中氢的应用等多项试验。

7.5.2 化学电源

电能是最重要的二次能源，是现代社会生活的必需品，大部分的煤和石油制品作为一次能源用于发电。“燃煤发电”实质是化学能⟶机械能⟶电能的转化过程，这种过程通常要靠火力发电厂的汽轮机和发电机来完成。另一种把化学能直接转化为电能的装置，称为化学电池或化学电源。例如，常用的干电池、蓄电池、钮扣电池等。

1) 干电池

锌-锰干电池是常用的一种化学电源，其结构如图7.3所示。这种干电池以锌为外壳，作为负极，中心的石墨棒为正极，石墨棒的周围裹上一层由 MnO_2、NH_4Cl 溶液和炭黑混合压紧的团块。两个电极之间以 $ZnCl_2$、NH_4Cl、淀粉和一定量的水混合调成糊状，作为电解质溶液。这种糊状物不能流动，但可以导

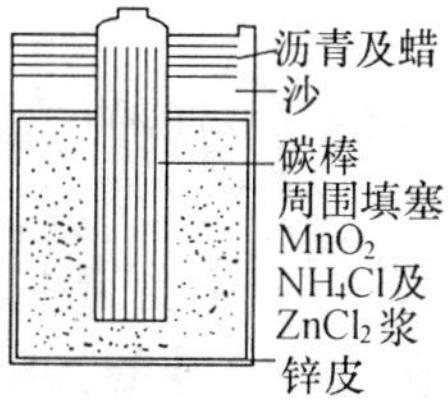

图 7.3　干电池

电，并用多孔纸包起来，使它与外壳锌皮隔开。锌筒上口加沥青密封，防止电解液渗出。

干电池在使用时发生的电极反应如下：

负极　$Zn - 2e \longrightarrow Zn^{2+}$（氧化反应）

正极　$2NH_4^+ + 2e \longrightarrow 2NH_3 + H_2$（还原反应）

$H_2 + 2MnO_2 \longrightarrow Mn_2O_3 + H_2O$

在使用过程中，电子由锌极流向石墨棒，锌皮逐渐消耗，电压慢慢降低，最后电池失效。这种电池是一次性消费品，又称为一次电池，但锌皮不可能完全消耗掉，所以，旧电池可回收锌。锌筒既然是消耗性外壳，在使用过程中就会变薄以致穿孔，可以在锌筒外加上密封包装，以防电解液渗漏。

2）蓄电池

蓄电池是一种可以贮蓄电能的装置。蓄电池放电到一定程度，可以利用外电源进行充电后再用，这样可以反复使用数百次。根据电解质溶液不同，蓄电池可分为酸性和碱性两类。

（1）酸性蓄电池——铅蓄电池

汽车的启动电源常用铅蓄电池，其结构如图 7.4 所示。

铅蓄电池主要由两组栅状板和稀 H_2SO_4 组成，极板采用铅锑合金制成，中间充满 PbO 和 H_2O 的糊状物。栅板交替由两块导板相联，作为两个电极。工作原理如下：

$$PbO + H_2SO_4 \longrightarrow PbSO_4 + H_2O$$

（$PbSO_4$ 附着在极板上，见图 7.4）

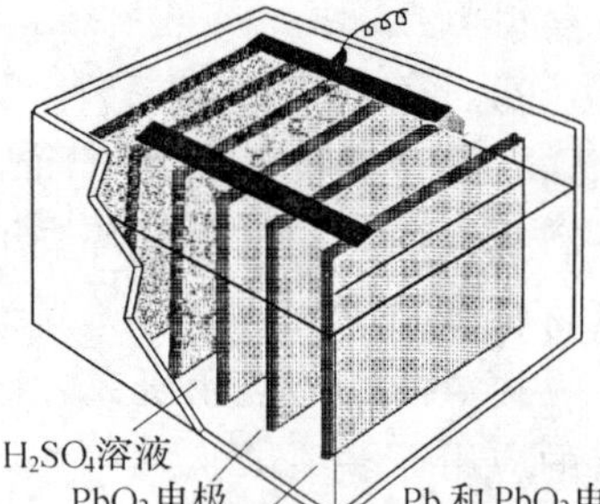

图 7.4　铅蓄电池结构示意图

铅蓄电池每个单体电压为 2.0 V 左右，汽车用的电瓶一般由 3 组单体组成，即工作电压在 6.0 V 左右。放电时，若单体电压降到 1.8 V，就不能继续使用，必须进行充电。只要按规定及时充电，使用得当，一般铅蓄电池可以充放电 300 多次。

铅蓄电池的优点在于电压高，放电稳，输出率高，价格低廉。主要缺点是笨重，防震性差，易溢出酸雾，携带不便。铅蓄电池适宜安装在固定的设备上，在汽车、通信、飞机、船舶、矿山、军工等方面都有广泛的应用，在当今各种电池中，铅蓄电池的产量最高。

（2）碱性蓄电池

在日常生活中常用的充电电池是碱性蓄电池。其反应在碱性条件下进行，这种电池的体积、电压都和干电池差不多，且携带方便，使用寿命比铅蓄电池长得多，正确使用时，可反复充放电上千次，但价格比较贵。目前碱性商品电池中，主要有镍-镉(Ni-Cd)和镍-铁(Ni-Fe)两类，它们的电池反应如下：

$$Cd + 2Ni(OH)_3 \Longrightarrow 2Ni(OH)_2 + Cd(OH)_2$$

$$Fe + 2Ni(OH)_3 \Longrightarrow 2Ni(OH)_2 + Fe(OH)_2$$

另外一种碱性电池，由于体积很小，有“钮扣”电池之称，用于电子手表、液晶显示的计算器、小型助听器等所需电池是微安或毫安级的电子设备上。它们的电极材料是 Ag_2O 和 Zn 称之为银-锌电池。电极反应如下：

负极：$Zn + 2OH^- - 2e \longrightarrow Zn(OH)_2$

正极：$Ag_2O + H_2O + 2e \longrightarrow 2Ag + 2OH^-$

电池反应：$Zn + Ag_2O + H_2O \longrightarrow Zn(OH)_2 + 2Ag$

利用银-锌电池的原理，也可制作大电流的电池，用于宇航、潜艇等方面。此外，锂-锰电池、锂-碘电池、钠-硫电池、太阳能电池等多种高效、安全、价廉的新型电池也已问世。化学电源的研究和开发已成为化学科学的一个重要领域之一。

3) 燃料电池

与干电池和蓄电池不同，这种电池的化学燃料不是装在电池内部，而是储存在电池外部。可以按电池的需要，源源不断地提供化学燃料，就像在燃气锅炉中添加煤和油一样。燃料所具有的化学能连续而直接地转变成电能。其发电效率比现在应用的火力发电还高，并在发电的同时还可得到优质水蒸气，达到发电又供热的需要，其总热效率可达 80%。

燃料电池在结构上与蓄电池相似，也是由正极、负极和电解质组成。正极和负极大都是用铁和镍等惰性微孔材料制成，这些电极既不参与化学反应，又有利于气体燃料及空气或氧气的通过。从电池正极把空气或氧输送出去，这时，在电池内部气体燃料和氧发生电化学反应，于是燃料的化学能就直接转变成了电能。目前已有一些处于研制中的新型高效燃料电池，它们由片状陶瓷制成，工作温度高达 800～1 000 ℃，足以将所有的轻质烃燃料分解成氢气和一氧化碳。预计 21 世纪初燃料电池将会在汽车、军舰、通信电源等方面得到实际应用。

7.6 生物质能

生物质能能源又称可再生有机质能源。生物质能是人类用火以来，最早直接应用的能源。随着人类文明的发展，生物质能的应用研究开发几经波折。现在人们深刻认识到，石油、煤、天然气等化石能源的有限性，无节制地使用化石能源，大量增加 CO_2、粉尘、SO_2 等废弃物的排放，污染了环境，给人类赖以生存的星球，造成十分严重的后果。而使用大自然馈赠的生物质能源，几乎不产生污染,资源可再生而不会枯竭,同时起着保护和改善生态环境的重要作用,是理想的可再生能源之一。20世纪70年代,由于中东战争引发了能源危机,生物质能的开发利用研究,进一步引起了人们的重视。美国、瑞典、奥地利、加拿大、日本、英国、新西兰等发达国家,以及印度、菲律宾、巴西等发展中国家都分别修订了各自的能源,投入大量的人力和资金从事生物质能的研究开发。

生物质能的应用技术开发,旨在把森林砍伐和木材加工的剩余物,以及农林剩余物如秸杆、麦草等原料通过物理或化学化工的加工方法,使之成为高品位的能源,提高使用热效率,减少化石能源使用量,保护环境,走可持续发展的道路。

我国生物质能研究开发工作起步较晚,随着经济的发展,开始重视生物质能利用研究工作。从20世纪80年代起,生物质能研究开发列入了国家攻关计划,并投入大量的财力和人力,建立起一支专业研究开发队伍,并取得了一批高水平的研究成果,初步形成了我国的生物质能产业。

7.6.1 生物质能的气化、液化和固化技术

生物质能气化是在高温条件下,利用部分氧化法,使有机物转化成可燃气体的过程。产生的气体可直接作为燃料,用于发动机、锅炉、民用炉灶等场合。气化技术应用在第二次世界大战期间达到高峰。随着人们对生物质能源开发利用的关注,对气化技术应用研究重又引起人们的重视。目前研究的主要用途是利用气化发电和合成甲醇以及产生蒸汽。奥地利成功地推进建立燃烧木材剩余物的区域供电计划,目前已有容量为1 000～2 000 kW的80～90个区域供热站,年供应1.0×10^9 MJ能量。加拿大有12个实验室和大学开展了生物质能的气化技术研究。1998年8月发布了由Freel, Barry A申请的生物质循环流化床快速热解技术和设备。瑞典和丹麦正在实行利用生物质进行热电联产的计划,使生物质能在提供高品位电能的同时满足供热的要求。1999年,瑞典地区供热和热电联产所消耗的能源中,26%是生物质。美国在利用生物质能方面,处于世界领先地位。据报道,目前美国有350多座生物质发电站,主要分布在纸浆、纸产品加工厂和其他林产品加工厂,这些工厂大都位于郊区。装机容量达7 000 MW,提供了大约6.6万个工作岗位,根据有关科学家预测,到2010年,生物质发电将达到13 000 MW装机容量,届时有400万英亩的能源农作物和生物质剩余物用做气化发电的原料,同时可安排17万人以上的就业人员,对繁荣乡村经济起到积极的推动作用。

流化床气化技术由于具有床内气固接触均匀、反应面积大、反应温度均匀、单位截面积气化强度大、反应温度较固定床低等优点,从1975年以来一直是科学家们关注的热点。该项技术包括循环流化床、加压流化床和常规流化

床。印度 Anna 大学新能源和可再生能源中心，最近开发研究用流化床气化农业剩余物如稻壳、甘蔗渣等，建立了一个中试规模的流化床系统，气体用于柴油发电机发电。1995 年美国 Hawaii 大学和 Vermont 大学在国家能源部的资助下开展了流化床气化发电的工作。Hawaii 大学建立了处理生物质量为 100 t/d 的工化压力气化系统，1997 年已经完成了设计，建造和试运行达到预定生产能力；Vermont 大学建立了气化工业装置，其生产能力达 200 t/d，发电能力为 50 MW，目前已进入正常运行阶段。

生物质的直接燃烧和固化成型技术的研究开发，主要着重于专用燃烧设备的设计和生物质成型物的应用。目前，已开发的技术有林产品加工厂的废料（如造纸厂的树皮、家具厂的边角料等）的专用燃烧蒸汽锅炉，国外造纸厂几乎都有专门的设备，用来处理废弃物。由于生物质形状各异，堆积密度小且较松散，给运输和贮存以及使用带来了较大困难，影响生物质的使用。因此，从 20 世纪 40 年代开始了生物质的成型技术研究开发。现已成功开发的成型技术按成型物形状分主要有 3 大类：以日本为代表开发的螺旋挤压生产棒状成型物技术、欧洲各国开发的活塞式挤压制得圆柱块状成型技术、以及美国开发研究的内压滚筒颗粒状成型技术和设备。美国的颗粒成型燃料年产量达 80 万吨。

成型燃料应用于两个方面：其一，进一步炭化加工制成木炭棒或木炭块，作为民用烧烤木炭或工业用木炭原料；其次是作为燃料直接燃烧，用于家庭或暖房取暖燃料。日本、美国、加拿大等国家，开发了专用炉灶。在北美有 50 万户以上家庭使用这种专用炉灶作为取暖炉。

生物质能的另一种液化转换技术，是将生物质经粉碎预处理后，在反应设备中添加催化剂，或无催化剂，经化学反应转化成液化油。美国、新西兰、日本、德国、加拿大等国都先后开展了研究开发工作，液化油的发热量达 3.5×10^4 kJ/kg 左右，用木质原料液化的得率为绝干原料的 50% 以上。欧盟组织资助过 3 个项目。以生物质为原料，利用快速热解技术制取液化油，已经完成 100 kg/h 的试验规模，并拟进一步扩大至生产应用。该技术制得的液化油得率达 70%，液化油低热值为 1.7×10^4 kJ/kg。

生物质能催化气化研究，旨在降低气化反应活化能，改变生物质热处理过程，分解气化副产物焦油成为小分子的可燃气体，增加煤气产量，提高气体热解；同时降低气化温度，提高气化速度和调整生物质气体组成，以便进一步加工制取甲醇或合成氨。欧美等发达国家科研人员在催化气化方面已经做了大量的研究开发，研究范围涉及到催化剂的选择、气化条件的优化和气化反应装置的适应性等方面，并且已经在工业生产装置中得到了应用。

7.6.2 生物质能的厌氧生物转化法

有机物的生物转化若在无氧的条件下进行,则称之为厌氧生物转化法。

沼气是生物质经过厌氧发酵制得的气体燃料,其中甲烷含量在56%~65%左右,它不仅是生物质能源的一种高效利用形式,更是治理高浓度有机废液与资源综合利用的有效途径。因此生物转化技术已成为各国最广泛的研究课题之一。

7.6.3 我国生物质能应用技术的展望

生物质能是一个重要的能源,预计到下世纪,世界能源消费的40%来自生物质能,我国农村能源的70%是生物质,我国有丰富的生物质能资源,仅农村秸杆每年总量达6亿多吨。随着经济的发展,人们生活水平的提高,环境保护意识的加强,对生物质能的合理、高效开发利用,必然愈来愈受到人们的重视。因此,科学地利用生物质能,加强其应用技术的研究,具有十分重要的意义。

从国外生物质能利用技术的研究开发现状结合我国现有技术水平和实际情况来看,我国生物质能应用技术将主要在以下几方面发展。

1) 高效直接燃烧技术和设备

我国有近13亿人口,绝大多数居住在广大的乡村和小城镇,其生活用能的主要方式仍然是直接燃烧。剩余物秸杆、稻草松散型物料,是农村居民的主要能源,开发研究高效的燃烧炉,提高使用热效率,仍将是应予解决的重要问题。乡镇企业的快速兴起,不仅带动农村经济的发展,而且加速化石能源尤其是煤的消费,因此开发改造乡镇企业用煤设备(如锅炉等),用生物质替代燃煤在今后的研究开发中应占有一席之地。

把松散的农林剩余物进行粉碎分级处理后,加工成型为定型的燃料,结合专用技术和设备的开发,在我国将会有较大的市场前景。家庭和暖房取暖用的颗粒成型燃料的推广应用工作,将会是生物质成型燃料的研究开发之热点。

2) 集约化综合开发利用

生物质能尤其是薪材不仅是很好的能源,而且可以用来制造出木炭、活性炭、木醋液等化工原料。大量速生薪炭材基地的建设,为工业化综合开发利用木质能源提供了丰富的原料。由于我国经济不断发展,促进了农村分散居民逐年向城镇集中,为集中供气、提高用能效率提供了现实的可能性。将来应根据集中居住人口的多少,建立能源工厂,把生物质能进行化学转换,产生的气体收集净化后,输送到居民家中做燃料,提高使用热效率和居民生活水平。这种生物质能的集约化综合开发利用,既可以解决居民用能问题,又可通过工厂的化工产品生产创造良好的经济效益,也为农村剩余劳动力提供就业机会。

因此，从生态环境和能源利用角度出发，建立能源材基地，实施“林能”结合工程，是切实可行的发展方向。

农村有着丰富的秸杆资源，大量秸杆被废弃和在田间直接燃烧，既造成大量的生物质能的浪费，也给大气带来了严重的污染。因此，可再生的生物质能的高效转化在将来会有较好的发展前景。

3）生物质能的创新高效开发利用

随着科学技术的高速发展，生物质能将依赖创新技术来实现更大的发展。如生物技术高效、低成本转化应用的研究；常压快速液化制取液化油，催化化学转化技术的研究。生物质能转化设备如流化床技术等是生物质能新技术的研究热点，一旦获得突破性进展，将会大大促进生物质能开发应用。

4）城市生活垃圾的开发利用

生活垃圾数量以每年8%～10%的速度快速递增，工业化开发利用垃圾来发电，通过焚烧垃圾集中供热或高温分解气化产生可燃气体供居民使用，有很大的发展潜力。

5）能源植物的开发

大力发展能生产“绿色石油”的各类植物，如油棕榈、木戟科植物等，为生物质能利用提供丰富的优质资源。

经过20世纪竭泽而渔的开采以后，人们开始醒悟到能源的开采和利用必须基于国情，贯彻可持续性发展的原则。虽然在21世纪初期，我国重点能源仍然为煤炭（包括煤层气化转化）、天然气和石油等化石能源，但上述这些不可能再生的能源将在100年后变得稀缺，必须提早节约和保存，并为后代做好利用新能源的准备。因此，必须建立适合我国国情的、有步骤的开发利用能源的计划。随着新能源的不断开发，世界能源结构正向多样化的方向发展。

复习思考题

1．我国能源消费结构与国际相比有何特点？
2．什么是再生能源和非再生能源？举例说明。
3．能源的利用和能量守恒定律有何联系？
4．我国的煤炭资源非常丰富，你认为应当怎样开发利用？
5．一次能源和二次能源有何区别？
6．能源在国民经济建设中起什么作用？我国的能源方针是什么？
7．原煤、石油气（液化气）、天然气、柴草都是我国的家用能源，试比较它们的优缺点。
8．石油和煤相比，它们的成因和成分有何异同？
9．衰变、裂变、聚变都是原子核反应，举例说明它们的异同。核电站反应堆发生的是哪种核反应?

10．我国发展核电有哪些有利条件？前景如何？

11．当前有效而又有前景的新能源指哪些,各有何特点?

12．美国、日本把节约的能源列为继煤、石油、自然能(水力、风能、地热、太阳能等)、核能之后的“第五常规能源”,这对我国的能源建设有何启示?

13．我国哪些地区最适合发展太阳能的利用？如何利用太阳能?

14．热能有哪些形式？如何利用地热能?

15．利用燃料电池直接发电技术与其他发电技术比较,有何优缺点?

16．如何进行生物质能的高效利用？生物质能的厌氧生物转化基本原理是什么？有什么优点?

17．简要分析能源利用对环境的影响。

8 环境化学

生命赖以存在的地球环境:空气、水、土地、适宜的温度、适量的阳光……是经历了几十亿年的演变,才逐渐具有了今天的样子。这除了自然界内部各种驱动地球环境演变的因素外,生物对环境的演变也具有重要的影响。以地球大气层为例,地球早期的大气中充满了氮气和二氧化碳,类似于现在的金星和火星大气。直到大约 38 亿年前,地球环境才演变得适合最低等生命的生存。从单细胞的水生藻类开始,经过亿万年的光合作用以及死亡植物体的沉积等漫长过程才逐渐降低了大气中的 CO_2,使之仅占总量的 0.03%,而氧气释放到大气中达到 20% 左右……生命环境多么来之不易啊!在漫长的岁月里,地球虽历经沧海桑田、翻天覆地的变化,但自然竞争中的生物不断进化,保留下来的生物适应了地球环境及其变化,生物多样化的世界一片欣欣向荣,地球环境成了生命的乐园。而人类仅是出现在近百万年前,人类活动开始能够比较显著地改变局部环境更是区区几千到万年间的事。但人类活动对环境的扰动却日趋严重,仅在数百年间即引发了一系列全球环境问题。

公元元年,地球人口才 2.5 亿,此后约 1800 年人口才达到 10 亿,而在 20 世纪最后的 60 年中,人口净增加了 40 亿,到 21 世纪中叶地球人口预计将达到 100 亿!尽管人类科技日新月异,生产力日益发达,但现在世界上仍有 8 亿多人口营养不良,1/3 的人口饱受缺水之苦。而全世界每年因水土流失的地表土有 250 亿吨,预计到 2025 年,地球上 25% 的土地将会退化,荒漠化的面积将增加 1 倍。全球气温自 1800 年以来一直缓慢上升,地球上每时每刻都有物种在灭绝……

环境保护事业任重而道远,我们寄希望于青年、寄希望于教育、寄希望于未来。

我们将在本章学习环境化学的初步知识,了解人与自然的关系,知道环境污染物的来源,掌握防治环境污染的一般方法或思路,以适应将来工作的需要。

8.1 人与环境

8.1.1 概述

1) 环境

环境是一个应用广泛的名词或术语,它的内涵既丰富又随具体状况而不尽相同。从哲学上来讲，它是一个相对于主体而言的客体，与其主体相互依存。在环境科学中是以人类为主体，其他的生命物体和非生命物质都被视为环境要素，从而构成人类环境；而在生态学中，则以生物体为主体，人则成了环境要素之一。人类环境又可分为自然环境和社会环境。自然环境是人类出现之前就存在的，是人类赖以生存、生活和生产所必须的自然条件和自然资源的总称，它包括物质（空气、水、动植物、微生物、岩石、土壤）、能量（阳光、气温、引力、地磁力）和自然现象（太阳和地壳的稳定性、大气、水循环、水土演变等），有时简称环境。环境科学研究的环境范围主要是自然环境。

另外，还有一种为适应某些特定的需要而给"环境"下的定义。例如《中华人民共和国环境保护法》中明确指出："本法所称环境，是指影响人类生存和发展的各种天然的和经过人工改造的自然因素的总体，包括大气、水、海洋、土地、矿藏、森林、草原、野生生物、自然遗迹、人文遗迹、自然保护区、风景名胜区、城市和乡村等。"

2）生态系统和生态平衡

生态系统是任何一个生物群落（群落指在一定的自然区域中许多不同种的生物总和）与周围非生物环境的综合体，是自然界一定空间内的生物与环境之间相互作用、相互制约、不断演化，达到动态平衡相对稳定的统一整体。生态系统由四个部分组成：生产者，能进行光合作用制造有机物的生物（主要指绿色植物）；消费者，主要指动物，而一种动物为另一种动物所食则构成多级消费者，由此形成复杂的食物链；分解者，指各种具有分解能力的微生物（也包括一些微型动物）把动、植物尸体分解成简单化合物，重新供应生产者；无生命物质，指生态系统中各种无生命的无机物、有机物和各种自然因素。

生态系统可大可小，生物圈是最大的生态系统，一滴水也是一个生态系统。大海、森林、池塘、城市、农村、工厂都可看作一个生态系统。

任何一个正常的生态系统中，能量流动和物质循环总是不断地进行着，在一定的时期内生产者、消费者、分解者之间都保持着一种动态的平衡，这种平衡状态就叫生态平衡。人类的活动使自然环境剧烈变化，或进入自然生态系统中的有害物质数量过大，超过自然系统的调节功能或生物与人类可以忍受的程度，那就会破坏生态平衡，使人类和生物受到损害。

3）环境问题

环境问题，从广义来说，是由自然力或人力引起生态平衡破坏，最后直接或间接影响人类生存和发展的一切客观存在的问题；从狭义上来说，则是由于人类的生产和生活活动，使自然生态系统失去平衡，反过来影响人类生存和发展的一切问题。

由人类活动引起的环境问题可分为环境污染和生态环境破坏两类。由于人为的因素,环境的状态发生变化,环境质量恶化,扰乱和破坏了生态系统和人们正常的生产和生活条件,就称为“环境污染”;严重的环境污染或主要是对生态系统的影响称“环境破坏”。

8.1.2 环境污染与人类的关系

1) 环境污染与人体健康

由于世界性人口激增,人类对粮食和能源及其他自然资源的大量耗用,生产活动的扩大及新化学物质的大量使用,造成了大气、水体、土壤的污染。这些化学污染物不断扩散和积累,使人类的生存环境不断恶化。

环境污染日益严重地危及人类的健康,甚至危及人类的生存。大气、水、土壤及食物中主要有毒有害化合物对人体健康的影响见表8.1。

表8.1 环境中的一些有毒有害化合物对人体健康影响

污染物名称	污 染 源	分 布	对人体的主要影响
硫氧化物 SO_x	煤、油等含硫燃料燃烧	大气和水	心肺、呼吸系统疾病
氮氧化物 NO_x	煤、油燃烧等	局部空气	急性呼吸道疾病
一氧化碳 CO	燃烧不完全	局部空气	降低人体血液中的氧量,头痛、晕眩,甚至危及生命
臭氧 O_3	汽车尾气、光化学反应	局部大气	刺激眼睛、哮喘病
硫化氢 H_2S	工业过程、燃料燃烧	局部空气	影响呼吸中枢、烦恼、疲劳
飘尘	燃料、工业过程、灰化、运输等	空气	影响肺组织、支气管炎等
氟化物	炼铝、炼钢、制磷肥氟化烃等	空气、水、土壤、食物	过量使骨骼造血、神经系统、牙齿等受损害
汞 Hg	氯碱工业、造纸工业、汞催化剂等	食物、水域、土壤、局部大气	影响神经系统、脑、肠
铅 Pb	汽车尾气、铅冶炼、化工、农药	空气、水、食物	影响神经系统、红血球
镉 Cd	有色冶炼、化工电镀	空气、水、土壤、食物	骨痛病、心血管病等
酚类化合物	炼焦、炼油、煤气业	水	影响神经中枢、刺激骨骼
硝酸盐	污水、石棉燃料、硝酸盐肥料工业	水、食物	可在体内合成致癌物亚硝胺
有机氯	农药、自来水消毒剂、工业废弃物等	土壤、食物、水、大气	影响脂肪组织、肝等
多氯联苯(PCB)	电力工业、塑料工业、润滑剂等污水	空气、水、土壤、食物	使皮肤及肝脏损害,影响生殖、致畸致癌等

续表 8.1

污染物名称	污 染 源	分 布	对人体的主要影响
二恶英	广泛产生于各种人类活动如垃圾焚烧过程及火山爆发、森林火灾等自然过程	空气、土壤、水、食物	癌症、造成激素分泌紊乱、引起神经和免疫系统损害等,具有急性剧毒、慢性长效毒害作用
石 棉	采矿、石棉—水泥工业、汽车制动系统	空气、水	慢性尘肺病、肺癌
真菌霉素	食物及动物饲料	染有黄曲霉素的食物	损害肝脏的致癌物
多环芳香烃(PAH)	有机物、汽油、煤油、香烟、冶炼、化工等	空气、水、食物	引起皮肤癌、肺癌、胃癌
致病菌	动物排泄物	水、土壤	引起霍乱、伤寒、痢疾,传染性肝炎的传播
有机磷类	农药	土壤、水	引起神经功能紊乱、致癌、致畸

2) 环境污染与社会公害

当污染物大范围内扩散并造成危害时,便出现"公害"问题。环境污染成为"公害"是从18世纪末到20世纪初的产业革命开始。伴随着工业化的进展,20世纪20～40年代为公害发展期,及至20世纪50～60年代为公害泛滥期。西方工业国家发生的著名的"八大公害"事件就是这一时期环境问题的典型事例(见表8.2)。

表 8.2 世界著名八大公害事件

公害名称	公害发生时间地点	主要污染及公害成因	主 要 后 果
马斯河谷烟雾事件	1930年12月,比利时马斯河谷	SO_2、烟尘、氟化物;山谷中化工厂多污染物积聚,遇雾及逆温天气	一周内60多人死亡,以心脏病肺病为主;几千人患呼吸道疾病,许多牲畜死亡
多诺拉烟雾事件	1948年10月美国小镇多诺拉	SO_2、烟尘;工厂多,遇雾及逆温天气	4天患病5911人,占全镇总人口43%,死亡17人
伦敦烟雾事件	1952年12月英国伦敦	SO_2、烟尘;大量SO_2及烟尘作用,遇雾日	胸闷气促、咳嗽喉痛、呕吐;5天约4 000人丧生,事件后的2个月内还有8 000人死亡
洛杉矶光化学烟雾事件	1943年5月～12月美国洛杉矶	NO_x、碳氢化合物及其氧化物等;石油工业及大量汽车废气在(阳光)紫外线作用下生成光化烟雾	刺激眼睛、喉痛、呼吸困难、头痛等;大多数居民患病,多人死亡(其后1952年12月的一次烟雾中,65岁以上老人死亡400人)

续表 8.2

公害名称	公害发生 时间地点	主要污染及公害成因	主 要 后 果
水俣事件	1953—1956 年，日本九洲	甲基汞；氮肥生产中用汞化物作催化剂，含甲基汞废水、废渣排入水体使鱼中毒再被人食用	口齿不清、面部痴呆、耳聋眼瞎、最后神经失常；患病 283 人，死亡 60 人
富山事件（骨痛病）	1955—1972 年，日本高山等地	镉；炼锌厂未经处理净化的含镉废水排入河中	关节、神经和全身骨痛、骨骼萎缩；患病 180 多人，其中 34 人死亡
四日事件（哮喘病）	1961—1973 年日本四日市	含有铝、锰、钛等重金属粉尘和 SO_2；污染的空气进入人的呼吸系统	引起支气管炎、支气管哮喘、肺气肿；2000 多人患哮喘，10 多人死亡，后蔓延至全国
米糠油事件	1968 年 3 月，日本，九洲爱知等 23 个府县	多氯联苯；在生产中，多氯联苯进入米糠油	食用污染的米糠油，使人全身起红疙瘩、呕吐恶心、肌肉痛；患病 1 万余人，死亡 30 人

八大公害事件只是无数次环境污染危害人类的几个典型事例。2001 年 5 月 22 日，122 个国家的环境高官在瑞典斯德哥尔摩签署了一项意义深远的国际公约：12 种可持续存在的有毒有机污染物（POPs）将在世界各地被法律禁止或限止使用。它们是：艾氏剂、氯丹、滴滴涕、狄氏剂、异狄氏剂、七氯、灭蚁灵、毒杀芬等 8 种杀虫剂，以及多氯联苯、六氯苯、二恶英、呋喃。这些污染物已经在环境中残存了几十年，不仅难以生物降解而且广泛扩散，连远离主要污染源上万公里的北冰洋伊努特伊人体内 POPs 的含量都很高。最近，19 位中国科学院院士或专家对化学品污染特别是环境荷尔蒙的潜在威胁发出了警告：化学品污染对于人类生殖与物种繁衍构成巨大威胁。

人类终于在日益觉醒之中，世界各地纷纷掀起环境保护运动，各国政府不断采取措施，制止继续恶化的环境状况，新的思想和观念也广泛传播开来。人类别无选择，终将善待自然，做自然的朋友。人类的强大将不再是恣意妄为的原因和理由，而将肩负起保护自然生态的重任。自然资源是人类和所有生物共同生存与发展的基础，人类应该也愿意按自然规律去寻求发展。人类将付出艰辛的努力，去补偿过去，探索未来。人类既不是自然的奴隶，也不是自然的主人，人类将与自然和谐共存！

8.2 大气污染及其防治

大气是多种气体的混合物，其成分可分为恒定的、可变的和不定的组分。

大气的恒定组分是指大气中含有的氮、氧、氩及氖、氦、氪、氙等稀有气体。在近地层大气中，这些气体组分的含量几乎是可以看作不变的。大气中除去水汽、液体和固体杂质外的整个混合气体称为干洁空气，其中氮、氧、氩三种组分占干洁空气总量的99.96％。

大气的可变组分是指大气中的二氧化碳和水蒸气。大气中水汽含量变化较大，按其所占容积，变化范围在 0～4％，水汽含量一般随高度的增加而减少。二氧化碳的含量近年来已达到0.033％。这些组分的含量由于受地区、季节、气象以及人们的生产和生活活动等因素的影响而发生变化。

大气中的不定组分，有时是由自然界的火山喷发、森林火灾、海啸、地震等暂时性灾难所引起的。由此形成的污染物有尘埃、硫、硫化氢、硫氧化物、盐类及恶臭气味。这些不定组分进入大气中，一般会造成局部和暂时性的污染。此外，由于人类社会生产的发展，人口密集，或由于城市工业布局不合理，环境管理不善等人为因素，使大气中增加了上述不定组分，这是大气污染的主要根源。

一般所说的大气污染问题，多指人为因素引起的大气污染。人为因素造成大气污染的污染源主要有三种：生活污染源——人们由于炊事、取暖、淋浴等生活需要，燃烧化石燃料向大气排放煤烟所造成大气污染的污染源，称为生活污染源；工业污染源——火力发电厂、钢铁厂、化工厂及水泥厂等工矿企业在生产过程中和燃料燃烧过程中所排放的煤烟、粉尘及其他无机或有机化合物等所造成的大气污染的污染源，称为工业污染源；交通污染源——由汽车、飞机、火车和船舶等交通工具排放尾气所造成的大气污染的污染源叫做交通污染源或称移动污染源。而生活污染源和工业污染源则也相应称作固定污染源。

从上述三种大气污染源来看，燃料燃烧是造成大气污染的主要原因。

8.2.1 大气污染物

目前被人们注意到或已经对环境产生危害的大气污染物有 100 种左右，其中对我国环境质量影响较大的有 5 类。

1）颗粒物质

颗粒物质指悬浮在大气中的各种各样液体微粒、固体微粒和气溶胶的总称。例如固体的灰尘、烟尘和烟雾，液体的云雾和雾滴等，粒径范围主要在 0.1～200 μm 之间。

大气中的颗粒物质的危害以飘尘为最大。由于飘尘的粒径小（小于 10 μm），在空中飘浮时间可长至几年，并能吸附水汽和各种有害气体，形成雾尘和酸雨。飘尘吸附煤烟中排出的 3,4-苯并芘等强致癌碳氢化合物，与肺癌的发病率有关。飘尘中尤以 0.1～1 μm 微细粒子危害最甚，它能直接被吸入肺泡而沉积于肺内，从而引起呼吸道疾病及癌症。

2) 硫氧化物(SO_x)

这主要包括二氧化硫(SO_2)和三氧化硫(SO_3)。大气中硫化氢(H_2S)是不稳定的硫化物,在遇有颗粒物存在时,可迅速地氧化成 SO_2。大气中的 SO_x 约有 1/2 是人为污染所致,而其中 95% 以上来源于硫化物矿石的焙烧、煤燃烧和金属的冶炼过程。

大气中另一半的硫来自天然源,其中以细菌活动产生的硫化氢最为重要。天然排放的这些硫分布比较均匀,不像人工排放的那样集中于北半球的大城市,因而对环境的影响较小。

SO_2 是一种无色、具有刺激性气味的不可燃气体。它对眼、鼻、咽喉、肺等器官有强刺激作用,能引起粘膜炎和嗅觉、味觉障碍、倦怠无力等疾患。当空气中 SO_2 浓度达 5 $mg \cdot L^{-1}$时,接触半小时即具危险性。SO_2 在大气中不稳定,最多只能存在 1～2 天。SO_2 在洁净干燥的大气中氧化成 SO_3 是缓慢的,而在相对湿度较大或有催化剂存在时则容易生成 SO_3,进而生成 H_2SO_4 或硫酸盐:

$$2SO_2 + O_2 \xrightarrow{\text{化学氧化}} 2SO_3 \xrightarrow{H_2O} H_2SO_4 \xrightarrow{MO} MSO_4 + H_2O$$

式中 M 代表金属离子。

硫酸盐在大气中可存留 1 周以上,能飘移至 1 000 km 以外,造成远离污染源以外的区域性污染。SO_2 也会在太阳紫外线光照射下,并有 NO_x 存在时,发生光化学反应,生成 SO_3 和硫酸雾。SO_2 和飘尘具有协同效应,因而实际危害要比单方面的情况复杂和严重得多,例如 1952 年伦敦烟雾事件造成长时间大量人员伤亡。

除了对人类及其他动植物生命体造成直接伤害外,酸性物质对金属涂料、纤维、皮革、建筑材料均有不同程度的损害作用,广泛而又长期的腐蚀作用使经济蒙受巨大损失。

3) 氮氧化物(NO_x)

氮氧化物的种类很多,但大气污染物中的氮氧化物主要是 NO 和 NO_2。大气中氮氧化物的含量主要来自土壤和海洋中有机物的分解,这些属于自然界的氮循环过程,而人为排放的量占小部分。但人为原因排放的 NO_x 比较集中于局部地区,对环境的影响较大,特别是 NO_2 能吸收太阳辐射形成光化学反应,是光化学烟雾的重要组成部分。

人为排放的氮氧化物主要来源于矿物燃料的燃烧过程(包括所有内燃机),也有来自生产或使用硝酸的工厂以及氮肥厂、有机中间体厂等排放的尾气。在高温燃烧条件下,NO_x 主要以 NO 的形式存在,由空气的 N_2 被氧化及燃料中各种氮化物分解氧化成氮氧化物,由于高温不利于 NO 进一步氧化成

NO_2,故最初高温排放的 NO_x 中约 95% 为 NO,NO_2 的量很少。

$$N_2 + O_2 \longrightarrow 2NO$$

$$\frac{1}{2}N_2 + O_2 \longrightarrow NO + O$$

$$N_2 + O \longrightarrow NO + N$$

$$2NO + O_2 \longrightarrow 2NO_2$$

进入大气的 NO 迅速与空气中的氧发生反应生成 NO_2,故大气中的 NO_x 主要以 NO_2 的形式存在。NO_2 再与大气中的水、尘埃等作用,最终转化为硝酸和硝酸盐微粒,这是引起酸雨的另一个重要原因。当有催化剂或当 NO_2 与 SO_2 同时存在,可以互相催化,形成硝酸的速度更快。

另外,在平流层中的飞行器排放的 NO_x 可与臭氧发生反应生成 NO_2 与 O_2,NO_2 与 O 进一步反应生成 NO 和 O_2,从而对臭氧层有破坏作用。

NO_x 浓度在 5 $mg \cdot L^{-1}$时即会对人引起头晕、头痛、咳嗽、心悸等症状,低浓度长时间也能诱发儿童支气管炎。空气中 1～10 $mg \cdot L^{-1}$浓度的 NO_2 会使得植物叶片上产生小斑点,损伤植物组织。NO_x 的酸性作用对许多材料均有不同程度的侵蚀。

4) 碳氧化物(CO_x)

大气中的碳氧化物包括 CO_2 和 CO。CO_2 是大气中的正常成分,是一种无毒的气体。CO_2 之所以引起重视的原因是因为工业化以来人类活动导致其排放过量而产生的温室效应,影响地球环境。

CO 是有毒气体,它的无色、无味、无臭的特性使其更具有危险性。碳类燃料不完全燃烧可产生 CO,这是城市大气中 CO 的主要来源,其中 80% 左右是汽车排放的:

$$2C + O_2 \longrightarrow 2CO$$

$$2CO + O_2 \longrightarrow 2CO_2$$

前式比后式快 10 倍,如 O_2 充足则最终可以生成 CO_2,故各种情况下的燃烧条件对 CO 生成的量具有关键作用。

近年的研究表明 CO 的自然排放量比人为原因排放的大几倍。例如森林火灾、有机物腐蚀生成的甲烷被氧化、动植物代谢及其残骸的降解过程等。

CO 的化学性质较为稳定。它不溶于水,故不会被雨水所清洗,大气中对 CO 的清除(90%)是靠 OH^- 自由基将其氧化成 CO_2,另有少部分则通过土壤中微生物的代谢过程吸收。

由于 CO 能与血液中携带氧的血红蛋白(Hb)形成稳定的配合物 COHb,

CO与血红蛋白的亲和力约为氧的230～270倍，很容易形成COHb配合物而使血红蛋白(Hb)丧失输氧能力，故CO中毒的原因在于其造成人体组织缺氧。但若将CO中毒者送入高压氧仓用纯氧呼吸，氧在量方面的优势可逐渐排除CO，观察下列化学平衡：

$$HbO_2 + CO \underset{\text{解毒}}{\overset{\text{中毒}}{\rightleftharpoons}} COHb + O_2$$

当氧的分压加大，平衡即左移，中毒较浅者可以康复。

据总部设在美国的世界资源研究所在海牙公布的报告称：在过去100年中，占世界人口20%的工业国制造了全球60%促使气候变暖的碳氧化物。而从1900年至1999年，仅美国所排放的此类物质即占全球总量的30%，美国是全球变暖的祸首。

5）*二次污染物和光化学烟雾*

除了上述几类主要污染物外，事实上大气中还有很多其他污染物。例如各种各样的有机污染物和多种重金属污染物。人类工业或生活中涉及到的有机物的品种和数量急剧增加，其中许多是原本自然界不存在的。这些有机物通过各种途径被释放，而许多有机物如烃类在大气中难以通过自净作用除去，它们可以在大气中存留几十到上百年。有些有机物则直接具有严重的毒理作用，如多环芳烃类是引起癌症的主要物质，多氯联苯则可通过呼吸道或通过食物链进入人体，容易蓄积在人体各种组织尤其脂肪组织中产生毒理作用或造成组织病变，重则引起死亡。

由此可见，大气中的污染物数量巨大，种类复杂。一般将直接从各种排放源进入大气中的各种气体(包括水蒸气)和颗粒物，如前所述的SO_x、CO_x、NO_x、碳氢化合物和颗粒物等称为一次污染物。而将光化学反应时，由碳氢化合物、NO_x等(一次污染物)反应生成的臭氧、醛类、酮、过氧乙酰等产物称为二次污染物。光化学反应时的“光化学烟雾”则是由光化学反应中的反应物和生成物形成的特殊混合物。二次污染物的产生及其影响显示了大气污染的复杂性和严重性。

光化学烟雾的形成是由一系列复杂的链式反应组成的。一般认为以NO_2光解生成氧自由基与碳氢化合物反应生成醛、O_3、过氧化乙酰硝酸酯(PAN)为最终的污染物。光化学烟雾一般发生在相对湿度低的夏季晴天，高峰出现在中午或中午刚过，夜间消失。当日光照射在废气多的地方，晴朗的天空渐渐昏暗，嗅到有臭氧的臭味及有强烈的刺激引起人流泪、眼红、呼吸紧张、城市上空笼罩着白色烟雾(有时带紫色或黄色)，能见度降低即为光化学烟雾。烟雾不仅危及人类健康，由于其含有大量强氧化剂，可以直接危害各类植物及多种材料。

8.2.2 全球性大气环境问题

1）酸雨

1852年，英国化学家史密斯发现工业化的曼彻斯特的烟尘污染与雨水的酸性有一定的关系，从而在1872年其编著的书中首先采用了“酸雨”这一术语。20世纪50年代，许多欧洲国家相继受到酸雨的危害，到20世纪80年代后，酸雨危害扩大至全世界，欧洲则更加严重。最近的监测结果显示，全世界各地的酸雨pH值在4～5，而在北美和欧洲的部分地区，雨水的pH值甚至小于3。在我国，随着工业化的进展，酸雨的危害显现逐年加重的趋势，其危害面积已达国土面积的30%以上，以南方为主，但有北移的趋势。1982年6月18日在我国重庆郊区一场雨后，两万亩水稻突然呈现赤褐色斑点，有的犹如火灼一般，纷纷枯死；安徽省铜陵市全年降水pH在3.0～8.5之间，年均pH值4.5左右，酸雨频率高达43%；贵阳市降水的pH值曾低于3.1，达到了食醋的酸度（pH值2.4～3.4）。酸雨不仅会直接影响人的健康，还会造成水体的酸化，使水中重金属含量增高。据报道，很多国家地下水中的铝、铜、锌、镉的浓度超过正常值的10～100倍。

“酸雨”即以雨、雪、雹、雾、霜、露、霰等各种形式的大气降水因大气污染而pH值偏低的现象。然而未受污染的大气降水pH值并不是7，这是由于正常情况下大气含一定量的CO_2（浓度一般为316 g/t）。为了说明这个问题，首先考虑纯水与大气中CO_2达到溶解平衡时的酸度：

$$CO_2 + H_2O \rightleftharpoons (H_2CO_3) \rightleftharpoons H^+ + HCO_3^-$$

可以忽略H_2O自身解离的H^+，则$[H^+]=[HCO_3^-]$，解得$[H^+]=10^{-5.65}$，即pH=5.65。因此，一般以pH<5.6的降水为酸雨。但对于pH为5.6这样一个过于简单的纯气体化学标准，学术界存在不同的看法。这主要是由于这个指标没有考虑到各地域的自然基本特征，即使在不受污染的正常情况下，影响大气降水酸度的也还有其他一些化学物质。因此，比较理想的是根据各地域的实际情况制定一个有效的区域性标准。

实际上，大气中有许多不同的酸性物质，由此而形成的各类酸，都将影响大气降水的pH值。一般地，对酸雨形成的作用，硫酸约为60%～70%，硝酸约为30%，盐酸约为5%，有机酸约为2%。

SO_2和NO_x的来源有天然释放和人为排放两个部分。但天然排放的由于分散而影响较小，人为排放的SO_2和NO_x是形成酸雨的主要原因。这些酸性物质不仅给当地环境造成问题，而且可随风漂移至远方形成酸雨。中国到目前为止仍然是以煤为主要能源（76%）的国家，即使考虑到其他洁净能源的比例上升的乐观预计，煤也仍将占很大比重，因此这方面的环保问题将是长期而艰巨的。

煤、石油的燃烧以及冶炼过程释放到空气中的 SO_2，在遇到合适的氧化剂、催化剂时，就会发生化学反应最终生成硫酸。在干燥条件下，SO_2 通过光化学过程被氧化成 SO_3，再进一步转化为硫酸，但这步反应十分缓慢。

气相反应 $2SO_2 + O_2 \xrightarrow{\text{催化剂}} 2SO_3$

$SO_3 + H_2O \longrightarrow H_2SO_4$

在潮湿大气中，SO_2 转化成硫酸的过程常与云雾的形成同时进行。首先由 SO_2 生成亚硫酸（H_2SO_3），在 Fe、Mn 等金属盐杂质作为催化剂的作用下，进一步迅速氧化为 H_2SO_4：

液相反应 $SO_2 + H_2O \longrightarrow H_2SO_3$

$2H_2SO_3 + O_2 \longrightarrow 2H_2SO_4$

形成大气污染的 NO_x 主要是 NO 和 NO_2。人为排放的 NO_x 主要是化石燃料燃烧的结果，其中约 95％以上为 NO，但 NO 在进入大气后大部分转化为 NO_2，遇水即生成硝酸和亚硝酸。这个过程可简单表示成下列化学方程式：

$2NO + O_2 \longrightarrow 2NO_2$

$2NO_2 + H_2O \longrightarrow HNO_3 + HNO_2$

铁、锰金属或 SO_2 对其有催化作用。

酸雨中所含物质成分其实很复杂，与污染源及当地自然状况有关。自然界各种形式的降水中除了有许多酸性物质外，还有一些碱性物质起重要作用。例如土壤粒子、工业粉尘和天然来源的氨等。

酸雨的 pH 值应该是酸雨中所有化学物质综合作用的结果。因此有时地域自然状况因素很重要。例如，我国南方与北方大气中气态氨浓度相差若干倍甚至几十倍，这也是北方酸雨很少的一个重要因素。

酸雨已成为全球性重大环境问题之一。由于其对生物、土壤、建筑材料等危害极大，故被冠以“空中死神”的称号，加上它的大范围和移动性，越来越引起科学工作者、媒体及各国政府的重视。

2）温室效应

温室效应一词是借用花房玻璃温室或农作物覆盖透明薄膜，让阳光投入温室内，而又利用室内保温条件聚集热量、升高温度这样一种情形，形象地说明大气包裹地球表面而起的聚热升温、保暖的作用。大气圈对地球具有类似温室的作用：大气中的某些气体如水汽、二氧化碳、甲烷、一氧化二氮等具有对辐射能选择吸收的特征，即能够近似无阻挡地透过太阳短波辐射，而对地面反射出来的长波辐射却具有相当的吸收。这对于地表保持较适宜生物生存的温度并使这个温度比较稳定（如昼夜温差不致太大）起到了极其重要的作用。有关研究表明:如果没有大气层、地表温度将比现在低大约 33 ℃左右。

随着科学技术的进步,人类活动越来越显著影响大气层。由于 CO_2, CH_4, O_3, N_2O, $CFCl_3$, CF_2Cl_2 等温室气体的作用,特别是有些温室气体的增加,使地面反射的长波辐射能大量截留在大气层内,导致大气层温度上升,气候变暖,即所谓"温室效应"。表 8.3 列出了目前大气中一些主要的温室气体在工业革命前和 1990 年的比较。

表 8.3　人类活动影响下的温室气体

温室气体		CO_2	CH_4	CFC-11	CFC-12	N_2O
含量单位		ppmv	ppbv	pptv	pptv	ppbv
大气中含量	工业革命前(1750—1800 年)	280	800	0	0	288
	现在(1990 年)	353	1720	280	484	310
	现存每年变化率	1.8 (0.5%)	0.015 (0.9%)	9.5 (4%)	17 (4%)	0.8 (0.25%)
	平均寿命(年)	50～200	10	65	130	150
	20 年增暖潜值	1	63	4 500	7 100	270

注:由于温室气体的大气含量极低,通常采用的气体单位是 ppmv、ppbv、pptv,分别表示单位体积内含有 10^6、10^9、10^{12}分子的某种气体。(引自:Climate change:The IPCC Scientific Assessment, Intergovernmental Panel on Climate Change, World Meteorological Organization/United Nations Environment Programme,1990.)

从表中可以看到,温室气体的增长很快,而氟氯烃(CFC-11、CFC-12 等)是新增加的种类。这些温室气体在大气层中的存留时间都很长,最稳定的 CO_2 寿命可能长达 200 年。另一项增暖潜值也是用来描述气体对大气的增暖作用。表中以一个 CO_2 分子在 20 年内形成增暖效果为一个单位作比照,则一个 CH_4 分子将造成 63 个单位的增暖效果。就增暖效果而言氟氯烃 CFC-12竟是二氧化碳的 7 100 倍!

专家预测,即使以现在排放 CO_2 的速度来考虑问题,21 世纪大气中 CO_2 浓度仍然会翻一番。科学实验表明,若 CO_2 浓度增加一倍,地球的气温将增加 2～4 ℃。

全球变暖毫无疑问将对人类的生存环境产生巨大影响。基于这种影响的复杂性,人类远不能完全预料由此带来的后果,一般认为将引起许多问题。例如:引起海平面上升。统计资料表明,百年来气候增暖 0.6 度,海平面上升了 10～15 cm。经专家研究预测到 21 世纪末,地球气温将上升 1～3.5 ℃,海平面则会升高 15～95 cm。

世界上许多国家的经济重心都在沿海区域,海水可能会浸蚀许多大城市,将使整个世界经济受到严重影响。有些低海拔国家将会遭受灭顶之灾，太平洋岛国图卢瓦也因此已宣布放弃他们的祖国而举国搬迁。

全球变暖也将引起气候带的移动，由此进一步影响生态系统（包括生物的多样性），将可能使森林面积减少，加速荒漠化，引起各地降水量的变化。此外，气候的变化将直接和间接对人类的健康造成多方面的不利影响。

也有科学家提出一些地球变暖对人类有益的方面。如因 CO_2 是植物的一种主要营养物质，其浓度增加将使某些作物丰收，也可使某些干旱地区得以改善等等。但这些毕竟是次要方面或局部性的，远不能减少人们对于地球环境异常变化的忧虑甚至恐慌。

3）臭氧层破坏

臭氧（O_3）是大气中的微量气体之一，主要浓集在平流层中（20～25 km 的高空），故该区域称为臭氧层。太阳释放出的大量对动物和植物有害波长的紫外线辐射被平流层中的臭氧所吸收，这就为地球提供了一个屏障。若大气臭氧层遭到破坏，地球上所有生物的进化和生存都将受到极大威胁。据估计：总臭氧量减少 1%，皮肤癌的发病率将增加 5%～7%，白内障患者将增加 0.2%～0.6%。紫外线侵害可能会诱发麻疹、水痘、疱疹、真菌病、结核病、麻风病、淋巴癌等。紫外线的加剧还会引起许多海洋浮游生物及虾、贝类的大量死亡，还会严重阻碍各种农作物和树木的正常生长。

导致大气中臭氧减少和耗竭的物质中，主要一类便是人类大量生产与使用的氯氟烃化合物（CFCs，俗称氟利昂）。它包括多种化合物，但其中只有三氯氟甲烷 $CFCl_3$（CFC-11 即氟里昂-11）和二氯二氟甲烷 CF_2Cl_2（CFC-12 即氟里昂-12）是最常用的。1986 年，全球 CFCs 产量达 114 万吨，其中美国约占 30%。氟里昂具有良好的物理和化学性质，因而广泛被用作制冷剂、喷雾剂、发泡剂及清洁剂。与其性质相似的卤族化合物，如分子内含溴的氟里昂哈龙-1211（CF_2BrCl）、哈龙-1301（CF_3Br）被用来作为特殊防火消防剂，它们对臭氧的破坏能力若以氟里昂-11 作比照则超过氟里昂-11 八至九倍。氟里昂可在低层大气中长期存在，一般为几十至上百年，因而它们有充分的机会进入平流层起破坏作用。

氟里昂及 N_2O 等物质在同温层（平流层）中经紫外线照射后可分解产生多种活性自由基如 H、OH、NO、Cl、Br 等并与 O_3 反应，促进臭氧的分解，造成臭氧层减少。由于以连锁触媒方式起作用，一个污染分子可以破坏很多个臭氧分子。例如，活性氯自由基（Cl）与 O_3 的反应大致如下：

$$Cl + O_3 \longrightarrow ClO + O_2$$

$$ClO + O \longrightarrow Cl + O_2$$

臭氧的消除净效应：

$$O + O_3 \longrightarrow 2O_2$$

从上式可看到反应后氯自由基(Cl)从不稳定的氯氧自由基(ClO)中再次游离出来,Cl 将不断重复已发生过的反应达上千次之多,因而破坏性很强。

NO_x 对臭氧的催化消除作用可表达为

$$NO + O_3 \longrightarrow NO_2 + O_2$$

$$NO_2 + O \longrightarrow NO + O_2$$

净效应:

$$O_3 + O \longrightarrow 2O_2$$

臭氧层遭损的另一个原因可能与人口有关。人口负荷加重导致土地负荷加重,大量氮肥的生产与使用产生 NO_x,像亚洲这样地区大面积水稻产生大量温室气体甲烷,加上其他人类活动产生的温室气体,都可能最终引起臭氧层的变化。

由于全世界的努力,至 1998 年底,在工业化国家,受控的氯氟烃(CFCs)产量已经下降了 95%(剩余的 5%用于特许的必要用途和向发展中国家出口),受控的哈龙产量也已经下降了 99.8%。

8.2.3 大气污染的防治

颗粒污染治理即除尘技术,其基本方法有机械除尘、洗涤除尘、过滤除尘和静电除尘。利用相应的专用设备,尽量将烟尘和各种工业粉尘截留在污染源头,这无论在技术上还是经济上都非常重要。

处理气体污染物的主要方法有吸收、吸附、冷凝、燃烧等,此外还有催化还原、催化氧化。下面重点介绍 SO_2 和 NO_x 的若干种处理方法。

1) SO_2 的治理技术

二氧化硫的治理技术主要有燃料脱硫和烟气脱硫,这里仅介绍烟气脱硫的一些化学原理。

烟气脱硫技术是大型燃煤燃油设备使用的主要脱硫方式。一般对高浓度 SO_2 烟气经催化氧化生成硫酸回收利用:

$$2SO_2 + O_2 \xrightarrow{V_2O_5} 2SO_3$$

$$SO_3 + H_2O \longrightarrow H_2SO_4$$

低浓度 SO_2 烟气,通常利用 SO_2 的酸性和还原性,有诸如石灰-石膏法、氨法、钠法、镁法等,其中石灰-石膏法目前使用最广泛。

用石灰的碱性浆液来吸收 SO_2 尾气脱硫:

$$Ca(OH)_2 + SO_2 \longrightarrow CaSO_3 \cdot \frac{1}{2}H_2O \downarrow + \frac{1}{2}H_2O$$

$$2CaSO_3\cdot\frac{1}{2}H_2O+O_2+3H_2O\longrightarrow 2CaSO_4\cdot 2H_2O\downarrow$$

吸收过程中生成的亚硫酸钙经空气氧化后得到石膏，其优点是吸收剂价廉易得，副产品石膏可作建筑材料。

若用 NH_3 作为 SO_2 的吸收剂（氨法），有其独特的优点，即氨可保留在产物中制成氮肥：

$$SO_2+2NH_3+H_2O\longrightarrow (NH_4)_2SO_3$$

再直接通入空气进一步氧化生成硫酸铵：

$$(NH_4)_2SO_3+O_2\longrightarrow (NH_4)_2SO_4$$

2）NO_x 的治理技术

从烟气中去除 NO_x 的方法有吸收法和催化还原法等。

（1）吸收法

按所使用的吸收剂不同，分为碱液吸收法、熔融盐吸收法、硫酸吸收法和氢氧化镁法等。

① 碱液吸收法。此法也可同时除去烟气中的 SO_2。当烟气中的 $NO:NO_2=1$（即 N_2O_3）时，氮氧化物才能有效地被碱液吸收。通常采用的是 30% 的 NaOH 溶液或 10%～15% 的 Na_2CO_3 溶液作为吸收液，其主要反应是：

$$2MOH+N_2O_3(NO+NO_2)\longrightarrow 2MNO_2+H_2O$$

$$2MOH+2NO_2\longrightarrow MNO_2+MNO_3+H_2O$$

式中 M 代表 Na^+、K^+、NH_4^+ 等。

② 熔融盐法。用熔融状态的碱金属或碱土金属的盐类吸收烟气中的 NO_x，也可同时除去烟中的 SO_2

$$M_2CO_3+2NO_2\xrightarrow{\triangle} MNO_2+MNO_3+CO_2$$

$$2MOH+4NO\xrightarrow{\triangle} N_2O+2MNO_2+H_2O$$

$$4MOH+6NO\xrightarrow{\triangle} N_2+4MNO_2+2H_2O$$

式中 M 代表 Li^+，Na^+，K^+，Rb^+，Cs^+ 等。

（2）催化还原法

催化还原法是指催化剂存在下，用还原剂将 NO_x 还原为 N_2 的方法。以贵金属 Pt 或 Cu，Cr，Fe，V，Mo，Ni 等的氧化物为催化剂，常用的还原剂有 NH_3、CO、CH_4、H_2S 等。

① 以 NH_3 为还原剂处理的方法应用较广泛。

用 $CuCrO_2$ 作催化剂：

$$4NH_3+6NO\xrightarrow[523\sim 542\ K]{CuCrO_2} 5N_2+6H_2O$$

用 Pt 作催化剂：　$6NO + 4NH_3 \xrightarrow[423\sim523\ K]{Pt} 5N_2 + 6H_2O$

$$6NO_2 + 8NH_3 \longrightarrow 7N_2 + 12H_2O$$

（此法还可同时除去烟气中的 SO_2）

以 CH_4 作还原剂，Pt 作催化剂的反应为

$$CH_4 + 2NO_2 \xrightarrow[673\sim773\ K]{Pt} N_2 + CO_2 + 2H_2O$$

② 硫化氢催化还原法

$$NO + H_2S \xrightarrow{393\sim423\ K} S + \frac{1}{2}N_2 + H_2O$$

$$SO_2 + 2H_2S \xrightarrow{293\sim423\ K} 3S + 2H_2O$$

（此法还可同时除去烟气中的 SO_2）

③ 氯-氨催还原法

$$2NO + Cl_2 \xrightarrow[323\ K]{木炭} 2NOCl$$

$$2NOCl + 4NH_3 \longrightarrow 2NH_4Cl + 2N_2 + 2H_2O$$

④ 一氧化碳催化还原法

$$NO + CO \xrightarrow{811\ K} \frac{1}{2}N_2 + CO_2$$

$$SO_2 + 2CO \xrightarrow{811\ K} S + 2CO_2$$

$$NO_2 + CO \xrightarrow{811\ K} NO + CO_2$$

8.3　水体污染及其化学净化

8.3.1　水体污染

1）天然水

自然界中的河流、湖泊、沼泽、水库、地下水、海洋等水的积聚体称为水体。环境学中的水体也包括了水中的悬浮物、溶解物、底泥和水生物等完整的生态系统。未受到人类排污影响的各种天然水体中的水称为天然水。由于广泛的环境污染，严格意义上的天然水范围日益减少。然而，天然水质背景值对于科研、环保等多方面具有重要意义。

水是一种良好的溶剂。大多数天然物质和人工生成物质或多或少可溶解、分解或呈悬浮态混合其中，更由于自然界的水处于不断运动和循环之中，有充分的机会接触各类物质并伴随着复杂的物理、化学和生物作用，因而天然水实际上是含有许多杂质的溶液（见图 8.1、图 8.2）。

从自然界的水循环来看，天然水在其循环过程中成分和性质处于不断变化中。若不考虑机械携带作用从海洋面上蒸发的水，瞬间是比较纯净的，但立即开始了和其他各类物质融合的旅程，因此不同地域的水质可以存在很大差异。

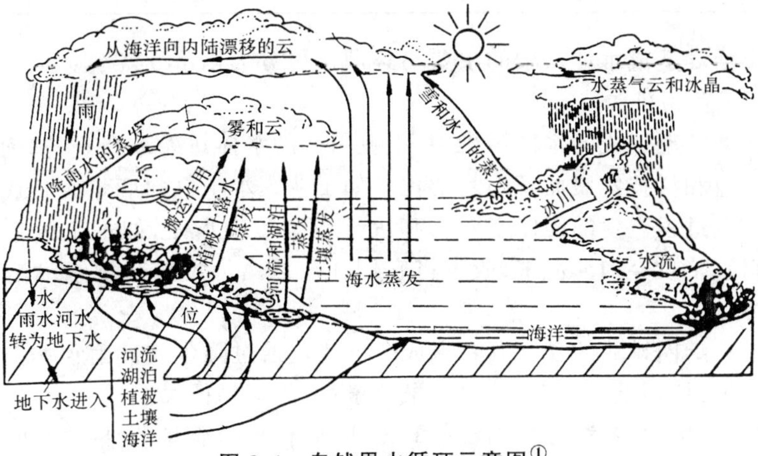

图 8.1　自然界水循环示意图①

天然水中的物质：
- 溶解气体
  - 主要气体—N_2、O_2、CO_2
  - 微量气体—H_2、CH_4、H_2S
- 溶解物质
  - 主要离子—Cl^-、SO_4^{2-}、HCO_3^-、CO_3^{2-}、Na^+、Ca^{2+}、Mg^{2+}
  - 生物生成物—NH_4^+、NO_3^-、NO_2^-、HPO_4^{2-}、$H_2PO_4^-$、PO_4^{3-}、Fe^{2+}、Fe^{3+}
  - 微量元素—Br^-、I^-、F^-、Ni、Ti、V、Au、Ba、Rn 等
- 胶体物质
  - 无机胶体—SiO_2、$Fe(OH)_3$、$Al(OH)_3$
  - 有机胶体—腐殖质胶体
- 悬浮物质
  - 细菌
  - 藻类及原生动物
  - 泥土、粘土
  - 其他不溶物质

图 8.2　天然水中的各种物质②

水体污染是指排入水体的污染物，在水体中的含量超过了水体的自净能力，引起水的感观性状、物理化学性能、化学成分、生物组成及底质情况等方面的恶化，从而失去了水体原有的使用价值。

2）污染源

水体的主要污染源大致分为两大类：一类是天然污染源，另一类是人为污

① 丁登山．自然地理学基础．北京：高等教育出版社，1987

② 关伯仁．环境科学基础教程．北京：中国环境科学出版社，1997

染源。

水体天然污染源是指自然界自行向水体释放有害物质或造成有害影响的场所。如岩石和矿物的风化和水解、火山喷发、水流冲蚀地表、雨水对大气的清洗、生物在地球化学循环中释放各种化学物质等等都属于天然污染物的来源。

人类活动造成水体污染的主要污染源又可分为以下3类:

(1) 工业污染源

在人类活动造成的水体污染中,工业引起的水体污染最严重,其内容也随着人类工业和科技发展而日趋复杂化。如工业废水不仅面广量大且成分不易处理。工业过程产生的固体废弃物和废气也会污染水体,如加工过程中的残渣和废料直接投弃到河流中,或者将它们在厂区露天堆放被雨水淋溶冲刷而进入水体。

从工厂烟囱排放的含有毒有害成分的废气通过降尘或被雨水夹带清洗也会进入水体,特别是微量有毒成分,虽然量小,危害却很大。

此外,工厂的突发事故,如设备的损坏,原材料的泄漏,大量吸取地下水引起水位下降,使沿海地区的地下水盐渍化等都会引起水体污染。

(2) 农业污染源

是指由于农业而产生的水污染源。如降水形成的径流和渗流将土壤中的氮、磷和农药带入水体;由牧场、养殖场、农副产品加工厂的各种废弃物的排放,使受纳河流的水体受到严重污染,这种广而分散的污染面源不仅可造成大范围水质恶化而且难于治理。

(3) 生活污染源

是指由人类消费活动产生的污水,城市和人口密集的居住区是主要的生活污染源。

3) *污染物及其危害*

(1) 酸、碱、盐无机污染物

酸、碱污染水体使其pH值发生变化,破坏其缓冲作用,消灭或抑制细菌及微生物的生长从而妨碍水体自净,增强了水对于桥梁、船舶等水下设备的腐蚀性。冶金、金属加工的酸洗工序、人造纤维、酸法造纸等工业废水,是水体酸污染的重要来源;而制碱、碱法造纸、化纤、制药、炼油等工业废水是碱污染的重要来源。

各种无机盐类以离子形态溶于水体中会造成水体含盐量增高,硬度变大。含盐量的增加会使水在工业过程中,大大增加结垢、腐蚀作用,增加水处理的难度与成本;高盐量水进入农田灌溉会使农田盐渍化,造成减产甚至绝收;饮用水源水体中盐类的数量与种类严重影响人体健康。研究表明,即使正常的各类天然水硬度不同对人体心血管系统疾病都有一定影响。而在无机污染物中,许多是对人体有严重和直接毒理作用。例如氰化物可对细胞中氰化酶造成损害,人中毒后呼吸困难,全身细胞缺氧而窒息死亡。因而规定饮用水中以 CN^- 计的含氰量不得超过 0.01 $\mu g \cdot L^{-1}$,地面水不超过 0.1 $\mu g \cdot L^{-1}$。

(2) 重金属污染物

工程上把密度大于 5 $g \cdot cm^{-3}$ 的金属称为重金属。许多重金属对生物体有很大的毒理作用。重金属污染物通过食物或饮水进入人体,能在人体一定部位积累且不易排出,造成人的慢性中毒。

重金属污染物中以汞[Hg(Ⅱ)]的毒性最大,而有机汞化合物的毒性又超过无机汞。无机汞化合物如 $HgCl_2$、HgO 溶解性较差,因而不易被生物体吸收,而有机汞化合物如烷基汞(CH_3Hg—、C_2H_5Hg—)、苯基汞(C_6H_5Hg—)等都有很强的脂溶性,容易进入生物组织并有很高的蓄积作用。沉积于水体底泥中的无机汞可在微生物作用下转化为有机汞从而侵害生物体。这种侵害作用的严重性在于有毒物质可通过食物链作用逐级浓缩,及至最后进入人体时往往已达到相当的浓度。如汞在无脊椎动物体内的富集可以达 10 万倍之多!汞对含硫化合物有很强的配合能力,会破坏生物体内酶和其他蛋白质的功能并影响其重新合成,从而危及生命。日本的水俣病就是人长期吃富集甲基汞的鱼类而造成的。

其次是镉[Cd(Ⅱ)]。镉化合物的毒性很大,镉与许多有机化合物组成较稳定的配合物,镉类化合物具有较大的脂溶性和生物富集性,并在动植物或水生生物体内蓄积。日本的“骨痛病”就是吃了镉污染河水灌溉的农田生产的稻米所致。镉进入人体后,主要储存在肝、肾组织中不易排出体外。镉的慢性毒理作用主要使肾脏吸收能力不全,降低了机体免疫力并导致骨质疏松、软化,使中毒者出现骨萎缩、变形、骨折等一系列病症。

铬[Cr(Ⅵ)]。铬化合物的毒性很大,铬的无机化合物有二价、三价、六价三种,其中以六价铬化合物毒性最大。六价铬对人类有致畸、致突变与致癌等作用。

此外,还有铅、锡、铜、锌等金属化合物对生物均有不同程度的毒理作用。砷虽不属重金属,但其毒性与重金属相似,其中 As_2O_3 即是著名的传统剧毒物俗称砒霜。慢性中毒则表现为神经衰弱、腹痛、呕吐、肝痛、肝大等消化系统障碍,并常伴有皮肤癌、肝癌、肾癌、肺癌等发病率增高的情况。

(3) 耗氧有机污染物

因为有机物组成很复杂,一般不可能分别具体测量其含量,故通常用 COD 和 BOD 来表示其含量。COD 称化学需氧量,表示用化学氧化剂氧化水中有机污染物时所需氧的量,以每升水消耗氧的毫克数表示($mg \cdot L^{-1}$)。COD

越高，反映水中有机污染越重。常用的氧化剂主要为高锰酸钾、重铬酸钾等。BOD称生物化学需氧量，表示水中的有机污染物经微生物分解所需的氧量，也可以间接地反映出有机物的含量，以每升水消耗溶解氧的毫克数表示($mg \cdot L^{-1}$)，或用单位体积的污水所需消耗的氧量来表示，单位为($mg \cdot L^{-1}$)。BOD越高，表示水中可生物降解的有机物越多。

天然水中的有机物一般为天然的腐殖物质以及水生生物的生命活动产物。但当水体受到人为污染时(如生活污水、食品加工及造纸等工业均会产生大量诸如碳水化合物、蛋白质、油脂、木质素、纤维素等有机化合物)，水体中有机物含量会急剧增加。这些有机物虽没有毒性，但在水体微生物将其氧化分解为简单无机物(CO_2 和 H_2O)的过程中消耗水中的溶解氧。因此，水体中耗氧有机物过多会造成水体中溶解氧严重不足甚至耗尽，从而恶化水质，危及水中生物的生存。天然水体内溶解氧一般为 $5 \sim 10\ \mu g \cdot L^{-1}$，鱼类在溶解氧小于 $4\ \mu g \cdot L^{-1}$的水中就会窒息而死。缺氧的水体能将水中高氧化值硫化合物还原为对大多数水生生物有害的 H_2S，NO_3^- 则会还原为 N_2 或 NH_4^+，CO_2 被还原为 CH_4 兴旺起来的厌氧菌使有机物腐败发酵、发臭，藻类和绿色植物无法生存。我们所见的城市污水常表现出黑色和恶臭，这是造成发达地区地表水富营养化的主要原因。

(4) 有毒有机污染物

水环境中有机污染物种类繁多，而其中许多有毒、难降解的有机物，通过迁移、转化、富集或者食物链循环，危及水生生物和人类。下面仅以举例的方式对其中几类有机有毒污染物略作介绍。

① 有机农药。有机农药包括杀虫剂、杀菌剂和除草剂等类别。从化学结构上，主要为有机氯和有机磷类农药。有机氯农药难以被化学降解和生物降解，因此会长期滞留于环境中。有机氯农药易溶于有机溶剂和脂肪而不溶于水。有机氯农药如DDT由于其在环境中长期残留和易通过食物链的累积性已被禁用。有机磷农药相对地较易被生物降解，因而在环境中的滞留时间较短，但其毒性剧烈。有机磷农药的杀虫力较高，但在使用时和有效期内对人畜威胁很大。

② 苯酚类和甲酚类。酚类化合物产生臭味，溶于水毒性较大，能使细胞蛋白质发生变性和沉淀。大多数酚不在沉积物和生物脂肪中发生富集，由于其较高的水溶性，因而主要是残留在水中。若人们长期饮用含酚水，可引起头昏、贫血及各种神经系统症状。

③ 多氯联苯。氯原子在联苯的不同位置取代 1～10 个氢原子由此可衍生 210 种化合物，故多氯联苯通常为混合物。多氯联苯产生于包括刹车材料制品、打磨车轮、玻璃、陶瓷、铀、发电设备等各种制造过程，也由于其化学稳定

性和热稳定性较好而被广泛用于变压器、电容器的冷却剂、绝缘材料、耐腐蚀的涂料等。多氯联苯极难溶于水,而易溶于有机溶剂,不易降解。故一旦侵入人体就不易排出体外,容易聚集于脂肪组织、肝、脑中,引起皮肤和肝脏损害等。

④ 二恶英。二恶英(略写为 PCDDs)是两个苯核由两个氧原子结合,而苯核中的一部分氢原子被氯原子取代后所产生,根据氯原子的数量和位置而异,共有 75 种物质。另外,和 PCDDs 一起产生的二苯呋喃 PCDFs 共有 135 种。通常将以上两类物质统称为二恶英,故二恶英是多达 210 种物质(异构体)的统称。二恶英的产生机会十分广泛,只要有机物与氯一起加热,只要是有水的地方都可能产生,因而是一种很普遍的化学现象,在空气、水、土壤和食物中都能找到。除草剂、发电厂、木材燃烧、造纸业、水泥业、金属冶炼、纸浆加氯漂白及垃圾焚烧处理等过程都会释放出二恶英,它是迄今发现的无意识合成的副产品中毒性最强的化合物,其毒性超过氰化钾(KCN)的 1 000 倍! 长期微量摄取即可致癌,为一级致癌物。

二恶英和多氯联苯、滴滴涕是最臭名昭著的环境荷尔蒙物质。目前,国际上已研究确认的环境荷尔蒙物质有约 70 种,这些物质可能通过干扰生殖系统和内分泌系统的激素分泌,影响到人类和动物的生殖和物种的繁衍并引起多种严重疾病甚至死亡。

(5) 生物体污染物

生活污水、医院污水和屠宰类加工、制革等工业废水排入地表水后,引起病源微生物污染,致使各种疾病传播。例如:污水中的蠕虫如线虫、绦虫等可引起相应的寄生虫病;霍乱、伤寒和痢疾等则属于肠道传染病菌引起的疾病;污水中的病毒则常有肠道病毒和肝炎病毒。

8.3.2 污染水体的净化

污染水体的净化方式包括水体的自净作用是人工净化工艺。人工净化工艺一般可分为物理机械法、微生物处理法、物理化学法和化学法等若干类方法。

天然水体遭受污染后,污染质随着水流向下游流动,同时在水体内部进行着各种物理、化学和生物作用过程,污染质将会逐渐分解,从而使水质有所改善甚至恢复本来的洁净状态。这一现象即为水体的自净。水体的自净作用有一定的限度并需要条件,如一定的时间、一定范围的水域以及适当的水文条件等,另外,显然还决定于污染质的性质、浓度以及排放方式等。

污水的人工净化就总体数量来说一般以微生物处理法为主,但本章讨论的主要是化学问题,下面介绍几种净化水质的化学方法。

1）中和法

采用酸、碱中和的方法调节废水的pH值，是工业废水处理中比较简单但却十分重要的一项内容。在工程设计阶段就应充分考虑到本厂各个环节或本地区其他工厂可综合利用的酸性或碱性排水。可将酸性废水与碱性废水直接进行中和调节。若只有酸性废水或是碱性废水的总化学当量不足，可用诸如石灰、石灰石、电石渣等处理；相应地，碱性废水可加入废酸，吹入CO_2气体或用烟道废气中的SO_2来中和。

2）化学凝聚法

天然水中含有的胶体物质，一般带有同种负电荷而不易解稳、沉淀。在给水预处理工艺中，通常采用"混凝"的方法，即向水体加入能产生正电胶体的混凝剂如硫酸铝$Al_2(SO_4)_3 \cdot 18H_2O$或硫酸铁$Fe_2(SO_4)_3 \cdot 9H_2O$等，通过"混凝"工艺使水中胶体解稳。也可以使用高分子物质（絮凝剂）依靠某种称为"化学架桥"的原理，即在高分子长链的两端或分枝上吸附胶体微粒，使足够多的胶体微粒聚集成絮状物而使胶体解稳并沉淀，称"絮凝"。大范围的解稳胶体夹裹悬浮物"共沉淀"而显著增强了沉淀作用，因而使用极少量的药剂在专业的澄清设备中可使绝大部分胶体和悬浮物除去，是给水处理中一种简单、价廉而高效的水净化工艺。

许多工业废水也适用混凝、絮凝方法进行澄清或脱色处理。混凝剂的化学行为较复杂，例如硫酸铝在水体中的电离和水解过程如下：

$$Al_2(SO_4)_3 \longrightarrow 2Al^{3+} + 3SO_4^{2-}$$

$$Al^{3+} + H_2O \longrightarrow Al(OH)^{2+} + H^+$$

$$Al(OH)^{2+} + H_2O \longrightarrow Al(OH)_2^{+} + H^+$$

$$Al(OH)_2^{+} + H_2O \longrightarrow Al(OH)_3 + H^+$$

实际的水解产物更为复杂，可生成较高分子量的胶体，依靠电中和、吸附甚至长链桥连作用解稳水中原有胶体，凝聚成大量絮状物并夹带悬浮物共沉降，从而使被处理水澄清。混凝过程中控制pH十分关键，铝盐混凝时，最优pH在6.5～7.5之间。

3）氧化还原法

该法是利用溶解于水中的毒性物质的氧化还原性质，将其转化成为无毒物质或者毒性较小的新物质，从而达到阶段性效果或达到排放标准。

（1）氧化法

常用的氧化剂有空气、漂白粉、氯气、高锰酸钾和臭氧等。

由于空气氧化能力较弱，主要用于含还原性较强物质的废水处理，如含硫废水（HS^-、S^{2-}等），其优点是经济简便。向废水中注入空气或蒸汽，硫化物能被氧化成无毒或微毒的硫代硫酸盐或硫酸盐：

$$2HS^- + 2O_2 \longrightarrow S_2O_3^{2-} + H_2O$$

$$2S^{2-} + 2O_2 + H_2O \longrightarrow S_2O_3^{2-} + 2OH^-$$

$$S_2O_3^{2-} + 2O_2 + 2OH^- \longrightarrow 2SO_4^{2-} + H_2O$$

氯是最常使用的氧化剂，它的氧化能力较强，常用作给水的消毒剂。在化学工业中，主要用于处理含氰、含酚、含硫化物的废水和染料废水，具有脱色、除臭和杀菌等作用。例如，用氯氧化法分解氰化合物时，可向废水中直接加氯气和氢氧化钠：

$$NaCN + 2NaOH + Cl_2 \longrightarrow NaCNO + 2NaCl + H_2O$$

当 pH 控制在大于 10 的条件时，反应进行得彻底而迅速，氧化时间约 0.5～2 h。反应生成的氰酸盐毒性较小，但仍需进一步氧化为无毒物质：

$$2NaCNO + 4NaOH + 3Cl_2 \longrightarrow 2CO_2 + 6NaCl + N_2 + 2H_2O$$

O_3 的氧化能力比 Cl_2 更强，也是常用的强氧化剂。O_3 不仅能够氧化大部分无机物和有机物，而且经 O_3 处理后的废水不产生二次污染，能够进行生物处理，这是一个突出的优点。臭氧氧化适用于废水的三级处理。

(2) 还原法

以固体金属为还原剂，用于还原废水中的污染物，特别是汞、镉、铬等重金属离子。例如，含汞废水可用铁、锌、铜、锰、镁等多种金属作为还原剂，将废水中的汞离子置换出来，而效果较好比较实用的是铁和锌。在铁屑还原法中，含汞废水自下而上通过铁屑滤床过滤器，废水中的汞离子与铁可进行如下反应：

$$Hg^{2+} + Fe \longrightarrow Hg\downarrow + Fe^{2+}$$

$$3Hg^{2+} + 2Fe \longrightarrow 3Hg\downarrow + 2Fe^{3+}$$

析出的汞从过滤器底部收集。废水中的 Fe^{2+} 再氧化成 Fe^{3+} 用中和沉淀法除去。

4) 化学沉淀法

即通过化学反应生成沉淀而将有害离子除去。

在给水净化中有时使用石灰除去 Ca^{2+}、Mg^{2+} 等硬度成分，从而获得较少结垢倾向的“软水”。在废水处理中，石灰也显示了价廉物美的特点。废水中许多金属离子如 Al^{3+}、As^{3+}、Cr^{3+}、Fe^{3+}、Hg^{2+}、Pb^{2+}、Zn^{2+} 在与石灰作用后均能形成不溶或微溶于水的沉淀物，例如：

$$As_2O_3 + Ca(OH)_2 \longrightarrow Ca(AsO_2)_2\downarrow + H_2O$$

$$Zn^{2+} + 2OH^- \longrightarrow Zn(OH)_2\downarrow$$

碳酸盐也可作为沉淀剂，含 Cu^{2+}、Zn^{2+}、Pb^{2+} 的废水加入碳酸盐后，能生成碳酸盐沉淀：

$$Pb^{2+} + Na_2CO_3 \longrightarrow PbCO_3\downarrow + 2Na^+$$

而将碳酸钡加入含铬废水中，废水中的铬可形成铬酸钡沉淀，由此可以除去废水中的铬：

$$BaCO_3 + H_2CrO_3 \longrightarrow BaCrO_4 + CO_2\uparrow + H_2O$$

8.4　土壤污染及防治

土壤作为生物圈的重要组成部分，提供了从微生物到动植物的各类生命活动的空间；土壤也是生命营养物质的提供者，人和各种生物的营养物质都直接或间接从土壤取得。同时，由于自然条件和生命活动的影响，土壤也在时刻发生着种种物理、化学和生物学反应，这使土壤不断受到污染。尤其是人类的生产和生活活动，常常给土壤带来持久的、难以恢复的有时甚至是灾难性的影响。

8.4.1　土壤污染源

土壤污染物的来源主要有二：一是工业三废，二是化肥施用不当和农药广泛施用。

1）工业污染源

（1）工业废渣

工业废渣是构成土壤污染的一个主要因素。大量废渣堆放在地上，不仅侵占农业耕地，破坏农业生产，而且大片地消灭地表的绿化植被。固体废渣中的有害物质，随着风化、微生物分解、雨水冲淋、渗透进入地层，能够造成大面积的土壤污染。而这些有害物质很容易被作物所吸收并富集，进入食物链，潜在威胁人类健康，并可引起中毒。如在铅、锌污染土壤上生长的植物体内铅、锌等重金属含量为一般植物中含量的几十倍乃至几百倍。废弃的塑料侵入农田，也能造成土壤污染，并使农田减产。凡是含有氟化物、汞及汞盐、砷化物、六价铬、铅、氰化物、酚等常见污染物的废渣，均为有毒废渣。一些有毒废渣还会大量杀伤土壤中的细菌等微生物，使土壤失去腐解能力，土壤便变得贫瘠。由于土壤中微生物的自然生态平衡受到破坏，促使有害细菌繁殖和传播，引起疾病的传染蔓延。

（2）工业废气

废气中含有的许多固体粒子、细小粉尘和液滴，因重力作用大部分落到工矿附近的地面，有害气体污染物在雨水淋洗下，也降在土壤表面，使土壤受污染，影响作物的质量和产量。如大气中二氧化硫，在大气氧化和雨水溶解作用下，形成酸雨降落到土壤里，使其酸度和硫酸盐含量增加，并导致土壤微生物特别是硝化菌和固氮菌的活度下降，从而造成作物不能从土壤摄取足够的养料，影响作物的发育。

(3) 工业废水

废水流失和污水灌溉均可以使土壤发生污染。一些化工生产污水虽然含有植物所需要的氮、磷、钾等养分，但还可能含有各种有毒物质，如重金属、酚、氰化物以及其他有害污染物。在灌溉时它们随同污染水一起进入农田，沉积于土壤中。如含镉污水灌田后，镉常常在土壤中残留，并容易被水稻、大豆等作物吸收，人吃了含镉成分高的大米，会引起肾功能障碍，慢性镉中毒并导致骨质脱钙疏松。油类物质会附着在作物植株上，或渗透到植物体内。同时，油类物质覆盖会导致隔绝氧气供给，促进土壤的还原作用，使地温升高，不利于作物生长。

2) 农业污染源

(1) 化肥污染

化肥施用不当可引起土壤污染，并使多种作物受其毒害。例如大量施用石灰氮肥料(氰氨化钙)后，能生成双氰胺($H_4C_2N_4$)、氰酸(HOCN)、氰化氢等有毒物质，抑制土壤的硝化作用，损害作物，继而毒害人畜。

(2) 农药污染

大量使用农药，常引起土壤污染。农药在喷洒过程中，粉剂和液剂只有10%和20%左右附着在农作物上，而40%～60%的药剂将降落在土壤上，飘浮在空气中的药剂最后也会降落在土壤和水面上。

8.4.2 土壤污染的防治

对于土壤污染，既要看到土壤具有很强的自我净化功能并充分加以利用，也应看到土壤污染的潜伏性、不可逆性、长期性的特点，应立足于防重于治，防治结合的基本方针。

1) 土壤污染的预防措施

(1) 控制和消除工业的“三废”排放，大力推广闭路循环、无毒工艺，以减少或消除污染物。对利用污水灌溉的污灌区，必须加强对灌溉污水的水质监测，及时了解污水中污染物的成分、含量及其动态变化，避免带有不易降解的高残留污染物伴随进入土壤，造成土壤污染。

(2) 合理使用化肥和农药，禁止或限制使用剧毒，高残留性农药，大力发展高效、低毒低残留农药，探索和推广生物防病虫害的途径。合理使用化学肥料。例如，硝酸盐和磷酸盐肥料要合理经济使用，避免滥用造成土壤污染。

(3) 增加土壤容量和提高土壤净化能力，提倡施用有机肥料，增加土壤有机质含量，砂性土壤可进行砂掺粘改良，可以有效地增加和改善土壤胶体的种类和数量，增加土壤对污染物的容量，从而减少污染物在土壤中的活性。发现、分离和培养新的微生物品种，改善微生物土壤环境条件，增加生物降解作用。

2）土壤污染的治理措施

（1）化学措施

施用改良剂、抑制剂等降低土壤污染物的水溶性、扩散性或生物有效性，从而降低污染物进入生物链的能力，减少对土壤生态环境的危害。例如生石灰、磷酸盐、硅酸钙等能与重金属污染物作用生成难溶化合物，降低重金属在土壤及植物体内的迁移能力。

多施用有机肥料，使有机质与金属元素结合，形成不易溶解的配合物，可抑制植物的吸收。另外，调节土壤的 pH 值也可降低重金属元素的危害，如土壤 pH 值大于 6.5，则可显著减少铬、铜、锰、铅、锌和镍被植物的吸收。

（2）生物措施

利用特定的动、植物和微生物吸收或降解土壤中的污染物。植物对污染点的修复有三种方式：植物钝化，是指植物通过根系过滤、固定、钝化使重金属吸附于土壤表面，从而降低重金属在土壤中的有效态；植物挥发，是指土壤中重金属通过植物作用产生毒性小的挥发性物质；植物提取，是利用超积累植物对重金属的吸收作用，以后收割集中处理，以降低土壤中重金属的含量。目前已发现 400 多种植物能够超积累各种重金属，并且有些能同时积累多种重金属。如羊齿类铁角蕨属的植物和具有富集重金属性的苋科植物对土壤中重金属的吸收率达 100%。

（3）工程措施

可采用客土、换土、翻土、去表土、隔离等工程措施。这些措施可有效减轻或避免污染物影响作物。但有时投资较大，也易导致土壤肥力变化。

8.5 绿色化学原理

绿色化学是 20 世纪 90 年代出现的一个多学科交叉的研究领域。其基本目标是用化学的技术和方法去减少或消除那些对人类健康、社区安全、生态环境有害的原料、催化剂、溶剂和试剂、产物、副产物等的使用和产生。绿色化学的理想在于不再使用有毒有害的物质，不再产生废物，不再处理废物。因而绿色化学又称环境无害化学（Environmentally Benign Chemistry）、环境友好化学（Environmentally Friendly Chemistry）或清洁化学（Clean Chemistry）。绿色化学是一门从源头上阻止污染的化学，是使化工生产可持续发展的途径，已成为国际科研的前沿与未来化学进展的主要方向之一。

绿色化学作为一门新的学科，正处于一个重要的发展时期，也有不成熟的地方。科学家提出了绿色化学的12条原则，这些原则可作为化学家开始和评估一条合成路线、一个生产过程、一个化合物是不是绿色的指导方针和标准。下面介绍这12条原则。

1）污染防止优于污染形成后处理

在考虑到某种化学产品的成本时，不再仅仅考虑到原料和设备等旧的计算原则，毫无疑问应将在环境卫生与安全方面的支出考虑在内。通过法规与经济手段，促使发展绿色化学技术来防止和减少废物的使用与产生，确保预防优先原则。美国的DOW化学公司用二氧化碳代替破坏臭氧层的氯氟烃作为苯乙烯泡沫塑料发泡剂。由武汉大学生命科学院研制的生产可防治农作物蔬菜、棉花、茶树、森林、城市卫生等方面害虫的6大类11个新型生物防治产品，被正式列入"国家高技术产业化示范工程项目"。这标志着我国在昆虫病毒理论及应用这一高科技领域已达到国际水平。与传统的化学农药相比，有不影响农产品品质、不伤害害虫天敌、不污染环境、对人类无害等优点。

2）设计合成方法时应最大限度地使所使用的所有材料均转化至最终产品中

Trost在1991年首先提出了"原子经济"(Atom Economy)的概念，即原料分子中究竟有百分之几的原子转化成了产物。理想的原子经济反应是原料分子中的原子百分之百地转变成产物，没有副产物或废物，这个合成过程即为100%的原子经济性反应。而传统的产率计算方法是基于单位摩尔原料所生产的产品物质的量的数。若1 mol原料生产了1 mol产品，则该合成方法产率为100%，但并不排除同时可产生1 mol或更多的废物，故用产率来评价一个合成过程的效率与效益已显得不合时宜。

理论和实践都已证明了原子经济反应是完全可以实现的。例如，钯催化蒽醌法制H_2O_2，乙烯或丙烯的聚合，丁二烯与HCN合成己二腈等化工产品的生产都已经符合这一标准。

3）设计合成方法时应最大限度地使用或生产无毒或毒性小的物质

绿色化学的基本目标是在化学设计的各个方面将危害性降至最小，通过化学与化学技术自身的改进以实现污染防止，并可以大大降低费用，是一种从根本上解决问题的最好方法。孟山都公司的乙二醇胺催化项目就是一个优化合成路线的典型事例。该公司生产的诺恩朵普是一种广泛使用的广谱无选择性除草剂，对环境很安全。但是其中关键的中间体亚胺乙二酸钠要使用氨、甲醛、氢氰酸为原料合成。该合成路线存在三大严重缺陷：氢氰酸为剧毒物；反应放热量大，有导致失控的潜在危险；每7 kg产品产生1 kg有毒废物。在多年研究的基础上，孟山都公司发展了将乙二醇胺用瑞尼铜催化脱氢制备上述中间体的新工艺，回收率达到95%，催化剂可循环使用9次以上。新的合成路线起始物挥发性低、无毒，而且反应本身是吸热过程，易于控制，不产生废渣，是一项优秀的绿色化学成果。

4）设计化学产品时应尽量保持其功效而降低其毒性

绿色化学在这方面的研究通常简称为“设计更安全的化学品（Designing Safer Chemicals）”。也就是使所设计的化学品具有最大的所需性质与功能和最小的毒性与危险性。由于化学毒性机理、分子结构表征与控制方面的巨大进步，更安全化学品的设计已成为可能。例如，若已知某一反应是毒性产生的必要条件，则在确保分子的功效的前提下研究通过改变结构使这个反应不发生，从而避免或降低该化学品的危害性；也可通过避免、降低或除去同毒性有关的功能因素降低毒性；或者也可以采用降低生物利用率的方法，因为化学家长期从事改变分子的物理与化学性质的研究，可以容易地控制分子使其难以或不被吸收。

Rohm & Haas公司的CONFIRM（tm）杀虫剂在农业上能有效地、选择性地控制重要毛虫而不对使用者及生态系统产生大的危害。其作用机理是通过模仿毛虫身体上发现的一种诱发昆虫蜕皮和调节生长的天然刺激物而起作用。CONFIRM（tm）破坏毛虫蜕皮过程而使其很快死亡。该化合物对其他多数昆虫和节肢动物是一种差的模仿物，因而对许多益虫、食肉动物和寄生昆虫是安全的。CONFIRM（tm）不发生生物积累、不挥发而且不在环境中长久残留。

5）尽量不用辅助剂，需要使用时应采用无毒物质

大量的与化学品生产相关的污染问题不仅来自于原料和产品，而且源于其制造过程中广泛使用的辅助剂。这些辅助剂是用来克服分子或化学品合成与制造中的特殊障碍。最常见的是在反应介质、分离和配方中所使用的溶剂。当前广泛使用的溶剂是挥发性的有机化合物（VOC），其在使用过程中有的会引起地面臭氧的形成，有的会引起水源污染等环境问题。采用无毒无害的溶剂代替挥发性有机溶剂已成为绿色化学的重要研究方向。在无毒无害溶剂的研究中，最活跃的研究项目是开发超临界流体（SCF），特别是超临界二氧化碳作溶剂。超临界二氧化碳是指温度和压力均在其临界点以上的二氧化碳流体。它通常具有液体的密度，因而有常规液态溶剂的溶解度；在相同条件下又具有气体的粘度，因而有很高的传质速度。而且，由于具有很高的可压缩性，流体的密度、溶剂的溶解度和粘度等性能均可由温度和压力的变化来调节。利用 CO_2 替代有机溶剂已在化学工业及相关领域成为降低废物的重要工具。这种无毒、不可燃、价廉的溶剂在咖啡因除去、蛇麻子萃取、精油制造、废物萃取与循环及许多分析过程中使用，在化学制造中利用 CO_2 作为反应媒介，将是一个很有潜力的污染防止方法。采用无溶剂的固相反应也是避免使用挥发

性有机溶剂的一个研究方向，如用微波来促进固、固相有机反应。

6）能量使用应最小，并应考虑其对环境和经济的影响

化学家在设计化学过程的各个阶段时均应充分考虑能量问题。可以通过对一个反应体系进行调节与优化，进而从根本上改变其对能量的需求，由此可使该过程的能耗最低。

美国的能源公司将生物工程用于石油产品的脱硫工艺，通过把专门的微生物放进各种油品中进行“生产脱硫”，效果显著。这种新工艺比传统工艺投资节省了50%，操作费用减少了20%。

石油化工企业是用水和废水排放大户。我国石油企业每加工1吨原油平均耗水3.41吨，排放废水2.37吨。而国外炼油厂加工1吨原油平均排放工业废水不足0.5吨。日本的千叶炼油厂每加工1吨原油排放废水不足0.25 kg，废水基本能回收利用。

微波能已被用于加速化学转换，特别是固态反应。同其他的加热方式相比，该技术具有突出的优点，即不需要使化学反应发生的延长加热。另一方面，与在溶液中进行的反应不同，固态反应避免了辅助剂的加热，节省了能量。

7）最大限度地使用可更新原料

在世界面临环境污染和能源危机的今天，开发利用乙醇作为动力燃料，正受到人们越来越多的关注。过去用来生产乙醇的原料主要是甘蔗、甜菜、甜高粱等糖类作物和木薯、马铃薯等淀粉植物。由于这些农作物均为人类的食物来源，故乙醇的生产受到很大限制。人们从牛、羊等动物能消化纤维素的研究中发现，微生物中的球菌、杆菌、粘菌和一些真菌、放线菌，会分泌出一种能催化纤维素分解的酶——纤维素酶。用这种纤维素酶先把纤维素分解为单个葡萄糖分子，然后酵母菌就能把葡萄糖发酵成乙醇。而有一种被称为嗜热梭菌的微生物居然能一边“吃”纤维素，一边就“拉”出乙醇来。另外，在日本和韩国等地，利用木霉和酵母菌协同作战，也成功地用纤维素生产出了乙醇。由于所用原料都来自绿色植物，所以有人称乙醇为绿色燃料。

8）尽量避免不必要的衍生步骤

衍生步骤不仅消耗资源，而且产生废物。因而，化学过程中应尽量避免衍生步骤，以降低原料的消耗及对人类健康与环境的影响。

9）催化试剂优于化学计量试剂

化学计量反应很少具有100%的原子经济性。通常存在一些问题，诸如：部分反应原料不能完全发生反应；原料中只有部分是最终产品所需要的；为了进行或促进反应，需要加入额外的试剂，而这些试剂在反应完成后需要排放到废物流中。

然而催化剂在反应中不被消耗，也不出现在最终产品中，催化剂的作用方

式十分符合绿色化学的概念。例如，利用催化作用来加强反应的选择性，由此可实现反应程度、反应位置及立体结构方面的控制。选择性催化不仅提高了原料的利用率，而且降低了废物的产生。另外，催化反应可以降低反应活化能，这种能量的降低无论从环境方面还是经济方面都极具重要性。美国不久前合成了塑料制品转变成油所需的催化剂，这不但有利于塑料制品的回收利用、减少污染，并且具有很大的经济价值。

10）化学品应设计成使用后容易降解为无害物质

以往在化学品的设计中根本没有或很少考虑其使用后的处理，及其对人类健康与环境所造成的影响。目前许多化学品难以降解，如塑料、有机氯农药等，因而成为主要的化学污染源之一。绿色化学提倡研究开发环境友好的非持久性化学物质，如可降解塑料、新农药，亦即所设计产品不仅具有所需要的功能而且还应在设计中考虑其降解功能，并且应考虑降解后生成物是否具有危害性。近年来，由大量废旧包装塑料和一次性不可降解的废弃塑料餐具等所造成的白色污染成为我国环保的一大重点。在 1998 年 12 月 13 日的“绿色一次性餐具交流会上”，100 多家企业展示了他们用稻壳、纸浆、淀粉等为原料制成的餐具。而一种以秸秆为原料做成的一次性餐具不但安生卫生，并且一次性使用后入土即为肥料，入水即为鱼食，弃置路边若干天即降解消失。陕西省属于干旱和半干旱地区，由于传统使用的塑料地膜在自然环境中难以降解，造成了“白色污染”。一种可完全降解、能有效解决农业“白色污染”的液态地膜，将在陕西省大力推广。它将成为西北地区战胜沙尘暴的新武器。这项被列入国家“863 计划项目”的多功能可降解液态地膜技术，喷施后在土壤表面形成一层黑色的高分子保护膜，可接收自然降雨，经过光照和微生物作用，40～60 天可逐渐自然降解为有机肥料，不仅避免了“白色污染”，还给土地增加了肥力，同时具有塑料地膜增温、保湿、保苗的作用，其费用也比塑料地膜减少 32％。

11）分析方法应能真正实现在线监测，在有害物质形成前加以控制

为了能在某一过程的操作中进行及时调节，必须开发精确而又可靠的传感器、监视器及分析技术来评估过程中有害物质的产生，由此可以通过调节过程参数来降低或消除这些有害物质的产生。另外，如果开发出实时在线的监测方法来测定反应的进行程度，则可避免额外试剂的浪费，同时也可减少废物的产生。

12）化工过程物质的选择与使用应使化学事故的隐患最小

绿色化学的目标是消除或减少所有危害，在化学品及化学过程的设计中应充分考虑由毒性、易燃性、易爆性带来的危害，而不仅仅是污染与毒性。

从以上 12 条可以看出，绿色化学的目标和任务不是被动地治理环境污

染，而是主动地预防化学过程的负面影响。我们将会看到，绿色化学不仅保护环境，塑造化学的良好新形象，而且也会给企业带来巨大的经济效益。

1990 年，美国国会通过《污染预防法》，以立法的手段突出了“污染预防”的概念。1995 年 3 月 6 日，美国总统克林顿宣布设立“绿色化学挑战奖计划”，以推动社会各界进行化学污染预防和工业生态学研究，鼓励支持在该领域重大的创造性的科技突破，从根本上减少乃至杜绝化学污染源。随后美国科学基金会和美国国家环保局提供专门基金资助绿色化学的研究，并于同年 10 月 30 日设立“总统绿色化学挑战奖”。1999 年，世界上第一本《绿色化学》杂志诞生。2000 年美国化学会出版了第一本绿色化学教科书。与此同时，我国对绿色化学方面的研究和与此相关的活动也日渐活跃起来。1995 年，中国科学院化学部确定了《绿色化学与技术》的院士咨询课题。1996 年，召开了“工业生产中绿色化学与技术”的研讨会。1997 年，国家自然科学基金会与中国石油化工集团公司联合立项资助了“九五”重大基础研究项目“环境友好石油化工催化化学与反应工程”。1998 年，在合肥举办了第一届国际绿色化学高级研讨会……

绿色化学作为一门新兴的边缘学科，在环保意识不断加强的 21 世纪，正在受到越来越广泛的关注，展示了未来化学的美好前景！

复习思考题

1. 人类当前有哪些主要环境问题？

2. 原始社会前的地球环境大概是什么样的？要是现在没有人类的存在，地球环境大概会发生什么样的变化？

3. 简述水体污染的原因、危害及防治方法。

4. 简述大气中污染物的来源、危害和治理方法。

5. 简述土壤污染的原因、危害和治理方法。

6. 造成酸雨的主要化学物质有哪几类？为什么我国南北方发生酸雨的可能性有根本的差异？

7. 举一个绿色化学的例子，来说明绿色化学的新概念的某个方面。

习　题

1. 在 298 K 和 100.0 kPa 时，24.0 L 的天然气缓慢通过含有 Pb^{2+} 的溶液，生成0.535 g 重的沉淀物，求天然气中含有 H_2S 的体积(%)？

2. 一氧化碳进入人体后能与血液中的血红蛋白生成羰基配合物，该反应的标准平衡常数为 210。如空气的氧为 8.2×10^{-3} mol·L^{-3}，求血液中有 10% 的血红蛋白转化为羰基配合物时，进入人体的 CO 是多少 mol·L^{-3}？

3. 工业废水的排放标准规定 Cd^{2+} 降到 0.1 μg·L^{-1}以下，若用消石灰中和沉淀法除去 Cd^{2+}，按理论计算，废水的 pH 值至少应多少？

9 资源化学

任何产品,都是由原料加工而成的。如果原料最初是由自然界提供的,通常被称为资源。合理使用资源并最大限度地产生社会效益、经济效益和环境效益,是关系到人类生存质量的重大严肃问题。

说到资源,一般是指自然资源,如阳光、空气、水、土地、气候、矿产、矿质燃料、野生及人工培育的动植物、有用的微生物等等。

自然资源是人类赖以生存的物质条件,也是现代文明的物质基础。

从地球化学的角度看,地球与外界宇宙空间只有能量的交换而无质量的交换。这就是说,在现阶段,人类只能开发和利用自然资源,但不能创造自然资源。

当前,人口、资源、环境已成为全球性的社会问题,其中,资源又是最敏感的社会问题。人口的过快增长,必然要向自然界索取更多的资源,人类社会对自然资源的需求量与日俱增,大约每隔 15～20 年增加 1 倍。当这种索取超过极限时,就会造成一系列的环境问题,例如土地沙漠化、水质污染、物种灭绝等。资源的贫乏和环境的恶化反过来又限制人类享受更高质量的生活。

面临人类生存与发展的严酷现实,人们开始思考两个问题:第一,在开发和利用自然资源时,如何遵循综合利用的原则,最大限度地发挥资源潜力,产生多种经济效益。比如煤炭不仅可以做燃料,还可以发电、炼焦、制造多种化工产品。又比如猪毛,不仅可以制成刷子,还可以利用生物技术生产胱氨酸药物。第二,所谓的废弃物是否真的一无用处,已没有任何利用价值了。比如煤矸石,原来只能堆置起来,不仅占用大量土地,还对环境造成危害。现在则可以用来制砖、制水泥,还可以用做新式燃烧炉的燃料。

本书所说的资源是广义的,不仅包括自然资源,也包括人工生产得到的资源。这是因为从生产的角度,尤其是根据化工生产的特点,第一企业的产品往往是另一企业的原料,原料⟶产品(原料)⟶产品(原料)……不断繁衍、不断持续,形成链式结构,每一主链又可能派生出几条支链,既做到了物尽其用,又创造出良好的社会效益和经济效益。但归根结底,各种原料和产品都来源于大自然提供的资源。

资源化学将从化学的范畴和角度介绍资源及其综合利用和深度加工,解决资源的有关问题。也许我们生产产品的所需原料,可能就是一些在你身边大量存着的"废弃物"。

9.1 概述

9.1.1 自然资源的分类

自然资源的分类方法有很多种:第一种是按照其存在形态分类;第二种是按照用途分类;第三种是按照消耗的性能分类。

1）按照存在形态分类

按照存在形态,自然资源可分为三类:第一类是环境资源,即现成可以利用的资源,如阳光、空气、水、土地、气候等。第二类是矿产资源,它们埋藏于地表或地下,通过采掘才能得到。它们又可以分为:金属矿,如黑色金属、有色金属、贵金属及稀有、稀土、分散元素矿产;化工矿,如磷灰石、钾盐、硫磺矿、重晶石矿、硼矿等;天然建材及非金属矿,如宝石、大理石、水晶、玛瑙等;冶金辅助材料以及矿质燃料。第三类是生物资源,又可分为:野生动植物,如原始森林、天然草场、海洋鱼贝等;人工培育的动植物,如农作物、人工林、家畜、家禽、家鱼等;各种有用的微生物。

2）按照用途分类

按照用途,自然资源可以分为能源性资源和原料性资源。能源性资源包括矿质燃料、生物燃料、太阳能、风能、水能、地热能、海洋潮汐能、核能等。除此以外均为原料性资源,通过工业加工,实现物质转化。

3）按照消耗性能分类

按照消耗性能,自然资源可以分为可更新资源和不可更新资源两大类。可更新资源如阳光、水、空气、土地、生物资源,它们经过采集、利用后不会耗竭,还可以恢复、更新或再生。但是从某个时段或地区来考虑,它们所能提供的资源也是有限的,如我国缺水的城市已占城市总数的近一半,因缺水制约了经济的发展。而且这些资源如果不加保护地利用,其再生能力是有限的,如土地和森林。不可更新资源主要是矿产资源,开采一点就减少一点,总有耗竭之日,而且其开采的难度越来越大,成本越来越高。

一般我们称的自然资源包括土地资源、大气资源、水资源、海洋资源、能源资源、生物资源和矿产资源等,本书主要介绍后 5 种资源。

9.1.2 自然资源的特点

自然资源的特点可以概括为整体性、区域性、有限性和多用性等。

1）自然资源的整体性

自然资源的整体性指的是地球表层自然环境要素之间的相互依存关系。

例如,森林被大量砍伐后,会引起水土流失,使土地资源毁损,并使空气干燥,气候资源质量变差。

2) 自然资源的区域性

自然资源并不是平均分布在地球的每一空间的,其种类特性、数量多少、质量优劣都具有明显的区域差异。例如,太阳辐射热量随纬度带呈递变规律;水力资源多与高山峻岭地貌相联系;有色金属矿藏主要分布在地质构造活动活跃的褶皱带等等。

3) 自然资源的有限性

由于地球表层空间是有限的,矿产资源又是历经亿万年的漫长岁月,在特殊的地质活动条件下才得以形成的,所以不可能被永无止境地开采利用。近几十年来,随着矿产开采量的急剧增加,矿产的品位不断下降,出现贫化的趋势,同时,矿山的采掘深度从几十米、几百米延伸到几千米,此外,矿山的位置越来越偏僻,有些生态环境十分恶劣,如处于沙漠地带和高山地带。

4) 自然资源的多用性

一种资源可能含有多种组分,例如石油经过提炼,可以生产出汽油、煤油、柴油、润滑油、沥青等多种产品,还可以获得合成纤维、合成塑料、合成橡胶等高分子合成材料的基本原料,如乙烯。另外,一种资源又可能有多种用途,例如森林,不仅可以提供木材,可以提供食品工业所需的原料,还可以开辟为公园,服务于旅游事业。

9.1.3 自然资源的开发利用及深度加工

1) 自然资源的开发利用

随着世界人口的急剧增加,对已探明的资源储量可预见的使用寿命的缩短,出现了一种"悲观派"的观点,即认为地球自然系统和资源将无法满足人类的需求,如人类再不觉醒,并付诸努力,必将面临一场空前的灾难。与此针锋相对,"乐观派"的观点是,地球资源是丰富和无限的,可以满足人类的需求,而且由于人类能力的发展也是无限的,人口、资源和环境的问题不是不能解决的,世界发展的趋势是在不断地改善而不是在逐步变坏。

目前一般认为,世界石油储量可维持人类 40～50 年的消费,天然气在 60 年内也将消耗殆尽。

那么,在 50～60 年以后人类的能源来自何处?就石油和天然气本身来说,即使不考虑它们可能未发现的储量,实际上还存在可以替代它们的资源有:① 重油矿床;② 焦油砂;③ 从现有耗竭油田重新提取石油;④ 从固体燃料资源如油页岩、煤和泥炭中产生液体和气体合成燃料。何况,届时新能源的开发利用可能进入实用的经济阶段。

目前人类对矿物的开采都以低成本、高品位、提取和运输方便为首要前提,对伴生矿中含量较低的元素往往丢弃不用,对某些资源的回收也缺乏重视和得力措施。

前面提到过生物资源具有可再生性,但它也具有可解体性,在利用生物资源时,如果不保护这种不断更新的生产能力,减少人类的干扰和自然灾害造成的威胁,就会出现物种的解体现象,从而引起某种生物资源的灭绝。

由此可见,避免短期行为和掠夺式的开发利用,真正做到"物尽其用",是一件造福于后代的益事。

2) 自然资源的深度加工

由于我国经济的高速发展和人口规模的扩大,预计到本世纪末,我国的农业资源的紧张程度将进一步加剧,森林资源及其对生态环境的影响也不容乐观,水资源继续短缺,能源生产量的增长很难与国民经济增长同步,矿产资源的开发难度加大,成本提高,这些都对节约资源提出了更高的要求。

对资源进行深度加工、多次增值、合理提高最终产品的比重,不仅是节约资源的重要途径,而且会创造出巨大的经济效益,为社会提供更为丰富的物质产品。比如生物性初级产品经过中等程度的工业加工,可增值几成到几倍;矿石变为原材料,大多可增值几倍至几十倍,变为制成品则增值幅度更大。

资源节约的最高目标是建立资源利用的"闭合循环"生产体系或"无废料"生产体系。据统计,全国工业废渣每年排放量 4 亿～5 亿吨,而利用率不到 20%,如将废渣利用率提高 10%,每年就可增产数千万吨水泥和墙体材料。

我国是一个资源大国,但人均资源占有量普遍偏少,随着国民经济的不断发展和人口继续增加,资源紧张程度必会逐渐加剧。此外,我国各种资源质量差别悬殊,除有一批规模大、品位高的矿产如煤炭、钨矿、锑矿外,较大一部分矿种贫矿多、富矿少,如铁矿、铜矿。还有相当一部分矿产物质组成复杂,如 1/3 的铁矿储量和 1/4 的铜矿储量都是多组分矿,钒、钛、稀土大部分都伴生在其他矿产中。

资源的开发,除了寻找新的资源,促使资源再生步入良性循环的轨道这一层意思以外,更重要的是最大限度地利用现有资源,做到物尽其用,尽量在深度加工上做文章。

事实上,从固体废物中回收有用物资和能源的潜力很大。比如美国每年产生的城市固体废物约 1.26 亿吨,理论上从中可以回收 900 万吨钢,90 万吨铝,1 200 万吨玻璃,这样做还可以节约大量的能源。据测算,资源回收的潜在经济效益每年大约在 10 亿美元以上。我国在回收废品、利用废品再生产方面有着优良的传统。

城市固体废物中有机物料约占 75%,通过焚化或高温分解过程可以使其中的有机物转换成可燃气体、有机液体(焦油、燃油等)及其他形式的有机物,并回收能量。也可以通过生物化学处理方法将其中的有机物转换成有用的物品,如在隔绝氧气的条件下制取沼气,利用酸解和酶水解方法将纤维素类物质转化成葡萄糖等。

9.1.4 自然资源的形势及展望

1) 中国自然资源的形势

中国自然资源的最基本特点是总体丰度高,但人均占有量小。原苏联、美国、中国、巴西和加拿大是世界上排列前5名的资源大国。现选用耕地和园地面积、永久草地面积、森林蓄积量、河川径流总量、可开发水能量和矿产资源潜在价值等6项主要资源为对比项目,分别计算5国各自在世界资源总量中所占的百分比,然后将5国的6项资源占世界总量的百分比加和累计,结果发现5国共占6项资源世界总量的47%。其中原苏联的资源累计分为92.2,美国为59.4,中国为55.4,巴西为47.7,加拿大为27.1。表9.1为5国自然资源累计和人均占有量统计数。

由于原苏联大部分矿产和水能资源分布在自然环境严酷的高纬度地区,开发利用较困难,加之气候条件较差,农业生物资源的有效性较小,故原苏联、美国和中国的主要自然资源总丰度相差不太大,但由于中国人口众多,人均占有量大大低于原苏联和美国等,而且也低于世界平均水平。

在进行社会主义建设和国民经济持续发展的道路上,必须强调人均意识,正确而严肃地对待因人口引起的资源、经济、社会和生态等各种问题,实事求是地制定合理的对策,明确严峻的资源形势,自觉地执行和贯彻国家计划生育、资源和环境保护等的政策、法令和规章制度。

2) 中国自然资源的展望

为使我国国民经济的持续发展,今后对资源的开发利用将面临繁重而艰巨的任务。

首先,几种重要资源的紧张状况将继续加剧。耕地面积正迅速减少,必须通过治水、改土、复垦和调整土地利用结构等措施,挖掘荒地资源的潜力。水资源需求日趋紧张,廉价取水、无偿用水的时代已基本结束,水利、能源和交通已成为国家的三大基础建设。矿产和能源资源需求持续增长,今后必须加强地质调查、勘探工作和矿山建设。

其次,必须不断加强农业生物资源的集约利用,改变森林、草地、养殖和野生资源的粗放经营和自生自灭状况。将自然利用转为人工开发,如人工造林、人工养殖和人工栽培等。充分重视规模经营和基地建设,扩大生产规模。加

表 9.1　5 国主要自然资源和人均占有量[①]

项　　目	占世界资源总量的份额/%					各类资源的人均占有量(按 1985 年人口数计算)							
	中国	前苏联	英国	巴西	加拿大	单位	世界平均	中国	前苏联	美国	巴西	加拿大	中国为世界平均数的/%
耕地和园地面积	6.8	15.7	12.9	5.1	3.2	hm^2	0.31	0.10	0.84	0.80	0.56	1.84	32.3
永久草地面积	9.0	11.8	7.6	5.2	1.0	hm^2	0.66	0.27	1.35	1.01	1.22	1.22	40.9
森林蓄积量	2.7	25.0	7.7	19.5	8.0	m^3	69.65	8.51	303.27	109.08	485.54	1 061.47	12.2
河川径流总量	5.6	10.1	6.3	11.0	6.7	m^3	9 680	2 490	16 985	12 437	38 294	123 010	25.7
可开发水能量	16.7	11.9	8.3	4.0	4.2	kW	0.47	0.36	0.97	0.78	0.67	3.72	76.6
矿产资源潜在价值	14.6	17.7	16.6	2.9	4.0	万美元	1.77	1.04	5.06	5.67	1.90	12.58	58.8
累计百分值	55.4	92.2	59.4	47.7	27.1								

① 耕地、草地、森林皆为联合国粮农组织 1985 年数字。河川径流和可开发水能量据自然资源综合考察委员会:《水资源研究参考资料汇编》(1985 年);矿产潜在价值据地矿部全国地质资料局:《矿产资源优势分析汇编》(1982 年)。

程鸿主编.中国自然资源手册.北京:科学出版社,1990

强科学研究、加工制造、技术推广、购销储运和人才培训等措施，深化资源开发，提高经济效益和社会效益、环境效益。

第三，必须千方百计地节约资源、综合利用和保护资源。控制人口增长，节约用水、用地，降低能源和原材料的单耗，提高矿产的回收率和回采率等，这些都是节约资源的有效措施。我国保护资源的重点是耕地、矿产、水、森林和珍稀动植物。资源的综合利用是开发利用资源最积极主动的有效措施。

资源综合利用是将某种资源充分利用，生产出多种有用的产品，基本上不向环境排放废物。资源综合利用的主要内容有：①一物多用。例如农林产品不仅可利用其主要部分供吃、穿、用，还要利用杆、壳、皮、渣等“废弃物”。②废物利用。例如高炉渣可用做水泥原料。③增加资源利用率。例如稻草做燃料，只能利用其中10%的固定太阳能，但用发酵制沼气的方法就能提高太阳能的利用率。④建立闭路循环，运用生态系统的物质循环原理，建立闭路循环工艺，实现资源和能源的综合利用。⑤扩大资源范围，开拓新资源。例如开拓野生植物、海洋生物和海底锰结核矿等。⑥因地制宜，充分利用当地资源，生产系列产品。例如江苏的盐矿、CO_2、石膏矿和碳酸锶等。⑦资源深度加工，开发多种系列产品，例如精细化学品，提高经济价值。

9.2 水资源的状况及利用

水是一种非常重要的自然资源。水资源是维持人类生命和满足生活需要、促进经济发展、改善自然环境不可缺少的条件。水资源是一种可恢复性的资源，但总量不会增加，也不会减少，中国平均年水资源总量约为28 124亿m^3，处于世界中下等水平，而亩均水资源只有世界平均量的3/4，人均水资源不足世界人均量的1/4，名列世界第88位。据联合国统计，全世界目前已有100多个国家缺水，其中40多个国家属严重缺水，我国位于贫水国家之列。水资源已成为许多国家制约经济发展和社会进步的障碍因素，是当前世界存在的重要问题之一。随着社会进步、人口增长、人民生活提高和生产发展，人类对水资源的需求越来越大，因此，做好水资源的调查、开发、保护和综合利用，对促进我国国民经济持续、稳定发展非常必要。

9.2.1 水资源的状况

1）水资源的概念

水资源是指在目前的技术和经济条件下，比较容易被人类利用的补给条件较好的那部分淡水量，也即是大陆上由大气降水补给的各种地表、地下淡水水体的动态水量。

除去占地球总量95%的海水、两极的冰盖、冰川、深层地下水外,地球上可利用的水资源非常稀少,仅占总水量的百分之零点几。表9.2为全球水的储量及各种来源。

表9.2 全球水储量① ($1\ km^3 = 10$ 亿 m^3)

水的类型	分布面积 /km^2	水 量 /km^3	水深 /m	在全球储水量中的百分数	
				占总储量/%	占淡水储量/%
海洋水	361 300 000	1 338 000 000	3 700	96.5	–
地下水(重力水和毛管水)	134 800 000	234 000 000	174	1.7	–
其中:淡水		10 530 000	78	0.76	30.1
土壤水	82 000 000	16 500	0.2	0.001	0.05
冰雪水	16 227 500	24 064 100	1 463	1.74	68.7
其中:					
南 极	13 980 000	21 600 000	1 546	1.56	61.7
格陵兰	1 802 400	2 340 000	1 298	0.17	6.68
北 极	226 100	83 500	369	0.006	0.24
山 区	224 000	40 600	181	0.003	0.12
永冻土层水	21 000 000	300 000	14	0.022	0.86
湖泊水	2 058 700	176 400	85.7	0.013	–
其中:					
淡水湖	1 236 400	91 000	73.6	0.007	0.26
咸水湖	822 300	85 400	103.8	0.006	–
沼泽水	2 682 600	11 470	4.28	0.000 8	0.03
河道水	148 800 000	2 120	0.014	0.000 2	0.006
大气水	510 000 000	12 900	0.025	0.001	0.04
生物水	510 000 000	1 120	0.002	0.000 1	0.003
总储水量	510 000 000	1 385 984 610	2 178	100	
淡 水	148 800 000	3 502 910	235	2.53	100

① World Water Balance and Water Resources of the Earth UNESCO, 1978

2)水资源的分类

按存在形式、形成条件、利用方式和利用程度等不同标准,水资源的分类有多种方法。

(1)按存在形式,水资源可分为地下(地下水、浅层水)、土壤(土壤水)和地表(冰川融水、沼泽水、湖泊水、河川径流水)等。

(2)按形成条件,水资源可分为入境水(天然江河水、人工引水)和当地水(地表水、地下水)。

(3)按利用方式,水资源可分为河外用消耗水(农业灌溉水、生活用水、工业用水)和河内用不消耗水(航运用水、养殖用水、旅游用水、冲淤用水、发电用水)。

(4) 按利用程度,水资源可分为天然水(地下水、河川径流水、湖泊、沼泽、冰川地表水)和可利用开发水(引入水、提取水、蓄水)。

根据不同的利用方法,采用不同的水资源分类方法及标准。

3) 水资源的特点

水资源是一种动态资源,具有许多特点。水资源在补给上有可恢复性,如河川水平均约16天可循环恢复一次;在时间分配上有不均匀性,江河水丰、枯期不匀;地区分布上有差异性,人均、亩均水量差异显著;在经济上有两重性,利、害要处理得当;在利用上有多样性,特别要注意综合利用;在开发上要整体性,要合理、系统考虑问题。

(1) 水量的特点

由于我国受大陆性季风气候影响且类型复杂多变,故总水量虽然比较多,但地区分布不均匀,时间分布不均匀。

① 径流总量不太丰富,人均、亩均水量比较少。全球陆地年平均降水量800 mm,中国 648 mm;全球年平均河川径流量折合径流深 315 mm,中国271 mm,因此,中国年平均降水量和径流深都低于世界平均值。表9.3为中外年均径流量、人均、亩均水量的比较。

表9.3 中外年径流量、人均、耕地亩均占有径流量比较表

国家	平均年径流总量/亿 m^3	人口/亿人	人均水量/m^3	耕地/亿亩	耕地亩均水量/m^3
世界各国	470 000	43.3	10 855	199	2 363
巴西	51 912	1.2	42 200	4.85	10 701
加拿大	31 220	0.24	130 080	6.54	4 771
美国	29 702	2.2	13 500	28.4	1 046
日本	5 470	1.1	4 716	0.65	6 462
印度尼西亚	28 100	1.4	17 400	2.13	13 192
印度	17 800	6.7	2 625	24.7	721
埃及	1 000	0.41	2 440	0.41	2 440
中国	27 115	12	2 260	15.0	1 807

根据资料,中国的河川径流量仅次于巴西、前苏联、加拿大、美国和印度尼西亚,居世界第六位,但因人口众多,国土辽阔,故人均、亩均水量非常小,仅为世界人均水量的1/5,位居世界第88位;亩均水量为世界亩均水量的3/4,属世界贫水国家。

② 地区分布不均匀。我国东西、南北地区水资源差异显著。东南部地区江河流域宽广,水量丰富,人口密集,耕地众多,径流量占全国总量的

95.56%,流域面积占全国总面积的63.76%;西北部分地区江河少,水量缺,人口稀,荒地多,径流量占全国总量的4.44%,流域面积占全国总面积的36.24%。

地下水占水资源总量的30%左右,分布也不均匀,同样是东南部地区多,西北部地区少。

③ 时间分配不均衡。我国绝大部分地区集中在夏季降雨,因而大多数江河夏季丰水,冬季枯水。1975年8月,淮河上游1天最大降水达1 005 mm,其中有6小时最大降雨量为830 mm,创世界之最,结果造成严重水灾。年际江河径流量不均衡,增加了水资源利用的困难,影响了国民经济持续稳定地发展。黄河在1922年始曾连续11年枯水,自1943年起连续9年丰水。表9.4为中国主要江河径流量。

表9.4 主要河流径流量特征值

河流	测站	集水面积 /km^2	统计年数	多年平均流量 /(万 $m^3 \cdot s^{-1}$)	最大径流量 /(万 $m^3 \cdot s^{-1}$)	年份	最少径流量 /万($m^3 \cdot s^{-1}$)	年份
辽河	巨流河	129 311	41	49.5	111.0	1954	21.1	1943
潮白河	苏庄	17 595	62	18.4	64.7	1939	3.35	1941
黄河	花园口	730 036	61	563.0	1 004	1964	284	1928
淮河	蚌埠	121 330	64	268	719	1921	61.8	1929
长江	宜昌	1 005 501	100	4 530	5 780	1954	3 350	1942
西江	梧州	329 705	78	2 290	3 470	1915	1 070	1963

(2) 水能资源的特点

水能是可以再生又干净的常规能源,并且具有防洪、防旱、航运、养殖、旅游等多种效能。

世界水能资源的主要分布区是:亚非拉的赤道地带;东亚与南亚的山麓迎风地带,包括我国的南部和西南部;中纬度地区大陆西岸,如北美洲西岸,西欧、北欧与南欧地区。

世界可开发的水能资源,统计为装机容量22.6亿kW,年发电量98亿kWh。我国可开发的水能资源居世界第一位,但地区分布不均匀。四川、云南和西藏是水能资源最丰富的地区,可开发的水能资源分别占全国的27%、21%和18%。长江水系可开发的水能资源约占全国的54%。前苏联、巴西、美国、加拿大等国也蕴藏有丰富的水能资源。

表9.5为我国主要江河的水能状况。

表 9.5　我国主要河流水能蕴藏量及可开发量

流域水系	水能蕴藏量		水能资源可开发量		年发电量占全国/%	可能开发率/%
	蕴藏量/万 kW	占全国/%	装机容量/万 kW	年发电量/亿 kWh		
长　江	26 801.77	39.6	19 724.33	10 274.93	53.4	73.6
黄　河	4 054.80	6.0	2 800.39	1 169.91	6.1	69.1
珠　江	3 348.37	5.9	2 485.02	1 124.78	5.8	74.2
海滦河	294.40	0.4	213.48	51.68	0.3	72.5
淮　河	144.96	0.2	66.01	18.94	0.1	45.5
东北各河	1 530.60	2.3	137.75	439.42	2.3	89.6
西南各河	9 690.15	14.3	3 768.71	2 098.68	10.9	38.9
东南沿海各河流	2 066.78	3.1	1 389.68	547.41	2.9	67.2
雅鲁藏布及西藏各河流	15 974.35	23.6	5 038.23	2 968.58	15.4	31.5
内蒙古西北内陆各河	3 698.55	5.5	996.94	538.66	2.8	27.0
全国总计	67 604.71	100	37 853.54	19 233.04	100	56.0

注:台湾省未统计在内。

9.2.2　水资源的利用

1) 水量的利用

我国是世界上水资源开发利用最早的国家之一,春秋战国时期,在长江上游修建的都江堰至今还对农业灌溉发挥着重要作用;开凿于公元前 486 年的京杭大运河,贯通了海河、黄河、淮河、长江和钱塘江五大水系,促进了南北交通。解放后,修建了大批水利蓄水工程,其中包括 8.6 万座水库,使全国耕地的灌溉面积达到 50%左右。通过城市引水工程建设,初步缓解了缺水城市的供水紧张状况。表 9.6 为我国主要江河水资源利用状况。

表 9.6　我国主要江河水资源利用状况

项目名称		长江	黄河	淮河	海河	珠江	松花江	辽河	合计
水量调节	大中型水库座数	965	155	185	134	362	114	83	1 998
	水库库容/亿 m^3	920	536	358	247	388	185	129	2 763
	调节系数/%	9.1	84	72	73	11	24	82	18.0
水资源利用率/%		15.0	50.0	62.0	69.0	15.0	21.0	50.0	18.0
灌溉	面积/万 hm^2	1513	427	733	640	267	133	125	3 838
	灌溉地比率/%	60.0	41.8	56.5	55.6	60.0	12.1	24.3	47.5

续表 9.6

项目名称		长江	黄河	淮河	海河	珠江	松花江	辽河	合计
水能	可开发量/万 kW	19 724	2 800	66	213	2 485	600	35	25 943
	已开发量/万 kW	681	250	28	40	201	75	9.5	1 287.5
	开发程度/%	3.4	9.0	42.4	19.0	7.4	12.5	27.0	4.97

我国水资源的总量开发利用率较低，仅为 17% 左右，而且南北方不均匀，北方水资源利用率都超过 50%，而南方水资源利用率在 15% 左右。其中农业用水占总用水量的 88%，工业用水量占 10%，城市居民生活用水量约为 2%。

2) 水能资源的利用

解放后，我国大力发展建设水电站，积极开发利用水能资源，已建成葛洲坝、丹江口、东江、乌江渡、新安江、富春江、刘家峡、龙羊峡、三门峡、丰满等数十座大型水电站，还建成了 60 多座中型水电站、74 000 多座小型水电站。但目前我国的水能开发利用率较低，仅为 10% 左右(见表 9.6)，而美国和加拿大等发达国家为 40%。

目前我国将重点建设黄河中上游、长江中上游、红水河、金沙江、雅砻江、大渡河、乌江、澜沧江、湘西、闽浙赣等十大水电站基地，总装机容量达 1.75 亿 kW，总发电量为 8 000 亿度，水能开发利用率将增加至 40%，为我国国民经济持续稳定发展作出巨大贡献。

9.3 能源资源的状况及利用

9.3.1 能源资源的状况

国民经济产值的增长，需要有一定量的能源增长加以保证。目前世界上仍以矿质有机燃料为主要的能源资源，其中煤、石油、天然气为三大支柱能源。

能源的分类有各种方法，如常规能源、新能源；一次能源(天然能源)、二次能源(人工能源)；燃料能源(煤、石油、天然气、核能等)、非燃料能源(水能、太阳能、风能等)；再生能源(水能、太阳能、生物燃料等)、非再生能源(煤、石油、天然气、核能等)。最常见的能源分类方法是将能源分为常规能源和新能源。常规能源包括煤、石油、天然气、水能、生物燃料；新能源包括核能、太阳能、风能、地热能、海洋能、潮汐能等。

无论是从已查明的储量还是地质储量来看，石油、天然气的资源有限，而且它们更适宜用做有机合成原料。世界已查明的石油储量约 1 400 亿吨，只够开采和使用 40～50 年。天然气探明储量约 113 亿 m^3，其中 40% 与石油伴和。已查明的煤的储量远远多于石油和天然气，而且它的地质储量又数倍于已查明的储量，但它对运输的压力很大，污染又十分严重，它燃烧造成的大气污染程度为天然气的100倍，还生成大量固体废物。已查明的世界煤炭储量约2万亿吨，资源储量约14万亿吨。按目前技术手段，经济上可开采的储量约为9 000亿吨。

1）石油资源

世界石油资源主要分布在以下地区：北非、中东波斯湾、俄罗斯西伯利亚、墨西哥湾、印度河流域、美国的加利福尼亚等，其中波斯湾、墨西哥湾等地的石油资源尤为丰富。中东地区的石油储量占世界总储量的66%左右。

我国有246个沉积盆地，沉积岩总体积为2 203万 km^3，其中生油岩体积为504万 km^3，油气资源比较丰富。我国已查明的石油储量约33亿吨，天然气储量约1万多亿 m^3，我国的石油储量列世界第10位，估计资源储量为300亿～600亿吨。我国石油主要分布在东北、华北、西北及近海，四川有丰富的天然气资源。

2）煤炭资源

世界煤炭资源主要集中在北半球，占总储量的92%左右，前苏联、美国、欧洲各国、中国等都是煤炭大国。

我国煤炭资源的探明储量约为6 000亿吨，资源总量约为1.5万亿吨。煤炭资源的地区分布不均，华北地区占已探明储量的60%多，其中山西省约占全国储量的1/8，东北和西北的煤炭储量也比较丰富。

3）核能资源

核能是可以取代矿质燃料和水能的最成熟、最重要的能源。

核能有核裂变能、核聚变能两种，核裂变能以铀235做燃料，已经得到实际应用。核聚变能是今后可供人类大规模、长时期开发利用的最有发展前途的能源之一。

世界上美国、前苏联、南非、澳大利亚、加拿大等国的铀矿储量较大，已探明储量约有204万吨。我国的铀矿资源也比较丰富。

4）生物质能资源

木柴是最广泛使用的生物质能，农作物秸秆是生物质能的另一种重要形式，它们是发展中国家的主要能源。我国农村普遍推广的沼气是生物质能的典型例子。

5）其他能源资源

太阳能、风能、地热能、潮汐能等新能源已开始得到应用，但由于受到能量不稳定、能量密度低等技术问题的制约，要取代常规能源尚需一段时间。

9.3.2 能源资源的利用

1) 天然气与石油

世界石油年产量约 30 亿吨，前苏联产量 6 亿吨，美国近 4 亿吨，沙特阿拉伯 2 亿多吨，伊朗、伊拉克、中国、墨西哥约 1 亿多吨。

石油开采出来以后，通过炼油制成各种为人类利用的石油产品，目前已达 2 500 种之多。它们大致分为四类：

第一类是燃料，如汽油、煤油、柴油等；

第二类是润滑油、机油等；

第三类是沥青、石蜡、石油焦等；

第四类是各种化工原料，如乙烯、丙烯、丙炔、各种芳香烃类等。

在国际上，一个国家的乙烯年产量标志着该国工业发展的先进程度。我国炼油厂加工获得的三大燃料油和润滑油约占商品总量的近 50%，这说明我国炼油加工深度不够，石油资源的利用还很不充分。

目前，天然气与石油仍是有机化工产品的主要原料。据统计，全世界约有 90%（重量比）的有机化工产品原料来自于天然气和石油。但这些资源是有限的，在一定时期内会出现短缺甚至枯竭。因此，除开发利用其他资源（煤、再生资源）外，还必须综合利用此类资源，以充分发挥其作用，减少浪费。

天然气和石油的综合利用主要考虑以下两方面：

(1) 联副产品的综合利用

在以石油为原料生产一些主产品如乙烯、丙烯的同时，要重视对联副产品的综合利用，如 C_4、C_5、C_9 馏分，重芳烃，石蜡，二甘醇等。这些副产品如作为下脚料，低价售出或弃去，不仅是经济损失，而且将污染环境。如经提纯、分离，进一步加工，则可得到十分宝贵的产品。如从乙二醇下脚料中可精制出二甘醇、三甘醇，价值甚高；同时还可进一步加工成二甘醇醚、二氧六环、吗啉、二羟二乙醚羟酸酯等数十种产品，均可大大增加产值。

(2) 产品的深度加工——制成精细化学品

精细化学品是具有特定功能，小批量、多品种，技术密集，附加价值高，且可大量采用复配技术的化学品。它种类繁多，投资周期短，效益高，利润高。因此，石油化工的精细化是充分利用石油资源，提高产品经济价值的一个重要途径。

2) 煤

世界煤炭的年产量近 50 亿吨，我国年产量 10 亿吨以上，占世界第一位。中国、美国和前苏联的煤炭产量占世界总产量的一半以上。

煤炭除直接用做固体燃料以外，还能加工成液体燃料和气体燃料，以提高煤的开采率和利用率。用煤炭合成的液体燃料基本用途是作为工业锅炉和燃气轮机用的动力油;用煤炭制成的水煤气、合成天然气和地下煤气不仅可以用做工业、生活燃料,还可用做各种有机化工原料,增加了煤炭的利用率和利用价值。

煤的综合利用主要途径是:

(1) 煤干馏得煤焦油,从中可制得苯、萘、茆及苯酚等;

(2) 由煤制水煤气,从而制甲烷、烃类;

(3) 加氢得到甲烷、烃类石油等;

(4) 炼焦制成焦炭,再制成电石(碳化钙),从而制得乙炔。

3) *煤矸石*

煤矸石是采煤过程中剥离下来的含碳物和岩石的混和物的统称。我国煤矿生产中的排矸量约占原煤产量的20%左右。据不完全统计,我国每年排矸10^4吨左右,目前全国已积存煤矸石10^9吨以上。大量煤矸石的堆积不仅占用大量土地,破坏地表绿化,而且由于风化和含碳物的自燃,还会造成粉尘飞扬、烟气弥漫,严重污染环境。因此,如何将煤矸石作为矿产资源综合利用是一重要课题。

煤矸石的综合利用主要是充分利用煤矸石中所含的碳,综合提取其中所含各组分元素。目前有3个途径:① 利用其中所含碳作为燃料发电。② 利用煤矸石和电厂炉渣制砖瓦、水泥、混凝土轻质料等建筑材料。所制成的轻质混凝土构件重量轻、强度高、吸水率小、化学稳定性好,用于城市建筑可节省钢材约15%。③ 作为化工和稀有金属的矿物原料。有些研究成果表明可从煤矸石生产水合硫酸铝、硝酸铝和氯化铝、氢氧化铝和氧化铝、碱式氯化铝,无水氯化铝,并同时提取镓,还可生产水玻璃和白炭黑(即SiO_2)等。

4) *生物质*

以薪柴、秸秆等生物燃料作为能源,热转换效率只有10%～15%,如果利用它们以及畜类、城市污水、废渣生产沼气(甲烷和一氧化碳等)则热能利用率可提高到30%～50%。

从生物质中加工提炼乙醇和各种烃类是有效的综合利用方法。如南非每年用500万吨木材和加工剩余物生产出100万吨酒精,巴西也利用甘蔗大量生产酒精。

利用生物方式将太阳能转换为氢能已取得比较显著的进展。一种十分有吸引力,但尚需经过漫长的艰难路程的生物质利用形式是提高植物的光合效率。目前植物的光合效率不到0.3%,如实际光合效率如能达到3%,世界生物质总量将增加10倍左右。自然界中存在一种光合细菌,科学家正设想采用遗传工程的基因移植方法,将光合菌的色素系统和植物的色素系统结合起来,以大大提高植物的光合效率。

5) 其他能源资源的利用

参见能源化学和水资源的有关章节。

9.4 矿产资源的状况及利用

9.4.1 矿产资源的状况

矿产是无生命的物质，包括无机质和有机质，主要来自于大陆地壳，其次来自海水和湖水，极少来自大洋地壳。大多数矿产是固体，如煤、金属等；液体矿产有石油、汞等；气体矿产有天然气、二氧化碳气等。

矿产必须富集在一起，才具有开采价值，称为矿床。可采矿石的总体积大约占整个地壳体积的1%。优质、易探、易采的矿产，目前在世界上已屈指可数。

矿产资源一般可分为两大类：能源资源和物质资源。前者已专门作过介绍，后者包括金属原料和非金属原料。金属原料又包括黑色金属和有色金属。黑色金属如铁、锰、钛、铬、钒等。有色金属又可分为重金属如铜、锡、铅、锌等，轻金属如钾、钠、钙、镁、铝等，贵金属如金、银、铂族金属；稀有金属如锂、铌、铂等。非金属原料又可分为建筑材料如石膏、石棉等，化肥原料如硝石、钾盐、磷灰石等，化工原料如食盐、苏打、芒硝等，其他原料如宝石、金刚石、萤石等。

矿产资源是发展现代工业的首要物质保证。我国大约80%的工业原料和95%的能源仍需取自矿产品。目前已知的金属矿物有300多种，其中60%是硫化物和硫酸盐矿物，20%是氧化物矿物。

矿产资源在地球上的分布是极不均匀的，它往往分布在人烟稀少的地方或离城市较远的山区，这给开采、运输和工业布局带来困难。

南非集中了占世界总储量近3/4的铬、1/3的锰、1/2的金和铂，以及大量的金刚石；东南亚有占世界储量近1/3的锡；热带国家分布有近3/4储量的铝。

我国华北、东北区的矿产以铁矿为主，如河北、辽宁的铁矿；华东区资源不丰，以有色金属较多，如山东的金刚石，江西、安徽的铜矿；中南区以有色金属矿、化学矿为主，如湖南的钨矿；西南区以金属矿、化学矿为主，如四川的石棉矿，云、贵、川的磷矿；西北区以有色金属矿为主，如甘肃的铂族元素矿。

我国的优势矿种有钨、锑、汞、锡、铅、钼、锌、钛、稀土、石墨、滑石、菱镁矿等，能自给或基本自给的矿种有铁、锰、铜、铝、镍、云母和石棉等。铬、铂、金、金刚石、钾盐等矿种探明储量较少，资源远景不明。

按数量级顺序，铁的世界储量约880亿吨，铝约为158亿吨，锰约为55亿吨，铬17亿吨，铜3.9亿吨，钛3.1亿吨，锌1.2亿吨，铅、钴、镍不到1亿吨，锡、钼、锑、钨是几百万吨，汞、金、铂、银等只有十几万吨到几万吨，铀更少。

除陆地外，海洋中的矿产资源也十分丰富，它包括石油、天然气、滨海沉积砂矿、深海海底矿藏等。滨海沉积砂矿有各种金属和非金属矿产资源，深海海底矿藏以锰结核和含金属泥沉积物为主。

海水中含有陆地已发现的100多种化学元素中的80多种，海水中化学元素的浓度很小，但总储量相当可观，如黄金的总量可达500万吨以上，铀有45亿吨之多，而镁高达1 800万亿吨。海水中的大多数元素是以各种盐的形式存在，如氯化钠、氯化镁、硫酸钠、氯化钙、氯化钾等。

9.4.2 矿产资源的利用

在全世界已发现的160多种矿产中，我国已找到150多种，其中140种有一定的储量。

我国铁、锰等黑色金属矿探明储量较多，但以贫矿为主。

我国有色金属品种齐全，资源丰富。钨、锡、锑、钼、汞、锌等矿的储量居世界前列，铝、铅、铜、镍矿的探明储量也较高。

我国稀土、锂矿的储量占世界第一位，铌、钽、铍矿储量均居世界前列，但品位较低，且多为伴生矿。钴、金、银矿的储量较少，主要是伴生矿。

在非金属矿产中，磷、硫、钠盐、芒硝、硼的资源丰富。以下资源也较为丰富：冶金辅助原料矿产，如萤石、石灰岩、白云岩；耐火原料，如耐火粘土、硅石、蓝晶石、红柱石；建筑材料，如滑石、石墨、膨润土、大理石、沸石、珍珠岩。钾盐、天然碱、金刚石资源较少。

我国每年开采矿产20多亿吨，但采掘、选冶、加工及综合利用的水平不高，造成资源的极大浪费，并对环境产生重大影响。如果对伴生元素的状况不明，会使大量稀有金属未经分离回收即流失。又例如矿物冶炼排放的大量烟气，如果不充分回收和利用其中的硫、磷、砷等物质，不仅浪费了这些宝贵资源，而且使空气中二氧化硫等废气的含量增高，造成污染。

金属的生产工艺主要包括预处理、冶炼和精炼三步。预处理是将矿石粉碎后，用物理方法（磁场、静电场或油等对含金属颗粒吸附）富集矿物，或加热碳酸盐、硫化物转变成易被还原的金属氧化物。冶炼是使金属获得电子从化合物中还原出来。通过化学试剂使矿物中的金属溶解，进入溶液，而后从中把金属还原出来称湿法冶金，如用氰化钠溶液提取金、银。把矿物中金属在熔融态还原为金属称干法冶金，如冶炼生铁。

矿产资源通常是多种组分共生或伴生的特点，这决定了必须走综合利用的道路。

世界主要金属矿产的寿命根据总储量和消费量确定，铝的寿命最长，约300年，铬、锰、铁次之，钨、铅、锌、汞的矿产寿命不到50年。这种判断是根据目前的情况作出的，并不十分准确，但可以看出某些矿产资源在供求方面的大趋势。

为了解决矿产资源的枯竭危机，除了寻找新矿源以外，人们提出以下几种解决方法：

(1) 转向开采贫矿。这不仅取决于科学技术水平，而且取决于经济上是否能取得效益。

(2) 人工合成矿产品。如人造金刚石、人造云母、人造红宝石等。

(3) 寻找代用品。如铝和塑料在相当程度上替代了钢材，并尽可能用再生资源替代非再生资源。

(4) 回收废旧金属，使矿产资源的利用得以延续。

(5) 向海洋要矿。目前全世界来自海洋的矿产在其总值中尚占不到10%，但开发海洋矿产的前提是必须大幅度降低能源价格。

(6) 积极开展矿产的综合利用，特别是伴生矿的分离、提纯等，同时积极进行尾矿综合利用的研究、开发工作。

9.5 生物资源的状况及利用

9.5.1 生物资源的状况

生物在自然界的物质循环、能量交换和信息传递中起着十分重要的作用。生物资源与其他自然资源的不同之处在于它是一种可更新资源，具有重要的经济价值，但在环境恶化或人为破坏的情况下也可以具有不可逆转的特点。

生物资源是对生物圈中全部动物、植物和微生物而言。它是农、林、牧、副、渔业的主要经营对象，并为工业、医药、建造等部门提供必要的原料，还为旅游业提供一定的物质基础。

生物资源通常分为动物资源和植物资源两大类。动物资源又可分为哺乳类、鸟类、爬行类、两栖类以及鱼类资源等；植物资源又可分为森林、草原、荒漠和沼泽资源等。

按照用途，动物资源可分为药用、毛皮兽类、肉食、观赏等类，植物资源可分为食用、药用、工业用、改善环境用等类。

在食用植物资源中，属于淀粉类的有橡子、薯蓣、葛根、魔芋、人参果、百合等；属于糖科类的有甘蔗、甜菜、甜叶菊、罗汉果等；属于蛋白质类的有小球藻、食用菌等;属于油脂类的有油瓜、野生油菜、油朴、油葫芦等;属于维生素类的有猕猴桃、刺梨、山楂等;属于饮料类的有茶叶、可可、咖啡、菊花、金银花等;属于香料、食物色素类的有砂仁、八角、花椒、草果等;此外,还有植物性饲料和饵料资源。

在药用植物资源中,属于中药类的有人参、三七、杜仲、天麻、当归、虫草等;属于草药类的有板蓝根、鱼腥草、重楼等;属于化学药品原料类的有青蒿、萝芙木、喜兰等;属于植物性农药类的有楝树、冲天子、鱼藤等。

在工业用植物资源中,除木材外,属于纤维类的有芦苇、罗布麻、龙须草等;属于鞣料类的有橡碗、黑荆树、红树、儿茶等;属于芳香油类的有薄荷油、广藿香油、山苍子油等;属于胶类的有橡胶、达玛脂、银胶菊、爪儿胶等;属于工业用油脂类的有油桐、乌桕等;属于染料类的有桑色素、苏木精、靛叶、姜黄等。

在改善环境用植物资源中,属于防风固沙类的有木麻黄、柽柳、白杨、沙枣等;属于监测和抗污类的有可监测汞的碱蓬,能快速富集水中镉类金属和消除酚类的风眼莲;此外还有固氮增肥、改良土壤以及绿化美化环境的植物。

生物资源的分布具有明显的地域性,有些物种几乎在全世界均有分布,而有些物种则仅为部分地区所特有。热带地区的物种数量远远多于北温带。

在我国,动植物种类的一半以上集中在云南、四川和西藏的东南部,如果东从大兴安岭起,斜向内蒙古高原南侧,连接黄土高原,再斜向青藏高原东部连一条线,此线的东南部为农业区,西北侧为牧业区,交接区形成半农半牧区。森林则主要分布在年降水量大于 400 mm 的地区。

9.5.2 生物资源的利用

生物资源包括动物、植物和微生物资源等。这类资源的特点是:① 来源多,数量大;② 绝大部分无毒,对人体健康无不利影响;③ 可以因地制宜,利用当地资源,适于乡镇企业开发;④ 可以利用现代生物技术。下面主要阐述以植物为主的农副产品和林业资源。

现代科学技术已能使植物资源经过化学和生物转化,提供煤和石油所能提供的一切产品。美国 1974 年从石油化工原料中共生产 1.088×10^7 吨乙烯及 1.814×10^6 吨丁二烯用于有机合成工业,而按目前技术水平仅用 1.75×10^8 吨木材就可以提供同数量的上述产品,这一木材量仅为美国木材年生产量的 1/6。这里还未考虑到农副产品等的利用,因此,再生资源综合利用是替代矿物资源的一个重要方向。

生物体的主要成分有碳水化合物、脂质、蛋白质、核酸和酶等。

1) 碳水化合物

通常利用的有 4 类:糖类、淀粉、纤维素和树胶。

(1) 淀粉

淀粉是植物王国中重要的产品之一，它几乎存在于所有植物组织内，尤其是种子和块茎。每年全世界淀粉原料产量 1.9×10^9 吨，实际仅制取了 2×10^7 吨淀粉。

淀粉为纯多糖链淀粉是由数百个葡萄糖单元通过 α- D-(1,4)葡萄糖键连接起来的(见图 9.1)。

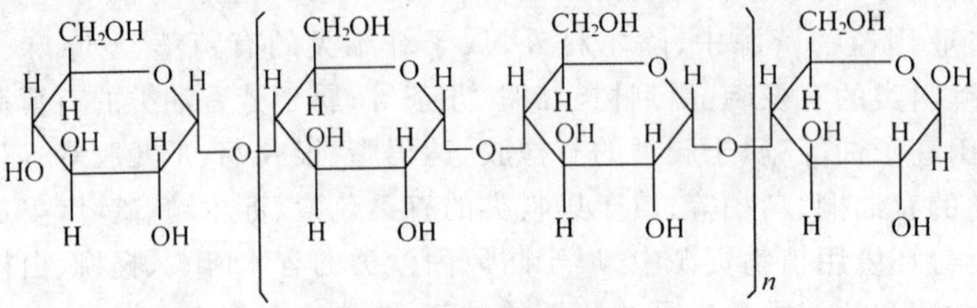

图 9.1　链淀粉分子

淀粉分散在水中，在一般条件下就具有较高的反应性能，可以用较简单的方法将其变性和转化(生物转化和化学转化)；淀粉还极易被酸和酶部分或全部水解成低聚糖或单糖，这些水解产物又可进一步衍生成多种有机化工产品。

淀粉及其水解产物可用生物化学技术生产醇、醛、酮、酸等一系列有机合成工业原料。

用化学方法，如氧化、还原、胺化、酯化、醚化、糖甙化、增碳异构化等可以从淀粉及其水解产物制取一些有机合成工业原料。

(2) 纤维素

纤维素是天然的高分子材料，是植物中最重要的结构组分，它还常与其他物质，如半纤维素、木质素、果胶、脂肪酸以及松脂等混和在一起。农林副产物一般均含有 30%～50%纤维素，15%～35%半纤维素和 15%～30%木质素。全人类使用的 1.0×10^8 吨纤维素来自木材，仅 7×10^6～8×10^6 吨来自竹、稻草、麻和纺织品废料。

纤维素是线性聚合物，其分子由上千个葡萄糖以 β-1,4 糖甙键连结而成。如图 9.2 所示。

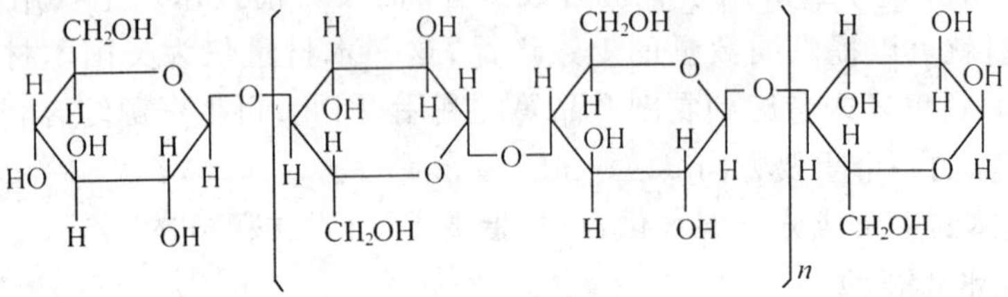

图 9.2　纤维素分子

纤维素除大量用于纺织工业和造纸工业外，许多不适于纺织和造纸用的农林副产品和废弃物的综合利用有以下一些途径：

① 酶解生产酒精。酒精一方面作为液体燃料，一方面可生产其他化学品。

② 生产单细胞蛋白(SCP)饲料。单细胞蛋白是指大规模培养的单细胞生物(细菌、放线菌、真菌、酵母菌等)的干细胞。前苏联用纤维素生产的 SCP 占世界产量的 1/2，1985 年约 1.5×10^6 吨。

③ 生产精细化学品。纤维素水解所得葡萄糖可生产系列有机化学品，如甲烷、甘油、乳酸、异丙醇、丙酮、正丁醇等。

④ 分离出有抗癌作用的多糖。从稻秆、玉米秆、甘蔗渣、纸浆、糖蜜中分离得到的多糖均有抗癌作用，为天然药物开辟了有希望的领域。

⑤ 纤维素衍生物的重要原料。纤维素通过酯化、醚化和接枝共聚反应，可获得具有不同性能的衍生物。其中水溶性的有甲基纤维素、羟乙基纤维素、羧甲基纤维素钠、二乙氨基乙基纤维素；水不溶性的有醋酸纤维素、硝酸纤维素、乙基纤维素、丙酸纤维素、黄原酸盐纤维素等。

⑥ 合成再生纤维素膜。武汉大学已用棉秆、花生壳、稻草等农业废料制成再生纤维素膜，它无毒无害，具有极好的血液相溶性和亲水性能，可用于保护性涂层、药物载体、海水淡化、污水处理、血液渗析、人工肾脏等方面。

(3) 树胶

与淀粉和纤维素不同，树胶单体的单元不是葡萄糖，而是其他的糖，且化学结构和单元的连接方式也不同。

树胶的相对分子质量通常在 $2\times10^5\sim3\times10^5$ 之间，大约有 1 500 个单体单元。植物种子中的瓜耳胶就是一种典型树胶。它由甘露糖单元按 1,4-甙键连接起来，每隔一个甘露糖单元还连接一个侧半乳糖单元。

树胶有广泛的用途，其中瓜耳胶具有代表性，被用于造纸生产。因为在纸模中瓜耳胶对保持极细的纤维粒子有促进作用，从而可提高产品收率。同时，通过瓜耳胶与纤维形成氢键，能促进它们呈线性构型而不是无规则构型，可增加纸张的强度。

2) 脂质

包括脂肪、蜡和磷脂等。最常利用的是脂肪，即各种天然油脂。天然油脂除作为食用和工业用油外，还可加工得到一系列精细化工产品。

3) 木质素

木质素是由苯基丙烷单元通过醚键和碳-碳键连结而成的高分子化合物，其化学结构特点决定了它在工业上的应用前景。木质素大量存在于植物骨架中，数量上仅次于纤维素，在木材中占 20%～35%，草本植物中占 15%～

25%。国外一些先进的工业国家，木质素产品已有200多种，广泛用于混凝土工程、水泥、矿业、肥料、农药、染料、橡胶、铸造等许多企业部门。全世界木质素产品产量达1.2×10^6吨，美国有11家木质素制品公司。我国木质素利用起步较晚，大量造纸废液中木质素弃之于江河，不仅浪费资源而且污染环境。木质素分子具有如下结构：

(1) 具有苯环、酚型结构

具有苯环，并存在酚型和非酚型结构单元，非酚型结构单元经碱蒸煮后由于醚键断裂部分转变成酚型。因此，木质素可代替苯酚生产酚醛树脂、邻苯二酚等；利用苯环上有甲氧基，可以加入硝基，制造染料。

(2) 具有酚羟基结构

具有较多的酚羟基，蒸煮后还有羧基、羰基，因此，极易与重金属螯合，可制备石油钻井泥浆稀释剂。

(3) 侧链上有醇羟基结构

结构单元侧链上存在醇羟基，易于磺化，生成木质素磺酸盐。它具有很好的表面活性，可制造染料分散剂、混凝土外加剂、陶料减水剂等，此外，还可作为粘合剂。

木质素可以改性，由棕黑色变成白色。与马来酸酐、氧化乙烯反应，可制得聚氨酯泡沫塑料。已有研究单位利用木质素研制出染料分散剂、混凝土外加剂、缓蚀阻垢剂、防锈剂和水泥助剂等，并用木质素代替部分苯酚制得价廉质优的酚醛树脂。

4) 其他

大量的动物及其加工废弃物和野生植物均可作为资源开发利用。例如煮茧废液中可提取丝氨酸、丝氨醇；蚕沙中可提取出叶绿素、胡萝卜素、三十烷醇和果胶等；从动物血中可提取超氧化物歧化酶(SOD)，它可用于治疗心血管疾病、自身免疫性疾病和风湿性关节炎，还可用做化妆品和试剂。水产虾蟹和一些昆虫的外壳中含有大量甲壳素。自然界生物合成的甲壳素每年约1×10^9吨。但目前全世界每年仅用约4×10^4吨。甲壳素的脱乙酰基产物称为壳聚糖，它可作为絮凝剂、吸附树脂、分离膜、医用粘合剂、手术缝合线、固定酶载体，以及食品、造纸、纺织印染助剂等。

许多野生植物正在被开发利用。如绞股蓝，可作为药物，被称为南方人参；刺梨、都柿作为保健饮料；山苍子、孔雀草可提取香精；仙人果等可提取天然色素。

9.6 我国海洋资源的状况及利用

海洋是指地球表面广阔的连续水体,其中心称“洋”,边缘为“海”。浩瀚宽广的海洋占地球表面积的70.8%。海洋是人类生命的摇篮,也是人们赖以生存和国民经济实现可持续稳定发展的资源宝库。

海洋资源是指与海洋有关的物质、能量和空间,因此,凡是海上可以利用的空间,海中能够创造财富的能源和物质,能给人们生活、生产和娱乐的一切,都称海洋资源。通常较狭义地讲,海洋资源是指来源、形成和存在方式都直接与海水有关的资源,如海洋生物资源、海洋能源资源、海洋矿产资源和海水化学资源等。

9.6.1 海洋资源的状况

我国东临太平洋,渤海、黄海、东海和南海等四海相连,从三面环绕祖国大陆,海域470多万 km^2,纵跨温带、亚热带和热带。我国的专属经济区和大陆架面积约300万 km^2,海岸线18 400多km,是世界海洋资源大国。

1) 海域辽阔面积大

渤海面积约7.7万 km^2,平均水深18 m;黄海面积约38万 km^2,平均水深44 m;东海面积约77万 km^2,平均水深370 m;南海面积约350万 km^2,平均水深1 212 m。四海总面积约470万 km^2,辽阔的海域为我国海洋资源的开发利用提供了优良的前景。

2) 海岸漫长岛屿多

我国大陆海岸线,北起鸭绿江口,南至北仑河口,全长18 400多km。岛屿6 500多个,海岸线总长达32 000多km。我国海岸有三种类型:平原海岸(杭州湾以北)、山地丘陵海岸(辽东半岛、山东半岛和杭州湾以南)和生物海岸(南海、东海部分地段)。大部分岛屿为基岩岛,长江口、珠江口外大多为冲积岛,珊瑚岛主要分布在南海。

3) 大陆架宽物产丰

我国大陆天然江河5 000多条,每年携带泥沙约20多亿吨流入近海,形成广阔的大陆架,海域内具有大量的渔业资源和丰富的石油与天然气。

4) 滩涂资源利用广

淤泥海岸的潮间带称海涂,砂质海岸的潮间带称海滩,统称滩涂。我国滩涂面积达19 400多 km^2。滩涂可以生产食盐、芦苇,也可用于围垦、水产养殖、采矿、潮汐能发电及开辟航道。

5）气候水文条件优

我国海域跨越温带、亚热带和热带，结冰期少而短，气候温和，众多河流入海，带来大量营养物质，适宜于海洋生物的繁殖成长。

9.6.2 海洋资源的利用

1）海洋生物资源

我国海洋鱼类品种繁多，约有5 000多种，经济价值较高的有150种，主要经济鱼类70种，其他还有虾、贝、蟹、藻类几千种。我国大陆架渔场面积约150万 km^2，约23亿亩，优良渔场面积81.8万 km^2，约为世界的1/4。对虾是我国著名海水特产，海参、鲍鱼等海珍也很有名，海龙、海马是宝贵药材，珊瑚、贝壳、珍珠贝、海龟等更是驰名中外。

海洋捕捞发展迅速，大黄鱼、小黄鱼、带鱼、乌贼是我国四大海洋水产。除近海捕捞外，远洋捕捞也得到了长足的发展。黄海、渤海的对虾，南海的海龟，各沿海区的藻类、贝的捕捞量也较大。目前我国海洋渔业要注意防止过度捕捞，保护渔业资源的持续再生能力。

除发展海洋捕捞外，我国还积极发展近岸浅海、滩涂的海水养殖业，面积约2 000多万亩，养殖品种有鱼、虾、贝、藻等，各沿海地区正积极发展经济附加值高的“海洋农牧业”。

2）海洋矿产资源

我国近海是世界上石油的大储库之一，通过探查，已发现渤海、南黄海、东海、珠江口、北部湾、莺歌海和万安滩等七个大型含油气的盆地，它们开采方便，规模大，油气前景好。据估计，中国近海约有石油资源100亿～300亿吨，可采储量40亿～184亿吨，按全世界海洋石油可采储量1 350亿吨计，中国约占3%～12%。

海滨砂矿是由于河流、海流作用，使重矿物聚集在海滨地带而形成的矿床。我国近海海滨砂矿含有金、铁、铜、钴、锡、锰和金刚石等，估计约有数亿吨。

大洋的锰结核是目前发现的开发潜力最大的重要海底矿产资源，含有镍、铜、钴、锰等40多种金属元素，主要分布在水深为2 000 m至6 000 m的海底表层。我国自1976年开始进行锰结核的研究工作，并多次出海实地采集样品，完成了海洋沉积、地质、重力、磁力、水深、化学、水温、气象等项目调查，收集了大量宝贵数据，为进一步开发利用锰结核资源创造了有利条件和坚实基础。我国铜、镍资源不足，积极开发利用锰结核资源，对国民经济持续发展具有现实意义。

3）海水化学资源

海水中含有近80种化学元素，其中含量较大的为氯、钠、钙、钾、镁、硫、溴、碳、硼、锶等十多种，它们大多以无机盐的形式存在。海水中溶有3.5%的无机盐，1 km^3 的海水中含有3 750万吨化学物质，价值10亿美元，全球13.7亿 km^3 海水中含盐量高达 5×10^8 亿吨，价值惊人。

我国盐业生产历史悠久，早在春秋战国以前，我国沿海已用海水制盐。目前我国沿海约有478万亩盐田，年产海盐约2 056万吨，海盐产量居世界第一。长芦、辽东、胶东和苏北是我国四个最大的海盐生产中心，其中塘沽盐场是我国目前最大的海盐场。

晒盐后的苦卤含有多种化学品，可以进行综合利用，而且投资少、成本低，我国已建有50多个盐化工厂，生产30多种化工产品，其中有氯化钾、溴素、芒硝、硫酸镁、苛性钠、钾镁肥和盐酸等。

海水综合利用结合海水淡化，是解决水荒问题的发展方向。一个供100万人口生活和工业用水的淡化海水工厂，每年可生产食盐6 400万吨、镁240万吨、钾68万吨、溴12 000吨和部分稀有微量元素。目前电渗析海水淡化器和太阳能海水淡化器已投入实际使用。

4）海洋能源资源

海洋能源包括潮汐能、波浪能、海流能等动力能，海水温差能的势能，海水盐度差的化学能。

潮汐涨落具有巨大的潮汐能，我国理论蕴藏量为1.1亿kW，年发电量可达2 750亿kWh。闽浙两省潮汐能非常丰富，约占全国的81%，其中钱塘江潮汐资源为全国之最。我国是世界上最早利用潮汐能的国家之一，目前全国潮汐电站总装机容量为1万kW。

我国沿海海水平均浪高1 m左右，理论的波浪能储藏量约1.5亿kW。目前主要是利用小型波浪能发电装置，做浮标、航标灯的电源。

海洋温差能是利用海洋表层和深水层水温的温差所具有的热能，一般温差大于17 ℃即可用于发电，我国南海地处热带，全年表层水温为25～28 ℃，比深层高20 ℃左右，可开发的发电容量约20亿kW。

利用江河入海口，海水和淡水之间存在的盐度差，其渗透压高达240 m水头，也有很大的发电潜力。

5）海洋空间资源

海洋空间资源包括传统的滩涂围垦、港口、航道和未来的海上人工岛、机场、旅馆、海面、水下工厂、仓库、海底隧道、海上桥梁等。

我国滩涂位于暖温带、亚热带和热带，雨量充沛，气候温暖，土壤肥沃，生物资源丰富，适于围垦，可用于发展农、林、渔、盐和城市港口工业用地等。

我国海岸线曲折漫长，港湾众多优良，是世界上航海历史最悠久的国家之一。公元1405—1433年，明朝郑和曾率领当时世界上规模最大的远洋船队，7次往返于太平洋和印度洋之间。目前我国著名的大港口有上海、大连、天津、青岛、广州和厦门等，香港维多利亚港和台湾高雄港更是闻名世界。

6）海洋旅游资源

我国滨海、港湾、海岸的自然旅游资源分布广泛，景色迷人，变幻莫测，内容丰富。如“海山花园”鼓浪屿、青岛崂山、舟山普陀山、福州鼓山、泉州清源山、海南岛“天涯海角”、钱塘江口观潮、庙岛“海市蜃楼”、启东采蛤、旅顺口蝮蛇岛、射阳河口丹顶鹤、合浦美人鱼、南海红树林和珊瑚礁、惠阳温泉等全国1 500多处海滨、海岛旅游景点已成为对外开放的著名风景名胜地。

9.7 废弃物的状况及利用

9.7.1 废弃物的状况

在日常生产和生活中，不断产生各种废弃物，如果处理不当，日积月累就会导致周围环境污染，使生态失去平衡，给人类和社会造成严重的后果。

在生产和生活中，废弃物按其形态可分为废气、废水和固体废弃物3大类。按其所在的应用行业则可分为生活中的废弃物，如废塑料、废橡胶、废纤维、废玻璃和碎杂皮革等；工业上的废弃物，如金属加工厂、化肥厂等的废弃物；农副产品加工中的废弃物，如麦、稻、玉米的糠壳、秸秆，动物的血液、毛发、内脏、骨骼等。

我国大量可利用的资源常常作为“三废”白白的浪费掉，据粗略估计，每年仅产生的工业固体废弃物中，可利用而未利用的资源价值已超过300亿元。因此必须要变废为宝、变旧为新、变害为利、变弃为用，使所谓“废物”成为社会宝贵的物质财富。

9.7.2 废弃物的利用

目前我国主要工业产品的原材料、能源消耗比国外先进水平高30%～90%，矿产资源的总回采率仅为30%，比世界平均水平低10%～20%；我国能源使用效率只有30%，而发达国家都超过40%；森林资源综合利用率为40%，而发达国家都在90%以上；我国每吨钢耗费的新水达45吨，而发达国家仅需3吨，我国平均生产每吨钢废水排放量为35吨，世界先进水平则小于10吨。

以上情况说明，资源、能源消耗高、利用率低，将造成产品成本上升、经济效益下降、废弃物增多。废弃物的综合利用是经济和社会发展的需要和必然结果。废弃物的利用方法一般有5个:① 经过转化成为工业原料;② 经过加工用做家畜饲料;③ 经过处理成为农业肥料;④ 经过修补而再利用;⑤ 经过化学、物理或生物处理后进行排放。目前我国工业“三废”综合利用每年年产值达200亿,每年经综合利用回收黄金、白银占全国年产量的10%、90%,钢材产量中1/3的原料为废钢铁,全国中低档纸的80%的原料是废纸。

1) 泥渣的处理和利用

各种各样的泥渣中含有不同的有用组分,需要因物制宜地处理和回收。有机污泥的处理有共性,而且比较系统。下面的讨论主要是对有机污泥而言的。

有机污泥含有氮、磷、钙、镁、钾及其他微量元素,是很好的菌体肥料。污染有粘性和胶结性,可以改良土壤,使土壤团粒化,提高土壤肥力,有利于培育作物。污泥中的氨基酸类等能调节植物生长。但是未经处理的污染均不宜直接用做肥料,因为污泥性质不稳定,容易腐化,有时还带有病原菌和寄生虫卵,发生恶臭,影响环境卫生,营养物也不利于土壤吸收。所以,污泥要经过稳定、消化等处理,才能用于农业。对于残存于污泥中的有毒成分,还必须采取防治措施。含碳量高的有机污泥通过消化可以制取沼气,作为燃料利用。

废水处理过程中得到的污泥,主要是石灰污泥和明矾污泥,这些污泥不易脱水,处理起来比较困难。

从石灰污泥回收石灰的工艺比较成熟。石灰污泥首先经过离心机或真空过滤机脱水,得到的泥饼含固体量约40%~50%,送往焙烧炉进行焙烧,使碳酸钙释放出二氧化碳,残渣就是回收石灰。

2) 无机废渣的处理和利用

常见的无机废渣有硫铁矿烧渣、碱渣、电石渣、磷渣、铬渣、废酸渣、煤灰渣等这些废渣的处理利用途径主要有以下几个方面。

(1) 提取有用的金属及化工产品

如水银电解法制碱生产过程中产生的含汞废渣,可以采用恒电位阳极溶出法等回收其中的汞;从染料产生的废渣、立德粉废渣中可以回收氧化锌。

(2) 作为二次原料资源

各种废酸、碱渣除去用以提取有用的产品以外,还可以经过化学处理再生产酸、碱。如制磷酸过程产生的磷泥经过燃烧处理,生成五氧化二磷用以制取磷酸;硫铁矿渣可用做制取粉末冶金用铁粉的原料。国外把废渣利用提高到废弃物再资源化的高度。

(3) 用于农业

粉煤灰用于农业可以起两方面的作用:①利用粉煤灰中对农作物有营养

价值的元素(如钾、磷、铁、钙、锰、硼等)作为农作物的生长刺激剂;②利用其碱性以中和酸性土壤。此外,粉煤灰施于土壤还可以助长土壤微生物的繁殖,防止水田漏水,改善土壤的保水性。

(4) 生产建筑材料

提取过有用组分以后的无机废渣大多可用以生产各种建设材料。但含有毒物的废渣在利用前必须经过无害化处理。如铬渣中含有1%~1.5%有毒的可溶性6价铬,易于流失,对人体及生物均有危害,在生产铬砖之前,必须把六价铬固定为不溶性盐或还原成三价铬,使其无害化。

3) 塑料废弃物的利用和处理

随着合成材料的迅速发展,在生产和使用过程中,各种塑料废弃物的处理很重要。国外处理利用废塑料的途径大致有以下几个方面:

(1) 对废塑料进行再生利用,制成相应的层压材料、塑料及薄膜制品。

(2) 加热分解,得到初始的合成单体或其他化学原料。

(3) 直接进行焚烧,利用其热能;或者制成燃料气、油,再用于燃烧。

(4) 混杂塑料破碎后可用作为铺路石、砂的代用品、热固体塑料与增塑性塑料的碎料加热混和,可做道路表层铺用;聚苯乙烯泡沫塑料粉碎后,添加助剂,混入水泥,可制成轻质混凝土板。

此外,废塑料还用于农业。如聚苯乙烯泡沫塑料或聚乙烯泡沫塑料破碎后,混入粘性土壤内,可作为土壤改良剂,提高孔隙率,改进透气、透水性,促进作物生长。

从我国当前情况看,废旧塑料处理大量地还是用于回收再生。

4) 农副产品废弃物利用

(1) 农作物秸秆废弃物的利用

秸秆氨化做饲料。用农作物秸秆、谷草、稻草、玉米秸等经生化加工或氨化处理,使粗蛋白含量显著增加,木质素纤维部分分解,改变粗纤维结构,提高消化率,改善适口性,增加采食量,是农业部推广的饲料品种。

秸秆做纤维板材。用农作物秸秆、木屑、刨花等加入粘结剂配制成豆浆胶板、菱苦土胶合板、脲醛树脂木渣板,可用于制做家具、包装板、装饰板。

(2) 糠、壳、皮废弃物的利用

稻壳制淀粉饲料。用稻壳经碱处理制成淀粉,再加入麦麸、玉米面、淀粉酶、糖化酶、酵母等,最后制成饲料。

稻谷壳制蛋白饲料。用稻壳粉、米糠、磷酸氢铵、酿酒种曲、纤维素分解酶、水,在30 ℃发酵48 h,可得到高蛋白饲料。

米糠榨油。用米糠经筛选烘炒、保温摊凉、吸湿蒸糠、包饼压榨、冷却过滤、水化脱水,可得到米糠油。

(3) 麦麸皮的利用

麦麸皮制味精。用小麦麸皮经盐酸水解法或微生物菌种发酵法，可制得味精(谷氨酸钠或麸酸钠)。

麸皮或米糠制植酸钙(又称环己醇磷酸酯钙盐、菲丁或有机磷)。将麸皮或米糠经粉碎、酸浸、过滤、中和沉淀、洗涤过滤、精制，可得产品植酸钙。可用做食品防腐剂、酒类食醋类除金属剂、酵母增殖剂等。

植酸钙制肌醇。用植酸钙加压水解、中和脱色、浓缩结晶、精制，可得产品肌醇。主要用做药品，改进细胞营养作用，促进新陈代谢。

(4) 玉米芯的利用

玉米芯制糠醛。用玉米芯(或棉籽壳、稻壳、稻草、麸皮、甘蔗渣、高粱秆、花生壳、葵花籽壳等)在一定温度、压力下经5%的稀硫酸作用，多缩戊糖水解成戊糖，再进一步脱水即得淡黄色液体糠醛。

玉米芯制麦芽糖。将新鲜玉米芯粉碎、浸泡、蒸熟，用淀粉酶、糖化酶糖化，过滤、浓缩即得产品麦芽糖。

玉米芯制饲料酵母。将玉米芯粉碎、加压水解、中和、接种酵母菌、培植、浓缩、烘干，最后即得产品。

玉米芯制木糖醇。将玉米芯粉碎、水解、中和、脱色、蒸发、离子交换除杂、氢化、浓缩，即得产品。可用做糖尿病人的甜味剂，也是皮革、塑料、涂料工业的重要化工原料。

玉米芯制羧甲基纤维素钠(CMC-Na)。将玉米芯制成纤维素，经碱化成碱纤维素，与氯乙酸反应生成氯乙酸钠，再醚化即得羧甲基纤维素钠产品。

5) 水产品废弃物利用

(1) 蟹、虾壳的利用

蟹壳、虾壳制甲壳素。用蟹壳、虾壳经盐酸脱钙、碱煮脱脂脱蛋白、漂白去色，即可得不溶性甲壳素。

甲壳素制壳聚糖。用不溶性甲壳素经40%的烧碱溶液加热脱乙酰基，能得到可溶性甲壳素，又称壳聚糖。

壳聚糖制防雨布胶。将壳聚糖溶于稀醋酸，再加入15%醋酸铝溶液，混合均匀，即可得到防雨胶浆料。

壳聚糖制头发定型液。用壳聚糖溶于稀醋酸溶液中，再加入防腐剂、香料、蒸馏水，搅拌均匀即可得到产品。

(2) 蚌壳的利用

用蚌壳内层(珍珠层)粉碎可制成珍珠层粉，用于饲料及医药。用蚌壳外层粉碎可制得贝壳粉，含钙量高，用做饲料添加剂。用蚌壳添加粘土、石膏等还能烧制得到水泥。

(3) 鱼杂的利用

鱼鳔可制鱼鳔胶,用做高级粘结剂,也可用做酒类澄清剂。

鱼精可制鱼精蛋白,用做高级营养品。鱼精还可制成精氨酸,用做生化药剂和生化分析。

鱼脑可制鱼脑油,用做高级精密机械油。

鱼鳞可制鱼鳞胶,用于食品制作。鱼鳞经蛋白酶水解后可制得珍珠素,用于化妆品。鱼鳞还可制盐酸鸟嘌呤,用于生化药剂。

鱼鳍可制鱼胶,用于工业生产。鱼鳍可制鱼油,用于制皂。鱼鳍还可制软骨素硫酸钠,用于生化药剂。

6) 禽畜产品废弃物利用

(1) 毛发的利用

毛发制 L-胱氨酸。用禽畜毛发经脱脂、盐酸水解、中和结晶、精制脱色,即可制得产品 L-脱氨酸,可用于治疗膀胱炎、神经痛、秃顶脱发、中毒症、营养护发素、食品、生化等有关部门。

(2) 血液的利用

血液制血红素。用血液经柠檬酸钠、丙酮、氢氧化钠、冰醋酸等多步处理后,可得到血红素产品。血红素是抗癌特效药血卟啉的主要成分,也可用做生化试剂。

血浆经有效处理可制成血粉、血酪素(血浆蛋白)、血蛋白片、血浆球蛋白、氯化血红素、酪氨酸、亮氨酸、组氨酸盐酸盐等血液制品。

血纤维经有关处理可制成水解蛋白、纤维蛋白、纤维蛋白朊、蛋白胨、血碳等血液制品,用于医疗、食品等方面。

血清经有关处理可制成血清蛋白、凝血酶等血液制品,用于医药等方面。

(3) 骨骼、蹄角的利用

动物骨骼经处理可制成骨油、骨膏、骨肥、骨胶、骨炭等有用物品,用于食品、肥料、制糖、制皂等方面。

动物软骨用稀碱浓盐法或稀碱胰酶法可制成软骨素,可用做内脏器官劳损的治疗药物。

动物蹄角经处理可制成 L-酪氨酸、蹄角油,主要用做药物和精密机械的高级润滑油。

动物骨髓经有关处理可制成骨髓粉、骨髓油、骨髓膏等骨制品,主要用做化妆品和营养品。

(4) 内脏的利用

动物小肠经处理可提取碱性磷酸单脂酶,能选择性催化水解磷酸单酯成无机磷,是研究核酸、制备核苷、遗传工程和酶标免疫检测技术中最常用的工具酶。

动物胃经处理可制得胃粘膜素和胃蛋白酶,它们是重要的医药和生化制品。

动物肝经处理可提取辅酶A,是重要的生化药品,参与脂肪、蛋白质和内糖的代谢。

动物胆汁经有效处理可制得胆色素钙盐、胆绿素、胆红素、脱氧胆酸钠、胆酸和异去氧胆酸等胆制品,它们是重要的生化药品。

动物胰脏经处理可提取胰岛素,它是治疗糖尿病的特效药。另外,从胰脏中还有提取胰酶,用做医药,治疗消化不良症,也可用做鞣革和纺织品的脱浆等方面。

从动物的肺中可提取肝素钠,主要用做生化药物。

(5) 其他的利用

动物肾上腺经处理可提取肾上腺素和肾上腺皮质激素,主要可用做生化药物。

动物甲状腺经处理可提取甲状腺素,主要可用做生化药剂。

动物胸腺经处理后可提取核酸、脱氧核糖核酸和精氨酸,它们都可用于生化药剂。

动物大脑经处理可提取胆固醇、卵磷脂和脑磷脂,它们都是重要的生化药剂。

动物的脑下垂体前叶经处理可提取促肾上腺皮质激素、加血压素、促乳素、促黄体激素、促卵胞激素等物质,它们主要用做生化药剂。动物的脑下垂体后叶经处理可提取催产素、抗利尿素(蝶胺腺素),它们也是重要的生化药剂。

复习思考题

1. 自然资源如何分类? 有哪些作用?
2. 自然资源有何特点? 如何开发利用?
3. 能源资源如何进行开发利用?
4. 矿物资源如何进行综合利用?
5. 生物资源如何分类? 有何特点?
6. 用淀粉化学转化可以制取哪些主要产品?
7. 纤维素有哪些综合利用途径?
8. 海洋资源有哪些? 有何应用?
9. 如何进行海洋资源的开发和综合利用?
10. 水资源的目前状况如何?
11. 如何进行水资源的开发利用?
12. 什么叫再生资源? 什么叫资源综合利用?

10　生物化学与生物工程

生命是自然界最富魅力的一种自然现象。尽管人类已踏上了月球，在茫茫宇宙空间建立了永久太空站，但揭示生命的本质、探索生命的起源，尚需走过漫长的路程。

在21世纪期待攻克的科学难题中，自然科学面临的重大理论难题有：

(1) 生命科学中遗传与进化的统一问题；

(2) 脑科学和认知科学中的脑知识结构及其本质的问题；

(3) 物理学中相对论的局域性与量子力学的全域性之间的不协调问题；

(4) 宇宙起源、物质起源、生命起源三大起源问题。

4大难题，有3个涉及到了生命科学问题，由此可见，生命科学对未来科学的发展担负的责任之重大，21世纪是生命科学世纪。应用于生命科学的化学将成为科学前沿之一，生命科学与化学结合，将在21世纪取得重大突破。

将化学的理论、方法引入到生命科学，诞生了生物化学、分子生物学、分子遗传学，通过在分子水平上研究生命现象的物质基础，通过分析生命活动的化学过程，可以深入阐明生物体的遗传变异、物质代谢、能量转换、激素调节、免疫反应、思维活动、细胞分化等一系列生命现象，最终揭示生命的本质，创造生命。

10.1　化学与分子生物学

10.1.1　生命的物质组成

1) 生命的元素组成及生理功能

(1) 元素组成

所有物质都是由元素组成，构成生物体的元素有什么特点呢？对照元素周期表，可归纳出以下几点：

① 起源于地球的生物并不含有不同于地壳元素的任何特殊元素。

② 自然界109种元素，生物体中有27种[①]，其中13种非金属(H、B、C、N、O、F、Si、P、S、Cl、Se、Br、I)，14种金属(Na、Mg、K、Ca、V、Cr、Mn、Fe、Co、

---

① 此处指生命元素。生命元素又称必需元素，它们维持生物体正常生理代谢活动，对生物体有特殊生理功能，当生命元素缺乏时，生物体会发生病变。

Ni、Cu、Zn、Mo、Sn)。

③ 生物体中大多数元素原子序数低,只有3种元素(Sn、Se、I)原子序数在34以上。

④ 生物体中没有游离的元素或原子,多是以离子、分子、分子结合体形式存在。

⑤ 元素丰度各不相同。通常,人们把生物体内质量分数在0.01%以上的元素称为宏量元素,12种宏量元素按含量递减依次为O、C、H、N、Ca、P、S、K、Na、Cl、Mg、Si,占人体总质量分数99.95%;生物体内质量分数在0.01%以下的元素称为微量元素,包括B[①]、F、V、Cr、Mn、Fe、Co、Ni、Cu、Zn、Se、Br、Mo、Sn、I。

(2) 微量元素与人体健康

目前,在植物体内已发现70多种元素,在动物体内已发现60多种元素,我们前面所涉及到的元素是生物体赖以生存的化学元素,也即生命元素、生物的必需元素。

必需元素中的微量元素是保证生物体健康所必不可少的元素。在人体内,各种必需微量元素都有严格的浓度(存量)范围,超过或低于这个范围都会引起疾病。人体有一系列平衡机制,可调节控制必需微量元素在体内迁移,在最高摄入量与最低摄入量之间有一定余地,使机体在某种范围内与变化的环境相适应。当摄入量不足,机体可动用贮存以暂时维持正常的生理功能,但当不足状态持续下去,则疾病产生;当摄入量偏高,体内平衡机制把多余元素排出,当摄入量过大,超过机体排泄能力,则元素在体内累积,导致组织、器官受损害,而且损害长时间才会消除,因此过量比缺乏后果严重。表10.1给出了某些必需微量元素对人体健康的影响。

表10.1 微量元素与人体健康

元素	主要分布部位	主要生理功能	缺乏症	过量症	食物来源
$_{9}F$	骨骼、牙齿	人骨骼成长所必需	龋齿,老年骨质疏松	氟斑牙,氟骨病	茶叶,肉类,海产品
$_{23}V$	脂肪	促进骨髓造血功能,抑制胆固醇合成	贫血,冠心病	结膜炎,鼻咽炎	海产品
$_{24}Cr$	皮肤	Cr(Ⅲ)与胰岛素活性有关,参与糖、脂肪代谢	糖尿病、冠心病	伤肝肾,肺癌	海藻,鱼类,豆类

① B为植物生长所必需的元素。

续表 10.1

元素	主要分布部位	主要生理功能	缺乏症	过量症	食物来源
$_{25}$Mn	骨骼	超氧化物歧化酶、精氨酸酶等的组成成分，可激活羧化酶等，参与糖、脂肪代谢	儿童软骨，贫血、神经紊乱	无力，帕金森症，心肌梗塞	干果，粗谷物，核桃仁，菇类
$_{26}$Fe	血色素	是多种活性酶成分，是血红蛋白中氧的载体	贫血，免疫力低下	影响胰腺、性腺，心衰，糖尿病	肝脏，蔬菜，黑木耳
$_{27}$Co	骨髓	是组成 VB_{12} 的成分，对血红蛋白以及红细胞发育有重要影响	恶性贫血，冠心病，脊髓炎，气喘，青光眼	心肌病变，心力衰竭，致癌	肝脏，奶，蛋，鱼
$_{28}$Ni	皮肤	激活酶，促细胞生成，增强胰岛素分泌	肝硬化，尿毒，肾衰，肝脂质、磷脂代谢异常	鼻咽癌，皮肤炎，白血病，骨癌，肺癌	蔬菜，谷类
$_{29}$Cu	肌肉	多种活性酶成分，氧化还原酶的催化剂，参与细胞色素、酪氨酸酶的合成	贫血，心血管损伤，溃疡，关节炎	黄胆肝炎，肝硬化，胃肠炎，癌	肝脏，干果，葡萄干，茶
$_{30}$Zn	肌肉	参与多种酶、激素的激活，促进性机能正常，改善味觉	营养性侏儒，不育，白发，炎症	胃肠炎，前列腺肥大，贫血	谷物，贝类，肉，蛋，奶
$_{34}$Se	肌肉	为谷胱甘肽过氧化物酶的重要成分，刺激免疫球蛋白及抗体的产生，促进心肌修复、再生，抗衰老	心血管病，克山病，大骨节病，癌，关节炎，心肌病	硒土病，心肾功能障碍	日常饮食，井水中
$_{42}$Mo	肝	为黄嘌呤氧化酶的主要成分，参与氧传递、酶代谢	心血管病，食道癌，肾结石	脱毛、软骨、贫血、睾丸萎缩	豌豆，植物，谷物
$_{50}$Sn	脂肪，皮肤	促生长，促进蛋白质、核酸反应	抑制生长，门齿色素不全	贫血，胃肠炎	龙须菜，西红柿，桔子，苹果
$_{53}$I	甲状腺	参与甲状腺素合成，影响生长发育及儿童智力发展	甲状腺肿，心悸，动脉硬化	甲亢	海产品，奶，肉

微量元素与人体健康的关系是很复杂的，其浓度、价态、摄入机体的途径等都对人体健康有影响。已有许多资料表明，严重威胁人类生命的三大病种（心脏病、脑血管疾病、癌症）都与人体内微量元素平衡调控失衡有关。如各种心脏病与 Co、Zn、Cr、Mn 等元素不平衡有关，脑血管病与 Ca、Mg、Se、Zn 等不足有关，肝癌与 Mn、Fe、Ba 低而 Cu 高等有关。

除此之外，体内的 Li、B、Al、Ge、Se 等，一些非必需微量元素，包括稀土元素，这些元素都存在于动物与人体内，但由于它们在人体生命活动中的生理生化作用尚不完全清楚，所以将它们归为潜在作用元素。

● 锂(Li)的生物学功能可能包含为参与胺、碳水化合物和电解质的代谢，对甲状腺及肾的功能，对激素刺激的腺苷环化酶活性等有影响。

● 锶(Sr)的生物学功能。至今尚无证据说明锶是生物必需元素之一，一般情况下，锶的代谢与分布与钙相近，主要分布在骨骼、牙齿，人体内的锶含量随年龄增长而增加，并存在地域差异。

● 硼(B)能促进植物中有机物质的转运，促进反应，参与细胞代谢，硼是植物生长所必需的微量元素已成定论。在人体中，慢性硼中毒引发硼肠炎。

● 铝(Al)的生化效应涉及辅因子、蛋白质、ATP、DNA 和 Ca、P 的代谢，由于 Al^{3+} 与 Ca^{2+}、Mg^{2+}、Fe^{2+} 半径相近，因此，铝可能干扰生物体内那些依赖 Ca、Mg、Fe 的反应。铝的毒性与老年性痴呆症和肾功能失调有关，与龋齿的发生有关。

● 锗(Ge)以化合物形式广泛存在于自然界，通过食物链、空气、水等环境接触进入人体。有机锗有生物学作用及保健作用，无机锗含量过高可导致肾中毒。

● 稀土元素离子能和许多生物大分子如氨基酸、多肽、核酸、蛋白质、糖形成配合物，因而在生物学及医学上有重要意义和用途。

再有一些污染元素如铅、汞、镉、砷，它们对生物体是有毒微量元素。

① 铅污染。随着工农业的发展，铅尘和烟雾污染了空气和水，各种工矿的废物排入农田，也由此将铅污染带进了食物链。城市中来自汽车尾气的铅污染是城市铅污染的主要因素。铅和铝已成为威胁人类健康的第一杀手。

铅吸收的主要途径为呼吸道和消化道，皮肤也能呼吸，特别是儿童对铅的吸收有特殊的易感性。铅在细胞内可与蛋白质的巯基结合，从而抑制酶的活性。铅中毒危害神经系统、造血系统和消化系统，使机体免疫力下降、贫血、神经麻痹。铅会引起儿童大脑损伤。

② 汞污染。自然界的汞主要以硫化汞的形式存在，金属汞在常温下能蒸发，且蒸气可随气流移动，造成二次污染源。如果把含汞工业废渣、废气任意排放，还会造成水源、大气、土壤的污染，引起公害病。世界上第一个出现的由环境污染所引起的公害病就是日本报道的汞所致的水俣病。

金属汞及其化合物主要以蒸气、粉尘形态，经呼吸道侵入机体，也可经消化道、皮肤粘膜侵入。有机汞毒性大，可与生物体内蛋白质巯基结合，使体内酶失活，甚至引起染色体畸变。无机汞主要作用肾脏，使肾功能衰竭。

③ 镉污染。镉由呼吸道、消化道吸收，并通过食物、水、空气进入人体，并迅速转移到血液。镉在生物体内与蛋白质分子中的氨基、羧基、巯基结合，抑

制多种酶系统活性，此外，镉还干扰 Cu、Zn、Co 在体内的代谢，产生毒性。

镉在人体内蓄积造成人体慢性中毒，典型症状骨痛病，严重危及生命。

④ 砷污染。砷及其化合物可由呼吸道、消化道及皮肤吸收进入人体。砷(Ⅲ)及其化合物有剧毒，能和体内巯基反应，阻碍酶的正常功能，主要危害神经系统。砷(Ⅴ)过量时才有毒，但砷(Ⅴ)在体内可被还原为砷(Ⅲ)。在饮用水中砷含量高的地区，会引起地方性慢性砷中毒，患者皮肤色素高度沉着、角化严重，并伴有头晕、心慌。

(3) 我国的地方病及其防治

我国的四大地方病(甲状腺肿大、克山病、大骨节病、氟骨病)都与微量元素的丰缺有关。

① 碘。碘是人类发现的第 2 个必需微量元素，是甲状腺的主要组成成分，具有重要的生理功能，缺碘会引起甲状腺代偿性肿大，即地方性甲状腺肿大，该病以不伴有明显的甲状腺功能改变为特征，该病的控制以坚持碘盐预防为主。严重缺碘的妇女所生出的婴儿，会发生地方性克汀病，这是一种以智力低下、甲状腺功能低下、生长发育迟缓为特征的先天性疾病，对人群健康危害极大，防治上以补充碘预防为主。

② 氟。氟是人体必需稀量元素，是生物钙化作用所必需的物质，氟的存在有利于钙、磷的利用及在骨骼中沉积。氟也是牙的组成部分，氟被牙釉质中的羟基磷灰石吸附，可形成坚硬的氟磷灰石保护层。但体内氟过量，对骨骼有脱钙作用。

氟过量早期症状是出现氟斑牙，当氟含量进一步增加，氟会与钙结石生成 CaF_2 不溶物，降低血液中钙含量，引起广泛性骨硬化和明显的骨质疏松软化。治疗方法以补充 Ca 和 VC 为主。

③ 硒。硒是人体必需微量元素，与心血管疾病、大骨节病和肿瘤及地方病密切相关。

硒是谷胱甘肽过氧化物酶的活性成分，该酶能特异催化还原型谷胱甘肽与过氧化物发生氧化还原反应，以清除对人体有害的过氧化物。

克山病是一种原因不明的以心肌坏死为主的地方病，在我国有 14 个省都先后发现克山病(1935 年黑龙江省克山县首次发现)，主要原因是土壤、水中含硒量不足，口服亚硒酸钠(Na_2SeO_3)防治克山病，可取得显著效果。

在克山病流行的地区，往往还流行以骨节粗大、身材矮小、劳动力丧失为症状的地方病，即俗称的大骨节病，大骨节病也与体内缺硒有关，治疗上采取服用硒及 VE 为主。

人体中的微量元素含量极微，但对人体必不可少，人体内的元素平衡关系到人的生老病死、健康长寿，如何将微量元素制成药物和食品添加剂用于疾病的预防与治疗,如何合理地进食、进补,关键在于适量、适度,一方面某种元素在人体内含量要适宜,另一方面人体内各种元素之间应有一个合适比例,才会有益健康。

2) 有机大分子官能团及立体异构

(1) 重要的官能团及理化性能

生物体主要由水、无机离子与生物大分子物质构成,生物大分子包括糖、蛋白质、核酸等物质。生物大分子中的主要官能团有:—OH,—COOH,$—NH_2$($—NH_3^+$),—CHO,—CO—,$—PO_4^{2-}$,—SH,$—CH_3$。

糖的基本结构单元是单糖,是一类多羟基的醛或酮。自然界中的单糖,主要是六碳糖和五碳糖,常见的六碳糖有葡萄糖、果糖,重要的五碳糖是核糖和脱氧核糖,它们是核酸的组成部分。

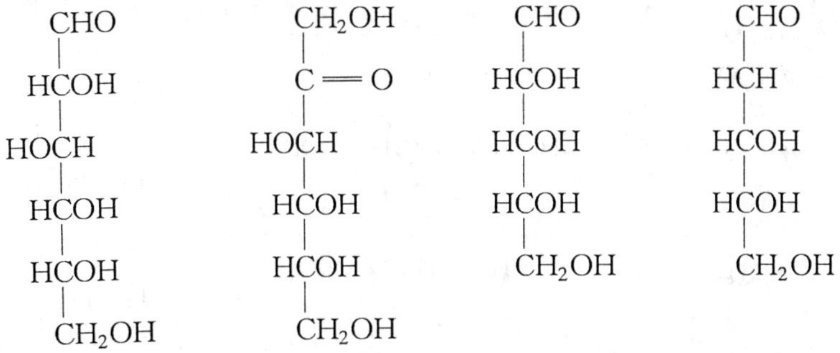

葡萄糖(己醛糖)　　果　糖(己酮糖)　　核　糖(戊　糖)　　脱氧核糖

单糖在室温下都是固体,溶于水而不溶于非极性溶剂,单糖易被氧化,用银镜反应和费林试剂可检测单糖的存在。

葡萄糖 $C_6H_{12}O_6 + Ag^+$(无色溶液)⟶葡萄糖酸 + Ag(银镜)

葡萄糖 $C_6H_{12}O_6 + Cu^{2+}$(蓝色溶液)⟶葡萄糖酸 + Cu_2O(红褐色沉淀)

蛋白质是高分子物质,分子量一般在一万以上,结构复杂。将蛋白质完全水解,可得到蛋白质的基本结构单位——氨基酸,组成蛋白质的氨基酸有二十种,它们的结构可由下面通式表示:

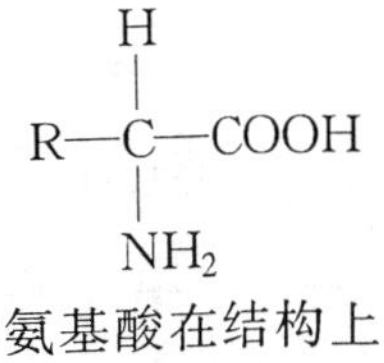

各种氨基酸在结构上的差异都表现在 R 基团上,根据 R 基团的不同,可将氨基酸分为脂肪族、芳香族、杂环族,见表 10.2 氨基酸的分类与结构。

从通式可以看出,这些氨基酸都是一个含 α-氨基的有机酸,因此,蛋白质中的氨基酸都属于α-氨基酸(脯氨酸、羟脯氨酸属α-亚氨基酸)。α-氨基酸都是白色晶体,熔点较高,一般在200℃以上,每种α-氨基酸都有特殊的结晶形状和熔点,由此可以鉴别各种氨基酸。除胱氨酸、酪氨酸外,氨基酸一般都能溶于水,脯氨酸、羟脯氨酸还能溶于乙醇、乙醚中。

表10.2　氨基酸的分类与结构

分类	名　称	结　构　式	相对分子质量	等电点/IP
脂肪族氨基酸	甘氨酸(Gly,G)	$H-\underset{NH_2}{\overset{H}{C}}-COOH$	75.05	5.97
	丙氨酸(Ala,A)	$CH_2-\underset{NH_3}{CH}-COOH$	89.06	6.0
	丝氨酸(Ser,S)	$HO-CH_2-\underset{NH_2}{CH}-COOH$	105.06	5.68
	半胱氨酸(Cys,C)	$\underset{SH}{CH_2}-\underset{NH_2}{CH}-COOH$	121.12	5.07
	蛋氨酸(Met,M)	$CH_3-S-CH_2-CH_2-\underset{NH_2}{CH}-COOH$	149.15	5.74
	苏氨酸*(Thr,T)	$CH_3-\underset{OH}{CH}-\underset{NH_2}{CH}-COOH$	119.08	6.18
	缬氨酸*(Val,V)	$CH_3-\underset{CH_3}{CH}-\underset{NH_2}{CH}-COOH$	117.09	5.96
	亮氨酸*(Leu,L)	$CH_3-\underset{CH_3}{CH}-CH_2-\underset{NH_2}{CH}-COOH$	131.11	5.98
	异亮氨酸*(Ile,I)	$CH_3-CH_2-\underset{CH_3}{CH}-\underset{NH_2}{CH}-COOH$	131.11	6.02

续表 10.2

分类	名称	结构式	相对分子质量	等电点/IP
含酰胺基	天冬酰胺 (Asn,N)	$H_2N-C(=O)-CH_2-CH(NH_2)-COOH$	132.12	5.41
	谷氨酰胺 (Gln,Q)	$H_2N-C(=O)-CH_2-CH_2-CH(NH_2)-COOH$	146.15	5.65
一氨基二羧基酸	天冬氨酸 (Asp,D)	$HOOC-CH_2-CH(NH_2)-COOH$	133.6	2.77
	谷氨酸 (Glu,E)	$HOOC-CH_2-CH_2-CH(NH_2)-COOH$	147.08	3.22
二氨基一羧基酸	赖氨酸* (Lys,K)	$CH_2(NH_2)-CH_2-CH_2-CH_2-CH(NH_2)-COOH$	146.13	9.74
	精氨酸* (Arg,R)	$H_2N-C(=NH)-NH-CH_2-CH_2-CH_2-CH(NH_2)-COOH$	174.14	10.76
杂环氨基酸	色氨酸* (Trp,W)	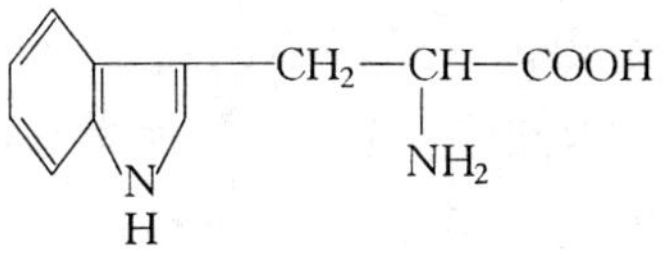	204.22	5.89
	组氨酸* (His,H)	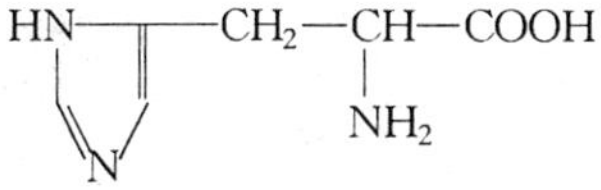	155.16	7.59
	脯氨酸 (Pro,P)	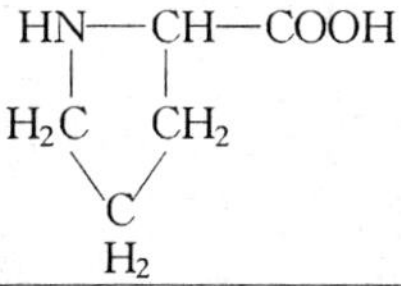	115.13	6.30

续表 10.2

分类	名　称	结　构　式	相对分子质量	等电点/IP
芳香族氨基酸	苯丙氨酸*（Phe,F）	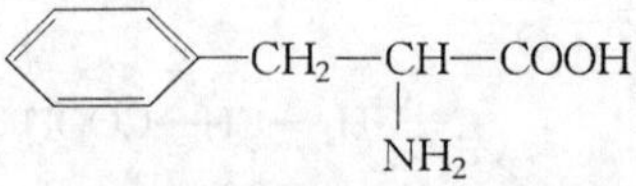	165.09	5.48
	酪氨酸（Tyr,Y）	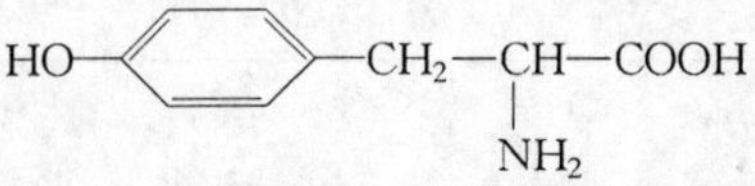	181.09	5.66

* 这些氨基酸人体内不能合成，要从食物中得到，称必需氨基酸。

氨基酸分子上含有氨基和羧基，既可以接受质子，又可以释放质子，因此，氨基酸为两性电解质。也就是在不同 pH 条件下，氨基酸可以有阳离子、阴离子和两性离子三种形式存在。

$$H_2N\overset{R}{\overset{|}{C}}H_2COOH^- \underset{OH^-}{\overset{H^+}{\rightleftharpoons}} H_3\overset{+}{N}\overset{R}{\overset{|}{C}}H_2COO^- \underset{OH^-}{\overset{H^+}{\rightleftharpoons}} H_3\overset{+}{N}\overset{R}{\overset{|}{C}}H_2COOH$$

在两性离子状态，氨基酸分子含有等量的正负两种电荷，这时在外电场作用下，它既不向正极，也不向负极移动，这时溶液的 pH 称为该氨基酸的等电点（等离点），以 IP 表示。每种氨基酸都有特定的等电点，见表 10.2。

氨基酸在等电点时溶解度最小。

核酸和蛋白质一样，是分子量很大的高聚物，核酸分子是由上百个甚至几千万个核苷酸聚合而成的长链，而每一个核苷酸又由碱基、戊糖和磷酸三部分组成，根据核酸的生物功能和化学结构不同，核酸可被分为两大类，既脱氧核糖核酸（DNA）和核糖核酸（RNA）见表 10.3，两种核酸的基本化学组成如下：

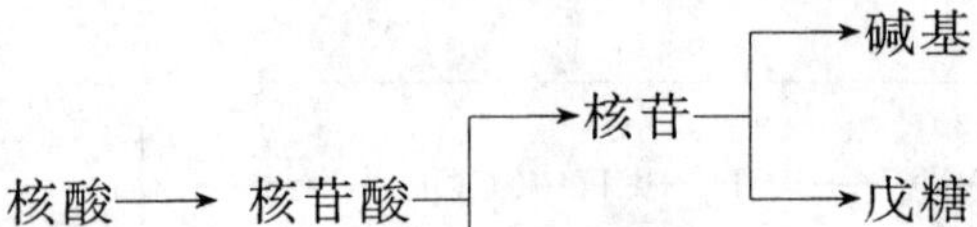

表 10.3　两类核酸的化学组成

核酸		DNA	RNA
碱基	嘌呤碱	腺嘌呤（A） 鸟嘌呤（G）	腺嘌呤（A） 鸟嘌呤（G）
	嘧啶碱	胞嘧啶（C） 胸腺嘧啶（T）	胞嘧啶（C） 尿嘧啶（U）
戊糖		D-2-脱氧核糖	D-核糖
磷酸		磷酸	磷酸

碱基为一类含氮的杂环化合物，在有机溶剂中溶解度很小，在水中溶解度也不人，溶丁稀酸和稀碱。

碱基：

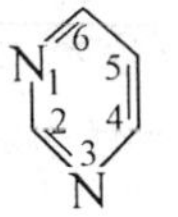
嘧啶

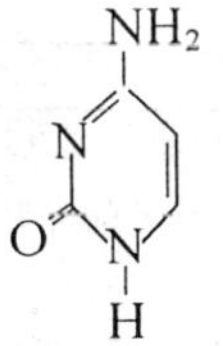
胞嘧啶(C)

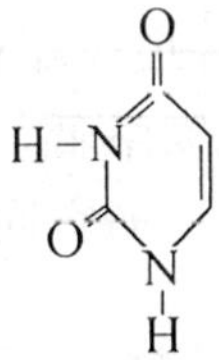
尿嘧啶(U)

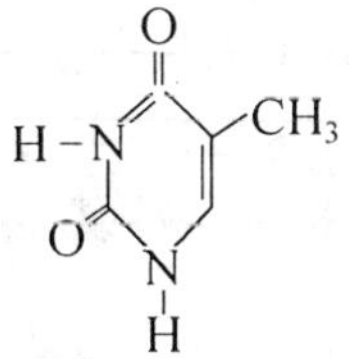
胸腺嘧啶(T)

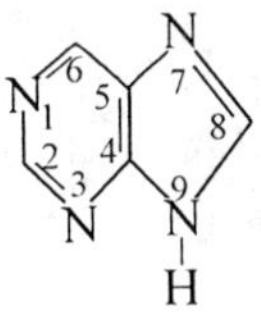
嘌呤

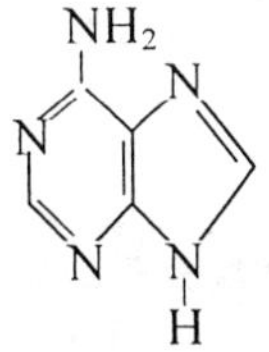
腺嘌呤(A)

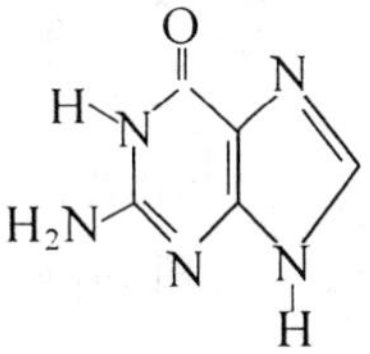
鸟嘌呤(G)

核糖：

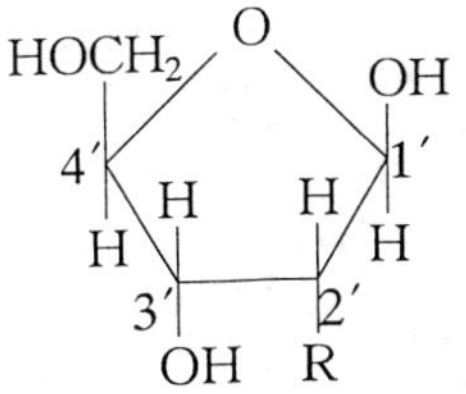

D-核糖，R＝OH

D-2-脱氧核糖，R＝H

磷酸：

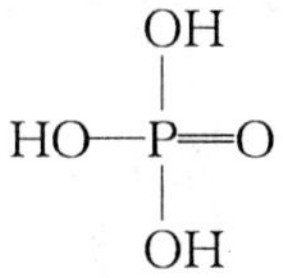
磷酸

核苷酸纯品为白色粉末或结晶，核苷酸是极性化合物，溶于水而不溶于乙醇、氯仿等有机溶剂，核苷酸钠盐溶解度更高。在酸性溶液中，核苷酸分子上的嘌呤易水解下来。核苷酸既有磷酸基，又有碱性基，故为两性电解质，在一定 pH 条件下，可以发生解离而带电荷，因而可通过电泳和离子交换进行分离。

(2) 立体异构与光学活性

有机分子的构像、构型手性与旋光性。

有机化合物中，碳原子和碳原子可以以单、双、叁键等形式结合，碳链还可以有线型、环型、体型等连接方式，因而，在有机化合物中会出现分子式相同，而原子连接的方式与次序不同、或原子在空间排列不同的同分异构现象的化合物。

有机化合物的异构现象分为两大类：

● 构造异构体　基本碳架不同，取代基在碳链或碳环上位置不同，官能团不同。

● 立体异构体　顺反异构体(双键，环状结构)，构像异构(开链烷烃)，构型异构。其中构像异构指的是由于 σ 键(C—C 单键)旋转而产生的分子中原子或基团在空间的不同排列方式。如乙烷分子(CH_3CH_3),C—C σ 单键可以任意旋转,则两个甲基中的氢原子的相对位置将不断改变,产生不同的空间排列方式,即有无数的构像。

如图 10.1 乙烷分子的两种最极端构像。在交叉式中,两个甲基中的氢原子距离最远,斥力最小,分子位能最低,是最稳定的构像;重叠式是位能最高、最不稳定的构像。构像反映分子的空间结构,生物大分子有多种构像。

重叠式　　　　交叉式

图 10.1　乙烷分子的纽曼投影式

构型:

如果把甲烷(CH_4)分子中的三 T 氢原子用—CH_3,—OH,—COOH 代替,则得到乳酸分子,乳酸分子的两种构型见下式:

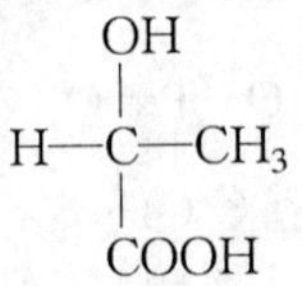

(a)

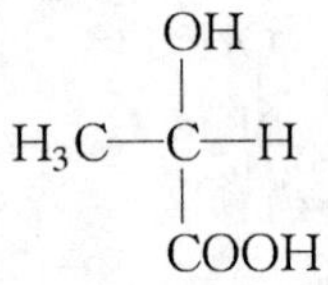

(b)

乳酸分子的这两种构型互为镜像(互为左、右手)不能重叠,两种结构互为对映异构体,所以又将乳酸分子称为手性分子(Chiral Molecular)。

手性分子多数都含有与 4 个不同原子或原子团相连的碳原子,即手性碳原子或不对称碳原子。手性分子在空间结构上有对映异构体之分,两种对映异构体有相同的物理性质(包括熔点、沸点、密度、折光率、溶解度),不同的性质差别主要是表现在对偏振光的旋转上,

普通光⟶尼科尔棱镜⟶　产生偏振光
(只要某一平面上振动)

⟶介质
- 手性分子—使偏振光的振动方向发生旋转,这种性质称为旋光性,具有旋光性的物质,称为旋光性物质或光活性物质、手性物质。
- 非手性分子—光振动方向不变

根据对偏振光的旋转方向不同,手性分子又分为光学活性为左旋(用“-”表示)的物质和光学活性为右旋(用“+”表示)的物质两类。

以甘油醛构型为标准,可确定手性异构体的 D,L-型。

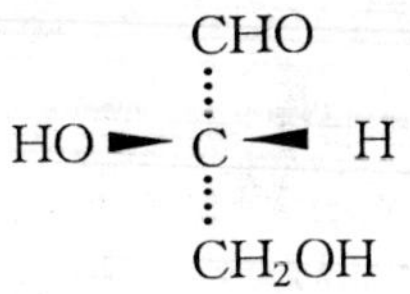

L-(－)甘油醛

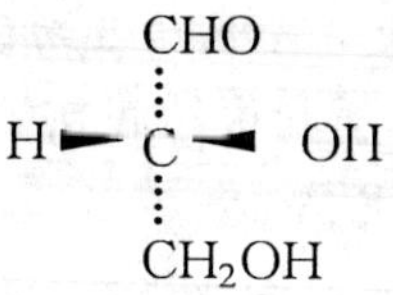

D-(＋)甘油醛

糖、氨基酸含有不对称碳原子，因而具有光学活性。

单糖分子的D，L-构型是由离羰基最远的不对称碳原子上的羟基位置来确定的。单糖含有几个不对称碳原子，就有2^n种立体异构体。天然的葡萄糖(G)、果糖、核糖都是D型的。

天然蛋白质中的氨基酸都属L-型。

但D，L-构型与旋光性（左旋、右旋）两者之间没有直接对应关系，各种L型氨基酸，有左旋，也有右旋，这与物质性质、溶剂条件、浓度温度、光的波长选择等因素有关。

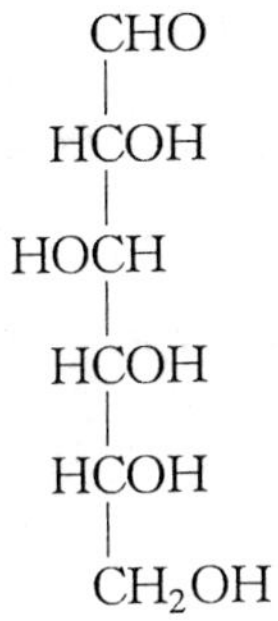

D-G(醛式)

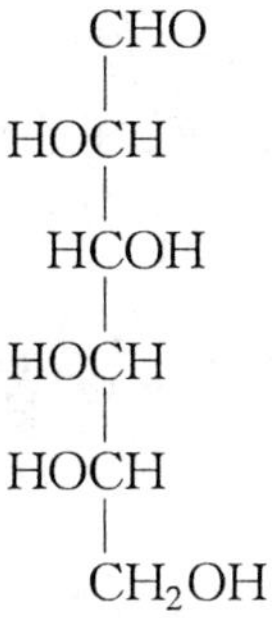

L-G(醛式)

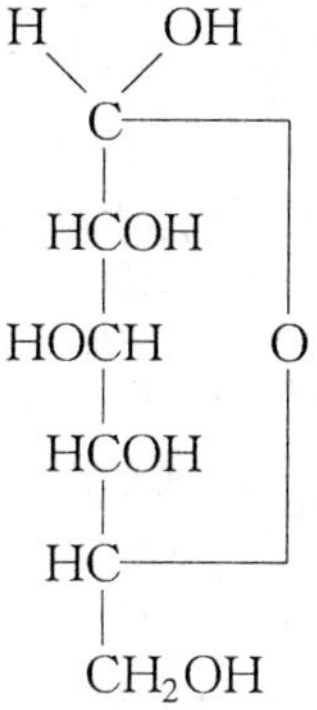

α-D-G
半缩醛式

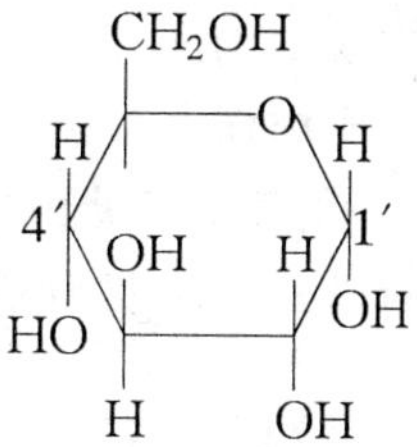

α-D-G
环状结构
(呋喃式)

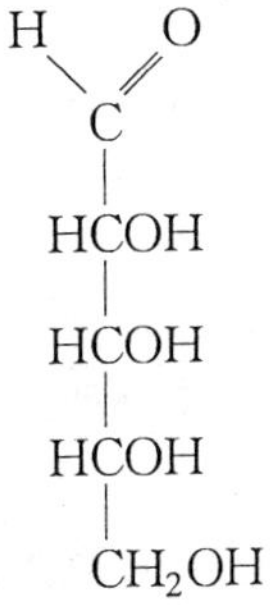

D-核糖

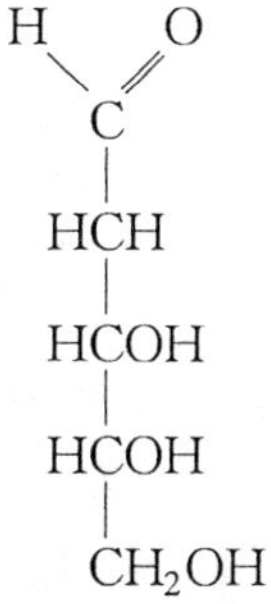

D-2-脱氧核糖

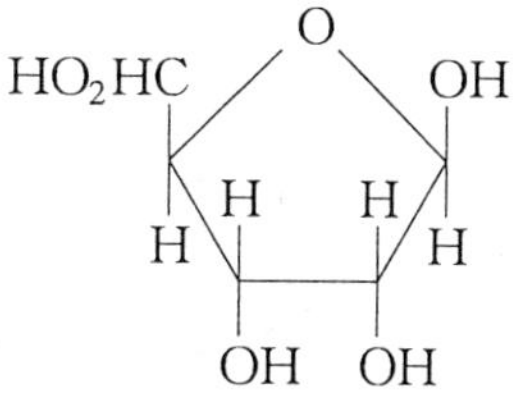

β-D-核糖
(呋喃式)

3) 生物大分子结构及功能

生命的本质归根结底在于生物分子水平的微观世界。生物大分子或大分子集团(蛋白质、核酸、糖、脂质及其复合物)通过有秩序的自动运转，执行特定的生物功能，完成构成生命现象的各种活动，才使生命体有了生命。因此，了解蛋白质、核酸、多糖、脂质类等生物大分子的结构，结构与功能的关系是至关重要的。

蛋白质、核酸、糖类、脂类及其他们的复合物，这些生物大分子的结构都是相当复杂的，不仅具有由 H、C、N、O、P、S 原子与少量金属原子连接而成的线性化学结构，而且这些分子长链还会通过折叠、盘绕、卷曲形成三维空间结构，因此，要阐述清楚一个生物大分子的结构，就需要在几个层次上来描述，这些层次就称之为生物大分子的高级结构。

(1) 四种生物大分子的结构层次及功能

生物大分子的结构分四个等级：一级、二级、三级、四级。一级结构也称化学结构或结构序列，二、三、四级结构统称为高级结构、立体结构、空间结构、三维结构或构像。

① 多糖。多糖由单糖通过糖苷键(C—O—C)相连而成。如淀粉是由 D-葡萄糖以 α-1,4 糖苷键相连而成：

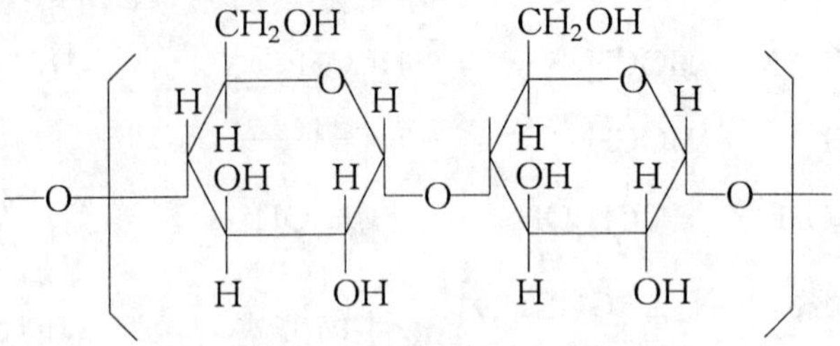

纤维素是由 D-葡萄糖以 β-1,4 糖苷键相连接而成：

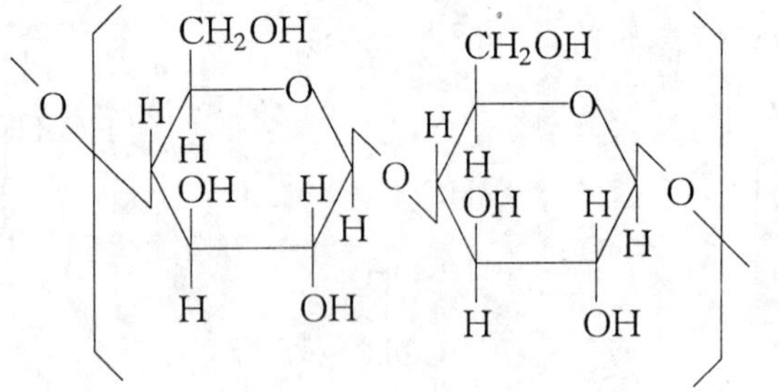

糖苷键 C—O—C 在形式上似醚键，但性质更接近于缩醛，易被水解。

单糖以 1,4-糖苷键相连，形成的是直链多糖，如葡萄糖以 α-1,4 糖苷键相连，构成直链淀粉，纤维素也是直链多糖。若取淀粉直链上的一个葡萄糖，以其环上的 1,6-羟基参加形成糖苷键，则可形成支链多糖。此外，多糖类还可有一定的空间结构，如淀粉的空心螺旋构像，纤维素的锯齿形带状构像。

糖类物质在生物体内的作用主要有以下几方面：

a. 是生物体合成其他物质的基本原料。组成生物体的其他分子的碳架大多是从糖转化过来的。

b. 提供能源。植物通过光合作用合成得到葡萄糖，动物通过糖类物质在体内的降解而获得能量。

c. 充当结构性物质。植物茎中的主要成分纤维素是起支持作用的结构物质。低等动物体外一层硬壳的主要成分——甲壳素，也是一类多糖。动物细胞细胞膜中的糖蛋白与细胞间质中的粘多糖也是结构物质。

从细菌到高等动物的有机体，都含有糖类物质。

② 脂质类　脂质类化合物是生物体内脂溶性的几类化合物的统称。根据脂质类物质的化学结构和组成的不同，脂质类物质分为单纯脂质（如脂肪）、复合脂质（如磷脂）和异戊二烯系脂质（如胆固醇和类胡萝卜素）。

● 脂肪　脂肪是脂肪酸的甘油三元酯。当组成脂肪的三个脂肪酸结构不同时，该脂肪分子即具有不对称结构而存在异构体，脂肪分子具有如下两种构像：

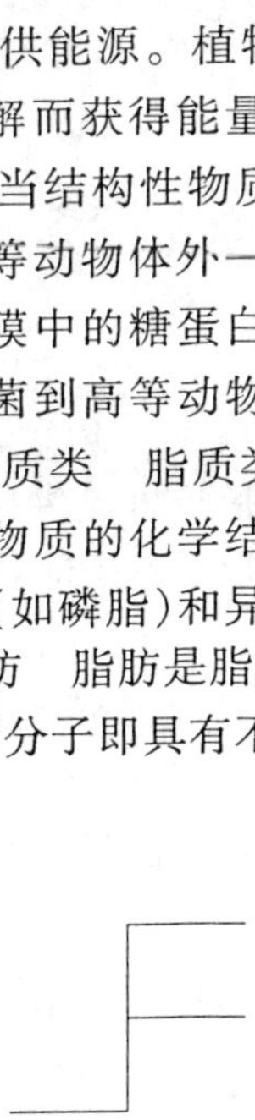

椅式

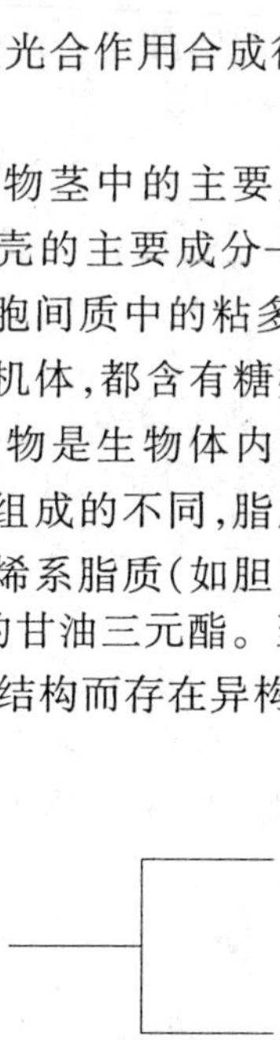

音叉式

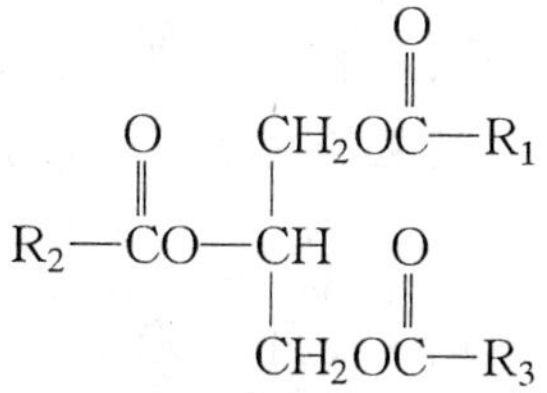

脂肪

植物油和动物脂都是脂肪。植物油中不饱和脂肪酸含量高，在常温下为液体。动物脂中不饱和脂肪酸含量低，常温下为固体，其中的不饱和脂肪酸有降血脂作用。

脂肪不溶于水，溶于有机溶剂。脂肪酸可溶于脂肪、乙醚、氯仿及热乙醇中。

脂肪可被碱水解生成脂肪酸与甘油。不饱和脂肪酸在光、热、潮湿空气作用下，双键会发生氧化，形成过氧化物。

● 磷脂　磷脂是含有磷酸组分的脂质。

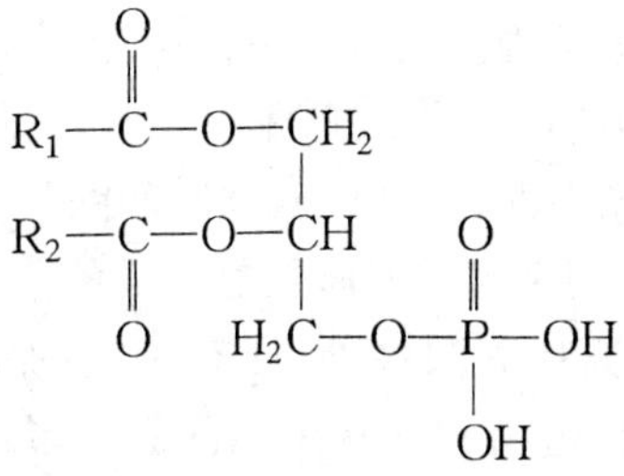

L- α-磷脂酸

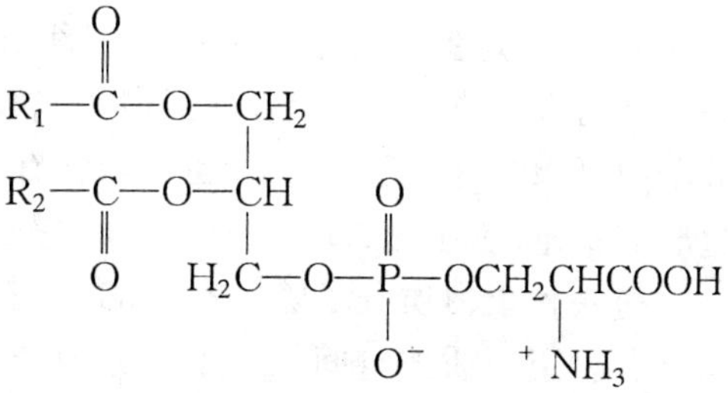

磷脂（卵磷脂）

自然状态的磷脂都有两条柔软的长碳氢链(R_1,R_2),为脂溶性,另一端的磷酰化物为强亲水基,因而磷脂分子即可溶于有机溶剂成透明溶液,又能溶于水以胶体状态在水中扩散。

● 胆固醇　胆固醇是激素的前体物质,具有液晶的性质。溶液既有流动性,又能在一定条件下非常有规则地像晶体一样排列起来。

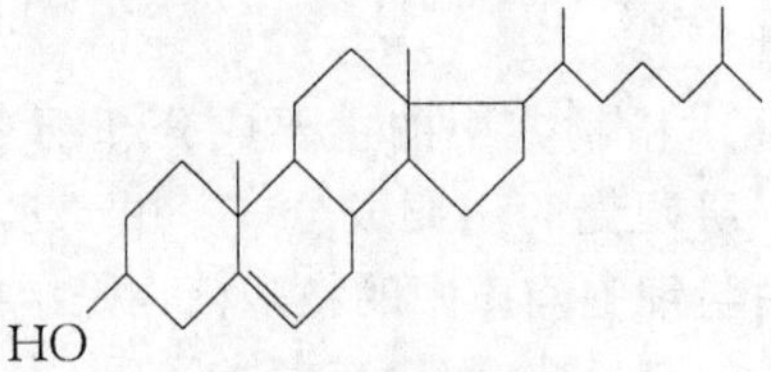

胆固醇

脂质类物质是一些有着重要生理功能的化合物。脂肪可提供机体需要的能量,防止热量发散;磷脂是细胞膜主要成分;其他脂质有的是动物的激素或维生素,有的是动植物的色素物质。

③ 蛋白质。蛋白质是构成生命的最重要的物质,是生命活动的承担者,一切生命活动无不与蛋白质相关。

蛋白质的一级结构是指组成蛋白质的肽链中的氨基酸的排列顺序。蛋白质中氨基酸的连接方式是肽键。

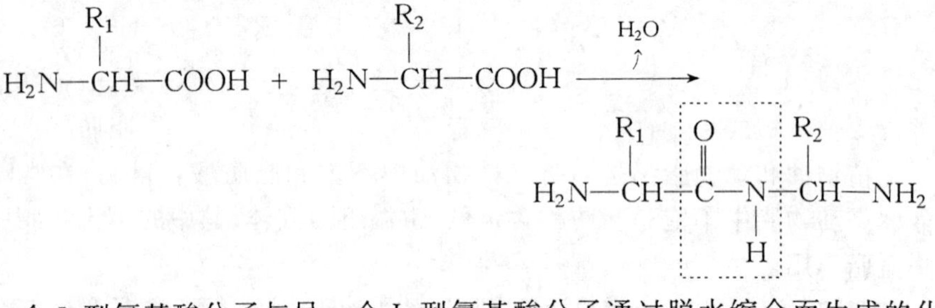

一个 L 型氨基酸分子与另一个 L 型氨基酸分子通过脱水缩合而生成的化合物称为肽,肽分子中的酰胺键称肽键。肽有二肽和多肽之分,如甜味二肽是由苯丙氨酸与天冬氨酸缩合而成。蛋白质是由 50 个以上氨基酸组成的多肽,各种蛋白质中的氨基酸有特定的排列顺序,肽链中的氨基酸排列顺序决定了蛋白质的功能,也决定蛋白质分子的二级、三级、四级结构。也就是说,决定蛋白质分子高级结构所需的信息也储存在蛋白质一级结构的氨基酸顺序中。此外,蛋白质分子中可能含有一条多肽链,也可能含有多条多肽链,肽链和肽链间除了可以通过肽键相连,还存在二硫键—S—S—,它是由两个半胱氨酸脱氢形成的。

每一种蛋白质分子除了有它的一定的氨基酸顺序外,还有一定的空间结构。各种蛋白质按空间结构不同分为纤维状蛋白和球状蛋白两类。蛋白质的二级结构指的是蛋白质多肽链上由于C—C键,C—N 键旋转而形成多肽链的两种盘曲方式：α-螺旋，β-折叠，维持二级结构稳定性的是存在于肽链间和肽链内的氢键（见图 10.2）。在蛋白质肽链上有很多—NH（亚胺基），—CO—（羰基）、—OH（羟基），它们互相接近可形成氢键。

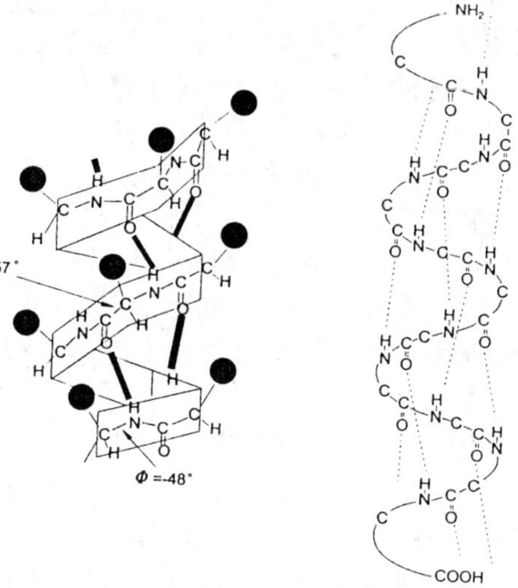

图 10.2　蛋白质的 α-螺旋构像及氢键

蛋白质的三级结构是指具有二级结构的多肽链进一步折叠，卷曲而形成的复杂球状结构（见图 10.3）。蛋白质分子如果一级、二级结构相同，但三级结构不同，则它的功能也不相同。

具有三级结构的蛋白质分子按一定方式聚合成多聚体结构，就是蛋白质的四级结构。具有四级结构的蛋白质多含有两条以上的多肽链，每一条多肽链称为蛋白质分子的亚基，亚基都有其自身的三级结构（见图 10.4）。

图 10.3　肌红蛋白的三级结构

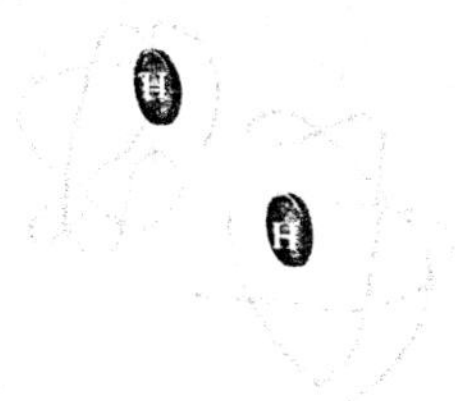

H 表示血红素，浅色线表示两条肽链

图 10.4　马血红蛋白四级结构

实际上，只有三级以上结构的蛋白质才有生物活性，化学家人工合成的一些蛋白质分子虽然有与天然蛋白质分子相同的一级结构，但通常无法在体外正常折叠成高级结构，因而没有生物活性。多肽链的折叠是未来生命科学的一个重要领域。

蛋白质的空间结构并不是固定不变的，有些蛋白质当它要表现其生物功能时，其空间结构（立体结构）会发生改变，这种现象称为蛋白质分子的变构现象，变构现象是蛋白质分子表现其生物功能的一个相当普遍又十分重要的现象。

④ 核酸。核酸是生物大分子中最重要的一类，核酸是构成生命的最根本的物质，是生命体遗传信息的携带者，生命体的遗传特征由核酸决定。生物体内的核酸大分子是单核苷酸的聚合物，单核苷酸又是由核苷和磷酸组成。

● 核苷　核苷是由 D 型戊糖与碱基以—C—N—C—糖苷键连接而成，RNA 中的核苷称核糖核苷，DNA 中的核苷称脱氧核糖核苷，核苷中碱基是连在戊糖分子的 1 位碳原子上。

● 核苷酸　核苷（或脱氧核苷）与磷酸分子结合形成核苷酸（脱氧核苷酸），磷酸分子可连在糖分子的 2-，3-，5-碳原子上，分别称为 2′，3′，5′-核苷酸，见图 10.5。四种单核苷酸通过 3′，5′-磷酸二酯键连成核苷酸链，即 DNA 链或 RNA 链，见图 10.6。

在生物体内，核苷酸除了作为核酸基本组成单位之外，还有一些核苷酸自由存在于细胞内，具有重要的生理功能。如 ATP（腺嘌呤核苷三磷酸），它是由 5′-腺苷酸进一步磷酸化后的产物，在 ATP 中含有焦磷酸键，是高能贮能键；又如 cAMP（3′，5′-环状腺苷酸），cAMP 是生物体内的第二信使，它传递激素的作用，调节酶催化反应，调节蛋白质生物合成。

RNA、DNA 的一级结构即是四种单核苷酸的排列次序，生物的遗传信息就贮存于 DNA 的核苷酸序列中，自然界生物物种的多样性即寓于 DNA 分子中四种核苷酸的不同的排列次序中。

● DNA 的双螺旋结构　1953 年，英国剑桥大学的 Watson 和 Crick 提出了 DNA 的双螺旋结构模型，说明了脱氧核糖核酸 DNA 的二级结构，它的要点是：DNA 分子是一个右旋的双螺旋结构（见图 10.7），由两条脱氧核糖核酸链围绕同一个轴呈逆平行状态双螺旋，螺旋中形成大沟、小沟，戊糖和磷酸基在链的外侧以楼梯扶手构成骨架，碱基在链的内侧似阶梯。螺旋直径2.0 nm，同一条链上相邻碱基间隔 0.34 nm，旋转角度 36°。两条链靠碱基堆积力和氢键连结。

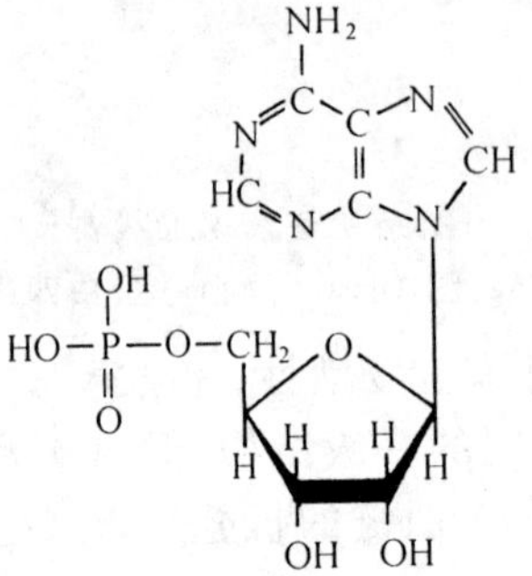

5′-腺苷酸（5′- AMP）

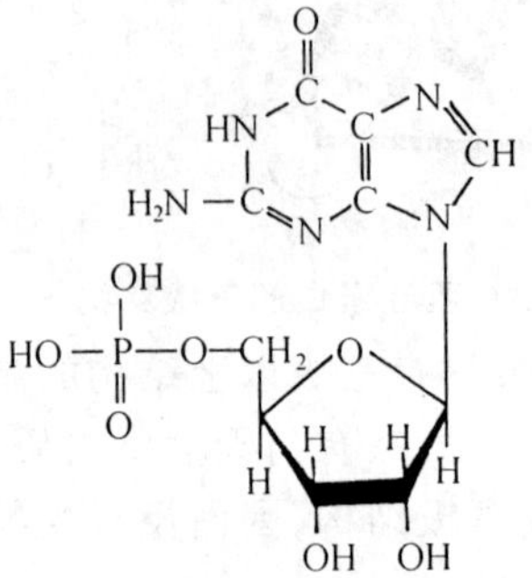

5′-鸟苷酸（5′- GMP）

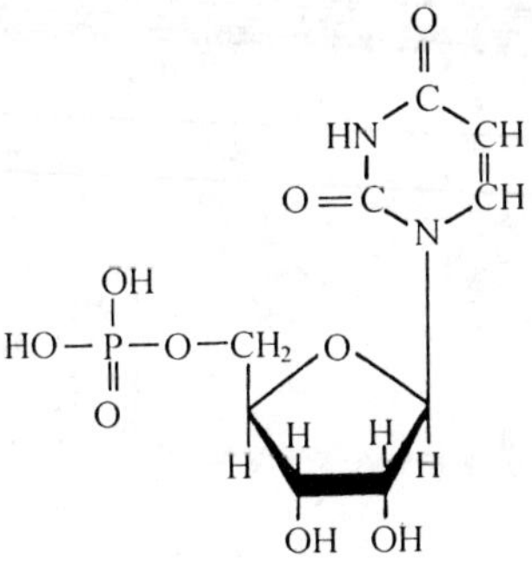

5′-尿苷酸(5′- UMP)

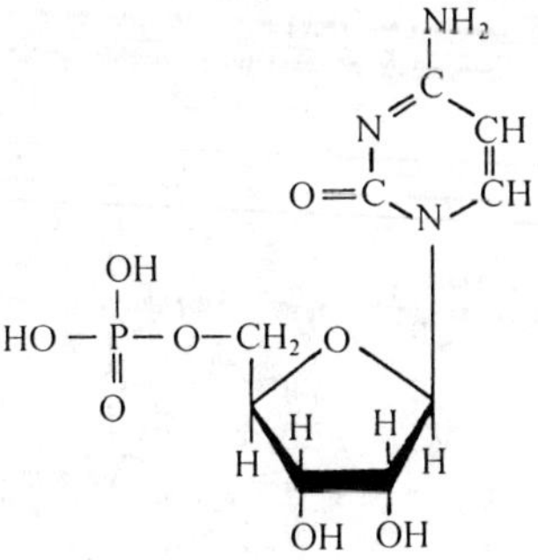

5′-胞苷酸(5′- CMP)

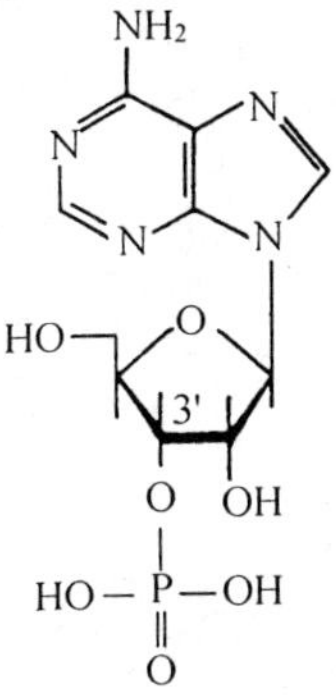

3′-腺苷酸(3′- AMP)

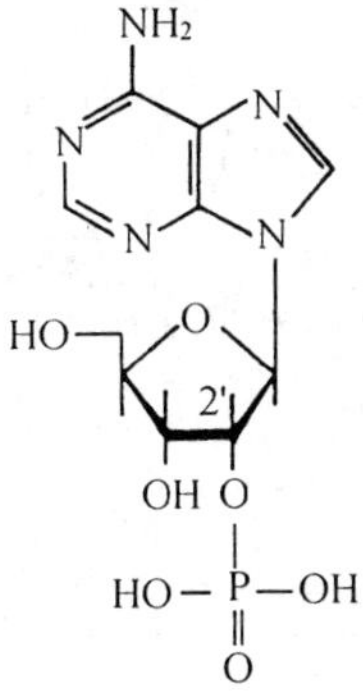

2′-腺苷酸(2′- AMP)

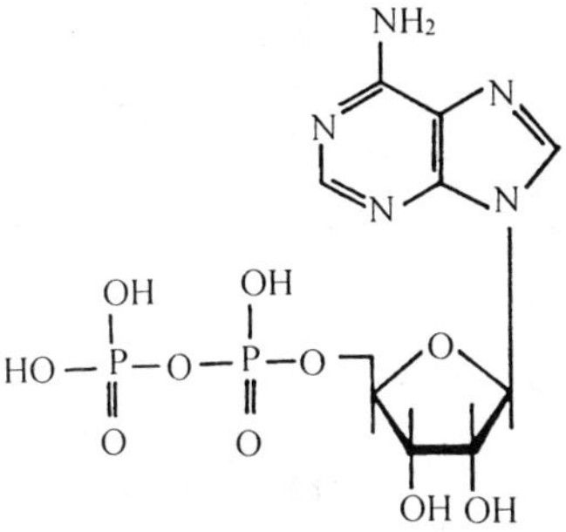

腺苷二磷酸(ADP)

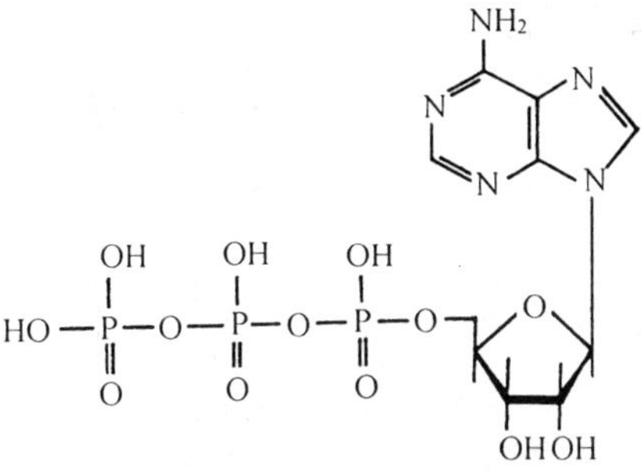

腺苷三磷酸(ATP)

图 10.5　核苷酸结构

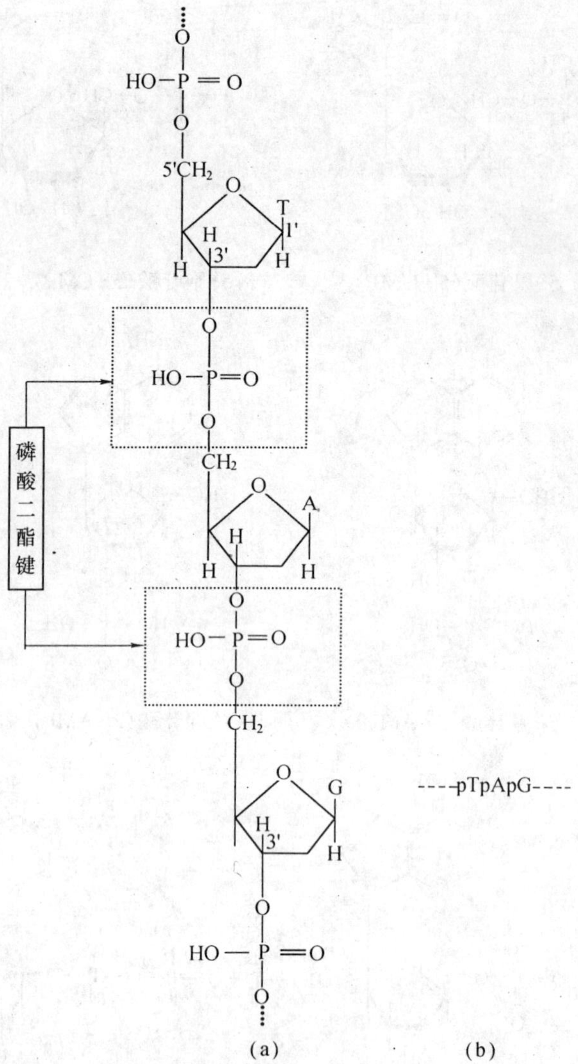

图 10.6 DNA 分子中多核苷酸链的一个小片段(a)及缩写符号(b)

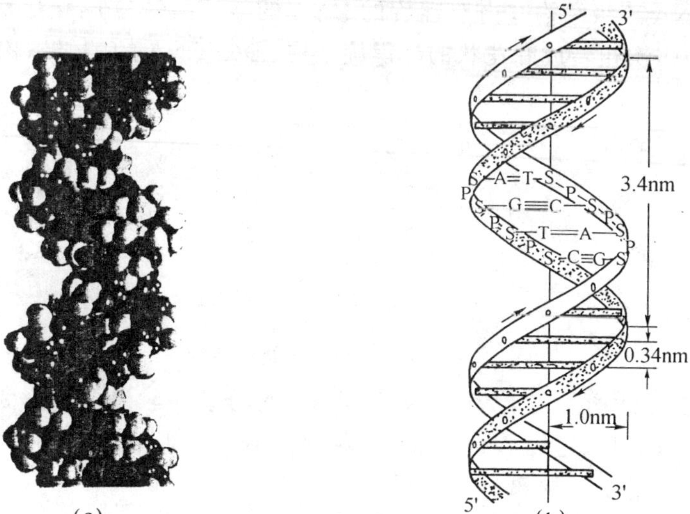

(a)　　　　　　　　　　　　(b)

图 10.7　DNA 分子的双螺旋结构模型

碱基堆积力是指 DNA 双螺旋内侧大量碱基层层堆积，形成一个强大的疏水区，与介质中的水分隔绝开。

氢键指的是两条链上的碱基通过氢键互补配对。双螺旋结构上的碱基配对不是随意的，而是遵循 A=T，G≡C 原则，即一条链上的碱基 A 与另一条链上的碱基 T 之间通过两个氢键配对，同时 G 与 C 之间通过三个氢键配对，见图 10.8。碱基配对的规律十分重要，是遗传信息传递的关键，在 DNA 复制中有着重要意义。

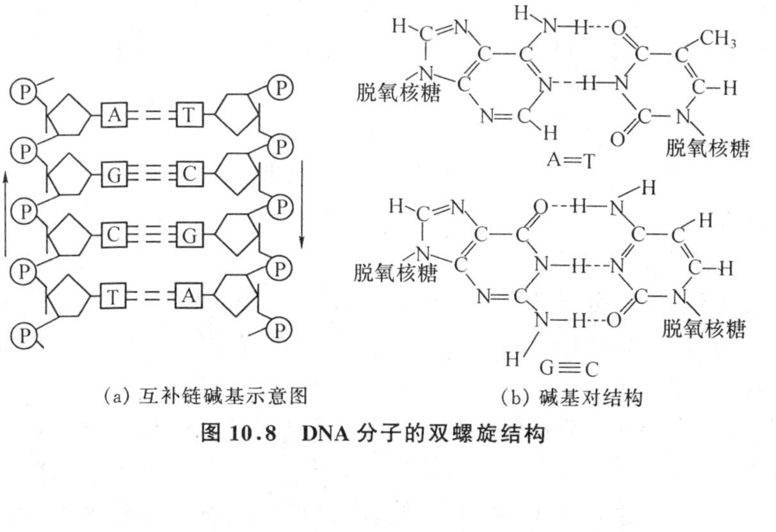

(a) 互补链碱基示意图　　　　(b) 碱基对结构

图 10.8　DNA 分子的双螺旋结构

● DNA 三级结构　由双螺旋的 DNA 的核苷酸链首尾相接成环状，环状分子再经多次扭转成麻花状的超螺旋结构，即是 DNA 的三级结构。

图 10.9　DNA 超螺旋结构

● RNA 结构　与 DNA 分子不同，RNA 分子一般以单链形式存在，在分子内部有互补区，遵循 A＝U，G≡C 配对原则。在形成氢键的互补区分子可扭转产生双螺旋区构像。

除了在某些病毒中，以 RNA 直接作为遗传信息的载体外，在各种生物的活细胞中，RNA 主要负责遗传信息的表达，它直接参与蛋白质的生物合成，它转录 DNA 所发布的遗传信息，并将之翻译给蛋白质。RNA 根据功能和性质的不同，分为三种：

● 信使 RNA(mRNA)　占细胞中 RNA 总量的 5% 以下，它是以 DNA 为模板，在 RNA 聚合酶的催化作用下合成的，它的碱基与 DNA 互补。mRNA 是蛋白质合成的模板，在蛋白质合成后，mRNA 即被分解。

● 核糖体 RNA(rRNA)　约占细胞中 RNA 总量的 80%，是细胞质中核糖体的组成成分，核糖体是蛋白质合成的主要场所，mRNA 只有结合到核糖体上之后，才能使模板作用。

● 转运 RNA(tRNA)　约占全部 RNA 的 15%，它的功能是携带氨基酸，把氨基酸转运到核糖体的 mRNA 上。它既能读取 mRNA 上碱基排列的遗传密码，又能识别各种氨基酸。

(2) DNA 的复制、遗传与进化

四种生物大分子：蛋白质、核酸、糖类和脂质类，其中 DNA 是生物遗传的物质基础，生物机体的遗传信息储存在 DNA 分子中，表现为特定的 DNA 链上的核苷酸排列顺序，遗传信息由 DNA 经复制从亲代传给子代。所谓复制，就是以原有 DNA 分子为模板，合成出相同 DNA 分子的过程。自我复制是 DNA 分子最重要的属性，也是生命体进行繁殖的遗传基础，DNA 的复制是按半保留方式进行的：

先是 DNA 的双股螺旋解旋，再使双链解开，复制时每条链都可作模板，按碱基配对原则，合成出一条互补的新链——cDNA，这样新形成的二个子代 DNA 分子就与原来的 DNA 分子的碱基顺序完全一样，且每个子代的双链

DNA 分子中，一条链来自亲代 **DNA**，另一条为新合成的，见图 **10.10**。

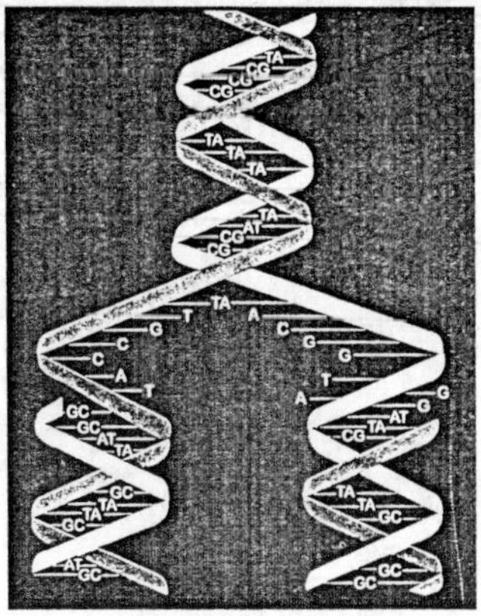

图 10.10　DNA 的半保留复制

DNA 的复制，实际也就是基因[①] 和基因组的复制。一个 DNA 分子上有多达上万个基因，一个基因通常有 1 000～5 000 T 碱基对。由于 DNA 的半保留复制过程极为可靠，发生错误的可能性为 1 万亿分之一，所以它保证了生物物种的稳定性和延续性。

尽管 DNA 复制时发生错误的可能性非常低，但还是会有错误发生的。在 DNA 的复制过程中会出现一些随机的突变，如 C 变成 T，G 变成 A，或者由于外界环境因素也会引起 DNA 突变，DNA 上的基因突变会导致遗传性状变异，变异是进化的基础，也是疾病的根源。机体的变异通过自然选择和遗传漂变(DNA 有自身的修复功能，对变异部分加以修正)，导致生物的进化，使生物由低级到高级发展。遗传、变异和进化是紧密相连的。

(3) 基因的表达与生命的起源

遗传信息由 DNA 到 RNA，再到蛋白质的过程是分子生物学的核心，这个过程也称作基因表达，它遵循“中心法则”。

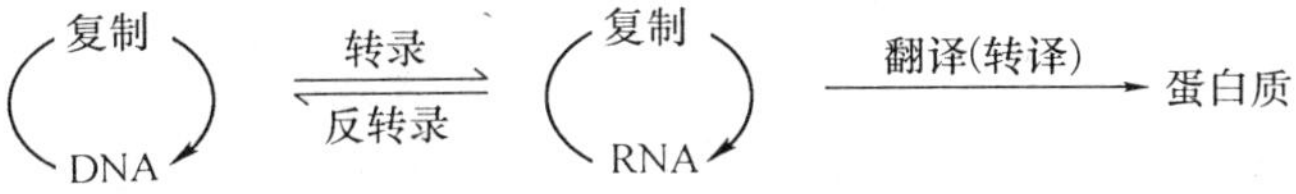

遗传信息由 DNA 转录到 RNA，这是基因表达的第一步，也是关键的一步。转录是在细胞核内以 DNA 的一条链为模板、按照碱基互补配对原则、合成出一条信使 RNA(mRNA)的过程。之后，mRNA 从细胞核进入细胞质中，在核糖体上，再以 mRNA 为模板，将其携带的遗传信息翻译，指导蛋白质合成(见图 10.11)。

蛋白质的结构与核酸没有相似之处，它是怎样接受遗传信息的呢？

如果把 mRNA 上的核苷酸排列顺序称为遗传密码的话，人们发现，这个核苷酸序列与蛋白质的氨基酸序列之间存在着一个对应关系，即三个核苷酸决定一个氨基酸，这就是遗传的三联体密码或密码子。至 1967 年，人类已完

① 基因(Gene)：决定一条完整的蛋白质或多肽链的 DNA 片断。

全确定了编码20种氨基酸的64种遗传密码,见表10.4。

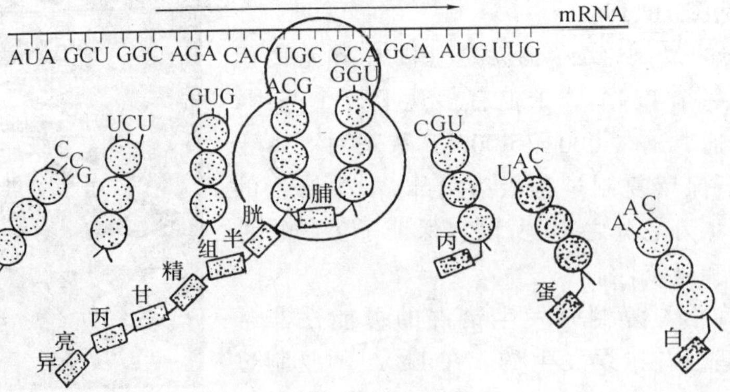

图10.11 蛋白质合成过程

表10.4 遗传密码表

第一位碱基(5′侧)	第二位碱基(中间) U	C	A	G	第三位碱基(3′侧)
U	UUU 苯 UUC 苯 UUA 亮 UUG 亮	UCU 丝 UCC 丝 UCA 丝 UCG 丝	UAU 酪 UAC 酪 UAA 终止 UAG 终止	UGU 半 UGC 半 UGA 终止 UGG 色	U C A G
C	CUU 亮 CUC 亮 CUA 亮 CUG 亮	CCU 脯 CCC 脯 CCA 脯 CCG 脯	CAU 组 CAC 组 CAA 谷胺 CAG 谷胺	CGU 精 CGC 精 CGA 精 CGG 精	U C A G
A	AUU 异 AUC 异 AUA 异 AUG 蛋	ACU 苏 ACC 苏 ACA 苏 ACG 苏	AAU 天胺 AAC 天胺 AAA 赖 AAG 赖	AGU 丝 AGC 丝 AGA 精 AGG 精	U C A G
G	GUU 缬 GUC 缬 GUA 缬 GUG 缬	GCU 丙 GCC 丙 GCA 丙 GCG 丙	GAU 天 GAC 天 GAA 谷 GAG 谷	GGU 甘 GGC 甘 GGA 甘 GGG 甘	U C A G

从表中可以看出,密码子的三个核苷酸组成、排序不同,则对应的氨基酸也不同。其中有三种终止密码UAA、UAG、UGA和一种起始密码AUG。自然界中所有生物都适用于这同一套密码子。

现代遗传学认为,基因是控制生物性状的遗传物质的功能单位和结构单位,是有遗传效应的DNA片断。核酸贮存和传递遗传信息。蛋白质是基因作用的直接产物，生物体的性状主要是通过蛋白质来体现的，生物体内的化学反应也是在蛋白质酶的催化作用下完成的。因此，基因对性状的决定性作用是通过DNA控制蛋白质的合成来实现的。

4）生物膜

细胞是人体和其他生物体一切生命活动结构与功能的基本单位，细胞膜是细胞的动态屏障，支配着细胞内外的物质交换和通信，它们是细胞的固定化生产基地，镶嵌在膜上的成百上千的生产线和加工车间川流不息地生产着多种多样的细胞物质。细胞内除了细胞膜之外，还有核膜、内质网膜、高尔基体膜等，此外，线粒体、叶绿体上也有膜结构存在，这些膜都可统称为生物膜。

生物膜是一种具有特殊结构和功能的半透膜。1972年，美国化学家S.J.Singer and G. Nicolson首次提出双层磷脂分子膜结构，这一模型称为生物膜的流动镶嵌模型(Fluid-mosaic Model)

膜主要由脂质、蛋白质和糖类物质组成。双层磷脂分子构成基质，每个磷脂分子有含有一个极性的头基团和两个长长的非极性的烃链尾。蛋白质分子以不同方式镶嵌在基质中或结合在基质表面。外层磷脂层还含有糖苷脂(糖与脂的化合物)和胆固醇。膜功能与脂类、蛋白质的种类、含量有关。

细胞膜中的脂质处于液晶状态，既排列规则，又有摆动、转动、流动的自由。不同生物保持液晶状态的温度不同，因而生理活动条件亦不同。

生物膜作为一种界膜，提供给细胞一个进行生化反应和代谢过程的稳定的内环境，以维持细胞内各种生命活动的正常进行。在膜上可完成细胞内外的物质交换与运输。如细胞膜可选择性地让营养物质氨基酸、O_2、N_2、CO_2、H_2O、尿素以及Na^+、K^+、H^+、Ca^{2+}进出细胞，以保证基本生命活动正常进行。这就是膜的“通透性”。此外，膜参与信息传递和代谢调控。位于细胞膜上的一类特殊蛋白质——受体分子，可选择性地与细胞外的激素、神经信号传递物质、药物等“信号”物质相结合，引发一系列生化反应，从而调控代谢方向。如神经细胞产生信号物质乙酰胆碱($CH_3COOCH_2CH_2\overset{+}{N}(CH_3)_3OH^-$)，乙酰胆碱进一步与镶嵌在膜上的乙酰胆碱受体蛋白结合，引发连锁反应，完成信号传递。蛇中毒可使人处于神经昏迷状态，是因为蛇毒神经蛋白可与乙酰胆碱竞争结合位于膜上的乙酰胆碱受体蛋白，阻断神经信号传递。细胞膜上的信号传递是当今生物学研究的热门领域之一。细胞膜还具有细胞识别与免疫作用，细胞膜表面存在着大分子物质——膜抗原，能识别接受特异性刺激，作出免疫反应。

生物膜是当前分子生物学、细胞生物学中一个十分活跃的领域。人们围绕生物膜的兴奋性、离子选择、抗原抗体反应、主动离子运输、光电效应等方面开展了大量的工作。人们期望在对生物膜的结构、生物膜与能量转换、物质运送、信息传递等方面的知识了解的基础上，利用仿生物膜、人工膜实现海水淡化、金属离子富集、污水处理、气体分离、净化浓缩等工业应用。

5) 细胞——生命的最小单位

(1) 细胞的发现，细胞学说的创立

绝大多数的细胞，直径都在 30 μm 以下，而人的眼睛能看到的最小尺度只能达到 100 μm，因此，肉眼必须借助放大镜才能看到细胞。

1604 年，荷兰的眼镜制造商詹森兄弟发明并制造出世界上第一台显微镜，放大倍数 10～30 倍，但这样的显微镜还看不到细胞；1655 年，英国物理家胡克(Robert Hook)制作了一台放大倍数为 40～140 倍的显微镜，用它第一次发现了植物细胞，观察到植物组织内有许多小室，类似蜂窝，借拉丁语“Cellulae”(意为小室)，命名为 Cell(细胞)，胡克看到的只是死亡细胞的细胞壁。真正看到活动细胞的是列文虎克(Leeuwenhoek)，1677 年，他用改进的显微镜观察到池塘中原生动物以及人和动物的精子，并由此发现了细菌，观察到细胞胞内结构，这引起科学家极大兴趣。1831—1835 年间，细胞核、细胞质等细胞内结构相继被发现，至此，细胞的基本结构已确定。1855 年，细胞学说在德国创立：

① 一切生物都是由细胞组成，细胞是多细胞生物的最小结构单元，对单细胞生物来说，一个细胞就是一个单独的个体。

② 每一个细胞对于多细胞生物来说，都是一个代谢活动单位，执行特定的功能。

③ 细胞只能通过细胞分裂而来，即细胞来自细胞。

细胞学说的建立帮助人类找到了生物学界的共同的结构和功能基础，促进人类对生物界的认识。细胞学说与能量守恒与转换定律、进化论一起被称为 19 世纪三大发现。

(2) 细胞的结构要素

细胞是一切生命体生命活动的基本单位，它有完整有序的结构体系和自动控制体系。

生物细胞可分为细胞膜外结构(如细胞壁)与原生质体(可独立繁殖)两个部分。原生质体有细胞膜、细胞质和细胞核三大组成部分。对真核生物(动物、植物、真菌、酵母)而言，其细胞内的细胞核有核仁、核膜和一至数条由蛋白质和 DNA 构成的染色体。原核生物(细菌、放线菌、霉菌)的细胞核结构较松散，没有核膜、核仁，仅有核区，称类核。在细胞核之外、细胞膜之内，分布着无色透明的胶状物——细胞基质，以及形状各异的细胞器。细胞器是生命体生命活动的场所，包括线粒体、叶绿体、核糖体、高尔基体、溶酶体、细胞骨架、中心体、液泡等。

(3) 细胞增殖

细胞增殖对应一个增殖周期(或分裂周期),即指从细胞的一次分裂结束到下一次分裂终止所经历的全过程。不同物种的细胞,细胞增殖(分裂)周期是不同的。

细胞分裂周期 = 细胞分裂间期($G_1 + S + G_2$) + 分裂期,其中细胞间期含 DNA 合成前期(即 G_1 期)、DNA 合成期(即 S 期)、与 DNA 合成后期(即 G_2 期)。

细胞的增殖受到调控,正常生命体中细胞的分裂能力是有限地。

(4) 细胞的分化

细胞的分化是指在个体发育中,细胞后代在形态、结构和功能上产生的稳定差异的过程。在个体发育中,具有能分化产生各种组织和细胞能力的细胞,被称为全能细胞,如受精卵细胞;具有能分化产生多种组织或细胞能力的细胞,为多能细胞,如干细胞、胚胎细胞;只能分化出一种细胞的,称单能细胞。一般,细胞分化程度越高,其去分化潜能愈窄。

细胞分化在形态、结构、功能上产生差异,但分化细胞的细胞核仍保存了原来的全部遗传物质。

10.1.2 生命过程中的化学

生物体内的新陈代谢过程包含着许多复杂而又有规律的物质变化和能量变化。绿色植物利用太阳光能、水、二氧化碳和无机盐等简单物质,经过一系列变化合成复杂的糖、蛋白质、脂肪等物质。而动物又利用植物体中的物质,并经过错综复杂的分解与合成反应转化成为自身的一部分,得以生长、繁殖等。这些反应有一定的顺序性和连续性,彼此配合,并且都是在特定的酶系催化下进行的,因此,生命活动离不开酶,离不开在酶催化下进行的反应。

1) 酶和生化反应

(1) 酶的一般概念

酶是生物细胞产生的,以蛋白质为主要成分的生物催化剂。酶催化反应和所有的化学催化剂一样,它降低反应的活化能,使活化分子数增加,从而显著改变化学反应速度。

酶的催化作用与一般非生物催化剂相比较,有以下几个特点:

① 酶的主要成分是蛋白质。酶是生物细胞产生的,其主要成分是蛋白质,因而对周围环境变化比较敏感,遇到高温、强酸强碱、重金属离子、紫外线等因素影响,易失去催化活性,因而酶催化都是在温和条件下进行的。

② 酶的催化效率非常高。酶促反应所需的活化能低,如过氧化氢分解反应:$2H_2O_2 \longrightarrow 2H_2O + O_2$,其活化能 $Ea = 75.3\ kJ \cdot mol^{-1}$。若用胶态铂作催化

剂，反应活化能 $Ea = 49\ kJ \cdot mol^{-1}$；若选用过氧化氢酶来催化反应，反应的活化能 Ea 仅为 $8\ kJ \cdot mol^{-1}$。再如碳酸分子分解反应：$H_2CO_3 \longrightarrow H_2O + CO_2$，1 克分子的碳酸酐酶可催化 1 900 万个 H_2CO_3 分子分解。由此可见，酶的催化效力是很高的。在生物细胞内，酶的含量很低，但仍可催化大量的底物分子发生反应。将唾液淀粉酶稀释 100 万倍，仍具有催化活力。

③ 酶催化具有高度的专一性。酶对所作用的底物有严格的选择性，一种酶往往只能对某一类物质或某一种物质起催化作用，对其他物质则没有催化作用。

酶对底物作用的专一性分为结构专一性和立体专一性两类。前者如尿酶只能催化尿素水解生成 NH_3 和 CO_2，脂酶能催化各种脂肪水解生成甘油和脂肪酸；后者如 D-氨基酸氧化酶，对 L-氨基酸全无作用，但能催化各种 D-氨基酸氧化脱氨。酶的立体异构专一性是相当普遍的现象，几乎所有的酶对于立体异构体都具有高度专一性。

④ 酶的催化活性受到调节和控制。在生物体内，酶与酶之间，酶与其他蛋白质之间还存在相互作用，影响酶的活性。生物体通过多种方式对反应以及多酶复合体进行调控，这是生物体维持正常生命活动所不可缺少的，一旦失去调控，生物体会表现病态或死亡。

(2) 酶的化学组成及分类

酶的本质是蛋白质，分子量大(在 1 万以上)，有一级结构和高级结构，易变性，酶被水解的最终产物是氨基酸，酶是两性电解质，在等电点沉淀，酶是大分子化合物，具有胶体性质。

酶有简单蛋白和复合蛋白两类。属于简单蛋白的酶，如尿酶、蛋白酶、脂酶等，其酶分子除了蛋白质外，不含其他物质，这类酶亦称单成分酶。复合蛋白酶也称双成分酶、全酶，它除了含有蛋白质外，还含有对热稳定的非蛋白质的小分子物质(辅助因子)，两者单独存在，均无催化作用。此外，还有由几种酶彼此嵌合形成的多酶复合体。

辅助因子在酶催化反应中一般起着运输(转移)电子、原子、功能基因的作用。辅助因子分两类：辅酶与辅基。辅酶是指与酶蛋白结合得较松的小分子有机物，辅基是指与酶蛋白结合得比较紧密的小分子有机物以及金属离子配合物。

在酶催化反应时，直接参与催化作用的并不是整个酶分子，往往只是酶分子中的一小部分，称为酶的活性中心。酶的活性中心是酶分子上直接与底物结合并与酶催化作用直接相关的部位，在酶的活性中心部位含有结合基团和催化基团，前者决定酶的专一性，后者决定酶的催化能力。

按照酶催化反应类型的不同，可将酶分为氧化还原酶类(氧化酶、脱氢酶)、转移酶类、水解酶类、解合酶类、异构酶类、合成酶类。

(3) 酶作用机制及影响酶作用因素

关于酶催化作用的专一性有两种假说,一种是“锁-钥匙假说”,将酶与底物比喻为锁与钥匙的关系,只有特定的底物才能契入与之互补的酶表面,使酶发挥催化活力。这种假说属于“刚性模板假说”,它并不能完全解释酶专一性中的所有现象,如酶能催化可逆反应,此时酶既作用反应物,又作用生成物;另一种是“诱导契合假说”,认为酶分子与底物结合过程中,酶分子受底物分子诱导,酶分子活性中心的构像要发生一定的变化,以使催化基团和结合基团正确的排列和定向,使酶和底物互补契合,酶反应才能高速度地进行。

酶靠氢键、范德华力和离子间静电引力和底物结合后,是如何降低反应活化能,高效率地催化反应的进行呢?这涉及到酶催化反应的4种效应:

① 邻近效应和定向效应。化学反应速度与反应物浓度成正比。在酶催化的活性中心区域,底物的有效浓度大大高于周围溶液中的底物浓度,这就是邻近效应。至于定向效应,由于反应物分子已契合在酶分子的活性部位上,因而酶分子的活性部位对反应物分子碰撞起导向作用,从而减少反应物分子进入过渡态所需的活化能,从而加快反应速率。

② 形变效应。酶与底物结合后,酶分子中的某些集团或离子能使底物分子的化学键产生形变,易于反应的发生。即在酶分子构像发生变化的同时,底物分子也形变,从而形成互补契合的酶—底物复合物,复合物有更低的热力学能。

③ 共价催化和酸碱催化。酶分子中含有多种亲核基团、酸碱基团,可与底物作用形成反应活性高、稳定性稍差的中间过渡态物质,从而大大降低反应活化能。

④ 环境效应。某些反应在有机相中进行比在水相中进行得快,而一些酶的活性中心是疏水性的,这种酶即可在水相环境中提供具有一定有机相的或油性的微环境,加速酶促反应的进行。

酶促反应速度受到温度、pH、酶浓度、激活剂与抑制剂等因素影响。对酶反应而言,有最适的温度和pH条件要求,在最适温度和pH范围,酶活性最高,酶反应速度快。酶浓度和反应速度成正比。激活剂(如金属离子 Na^+、K^+、Ca^{2+}、Mg^{2+}、Zn^{2+}、Cr^{3+}、Fe^{2+}、${PO_4}^{3-}$,还原剂抗坏血酸、半胱氨酸)存在能提高酶活性;加快反应速度,抑制剂(重金属,有机砷、汞、CN^-、生物碱、农药等)存在使酶活力下降或丧失,失去催化活性。

(4) 酶活力定义

酶活力的大小可以用在一定条件下它所催化的某一化学反应的反应速度来表示。酶催化的反应速度越快,酶活力就越高;反应速度越慢,酶活力就越低。

此外，在酶学研究和工业生产中经常要提到酶的比活力，酶的比活力指的是每毫克酶蛋白所具有的酶活力，一般用活力单位/毫克蛋白表示。对同一种酶来说，比活力越高，酶制品越纯。

2）新陈代谢

新陈代谢(Metabolism)是生命的最基本特征之一。从广义上讲，新陈代谢是指生物体与环境之间进行物质交换和能量交换的过程，从狭义上讲，则是指物质在细胞内的合成过程和分解过程。生物一方面从环境中摄取营养，在体内通过一系列的化学变化，把营养物质同化为组成生物的种种物质；另一方面，生物体内的组成物质又不断地被分解、消耗，所以新陈代谢也称同化作用和异化作用。

(1) 代谢类型

新陈代谢过程分为合成代谢与分解代谢，但更多使用同化作用、异化作用。

① 同化作用。同化作用是指细胞将各种从体内环境中所获得的低分子量前体同化为各种生物高分子，包括合成细胞组分的各种生物合成反应，这一过程是需能过程。

② 异化作用。异化作用是指生物体内的大分子物质经酶催化而降解为低分子量化合物的过程，是生物体内的分解反应，是产生能量的过程，营养物质通过异化作用被代谢。

生命体内复杂的代谢过程常常反映为种种生命现象，如呼吸作用主要是糖类物质在氧的参与下分解并放出能量；生长是核酸、蛋白质等生物物质的合成；运动时肌肉收缩则是由化学能转变为动能产生的；光合作用是将光能转变为化学能——糖类物质的合成过程。

在整个生命过程中，同化和异化，合成与分解，相辅相成，有机地联系在一起，构成代谢的统一整体，生物体内的代谢作用一旦停止，生命活动也就终止了。

(2) 代谢特点

生物体内代谢过程的阐明对于医药、化工、农业等行业有极大的促进作用。如了解了癌细胞的代谢过程后，可以设计出有针对性的治癌药物；如了解了微生物的代谢途径，可以选择营养缺陷型菌株进行代谢中间物、代谢副产物的生产。由此可见，新陈代谢的研究与生产实践有十分密切的关系。

细胞内的代谢，具有以下几个特点：

① 代谢途径关联性。新陈代谢过程中所包含的化学反应是通过一系列的相关联的中间过程而完成的。生物体内糖、蛋白质、脂三大营养物质各有其特定的代谢途径，但糖、蛋白质、脂三类物质的代谢途径间存在着共同的代谢关系，如图 10.12 所示。在代谢过程中，包括糖、蛋白质、脂在内的有机分子能

被分解成一定的代谢中间产物,并能直接或间接地进入三羧酸循环(TCA),通过呼吸作用降解为小分子物质。

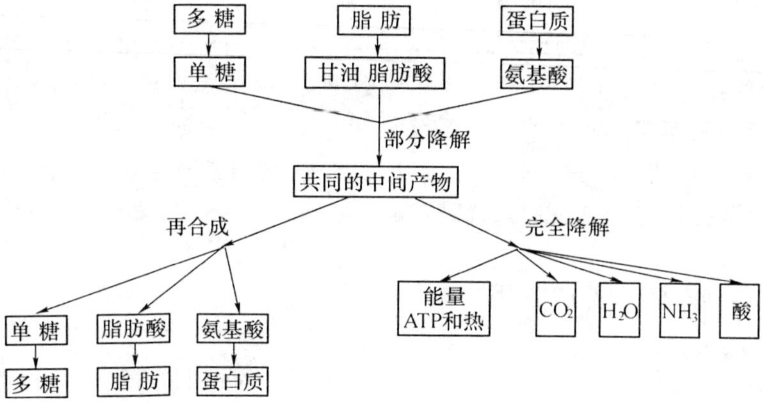

图 10.12 糖、脂、蛋白质三类大分子物质代谢间的关系

② 代谢过程的序列性。新陈代谢过程中所含的化学反应往往不是一步能完成的,而是顺序性地连续地进行。反应有线性序列和分支序列之分,序列反应中的第一步反应基本是不可逆的。

③ 酶促反应。生命体内的生化反应是在酶的催化作用下完成的,反应条件温和,特异性好。

④ 代谢过程受到调控。代谢调控是指细胞内的代谢速度按照生物生长、发育的需要而改变的一种作用。酶是代谢调控作用中的关键,酶活性的调节与酶含量的调节是最基本的调控方式。

10.1.3 分子生物信息学

分子生物信息学(Molecular Bioinformatics)是当今生命科学的前沿领域,自 20 世纪 90 年代以来,由于生物大分子序列和结构测定技术的突破,由于人类基因组测序工作的展开,每天都会诞生数以亿计的不同物种、不同分子的序列、结构和功能信息。数量如此庞大的生物信息,必然要依靠功能强大的计算机手段对生物分子信息进行高效分析及研究,由此,形成分子生物学与信息技术的结合体——分子生物信息学。就目前来讲,分子生物信息学的主要内容是用计算方法进行 DNA 和蛋白质的序列分析以及蛋白质结构预测。

进入 21 世纪,伴随 Intenet 在全球的普及,各种生物信息学数据库迅速增长,目前,国际上有三大生物分子核心数据库,它们分别是美国核酸序列数据库(GeneBank),日本 DNA 数据库(DDBJ)和欧洲分子生物学实验室(EMBL),它们是全世界分子生物学工作者获得生物分子的序列、结构和其他信息的重要来源,并可发表自己的序列测定结果和结构测定结果,真正实现全球协作。

围绕这三大核心数据库,还有上百个衍生库,如NCBI、GSDB、PIR、PDB、SWISS-PROT、CATH、PROSITE、ENZYME、PRINT、NDB、SGS、Ensemble、Goldenpath等。这些数据库分别从不同角度、以不同方式对各类生物信息数据进行独到的总结和阐释,科学家可通过网点、电子邮件或直接与服务器和数据库联系,从而获得所需的数据系统。

分子生物信息学是一门新兴的交叉学科,它需要有生物、物理、数字计算机等领域的科学家共同参与,前景广阔。

10.2 生物工程及其应用

生物工程也称生物技术(Biotechnology),是指运用生命科学、化学和工程学相结合的手段,利用生物有机体(从微生物直至高等动物)或其生命系统(如细胞中的酶、器官、组织、细胞)以及生物化学反应原理来发展新工艺、生产新产品的一种科学技术体系。

生物科学技术与电子信息科学技术、新材料科学技术一同被称为三大高新技术领域。它深刻影响着人类生活、工农业生产、医疗卫生、食品工业、资源与能源以及环保等各个领域。近年来,随着生物技术的不断发展,现代生物科学与技术正以巨大的活力改变着传统的社会生产方式和产业结构,给人类的传统观念带来巨大冲击,包括转基因动植物、克隆羊"多莉",试管婴儿、试管苗、基因食品、基因疫苗等。利用现代生物技术可以打破物种界限,创造出新的种质,并且可以定向地改造自然界的生物化学过程。

现代生物技术主要包括基因工程、细胞工程、酶工程和发酵工程。这些生物工程技术是相互渗透,相互交融的。这其中,基因工程和细胞工程是生物工程的核心和关键,发酵工程和酶工程是生物工程产业化的基础,是基因工程和细胞工程成果的实际应用。

10.2.1 基因工程

随着重组DNA技术的日臻成熟,基因工程(Genetic Engineering)成为整个生物技术产业的支柱之一,其中的许多实用性的实验技术已广泛地用于生命科学其他领域的研究。

1) 基因工程的基本要素

基因工程从狭义上讲,即是DNA重组技术,它在离体条件下将目的基因DNA片断切割并与载体连接,然后转入受体细胞,使之扩增并得以正确表达,制造出大量基因和基因产物。整个操作过程包括:目的基因片断的获得、工具酶的使用、受体细胞的选择、载体的构建、重组体的筛选以及表达产生的鉴定。

(1) 目的基因片断的获取

获取目的基因的方法主要有鸟枪法、人工化学合成法和反转录法。

鸟枪法是利用限制性核酸内切酶在DNA大分子的特定部位切开DNA双链，由此得到DNA碎片(寡核苷酸)或者个别的基因，然后还需通过实验分析，获取人们所需要的DNA片断。

对于小分子的DNA片断，可以通过化学合成方法，先合成多核苷酸小片断，然后通过连接酶的作用将这些核苷酸片断连接起来，成为一个完整的基因。人工合成基因的步骤见图10.13。

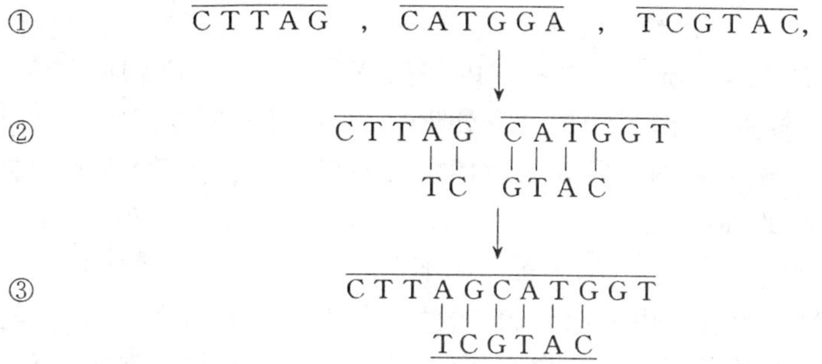

① 化学法合成小核苷酸片断；② 在低温冷却过程中，互补的核苷酸片断通过氢键配对连接，形成双链；③ 通过核苷酸连接酶的作用把多个核苷酸片断连接起来。

图10.13 人工合成目的基因片断的步骤

目前，由电脑控制的DNA合成仪已经商业化，这大大加快DNA合成速度。这种根据需要人工合成目的基因的技术已成为实验室常规手段。

反转录法合成基因是以基因的转录产物mRNA为模板，在反向转录酶的作用下，合成出与mRNA碱基配对的DNA链，经加倍，形成DNA双链。

(2) 工具酶的使用

对于DNA分子进行切割、连接等操作所使用的工具是一套工具酶，涉及限制性内切酶、DNA连接酶、以DNA或RNA为模板的多聚酶以及一些功能各异的修饰酶。这些酶专门作用异源DNA，每一种酶都具有特定的碱基顺序识别位点，能在特定的碱基顺序位点作用DNA双链。如今，工具酶已是分子生物实验室常见的生化药品。

(3) 载体的构建

载体是基因工程中运载目的基因进入受体细胞的工具。目的基因作为外源基因，不易被直接引入受体细胞，即使进入也往往会被受体细胞内的内切酶系统降解掉，所以，需要能把目的基因安全送进受体细胞的基因载体。这些基因载体除了能方便进入受体细胞外，还要能在受体细胞中复制和表达。载体往往还带有遗传标记和特定的酶切位点，以便和目的基因连接成重组DNA。

最常用的载体是质粒和病毒。

(4) DNA的体外重组

这里的DNA重组指的是将目的基因和载体通过体外重组结合在一起。在这个过程中要用到前面所讲的工具酶。首先,在内切酶中选取特定的酶切割DNA后,可使DNA形成具有互补性碱基顺序的游离的单链末端,即“粘性末端”,如下所示:

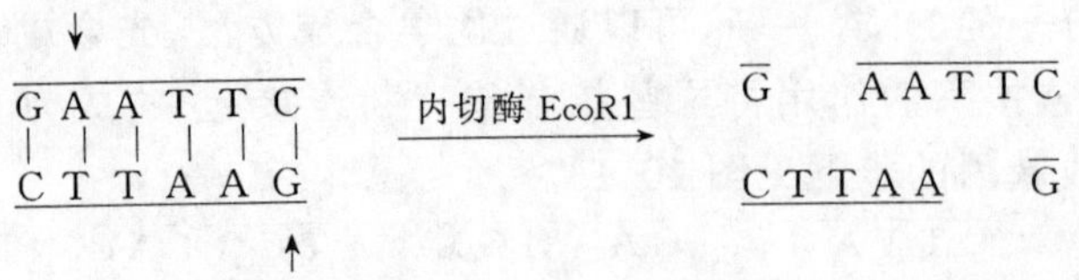

当来源不同的DNA分子经同一种内切酶作用后,就形成相同的粘性末端,这些粘性末端碱基互补,当经过低温处理后,在连接酶的作用下,即可形成一个完整的重组分子。目的基因和运载体即可通过此法形成DNA重组体。

(5) 受体细胞的选择

受体是指接受DNA重组体的个体或细胞。目的基因与载体形成DNA重组体后,必须回到生物体中才能复制、表达。基因工程中常选用大肠杆菌为受体细胞,是因为大肠杆菌具有操作方便(易于进行DNA重组操作)、易于培养、再生能力强、繁殖迅速等优点。

(6) 重组体的导入与基因表达

将重组体DNA导入受体细胞,可以采取转化、转导、细胞融合、显微注射(基因枪)等方法。当外源基因进入受体细胞以后,即利用受体细胞的材料,在增殖的同时,进行转录、转译,最后形成有特定功能的蛋白质。

上述基因工程过程可示意于图10.14。

2) 人类基因组计划

2000年6月26日,英、美、日、法、德、中六国同时宣布人类基因组“工作框架图”构建完成,这是人类历史上值得载入史册的一天,它标志着人类在了解生命本质、了解人类自身的历程中又向前迈进了一大步。

(1) 人类基因组计划(Human Genome Project)的工作内容

人类基因组是人类全部基因的总和。人的基因组分布在23对染色体上,每条染色体由DNA分子和蛋白质分子构成,位于DNA分子上的基因组和环境等因素共同作用,决定着人的生老病死。人类基因组计划的总目标就是要确定组成人类基因组的30亿对碱基的排列顺序,获取进一步认识人类遗传及各种基因在疾病中作用所必需的基本信息。

人类基因组的研究工作包括基因组作图和基因组测序两大部分。人类基因组的DNA序列分布于染色体上,染色体不能直接用来测序,需先将染色体

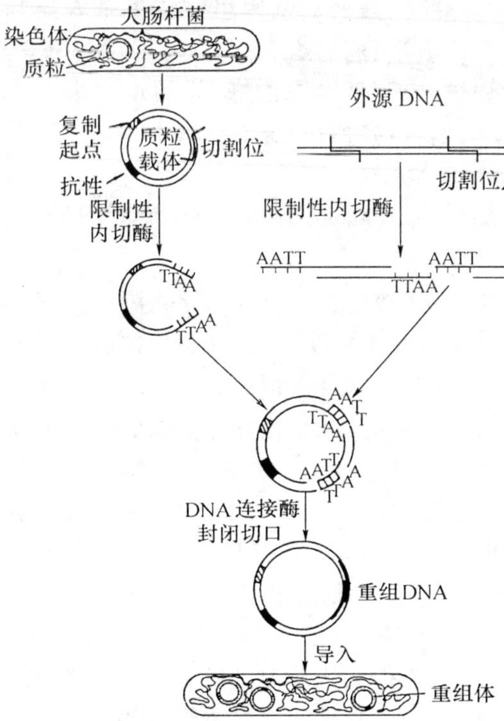

图 10.14　基因工程示意图

分解，转成较易操作的小的结构区域，这个过程即简称为作图，包括“遗传连锁图”、“物理图”和“序列图”的绘制。

遗传图的路标是“遗传标记”，距离用两个标记发生变换的频率来表示，两个遗传标记之间的重组频率越高，则距离越远。物理图的路标是选定一段序列已知的 DNA 作为标记，确定各遗传标记之间的碱基数目。两个路标之间的碱基数目就是物理图的距离。序列图是测定基因组的核苷酸全序列，确定所有基因在染色体上的位置。人类基因组计划的核心内容就是 DNA 分子的一级序列的构建，即序列图的构建。2000 年 6 月 26 日公布的“工作框架图”就是序列图的草稿，其中 90% 以上的基因组区域已经绘制出来，科学家力争在 2003 年 6 月前完成“序列图”的全部绘制工作。

(2) 后基因组计划(Post-genome Project)

人类基因组的全序列测定可望在 2003 年结束。这时，生命科学将跨入一个新的研究时期——后基因组时代，人们对基因组的研究将从揭示基因组的结构转向对基因组的功能的研究。人类基因组中的很多基因是和疾病有关的，估计其中与癌症有关的致病的原癌基因约有 1 000 个，而抑癌基因约有 100 个，约有 6 000 种疾病与各种基因的变化相关联；目前已经识别出与人类疾病有关的基因已超过200个,因而后基因组时代将是人类基因组研究的收获的时代,它将带动蛋白质组学、药物组学、癌肿基因组解剖学、环境基因组学的研究与开发工作,从分子水平、从动态的、整体的角度去对生命现象的本质及其活动规律和重大疾病的机理进行研究。

(3) 我国参与人类基因组计划

我国在1994年启动《中华民族基因组中若干位点基因结构的研究》计划,该计划包含3方面内容:

① 开展中华民族基因组研究,了解中华民族渊源;

② 开展不同民族对不同疾病易感性问题研究,如通过采集血样分析β-地中海贫血易发于云南的傣族与景颇族的原因;

③ 开展与中国发病率较高的疾病(糖尿病、食道癌、鼻咽癌)相关的基因的克隆工作。

作为人类基因组计划研究中惟一的发展中国家,中国科学家仅用半年时间,就完成了1%基因测序工作,且基因组测序能力超过法国、德国,名列世界第4。目前,我国即将启动"中国生物资源基因组计划"。

(4) 基因组计划与人类健康

人类基因组计划的研究工作首先带动了制药工业的革命,它也将使医学发生重大的变化。在21世纪,医疗保健将发生彻底改变。

随着人类基因组计划的完成,人们一旦确定疾病基因在染色体上的位置以及疾病基因的DNA一级序列,人们即可对疾病进行基因预测、基因预防、基因诊断、基因治疗,并可根据每个人的基因特点,调整用药方法和剂量,发展"个体化医学",真正做到对症下药。目前,一些与遗传疾病有关的重要基因已被分离测序。如由凝血因子Ⅸ基因缺陷引起的血友病B;低密度脂蛋白受体基因缺陷引起的家族性高血脂症;跨膜转录调节因子基因缺陷引起的囊性纤维变性等。另有一些多发病,如乳腺癌、结肠癌、高血压、糖尿病等涉及遗传倾向的基因也已在染色体的遗传图谱上精确定位。

对疾病采取基因治疗,其方法一般为将正常基因导入患者体内(器官、组织、细胞),通过置换、修正、修饰、失活致病基因等手段,以达到对疾病治疗的目的。其中基因置换是指用正常基因替代突变基因,使突变基因得到永久更正;基因修正是指将突变基因的突变碱基用正常碱基序列加以修正,未突变碱基序列保留。基因置换与修饰可通过基因体外重组完成。基因修饰是指将正常基因导入体内,在不与致病基因发生重组的条件下,通过正常基因的暂时表达来加强该基因的原有功能;基因失活是指利用反义技术来抑制、封闭有害基因的表达。所谓反义技术是指人工合成一类RNA分子,它不能编码蛋白质,但它可以和mRNA互补配对,干扰mRNA翻译,从而使相应的基因无法表达。

基因治疗技术发展很快,基因治疗的疾病涵盖了遗传性疾病、肿瘤、传染性疾病以及其他一些疾病,包括恶性肿瘤、艾滋病、乙肝、心血管疾病。

3) 转基因动物、植物和基因工程菌

将重组体 DNA 导入受体细胞中之后,这些重组体 DNA 作为外源基因,能在受体细胞内自行复制,并在增殖的同时进行转录、翻译,最后在受体细胞内表达出受体细胞原来没有的性状,且能把这些性状传给后代。这种受体细胞如果是微生物,则被称为基因工程菌,如果是动植物细胞则被称为转基因动植物。

转基因动植物、基因工程菌的一个应用就是培育新的种系,如巨型白鼠、抗冻鱼、超级兔、瘦肉猪、水稻、玉米的杂交种等;另一个应用就是培育生产药用蛋白的转基因动植物。将转基因技术和克隆技术相结合,就能利用转基因动物作为生物反应器生产各种重要的生物制品。如人血清白蛋白、凝血因子。

10.2.2 酶工程

酶是一种生物催化剂,具有专一性强、催化效率高的特点,酶促反应是一类能在常温常压和低浓度条件下进行的复杂生化反应。

酶的生产与使用历史悠久,特别是进入 20 世纪以后,酶制剂的研究得到不断推进并实现了商业化生产,市场上开发出各种类型酶制剂,但酶制剂本身存在稳定性差、使用效率低等缺点,这促进了酶的固定化技术的发展。目前,在单一酶固定化的基础上,又发展了多酶体系的固定化及固定化细胞技术。固定化酶的研制亦推动了新型生物反应器、生物传感器、生物芯片等现代生物工程技术的发展。将基因重组技术、酶分子的修饰与改造技术应用于酶的生产,为开发新酶、扩大酶的应用提供了手段。

现代酶工程就是研究酶的生产和应用的一门技术学科,它包括酶制剂的制备、酶的固定化、酶分子的修饰与改造以及酶反应器等 4 方面内容。

1) 酶的来源与生产

酶作为生物催化剂,普遍存在于动物、植物和微生物中,可直接从生物体中分离提纯。

在酶工业发展早期,多是以动植物为原料从中提取,如从菠萝中提取菠萝蛋白酶,从猪颌下腺中提取激肽释放酶。但由于动植物原料来源有限,不能满足工业生产需求,因而逐步被微生物酶所取代。利用微生物生产酶有许多优点:微生物种类繁多、酶种丰富;微生物繁殖快,生产周期短;营养简单、适应性强;单细胞结构,易于进行诱变处理。所以,近年来除了上述两种酶以及其他一些少数酶的生产仍以动植物为原料外,大多采用微生物来生产。

目前常用的产酶微生物有细菌、酵母菌、霉菌以及一些经基因工程改造过的带有外来基因的工程菌(如大肠杆菌的基因工程菌)

2) 酶和细胞的固定化

酶作为生物催化剂,具有催化效率高、专一性强特点,但在应用中有一些缺陷,如大多数酶在操作条件下不很稳定,易变性失活;可溶性酶在使用中一是不易回收,使用效率低,二是产品中混有酶制剂难分离,影响产品质量。因此,这些将促使酶的固定化技术发展。

酶的固定化技术是指经过物理或化学方法的处理,将酶固定于特定空间,使酶在运动受限不易随水流失的状态下,又能发挥催化作用的技术。酶经固定化以后,稳定性提高,且可多次使用,可实现生产过程连续化,产品质量也可得到控制。

固定化技术所采用的酶,可以是经过分离精制得到的酶制品,也可以是结合在菌体或细胞碎片上的酶系。

酶和细胞的固定化方法主要有吸附法、包埋法、共价结合法和共价交联法等。

(1) 吸附法

吸附法是将酶和细胞的悬浮液通过各种离子键、氢键、范德华力与水不溶性的载体相结合的固定化方法。吸附法操作简单,酶的高级结构和活性中心构像在固定化时不被破坏,吸附载体在酶失活后可再生使用;缺点是酶和载体之间结合力不强,酶易于脱落。

吸附法常用的载体一般有:无机载体,如活性炭、膨润土、高岭石、羟基磷灰石、金属氧化物等;多糖类载体,如纤维素、葡聚糖、几丁质等;合成树脂,如大孔型酚醛树脂。

(2) 包埋法

包埋法是将酶或细胞包埋在高分子凝胶网格中或高分子半透膜内的固定化技术。包埋法由于载体分子一般不与酶蛋白分子发生结合反应,因而较少改变酶分子的高级结构,即固定化过程中酶活的损失很小,因而应用广泛。

常用的包埋材料有两类,一类是网格型结构材料,如高分子化合物聚丙烯酰胺、聚乙烯醇、光敏性聚合树脂以及淀粉、明胶、海藻胶等;另一类是高分子半透膜材料,如硝酸纤维素、聚苯乙烯、聚酰胺等,这些材料需先制备成膜,然后再进行微囊化包埋。

包埋后的网格结构和半透膜仅允许小分子反应物(酶作用的底物)和小分子产物通过,因而包埋法固定化的酶仅能作用小分子物质,且反应速率受物质扩散作用牵制。

(3) 共价交联法

共价交联法是通过双功能或多功能试剂,将酶分子非活性侧链基因与载体的功能基团进行偶联，从而将酶固定的技术。该法的优点是酶与载体结合牢固，稳定性好；缺点是固定化过程操作复杂，反应剧烈，酶活损失大。

常用的交联剂为戊二醛，1,5-二氟-2,4-二硝基苯。

(4) 共价结合法

共价结合法是将酶以共价键结合到载体上的固定化技术。其原理是利用酶分子非活性部位的官能团，如$—NH_2$，—COOH，—OH，—SH与载体表面的反应基团形成共价键。该法的优点是共价结合方法多种多样，适用广泛，酶和载体结合牢固；缺点是共价结合反应条件苛刻，成本高；反应激烈，会引起酶蛋白分子高级结构的变化，引起酶失活，甚至使酶对底物的专一性等性质也发生改变。

细胞固定化技术的应用比固定化酶更为普遍。固定化细胞主要是利用细胞内的酶与酶系，它无需进行酶的分离纯化，酶在胞内稳定性更高，酶的辅因子可在胞内自动再生，且细胞自身是一个多酶体系，可完成系列反应的催化，因而细胞固定化技术广泛应用于医药、食品、化工、农业、环保等领域的开发及研究。

酶和细胞的固定化方法很多，在实际应用时，应综合考虑各种试剂、原材剂、酶制剂的价格，应用的安全性、稳定性以及操作成本。

3) *酶反应器*

生物反应过程进行时所需要的设备称为生物反应器，生物反应器是实现生物技术产品生产的关键设备，是连接原料和产物的桥梁。在生物反应器中，通过生物催化剂的作用，将原料转化为目的产物，因此，生物反应器的设计和操作，是生物工程中一个极其重要的问题，它对生产成本和产品质量有很大影响。

生物反应器在设计时应着重在改善生物催化剂、提供好的过程控制、严格的无菌条件、克服速度限制因素(传质、传热)等方面。

按照生物反应过程所使用的生物催化剂不同，生物反应器可分为酶反应器和细胞反应器。酶反应器中的生化反应比较简单，反应单一无副反应发生，细胞生物反应器中的生化反应较复杂，在反应的同时，要保证无菌条件，要维持细胞正常的生理代谢活动。

酶反应器种类很多。根据反应器的操作方式，可分为间歇式、连续式、半间歇式酶反应器；根据反应器的结构特征，又可分为釜式、管式、塔式、膜式；根据生物催化剂的状态又可分为填充床式、流化床式、生物转盘式等多种形式的反应器。

生物反应器未来的研究方向是向多样化、大型化、高度自动化方向发展。

4) 酶工程研究进展

随着现代科学技术的发展，酶工程研究的水平不断提高，酶工程的内容、研究范围不断充实和扩大，包括在酶分子的修饰与改造、酶的人工模拟、生物酶工程、酶的基因工程以及抗体酶等领域，都展开了深入的研究，意义重大。

(1) 酶分子的化学修饰及改造

酶作为生物催化剂，其高效性和专一性是其他催化剂所无法比拟的，但酶自身的缺陷给它的应用带来了局限。比如酶一旦离开生物细胞，离开其特定的作用环境条件，酶的催化活性就会降低，甚至失去其活性；在临床上，绝大多数的酶对人体而言都是外源蛋白质，具有抗原性，直接注入人体会引起过敏反应；另外，酶无法作用水不溶性底物，这些，都限制了酶工程的应用。

如何提高酶分子的稳定性，解除酶蛋白的抗原性，改变酶催化的特异性以及酶学性质的研究工作越来越引起人们的重视。酶分子的化学修饰与改造是其中的途径之一。另一条途径是通过基因工程(生物酶工程)的方法改造编码酶分子的基因从而达到改造酶的目的。

酶分子的修饰与改造是在分子水平上通过对酶分子主链的剪切、切割和侧链的化学修饰，对酶分子进行改造，以创造出天然酶不具备的某些优良性状，甚至产生新的生物活性。

酶分子改造与修饰常用的方法与手段：

① 修饰酶的功能基团。利用修饰剂所具有的各类化学基团的特性，直接或经一定的活化步骤后与酶分子上的一些可解离基团(如—NH_2，—COOH，—OH，—SH，咪唑基)发生化学反应，从而改变酶分子的结构与功能。

② 进行酶分子内与分子间的交联。采用某些双功能试剂如戊二醛 CHO—$(CH_2)_3$—CHO、二异硫氰酸酯 S═C═N—N═C═S 等，可将蛋白质分子之间、亚基之间或分子内不同肽链部分进行共价交联，提高酶的热稳定性等酶学性质。

将酶与高分子化合物聚乙二醇(PEG)、蛋白质、多糖结合，可以使水溶性的酶变成有机相溶解的酶，也可增强酶的稳定性、提高酶活。

③ 置换辅助因子。对于属于结合蛋白(复合蛋白)的酶分子，可以在其酶分子上引入新的或经修饰过的辅因子，来提高酶活和稳定性。对金属酶中的金属离子也可采取置换的方法来改变酶的专一性、稳定性以及用抑制剂对酶活性的抑制。

④ 诱导重建酶分子的构像。将酶经脲或盐酸胍处理，酶蛋白的肽链可充分伸展开，此时在某些小分子配件存在下或在底物、在天然条件下，肽链可重新折叠，重新获得具有某种活性的构像。

酶分子经过化学修饰与改造后，其特性会在一定程度上发生改变：酶稳定性提高，最适温度和 pH 改变，酶的特异性改变（催化转化的底物改变），催化反应类型改变（水相变为有机相），抗原性降低或消除。但是，并不是所有的酶经化学修饰后都能改善其性质特征，化学修饰法并不适用一切酶。

(2) 酶的人工模拟

根据酶的作用原理，用人工方法合成的具有活性中心和催化作用的非蛋白质结构的化合物叫人工模拟酶，简称人工酶或模拟酶。它是在分子水平上模拟生物体内的化学反应。

研究得最多的模拟酶是环糊精（Cyclodextrin）。环糊精是由淀粉酶作用淀粉水解产生的一种环状低聚糖，它是由 6 个，7 个，8 个，9 个 D(+)-呋喃葡萄糖以 α-1,4 糖苷键连接而形成的环状化合物。含有 6 个葡萄糖残基的环糊精称 α-环糊精，其余依次为 β，γ，δ-环糊精分子。

环糊精分子内有空穴，空穴边缘含有很多葡萄糖的羟基，所以环糊精分子可溶于水，在碱性溶液中稳定，在酸溶液中易水解。空穴内侧是疏水的，有机小分子物质可以从水溶液中进入到环糊精分子内腔，这种现象类似于酶将底物结合到其活性部位上。环糊精分子有一定的几何形状，与酶分子的空间结构类似，环糊精是理想的酶分子模型，目前环糊精广泛用于模拟转氨酶、胰凝乳蛋白酶、核糖核酸酶，成果显著。

(3) 生物酶工程

基因工程技术的发展，对酶制剂的研制起了巨大的推进作用。人们通过基因工程的方法克隆、改造编码酶分子的基因，从而完成对酶分子的生产、设计与改造，也由此诞生了生物酶工程技术，见图 10.15。生物酶工程也称酶的蛋白质工程，最终制备各种定做的蛋白质分子（包括酶分子）。

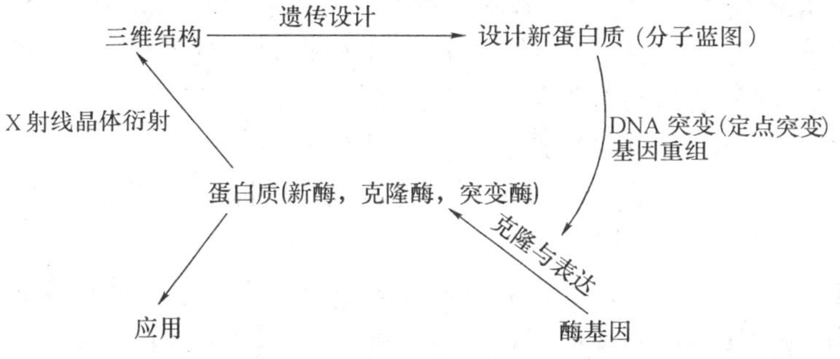

图 10.15　生物酶工程示意图

生物酶工程主要包含以下 3 方面内容：

① 用基因工程菌发酵生产酶（克隆酶）。表达是酶基因工程关键的一步。把编码目的酶的基因插入载体，然后转入宿主细胞，随宿主细胞复制、扩增并表达，这其中只有筛选到能正确、高效表达的菌株，才能实现基因工程菌发酵

生产。

② 酶基因的遗传修饰。酶基因的遗传修饰是指人为地将酶基因脱氧核糖核酸链上个别碱基进行定点诱发突变处理,改造编码蛋白质的 DNA 上的碱基配对及顺序,从而改变酶蛋白分子中的氨基酸结构。使用这种方法可改变酶的结构,酶的催化活力、专一性及稳定性。

③ 酶的遗传设计。酶的遗传设计是指人工方法设计、合成具有特定的 DNA 碱基顺序的新基因。

(4) 抗体酶

近年来,有两类酶的报道十分吸引人。一种是核酶,由 RNA 组成,它的出现使人们对酶的认识不再仅是"具有催化功能的蛋白质",而应扩伸到"某些核酸分子也是生物催化剂";另外一种就是抗体酶,这是一种具有催化能力的抗体。

在抗原(外来生物大分子物质)的刺激下,动物体内的免疫活性细胞(淋巴细胞)产生相应的抗体,抗体是一系列免疫球蛋白,能与抗原特异性结合。即受激活的淋巴细胞只能产生针对某一抗原的特异的免疫球蛋白。

抗体与酶有许多相似之处,如都是蛋白质,都能与靶分子特异性的结合,那么,抗体和酶是否可以合二为一呢?

设想若抗体被赋予酶的催化能力,则抗体酶(Abzyme)将比酶更具优越性:抗体分子的多样性可大大拓宽催化领域,弥补酶催化反应不能普遍化的不足;单克隆技术可以得到任何特异性的大量的抗体,比酶更易得。

科学家经过多年探索,终于发现了这种兼具抗体与酶的特性的物质——抗体酶。

抗体酶的发现是建立在酶的过渡态理论基础上的。酶催化反应,存在一个过渡态,在过渡态,酶和底物结构互补,亲和力极强,可释放出结合能使过渡态物质能级降低,达到催化化学反应的能力。设想,若利用某一反应过渡态的模拟物作为免疫原(抗原),去激活淋巴细胞,就应该得到能催化该反应进行的抗体,这种抗体具备了酶的功能,它能特异性识别化学反应的过渡态,通过释放结合能降低反应活化能。

迄今为止,应用选择合适的过渡态类似物等方法开发的抗体酶催化反应已有几十种,包括酰胺合成、酯交换、内酯化、肽键裂解、脱羧、环氧化等反应。这些抗体酶催化反应的专一性相当于酶,但催化反应速度还比不上酶。

10.2.3 细胞工程

在生物技术过程中,人们广泛应用细菌、酵母、放线菌、霉菌等微生物来生产各种酶、抗生素、核酸、蛋白质等产物,因为微生物分裂繁殖快,生产周期短,且对环境适应性强。然而,许多有重要价值的蛋白质等生物活性物质,必须借助动植物细胞培养才能获得,如各种疫苗、单克隆抗体、干扰素、白细胞介素、上皮生长因子等的生产,因而动植物细胞也成为一种重要的宿主细胞。

以动植物细胞为单位,应用细胞生物学和分子生物学的方法,对细胞、细胞器进行遗传操作,有目的地改变细胞的某些遗传特性,使细胞增加或重新获得产生某种特定产物的能力,进而在离体条件通过无菌操作,大规模细胞培养技术制备有经济价值的生物产品的技术,就是细胞工程(Cell Engineering)。细胞工程主要包括细胞融合技术、细胞拆合技术和细胞与组织培养技术。

1) *植物细胞培养*

细胞培养分植物细胞培养和动物细胞培养。植物细胞或组织培养是利用植物细胞的全能性——植物的单个细胞具有母体植株全部遗传信息并可发育成完整植株的能力,在无菌和适宜条件下(营养成分、光照、温度、湿度),经过离体培养发育成整个植株的技术。

植物(动物)细胞培养技术的研究,主要涉及以下几个方面:通过育种技术培育遗传性质稳定、产量水平高、生长速率快的植物细胞培养系;研究细胞分化与次生物质合成和积累的关系,以控制生产工艺;研究和开发大规模培养植物细胞的反应器和调控系统。

植物细胞培养的流程如下:细胞或组织的表面消毒处理,一般用次氯酸盐稀溶液、酒精、福尔马林等试剂对植物细胞、组织、胚胎进行表面消毒处理。消毒后的部分用无菌水冲洗干净,然后选择合适的培养基、培养条件进行增殖培养,或直接进行代谢产物提取,或经分化发育移植成苗。

利用植物细胞、组织培养,繁殖植物的技术也称为快速繁殖技术,它被广泛应用于花卉、蔬菜、果树、农作物、药用植物的大规模工业化商品化生产中。应用植物细胞培养进行工业生产,它的优点在于:细胞培养增加了繁殖的范围和潜力,植物的根尖、茎尖、叶肉细胞、花粉、胚、胚乳等组织和器官都可以再生出完整的植株;细胞培养不受季节、气候、自然灾害的影响,全年都能生长,大大节约能源和耕地;培养在无菌条件下进行,可排除病虫害侵扰;加速育种进程。现在,已有 5 000 种以上植物借助快速繁殖技术进行生产,我国已建立了葡萄、苹果、香蕉、柑桔、花卉等试管苗生产工厂。

从植物细胞中提取高效、低毒、价廉的药物也是植物细胞培养的一个重要应用,全世界约有 25% 的药物来源于植物。植物中的生理活性物质种类繁多,植物中具有药物功能的化合物主要为糖苷类、生物碱、醌类、黄酮类、萜类、甾体类等,这些物质疗效突出。然而植物生长缓慢,在自然界分布有限,即使是大规模人工栽培仍然不能满足日益增长的需求,因而通过植物细胞培养方法生产、开发植物药物前景广阔。

2）动物细胞培养

动物细胞培养与植物细胞、微生物细胞培养有很大不同，主要在于：动物细胞结构复杂，细胞的生理功能和形态各不相同(细胞发生分化或特化)；动物细胞无细胞壁，哺乳动物细胞在培养时还需附着在固体、半固体表面才能生长；动物细胞对营养要求严格，除了需要氨基酸、维生素、盐、葡萄糖等营养成分外，还需要血清提供复杂的营养基质；动物细胞对环境敏感，对 pH、渗透压、温度、氧气、无菌条件等要求严格；动物细胞内蛋白质合成和蛋白质的修饰也与微生物等原核细胞不同，因而动物细胞培养条件要求高。

生产用的动物细胞是直接取自动物的组织和器官，经过机械剪碎、酶消化后，得到单个细胞的悬浮液，然后稀释培养，获得原代细胞。原代细胞经过连续传代培养，一般传到 10 代左右，细胞生长就会出现退化现象，大部分细胞死亡(正常的体细胞的生长寿命是有限的)，筛选存活下来的细胞，可建立细胞株。一般情况下，细胞株传代 50 次之后会又出现退化危机，只有当细胞株发生遗传变异而带有癌细胞的特点之后，才可无限传代下去，挑选变异细胞建立无限细胞系。这三类细胞都可用于生产，其中无限细胞系更适用于大规模工业化生产。

动物细胞培养取得了众多令人瞩目的成就，如各种疫苗：流感、口蹄疫、乙肝、脊髓灰质炎等；免疫调节剂：生长因子、干扰素、白细胞介素、集落刺激因子、多肽生长因子等；酶制剂：胃蛋白酶、胰蛋白酶、尿激酶等。通过细胞融合的杂交瘤技术生产出的单克隆抗体，被称为是生物导弹，在医学上用于定位诊断和治疗。1997 年，英国科学家小组由体细胞克隆出绵羊“多利”，将动物细胞工程推上了世纪辉煌的顶峰。

3）细胞融合技术

细胞融合技术是指通过人工的方法，使遗传性状不同的两个或多个细胞融合为一个细胞，并进而发生遗传物质重组，以获得遗传性状稳定的，带有双亲性状的杂种细胞的过程。因为通常是取去壁的细胞参与融合，所以又称原生质体融合技术。

能进行原生质体融合的细胞的种类非常多，包括细菌、放线菌、霉菌、真菌以及动植物细胞。不同种类的细胞也能融合；如人-鼠，人-蛙，人-兔，鼠-兔，鼠-猴等。融合过程一般为：选择两个带遗传标志的细胞作为亲本，在高渗溶液中，用溶菌酶作用去除细胞壁，然后在聚乙二醇和 Ca^{2+} 助融作用下，使细胞膜粘连、融合，在融合以及后培养过程中，两个亲本细胞的遗传物质从接触到交换，并完成遗传物质重组，最后从中筛选出带有两个亲本细胞特性的融合子(即杂种细胞)。

融合过程除了可采用聚乙二醇作助融剂促进融合外，也可使用直流电脉冲促进细胞融合,即电激诱导融合方法,以及通过仙台病毒诱导融合的方法。

原生质体融合技术由于可以实现不同种间的细胞杂交,因而在动植物育种上有突出的应用价值。

4) 细胞拆合技术

细胞拆合就是在体外条件下,运用一定的实验技术,从不同的细胞中分离出各种细胞组分,再把它们重新组装成具有生物活性的细胞的过程。叶绿体移植、线粒体移植、人工体外受精、核移植、染色体转移等都属于细胞拆合技术。

(1) 核移植

核移植技术主要是借助显微操作技术,将细胞中的细胞核取出,移到另一个去核的卵细胞中,然后通过体内或体外培养,使之发育成与供核细胞基因型相同的新个体的过程。科学家们进行核移植实验的最初目的,主要是为了探讨异种细胞质和细胞核的相互作用问题以及已分化的细胞核的遗传全能性问题。核移植实验最初的研究对象大多是鱼类和两栖动物类,直到进入 20 世纪 80 年代,利用高等哺乳动物胚胎细胞进行核移植并克隆哺乳动物取得了令人鼓舞的成就。到了 20 世纪末,人们已能用体细胞核移植技术和克隆技术培育出克隆羊、牛、鼠,特别是经过转基因技术而得到的克隆动物,有望为人类提供具有人体生理活性的药品、保健品和适于人体的移植器官,它们将对新世纪的生命科学、医学、农学等诸多领域产生重大影响。

(2) 染色体转移

遗传物质转移可在基因水平、细胞水平和染色体水平上进行。基因水平的遗传信息交换就是基因工程,细胞水平的交换就是细胞融合技术。染色体转移技术是指将取自细胞的一条或数条染色体通过直接注射法(包括基因枪法)、与受体细胞共培养法、导入法等转化方法,与另一细胞的遗传物质发生重组、交换,从而获得转化的动植物种系。染色体转移技术由于供体信息相对简单,受体细胞被影响程度小而成为动植物育种的重要手段。

5) 克隆技术

(1) 克隆与克隆技术

克隆是从英文"Clone"音译而来的,意思是人工诱导的无性繁殖。现在也指独立细胞繁殖系,指后代完全是由一个细胞复制而来,具有完全相同的遗传物质。

克隆技术是一种无性繁殖技术。克隆技术在生物学领域有 3 个层次的含义:分子水平的克隆也叫分子克隆、DNA 克隆,是指将某一特定的 DNA 片断通过重组 DNA 技术插入到一个载体(如质粒和病毒)中,然后在宿主细胞中通过自我复制而得到大量完全相同的 DNA 片断的过程,它是基因工程技术的一部分。细胞水平克隆,其克隆实质是由单一的一个细胞,在特定条件下经增殖培养所形成的一个无性繁殖系。这种由无性繁殖形成的细胞群体中,每个细胞的基因都相同,比如发酵工程中对微生物菌种的纯培养过程。细胞克隆是一种低级的生殖方式。个体水平克隆是指经过一系列操作产生一个或多个与亲代完全相同的个体。比如植物细胞工程中由植物不同细胞发育成完整植株的过程都属于植物个体的克隆,传统的插枝成苗技术也是一个克隆过程。

自然界的许多植物具有先天的克隆本能,如番薯、马铃薯、玫瑰等。而动物的克隆技术则经历了由胚胎细胞到体细胞的发展过程,1986 年,英国科学家首先用胚胎细胞核移植技术与克隆技术培育出高等哺乳动物羊,1997 年,英国罗斯林研究所用乳腺上皮细胞作为供体细胞,通过核移植技术克隆出绵羊。

克隆绵羊"多利"是世界上第一个用体细胞克隆成功的动物。"多利"的产生与 3 只母羊有关,一只芬兰多塞特母绵羊提供体细胞核作为遗传信息供体,一只苏格兰黑面母羊提供去细胞核的卵细胞作为受体细胞,另一只苏格兰黑面母羊提供子宫作为羊胚胎发育场所。受体细胞和供体细胞通过电脉冲的方法发生融合,融合细胞再分裂,分化形成胚胎细胞,胚胎细胞进一步分化、发育,最后形成一只与多塞特母绵羊具有完全相同外貌的小绵羊。从生物学角度而言,"多利"的成功说明高度分化的动物细胞具有遗传的全能性,说明在发育过程中,细胞质对异源细胞核有调控作用。

(2) 克隆技术的社会价值

在农业方面,人们利用克隆技术培育出大量具有抗旱、抗倒伏、抗病虫害的优质高产水稻、玉米、瓜果等农作物品种,大大提高产量和质量。

克隆技术对保护珍稀、濒危物种方面具有很大的应用前景,从生物学角度看,这也是克隆技术最有价值的地方之一。

在医学上,利用克隆技术提供人类器官和组织移植手术中所需的器官和组织,利用克隆技术生产高价值的基因用于遗传性疾病的治疗,这也是克隆技术发展的动力所在。

克隆技术前景不可估量。

10.2.4 发酵工程

发酵工程(Fermentation Engineering)是指利用微生物(现已扩展到包括动物、植物细胞)细胞,通过现代工程技术生产有用物质或直接应用于工业化生产的技术。它主要包括菌种制备、无菌技术、发酵条件的优化与控制、生化反应器的设计、产物的分离与纯化等关键技术。

发酵工程的基本原理是单一菌种在培养基中的纯培养,因此用于生产的微生物菌种极为重要。在发酵工业中经常用到的微生物种群是细菌、放线菌、酵母菌、霉菌，这些菌种因个体微小，结构简单，必须借助显微镜的帮助才能看清其外形，所以也统称为微生物。各种微生物形态、大小各异，代谢方式、生活习性也各不相同，因而发酵工业可利用不同微生物来生产各种产品。其产品及应用领域涉及化工、食品、制药、饲料、酶制剂、石油、酿造、矿业、机械、环保、医疗卫生等多种行业（见图 10.16）。

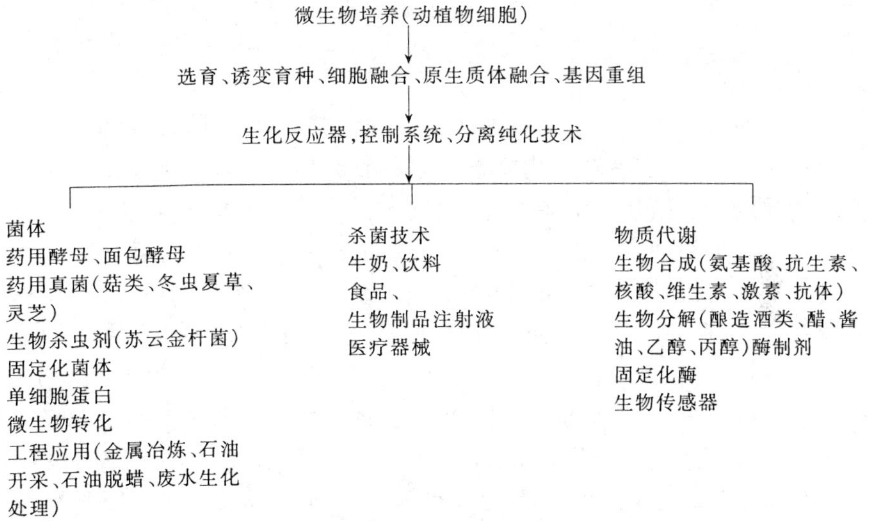

图 10.16　发酵工业产品及应用领域

1）菌种选育

微生物在自然界分布极广，无论是大气、水域、土壤，还是高温、高压、高渗等极端环境中，都有微生物存在，目前已知的微生物种类在 10 万种以上。其中土壤是微生物的大本营，工业上所用的微生物菌种一般都是从土壤中分离得到的，从土壤中分离筛选出的出发菌株往往产量不高，达不到工业生产的要求，因而还需对它们的遗传特性进行改造，这就是菌种选育。

对微生物菌种进行遗传性质改良和改造的方法有两种，一种是利用菌体在自然条件下自发的基因突变来进行育种。但微生物的这种自然突变的频率很低。另一种是利用各种物理因素（紫外线、X 射线、快中子）和化学因素（亚硝基胍、硫酸二乙酯等化学试剂）人工诱发微生物菌体基因突变，即诱变育种。诱变育种与自发突变相比，提高了突变频率，扩大了变异谱，因而在生产中应用广泛。

此外，原生质体融合技术、杂交育种（真核微生物的有性杂交、准性生殖，原核生物中的转化、转导、接合）技术和 DNA 重组技术也逐步应用于发酵工业中，这几种育种方式因为重组频率高，突变定向性好，因而与诱变育种相比又前进了一步。

菌种经过选种与育种之后，生产能力提高，同时产品质量改进，工艺简化，大大提高了发酵过程经济效益，因而菌种的选育工作在发酵工业中占有重要的地位。

2) 发酵过程工艺控制

发酵是指微生物在基质中生长、繁殖，进行新陈代谢作用的过程。发酵过程中涉及到微生物生长所需的营养基质选择、培养条件控制以及培养方式选择等内容。

(1) 培养基

微生物同其他所有生物一样，需要不断地从外界吸收营养物质，经过一系列生物化学作用，最后转化为能量，形成新的细胞物质，形成代谢产物并排出副产物和废物。微生物细胞的物质组成主要是水分、无机盐、蛋白质、糖、核酸和脂肪。微生物细胞在正常生理活动过程中会产生一些代谢产物，这些代谢产物分别为：代谢副产物，是指微生物细胞在正常代谢过程中产生的一些小分子化合物（CO_2，H_2，CH_4，乙醇，丙酮，乳酸等），是重要的化工原料；中间代谢产物，是指细胞在合成蛋白质、核酸、糖、脂等细胞物质时产生的一些小分子物质，如氨基酸、核苷酸、单糖的衍生物；次级代谢产物，是由微生物细胞合成的，分子较复杂的一些化合物，它既不参与细胞的组成，也不是细胞的储存物质，如抗生素、毒素、激素、色素等；胞外水解酶类，淀粉酶、蛋白酶、脂肪酶、葡萄糖异构酶等。

培养基是人工配制的供微生物或动植物细胞生长、繁殖、代谢所需的营养物质和能源的原料。不同微生物对营养物质的需求各不一样。培养基中的营养成分主要包括水分、碳源、氮源、无机离子，生长因子（维生素、氨基酸、嘌呤、嘧啶类），在配制培养基过程中要注意营养成分配比、pH、渗透压等因素。

(2) 发酵过程条件控制

发酵过程的生产水平除了取决于生产菌种的性能外，还会受到发酵条件、发酵工艺的影响。影响生产菌种生长和产物合成的因素除了培养基条件外，还有温度、pH、通气、搅拌等环境因素，因而在发酵过程中要对这些参数和条件加以控制，以最大限度发挥生产菌种的合成产物的能力，从而获得最大经济效益。在现代发酵工业中，可通过计算机系统对这些参数进行自动监测和调节。

微生物菌体纯种培养的方法主要有固体培养、液体深层培养和载体培养等方法。

3) 产品的分离提取

经过微生物发酵、生物催化转化合成、动植物细胞大规模培养所得到的发酵液、反应液、培养液，是一种多组分复杂多相的体系，这其中除了含有我们需要的产物外，还含有未转化的底物、残余培养基、杂质、代谢产物和大量的水，因此，要得到高纯度的产品，还需进行分离和纯化过程。生物产品的分离和纯化是生物技术的一个重要组成部分。

生物产品的分离过程一般包括 4 个阶段:

(1) 预处理和固液分离

在这个阶段首先调节培养液的温度、pH，改善培养液性能，然后通过离心分离生物细胞、絮凝去除固体悬浮物，以及过滤操作，改变培养液性能，以利于后提取。

(2) 提取

提取是产品的初步分离，提取的目的在于浓缩。一般采用萃取、蒸发、沉淀、过滤，离心、膜分离等操作方法，将培养液中的大量杂质去除。在生化产品提取过程中要注意避免高温、高酸碱环境以及重金属离子的污染，处理时间宜短，以防止生化产品的变性失活。某些生化产品(如疫苗、针剂类药物)的提取还需要无菌操作。

(3) 纯化

纯化的方法除了传统的沉淀法、离子交换法外，还有凝胶电泳、离子交换层析、亲和层析、疏水层析、双水相萃取、超临界萃取、超滤、反渗透、电渗析等分离技术，纯化的目的是去除理化性质相近的杂质，提高产品浓度、纯度。

(4) 精制

在精制过程中要去除水分，一般采用结晶、真空蒸发、薄膜蒸发、真空冷冻干燥、喷雾干燥等手段，使产品达到规定的要求与形态。

随着技术的进步，发酵工程的各个技术环节将不断得到改进，如利用基因工程进行微生物育种，将使发酵工业生产菌达到前所未有的水平；计算机自动控制技术在发酵工程中的应用，将进一步优化发酵过程，促进生产过程自动化；高效生物分离技术的研究与开发将大大降低生产成本，实现目标产物的大规模商业化生产。随着现代生物技术的发展，发酵工程的应用领域也将不断扩大。

10.2.5 生物技术的工程应用

在世纪之交，生物技术的众多成就为我们展示了其无限生机，克隆羊“多利”的诞生，人类基因组全序列草图的完成，转基因动植物的培育……

生物技术的研究成果也越来越广泛地应用于农业、化工、食品、医药、能源、环保、资源等领域。在农业上，通过生物技术获得了大量性能优良的动植物品种，如转基因鸡、鱼、猪、兔、羊等转基因动物，试管动物、抗病毒的烟草、抗棉铃虫的棉花、抗黄瓜花叶病的黄瓜等,使农作物、家禽、家畜的产量、质量大幅度提高,物种的抗虫害、抗病、抗逆性能增强。

生物技术在医药领域的应用是最为活跃的一部分。医药工业利用基因重组技术,开发出一大批新的特效药物,如人工胰岛素、生长激素、干扰素、白细胞介素、生长因子、乙肝疫苗、流感疫苗、狂犬病疫苗、口蹄疫疫苗、人超氧化物歧化酶、单克隆抗体以及各种抗体类诊断试剂(如抗人绒毛膜促性腺激素单克隆抗体用于妊娠试验诊断)、各种病原菌(霍乱弧菌、病原性大肠埃希氏菌、鼠疫菌、沙门氏菌等)诊断血清、乙型肝炎病毒表面抗原的反向被动血凝诊断试剂等。

生物技术在开辟食品新资源方面提供了一个强有力的手段。利用微生物开发生产人类所需的蛋白质、碳水化合物、维生素、脂质类物质,既不受地理、环境、资源等条件限制,又易于工业化大规模生产。此外,生物技术还在提高食品的色香味形,改良食品品质、功能等方面作出巨大贡献。生物技术为食品工业带来了新的生命力。

生物技术与化工、环境保护、能源与资源等领域密切相联。利用生物技术合成手性异构体,利用生物技术处理废水,利用生物技术开发新能源和资源,利用微生物发酵来转化利用副产品和废物,都已取得显著成果。生物技术以巨大的活力改变着传统的社会生产方式和产业结构,在社会发展和科技进步中发挥着重要作用。

在能源产品和新能源的研究开发中,利用生物技术生产甲烷、氢气、乙醇具有重要的战略意义。随着社会人口的激剧增长,世界范围内能源出现危机,利用可以再生的生物资源为原料,将使再生能源获得最大限度地利用。微生物可以利用谷物、甜菜、薯类、秸秆、树枝、杂草生产酒精,利用有机废物(如家畜粪便)制沼气,利用光合细菌、藻类捕获太阳能制氢气。

在再生资源工程中,最引人注目的是利用微生物发酵来生产单细胞蛋白。运用微生物发酵工艺处理啤酒废液、纸浆废液以及农作物秸秆等,可获得大量的单细胞蛋白,作为家禽、家畜和鱼类的饲料来源。另外,利用自然界中的纤维素原料来生产糖类物质,进而通过糖类发酵来生产细菌蛋白,也是具有开发前景的技术。

对于利用生物技术合成手性异构体,利用生物技术处理废水两个方面将在以下作简要介绍。

1) 微生物转化合成手性异构体

由酶或产生该酶的细胞进行催化作用,使某一物质(底物)转变成另一物质(产物)的化学反应途径,称为生物转化。利用微生物细胞来转化底物合成产物,即为微生物转化。在有机物质合成中利用微生物转化可实现立体控制合成。

有机化合物，包括蛋白质、核酸、糖等生物大分子物质，都存在立体异构现象。手性异构体是指化合物的原子组成相同，但在立体结构上互为镜像的一对同分异构体。手性异构体，其物理、化学性质相同，但在生理、药理活性以及与生物分子的相互作用方面却可能存在很大差别。一个典型的例子是，20 世纪 60 年代在欧洲发生因女性在怀孕期间服用酞胺哌啶酮（俗称反应停）而导致 1.2 万海豹畸形儿出生的惨剧。其原因就是服用的反应停是两个手性异构体的混合物，其中一个异构体有缓解孕妇妊娠反应的作用，而另一个异构体却有致畸作用。

要获得单一的手性异构体，传统的化学方法是通过拆分，即从混合体中分离出所需的一个异构体，另一个异构体即作为废弃物，这种方法从成本、从环保的角度都不可取。因而通过高选择性的催化合成反应来获得单一结构的手性异构体就格外引人注目。

酶和细胞作为生物催化剂，对所催化的反应具有高度的专一性，这是普通化学催化剂所达不到的。利用酶和细胞进行催化，因为微生物种类繁多，酶系丰富，因而适用范围广；且有时一步转化可完成几步化学反应，简化了工艺。目前微生物转化法广泛应用于氧化、还原、缩合、异构化、水解、羟基化、N-乙酰化、胺化等反应过程，成效显著。利用微生物转化法来合成光学活性的氨基酸，特别是合成发酵法无法生产的 D-型氨基酸，是近几年的热门课题。

随着固定化技术的发展，基因工程菌的构建，微生物转化在工业生产中将日益发挥其重要作用。

2）废水的生化处理

环境污染是当今社会的一大公害，但是微生物细胞却对环境污染物有着惊人的降解能力。例如，某些假单胞菌、杆菌具备清除氰、腈等剧毒化合物的能力；某些产碱杆菌、短芽孢杆菌对联苯类致癌化合物有降解能力；某些微生物能吃掉水上的浮油。利用微生物发酵来处理工业废水和生活污水，效能高、成本低，因而近年来取得很大进展。

微生物处理废水法也叫生化处理法，它主要是利用不同生理特性和不同代谢类型的微生物间的协同作用，使污水中的有机物和一些有毒的物质被转化分解或吸附沉降，从而达到净化水质的目的。

废水的生化处理法又分为好氧生物处理和厌氧生物处理两大类。好氧生物处理广泛应用于有机物废水处理，其中包括生物膜法和活性污泥法；厌氧生物法主要用于处理高浓度有机废水和污泥的消化处理。

(1) 好氧生化处理过程

在好氧生化处理过程中，需向废水中不断补充空气，使微生物菌体通过自身的生命活动，通过其合成与分解代谢，将废水中的有机物一部分氧化为

CO_2,H_2O,NH_3,PO_4^{3-},SO_4^{2-}等简单无机物,并同时获得细胞生长、活动所需的能量;废水中的另一部分有机物则可被菌体吸收利用同化为菌体自身组成物质。

好氧的生化处理法周期短,BOD_5去除率可达到75%~95%。BOD(Biochemical Oxygen Demand)为生化需氧量,是水质指标之一,BOD_5是指被测水在20℃下作用5日所消耗的氧气的毫克数,以mg/L表示。

(2) 厌氧生化处理过程

废水厌氧处理法是在隔绝空气条件下,先由兼气厌氧菌作用,将有机物分子分解为小分子酸类物质,如甲酸、乙酸、丙酸、丁酸或小分子醇类,然后在甲烷细菌的作用下,把小分子的酸、醇进一步分解为甲烷和CO_2,生成的甲烷可再被利用作为燃气原料。

微生物处理废水,有它的优点,也有其不足。通常在废水处理过程,还需结合化学方法、物理方法,综合配置,才能经济有效地完成废水达标治理。

复习思考题

1. 简述生命必需元素的含义及其生理作用。

2. 用葡萄糖的结构来说明有机分子物质D、L型,α、β型的含义。

3. 指出脂肪酸在结构上有何共同特点及其主要生理功能。

4. 蛋白质是由什么组成的?何为蛋白质的一级、二级、三级结构?

5. 什么是DNA的二级结构,其结构特点是什么?维持DNA二级结构稳定的主要因素是哪些?

6. 酶与一般非酶蛋白质和无机催化剂有何区别?简述影响酶促反应的因素。

7. 简述基因工程含义和DNA重组技术的主要步骤。

8. 人类基因组计划任务是什么?它对医学的发展会有什么样的影响?我国的人类基因组计划主要开展哪些方面的工作?

9. 简述酶及细胞固定化的方法及优缺点。

10. 为什么要进行酶的修饰?常用的方法有哪些?

11. 列出用于植物、动物细胞培养的方法和技术。

12. 简述细胞融合技术的要点及其优越性。

13. 克隆动物有何积极意义?

14. 简述菌种选育的目的和方法。

15. 影响微生物生长发育的主要因素有哪些?在工业生产中如何控制?

16. 生物工程包括哪些新技术?它对人类社会将产生哪些影响?

附　录

附录 1　国际单位制的基本单位

量的名称	单位名称	单位符号
长度	米	m
质量	千克(公斤)	kg
时间	秒	s
电流	安[培]	A
热力学温度	开[尔文]	K
物质的量	摩[尔]	mol
发光强度	坎[德拉]	cd

附录 2　用于构成十进倍数和分数单位的词头

所表示的因素	词头名称	词头符号
10^{18}	艾[可萨]	E
10^{15}	拍[它]	P
10^{12}	太[拉]	T
10^{9}	吉[咖]	G
10^{6}	兆	M
10^{3}	千	k
10^{2}	百	h
10^{1}	十	da
10^{-1}	分	d
10^{-2}	厘	c
10^{-3}	毫	m
10^{-6}	微	μ
10^{-9}	纳[诺]	n
10^{-12}	皮[可]	p
10^{-15}	飞[母托]	f
10^{-18}	阿[托]	a

附录3　一些基本物理常数

物　理　量	符号	数　　值
真空中的光速	c	$2.99792458\times10^{8}\mathrm{m\cdot s^{-1}}$
电子电荷	e	$1.6021892\times10^{-19}\mathrm{C}$
原子质量单位	u	$1.6605655\times10^{-27}\mathrm{kg}$
质子静质量	m_{p}	$1.6726485\times10^{-27}\mathrm{kg}$
中子静质量	m_{n}	$1.6749543\times10^{-27}\mathrm{kg}$
电子静质量	m_{e}	$9.109534\times10^{-31}\mathrm{kg}$
玻尔(Bohr)半径	a_0	$5.2917706\times10^{-11}\mathrm{m}$
摩尔体积,理想气体 ($T_0=273.15\ \mathrm{K}, P_0=101.325\ \mathrm{kPa}$)	V_{m}	$2.241383\times10^{-2}\mathrm{m^3\cdot mol^{-1}}$
摩尔气体常数	R	$8.31441\ \mathrm{J\cdot mol^{-1}\cdot K^{-1}}$
阿佛加德罗(Avogadro)常数	N_{A}	$6.022045\times10^{23}\mathrm{mol^{-1}}$
里得堡(Rydberg)常数	R_{∞}	$1.097373177\times10^{7}\mathrm{m^{-1}}$
普朗克(Planck)常数	h	$6.626176\times10^{-34}\mathrm{J\cdot s}$
法拉第(Faraday)常数	F	$9.648456\times10^{4}\mathrm{C\cdot mol^{-1}}$
玻尔兹曼(Boltzmann)常数	k	$1.380662\times10^{-23}\mathrm{J\cdot K^{-1}}$

附录 4　一些物质的标准摩尔生成焓 $\Delta_f H^{\ominus}_{m,B}$、标准摩尔生成吉布斯函数 $\Delta_f G^{\ominus}_{m,B}$和标准摩尔熵 $S^{\ominus}_{m,B}$的数据

物　质	$\frac{\Delta_f H^{\ominus}_{m,B}}{kJ \cdot mol^{-1}}$	$\frac{\Delta_f G^{\ominus}_{m,B}}{kJ \cdot mol^{-1}}$	$\frac{S^{\ominus}_{m,B}}{J \cdot K^{-1} \cdot mol^{-1}}$
Ag(固)	0	0	42.55
AgCl(固)	-127.07	-109.80	96.2
AgI(固)	-61.84	-66.19	115.5
Al(固)	0	0	28.33
$AlCl_3$(固)	-704.2	-628.9	110.66
Al_2O_3(固,α,刚玉)	-1675.7	-1582.4	50.92
Br_2(液)	0	0	152.23
(气)	30.91	3.142	245.35
C(固,金刚石)	1.8966	2.8995	2.377
(固,石墨)	0	0	5.740
CCl_4(液)	-135.44	-65.27	216.40
CO(气)	-110.52	-137.15	197.56
CO_2(气)	-393.50	-394.36	213.64
Ca(固)	0	0	41.42
$CaCO_3$(固,方解石)	-1206.92	-1128.84	92.9
CaO(固)	-635.09	-604.04	39.75
$Ca(OH)_2$(固)	-986.09	-898.56	83.39
$CaSO_4$(固)	-1434.11	-1321.85	106.7
$CaSO_4 \cdot 2H_2O$(固)	-2022.63	-1797.45	194.1
Cl_2(气)	0	0	222.96
Co(固,α)	0	0	30.04
$CoCl_2$(固)	-312.5	-269.9	109.16
Cr(固)	0	0	23.77
Cr_2O_2(固)	-1139.7	-1058.1	81.2
Cu(固)	0	0	33.15
$CuCl_2$(固)	-220.1	-175.7	108.07
CuO(固)	-157.3	-129.7	42.63
Cu_2O(固)	-168.6	-146.0	93.14

续附录 4

物质	$\frac{\Delta_f H^{\ominus}_{m,B}}{kJ\cdot mol^{-1}}$	$\frac{\Delta_f G^{\ominus}_{m,B}}{kJ\cdot mol^{-1}}$	$\frac{S^{\ominus}_{m,B}}{J\cdot K^{-1}\cdot mol^{-1}}$
CuS(固)	-53.1	-53.6	66.5
F_2(气)	0	0	202.67
Fe(固,α)	0	0	27.28
$Fe_{0.947}O$(固,方铁矿)	-266.3	-246.4	57.49
FeO(固)	-272.0	–	–
Fe_2O_3(固,赤铁矿)	-824.2	-742.2	87.40
Fe_3O_4(固,磁铁矿)	-1118.4	-1015.5	146.4
$Fe(OH)_2$(固)	-569.0	-486.6	88
H_2(气)	0	0	130.574
H_2CO_3(aq)	-699.65	-623.16	187.4
HCl(气)	-92.307	-95.299	186.80
HF(气)	-271.1	-273.2	173.67
HNO_3(液)	-174.10	-80.79	155.60
H_2O(气)	-241.82	-228.59	188.72
(液)	-285.88	-237.18	69.91
H_2O_2(液)	-187.78	-120.42	–
H_2S(气)	-20.63	-33.56	205.69
Hg(气)	61.317	31.853	174.85
(液)	0	0	76.02
HgO(固,红)	-90.83	-58.555	70.29
I_2(气)	62.438	19.359	260.58
(固)	0	0	116.14
K(固)	0	0	64.18
KCl(固)	-436.747	-409.15	82.59
Mg(固)	0	0	32.68
$MgCl_2$(固)	-641.32	-591.83	89.62
MgO(固)	-601.70	-569.44	26.94
$Mg(OH)_2$(固)	-924.54	-835.58	63.18
Mn(固,α)	0	0	32.01
MnO(固)	-385.22	-362.92	59.71
N_2(气)	0	0	191.50
NH_3(气)	-46.11	-16.48	192.34
NH_3(aq)	-80.29	-26.6	111.3

续附录 4

物　　质	$\frac{\Delta_f H_{m,B}^{\ominus}}{kJ \cdot mol^{-1}}$	$\frac{\Delta_f G_{m,B}^{\ominus}}{kJ \cdot mol^{-1}}$	$\frac{S_{m,B}^{\ominus}}{J \cdot K^{-1} \cdot mol^{-1}}$
N_2H_4(液)	50.63	149.24	121.21
NH_4Cl(固)	−314.43	−202.97	94.6
NO(气)	90.25	86.57	210.65
NO_2(气)	33.18	51.30	239.95
Na(固)	0	0	51.21
NaCl(固)	−411.15	−384.15	72.13
Na_2O(固)	−414.22	−375.47	75.06
NaOH(固)	−425.609	−379.53	64.455
Ni(固)	0	0	29.87
NiO(固)	−239.7	−211.7	37.99
O_2(气)	0	0	205.03
O_3(气)	142.7	163.2	238.82
P(固，白)	0	0	41.09
Pb(固)	0	0	64.81
$PbCl_2$(固)	−359.40	−317.90	136.0
PbO(固，黄)	−215.33	−187.90	68.70
S(固，正交)	0	0	31.80
SO_2(气)	−296.83	−300.19	248.11
SO_3(气)	−395.72	−371.08	256.65
Si(固)	0	0	18.83
SiO_2(固，α，石英)	−910.94	−856.67	41.84
Sn(固，白)	0	0	51.55
SnO_2(固)	−580.7	−519.7	52.3
Ti(固)	0	0	30.63
TiO_2(固，金红石)	−944.7	−889.5	50.33
Zn(固)	0	0	41.63
ZnO(固)	−348.28	−318.32	43.64
CH_4(气)	−74.848	−50.794	186.19
C_2H_2(气)	226.75	209.20	200.82
C_2H_4(气)	52.283	68.124	219.83
C_2H_6(气)	−84.667	−32.886	229.49
C_6H_6(气)	82.927	129.658	269.20
(液)	49.036	124.139	173.26
CH_3OH(液)	−239.03	−166.82	127.24
C_2H_5OH	−277.69	−174.89	160.7
C_6H_5COOH(固)	−385.05	−245.27	167.57
$C_{12}H_{22}O_{11}$(固)	−2225.5	−1544.7	360.2

附录5 一些水合离子的标准摩尔生成焓 $\Delta_f H^{\ominus}_{m,B}$、标准摩尔生成吉布斯函数 $\Delta_f G^{\ominus}_{m,B}$和标准摩尔熵 $S^{\ominus}_{m,B}$的数据

物　质	$\frac{\Delta_f H^{\ominus}_{m,B}}{kJ\cdot mol^{-1}}$	$\frac{\Delta_f G^{\ominus}_{m,B}}{kJ\cdot mol^{-1}}$	$\frac{S^{\ominus}_{m,B}}{J\cdot K^{-1}\cdot mol^{-1}}$
H^+	0.00	0.00	0.00
Na^+	−240.12	−261.89	59.0
K^+	−252.38	−283.26	102.5
Ag^+	105.58	77.124	72.68
NH_4^+	−132.51	−79.37	113.4
Ba^{2+}	−537.64	−560.74	9.6
Ca^{2+}	−542.83	−553.54	−53.1
Mg^{2+}	−466.85	−454.8	−138.1
Fe^{2+}	−89.1	−78.87	−137.7
Fe^{3+}	−48.5	−4.6	−315.9
Cu^{2+}	64.77	65.52	−99.6
Zn^{2+}	−153.89	−147.03	−112.1
Pb^{2+}	−1.7	−24.39	10.5
Mn^{2+}	−220.75	−228.0	−73.6
Al^{3+}	−531	−485	−321.7
OH^-	−229.99	−157.29	−10.75
F^-	−332.63	−278.82	−13.8
Cl^-	−167.16	−131.26	56.5
Br^-	−121.54	−103.97	82.4
I^-	−55.19	−51.59	111.3
HS^-	−17.6	12.05	62.8
HCO_3^-	−691.99	−586.85	91.2
NO_2^-	−207.36	−111.34	146.2
AlO_2^-	−918.8	−823.0	−21
S^{2-}	33.1	85.8	−14.6
SO_4^{2-}	−909.27	−744.63	20.1
CO_3^{2-}	−677.14	−527.90	−56.9

附录 6　弱电解质的标准解离常数

电解质	解离方式	解离常数 $K_a^\ominus$ 或 $K_b^\ominus$	$pK_a^\ominus$ 或 $pK_b^\ominus$
次氯酸	$HClO \rightleftharpoons H^+ + ClO^-$	2.95×10^{-8}	7.53
醋　酸	$HAc \rightleftharpoons H^+ + Ac^-$	1.76×10^{-5}	4.75
硼　酸 (H_3BO_3)	$(H_3BO_3)B(OH)_3 + H_2O \rightleftharpoons B(OH)_4{}^- + H^+$	7.3×10^{-10}	9.14
碳　酸	$H_2CO_3 \rightleftharpoons H^+ + HCO_3{}^-$	4.30×10^{-7}	6.37
	$HCO_3{}^- \rightleftharpoons H^+ + CO_3{}^{2-}$	5.61×10^{-11}	10.25
氢氰酸	$HCN \rightleftharpoons H^+ + CN^-$	4.93×10^{-10}	9.31
氢硫酸	$H_2S \rightleftharpoons H^+ + HS^-$	9.1×10^{-8}	7.04
	$HS^- \rightleftharpoons H^+ + S^{2-}$	1.1×10^{-12}	11.06
草　酸	$H_2C_2O_4 \rightleftharpoons H^+ + HC_2O_4{}^-$	5.90×10^{-2}	1.23
	$HC_2O_4{}^- \rightleftharpoons H^+ + C_2O_4{}^{2-}$	6.40×10^{-5}	4.19
甲　酸	$HCOOH \rightleftharpoons H^+ + HCOO^-$	1.77×10^{-4}	3.75
磷　酸	$H_3PO_4 \rightleftharpoons H^+ + H_2PO_4{}^-$	7.52×10^{-3}	2.12
	$H_2PO_4{}^- \rightleftharpoons H^+ + HPO_4{}^{2-}$	6.23×10^{-8}	7.21
	$HPO_4{}^{2-} \rightleftharpoons H^+ + PO_4{}^{3-}$	2.2×10^{-13}	12.67
亚硫酸	$H_2SO_3 \rightleftharpoons H^+ + HSO_3{}^-$	1.54×10^{-2}	1.81
	$HSO_3{}^- \rightleftharpoons H_+ + SO_3{}^{2-}$	1.02×10^{-7}	6.91
亚硝酸	$HNO_2 \rightleftharpoons H^+ + NO_2{}^-$	4.6×10^{-4}	3.37
氢氟酸	$HF \rightleftharpoons H^+ + F^-$	3.53×10^{-4}	3.45
硅　酸	$H_2SiO_3 \rightleftharpoons H^+ + HSiO_3{}^-$	2.0×10^{-10}	9.70
	$HSiO_3{}^- \rightleftharpoons H^+ + SiO_3{}^{2-}$	1.0×10^{-12}	12.00
氨　水	$NH_3 + H_2O \rightleftharpoons NH_4{}^+ + OH^-$	1.77×10^{-5}	4.75

附录 7　难溶电解质的标准溶度积

难溶电解质	分子式	$K_{sp}^{\ominus}$
氯化银	$AgCl$	1.56×10^{-10}
溴化银	$AgBr$	7.7×10^{-13}
碘化银	AgI	1.5×10^{-16}
氢氧化银	$AgOH$	1.52×10^{-8}
铬酸银	Ag_2CrO_4	9.0×10^{-12}
硫化银	Ag_2S	1.6×10^{-49}
硫酸钡	$BaSO_4$	1.08×10^{-10}
碳酸钡	$BaCO_3$	8.1×10^{-9}
铬酸钡	$BaCrO_4$	1.6×10^{-10}
碳酸钙	$CaCO_3$	8.7×10^{-9}
硫酸钙	$CaSO_4$	2.45×10^{-5}
磷酸钙	$Ca_3(PO_4)_2$	2.0×10^{-29}
氢氧化铜	$Cu(OH)_2$	2.2×10^{-20}
硫化铜	CuS	8.5×10^{-45}
氢氧化铁	$Fe(OH)_3$	1.1×10^{-36}
氢氧化亚铁	$Fe(OH)_2$	8.0×10^{-16}
硫化亚铁	FeS	3.7×10^{-19}
碳酸镁	$MgCO_3$	2.6×10^{-5}
氢氧化镁	$Mg(OH)_2$	1.2×10^{-11}
二氢氧化锰	$Mn(OH)_2$	4.0×10^{-14}
硫化锰	MnS	1.4×10^{-15}
硫酸铅	$PbSO_4$	1.06×10^{-8}
硫化铅	PbS	3.4×10^{-28}
二氯化铅	$PbCl_2$	2.4×10^{-14}
二碘化铅	PbI_2	1.39×10^{-8}
碳酸铅	$PbCO_3$	3.3×10^{-14}
铬酸铅	$PbCrO_4$	1.77×10^{-14}
碳酸锌	$ZnCO_3$	1.0×10^{-10}
硫化锌	ZnS	1.2×10^{-23}
硫化镉	CdS	3.6×10^{-29}
硫化钴	CoS	3.0×10^{-26}
硫化汞	HgS	$4.0\times10^{-53}\sim2\times10^{-49}$

附录 8　常见配离子的标准稳定常数

配　离　子	$K_{稳}^{\ominus}$	$\lg K_{稳}^{\ominus}$
$[Ag(CN)_2]^-$	1.26×10^{21}	21.1
$[Ag(NH_3)_2]^+$	1.12×10^{7}	7.05
$[Ag(S_2O_3)_2]^{3-}$	2.89×10^{13}	13.46
$[AgCl_2]^-$	1.10×10^{5}	5.04
$[AgBr_2]^-$	2.14×10^{7}	7.33
$[AgI_2]^-$	5.50×10^{11}	11.74
$[Ag(Py)_2]^+$①	1.0×10^{10}	10.00
$[Co(NH_3)_6]^{2+}$	1.29×10^{5}	5.11
$[Cu(CN)_2]^-$	1.0×10^{24}	24.00
$[Cu(SCN)_2]^-$	1.52×10^{5}	5.18
$[Cu(NH_3)_2]^+$	7.24×10^{10}	10.86
$[Cu(NH_3)_4]^{2+}$	2.09×10^{13}	13.32
$[Cu(P_2O_7)_2]^{6-}$	1.0×10^{9}	9.00
$[FeF_6]^{3-}$	2.04×10^{14}	14.31
$[Fe(CN)_6]^{3-}$	1.0×10^{42}	42.00
$[Hg(CN)_4]^{2-}$	2.51×10^{41}	41.40
$[HgI_4]^{2-}$	6.76×10^{29}	29.83
$[HgBr_4]^{2-}$	1.0×10^{21}	21.00
$[HgCl_4]^{2-}$	1.17×10^{15}	15.07
$[Ni(NH_3)_6]^{2+}$	5.50×10^{8}	8.74
$[Ni(en)_3]^{2+}$②	2.14×10^{18}	18.33
$[Zn(CN)_4]^{2-}$	5.0×10^{16}	16.70
$[Zn(NH_3)_4]^{2+}$	2.87×10^{9}	9.46
$[Zn(en)_2]^{2+}$	6.76×10^{10}	10.83

① Py 为吡啶的简写

② en 为乙二胺的简写

附录 9　标准电极电势

电　对 (氧化态/还原态)	电极反应 (氧化态 + ze^- ⇌ 还原态)	$\varphi^{\ominus}$/V
Li^+/Li	$Li + e^- \rightleftharpoons Li$	−3.045
K^+/K	$K^+ + e^- \rightleftharpoons K$	−2.924
Ca^{2+}/Ca	$Ca^{2+} + 2e^- \rightleftharpoons Ca$	−2.76
Na^+/Na	$Na^+ + e^- \rightleftharpoons Na$	−2.7109
Mg^{2+}/Mg	$Mg^{2+} + 2e^- \rightleftharpoons Mg$	−2.375
Al^{3+}/Al	$Al^{3+} + 3e^- \rightleftharpoons Al$	−1.706
(Mn^{2+}/Mn	$Mn^{2+} + 2e^- \rightleftharpoons Mn$	−1.029
Zn^{2+}/Zn	$Zn^{2+} + 2e^- \rightleftharpoons Zn$	−0.7628
Fe^{2+}/Fe	$Fe^{2+} + 2e^- \rightleftharpoons Fe$	−0.4402
Cd^{2+}/Cd	$Cd^{2+} + 2e^- \rightleftharpoons Cd$	−0.4026
Co^{2+}/Co	$Co^{2+} + 2e^- \rightleftharpoons Co$	−0.28
Ni^{2+}/Ni	$Ni^{2+} + 2e^- \rightleftharpoons Ni$	−0.23
Sn^{2+}/Sn	$Sn^{2+} + 2e^- \rightleftharpoons Sn$	−0.1364
Pb^{2+}/Pb	$Pb^{2+} + 2e^- \rightleftharpoons Pb$	−0.1263
H^+/H_2	$H^+ + e^- \rightleftharpoons \frac{1}{2}H_2$	0.0000
$S_4O_6^{2-}/S_2O_3^{2-}$	$S_4O_6^{2-} + 2e^- \rightleftharpoons 2S_2O_3^{2-}$	0.09
S/H_2S	$S + 2H^+ + 2e^- \rightleftharpoons H_2S$	0.141
Sn^{4+}/Sn^{2+}	$Sn^{4+} + 2e^- \rightleftharpoons Sn^{2+}$	0.15
SO_4^{2-}/H_2SO_3	$SO_4^{2-} + 4H^+ + 2e^- \rightleftharpoons H_2SO_3 + H_2O$	0.20
Hg_2Cl_2/Hg	$Hg_2Cl_2 + 2e^- \rightleftharpoons 2Hg + 2Cl^-$	0.2682
Cu^{2+}/Cu	$Cu^{2+} + 2e^- \rightleftharpoons Cu$	0.3402
O_2/OH^-	$\frac{1}{2}O_2 + H_2O + 2e^- \rightleftharpoons 2OH^-$	0.401
Cu^+/Cu	$Cu^+ + e^- \rightleftharpoons Cu$	0.522
I_2/I^-	$I_2 + 2e^- \rightleftharpoons 2I^-$	0.535
O_2/H_2O_2	$O_2 + 2H^+ + 2e^- \rightleftharpoons H_2O_2$	0.682
Fe^{3+}/Fe^{2+}	$Fe^{3+} + e^- \rightleftharpoons Fe^{2+}$	0.770
Hg_2^{2+}/Hg	$\frac{1}{2}Hg_2^{2+} + e^- \rightleftharpoons Hg$	0.7986
Ag^+/Ag	$Ag^+ + e^- \rightleftharpoons Ag$	0.7996

续附录 9

电　对 （氧化态/还原态）	电极反应 （氧化态 + ze^- $\rightleftharpoons$ 还原态）	$\varphi^\ominus$/V
Hg^{2+}/Hg	$Hg^{2+} + 2e^- \rightleftharpoons Hg$	0.851
NO_3^-/NO	$NO_3^- + 4H^+ + 3e^- \rightleftharpoons NO + 2H_2O$	0.96
HNO_2/NO	$HNO_2 + H^+ + e^- \rightleftharpoons NO + H_2O$	0.99
Br_2/Br^-	$Br_2 + 2e^- \rightleftharpoons 2Br^-$	1.065
MnO_2/Mn^{2+}	$MnO_2 + 4H^+ + 2e^- \rightleftharpoons Mn^{2+} + 2H_2O$	1.208
O_2/H_2O	$O_2 + 4H^+ + 4e^- \rightleftharpoons 2H_2O$	1.229
$Cr_2O_7^{2-}/Cr^{3+}$	$Cr_2O_7^{2-} + 14H^+ + 6e^- \rightleftharpoons 2Cr^{3+} + 7H_2O$	1.33
Cl_2/Cl^-	$Cl_2 + 2e^- \rightleftharpoons 2Cl^-$	1.3583
MnO_4^-/Mn^{2+}	$MnO_4^- + 8H^+ + 5e^- \rightleftharpoons Mn^{2+} + 4H_2O$	1.491
H_2O_2/H_2O	$H_2O_2 + 2H^+ + 2e^- \rightleftharpoons 2H_2O$	1.776
$S_2O_8^{2-}/SO_4^{2-}$	$S_2O_8^{2-} + 2e^- \rightleftharpoons 2SO_4^{2-}$	2.0
F_2/F^-	$F_2 + 2e^- \rightleftharpoons 2F^-$	2.87

主要参考文献

1 曲保中,朱炳林．工科大学化学．北京:机械工业出版社,1993

2 胡忠鲠,姜天水．普通化学(修订版)．成都:四川科学技术出版社,1992

3 刘翊纶．基础元素化学．北京:高等教育出版社,1992

4 重庆大学,成都科技大学合编．工科普通化学．重庆:重庆大学出版社,1987

5 浙江大学．普通化学(第4版)．北京:高等教育出版社,1995

6 西安交通大学．普通化学．北京:高等教育出版社,1987

7 天津大学．无机化学(第2版)．北京:高等教育出版社,1992

8 刘志滨,陈建中等．普通化学教程．合肥:中国科技大学出版社,1988

9 陈林根．工程化学(第3版)．杭州:浙江大学出版社,1994

10 Masterton W.L.(美)．化学原理．北京:北京大学出版社,1980

11 徐光宪．物质结构．北京:人民教育出版社,1978

12 何福成,朱正和．结构化学．北京:人民教育出版社,1980

13 L. 鲍林．化学键的本质．上海:上海科技出版社,1981

14 丁廷桢,俞开钰,蔡作乾等．CAI普通化学教程．北京:高等教育出版社,1994

15 李博达,冯慈珍．普通化学(第2版)．北京:高等教育出版社,1993

16 祁嘉义．新基础化学．南京:东南大学出版社,2001

17 同济大学普通化学及无机化学教研室．普通化学(第2版)．上海:同济大学出版社,1997

18 缪应祺,仰榴青,袁爱华．普通无机化学精要与分级训练．南京:东南大学出版社,2001

19 杨宏秀,傅希贤,宋宽秀．大学化学．天津:天津大学出版社,2001

20 沈光球,陶家洵,徐功骅．现代化学基础．北京:清华大学出版社,1999

21 朱裕贞,顾达,黑恩成．现代基础化学．北京:化学工业出版社,1998

22 何培之,王世驹,李继娥．普通化学．北京:科学出版社,2001

23 傅献彩．大学化学．北京:高等教育出版社,1999

24 大连理工大学无机化学教研室编．无机化学(第3版)．北京:高等教育出版社,1990

25 史启祯．无机化学与化学分析．北京:高等教育出版社,1998

26 华东理工大学分析化学教研组,成都科技大学分析化学教研组编．分析化学(第4版)．北京:高等教育出版社,1995

27 倪静安．无机及分析化学．北京:化学工业出版社,1998

28 乔冠儒．半导体工艺化学原理．南京:江苏科学技术出版社,1979

30 史轶漪,邹宗柏．普通化学解疑．南京:江苏科学技术出版社,1986

31 刘志滨,邹宗柏等．普通化学教程．合肥:中国科学技术大学出版社,1988

32 唐岸平,邹宗柏．精细化工产品配方500例及生产．南京:江苏科学技术出版社,1993

33 张桂秋,邹宗柏等．实用化工产品配方大全．南京:江苏科学技术出版社,1994
34 邹宗柏．1000个实用精细化工产品制造技术及应用．南京:江苏科学技术出版社,1996
35 邹宗柏．资源利用及深度加工手册．北京:中国致公出版社,1998
36 张信然,邹宗柏等．塑料工程师手册．南京:江苏科学技术出版社,2000
37 邹宗柏．实用绿色精细化工产品配方．南昌:江西科学技术出版社,2000
38 程鸿等．自然资源——生存和发展的物质基础．北京:科学普及出版社,1993
39 刘成武等．自然资源概论．北京:科学出版社,1999
40 唐振球等．废料的再生利用．北京:中国轻工业出版社,1993
41 梁英豪．化学与环境．南宁:广西教育出版社,1999
42 张益．生活垃圾焚烧厂中二恶英的产生和控制．环境保护,2000,(1)
43 温刚,严中伟,叶笃正．全球环境变化．长沙:湖南科学技术出版社,1998
44 朱裕贞,顾达,黑恩成．现代基础化学．北京:化学工业出版社,1998
45 关伯仁,郭怀成,陆根法等．环境科学基础教程．北京:中国环境科学出版社,1997
46 孙胜龙等．环境污染与控制．北京:化学工业出版社,2001
47 陈南,程舸,缪绅裕等．我们的地球．广州:广东人民出版社,1999
48 毛悌和等．化工废水处理技术．北京:化学工业出版社,2000
49 仲崇立．绿色化学导论．北京:化学工业出版社,2000
50 叶康民．金属腐蚀与防护概论．北京:高等教育出版社,1990
51 刘宝俊．材料的腐蚀及其控制．北京:北京航空航天大学出版社,1988
52 孟庆珍等．无机化学．北京:北京师范大学出版社,1987
53 王连波等．现代化学基础．北京:化学工业出版社,1987
54 吴锡军等．高科技知识丛书:新材料技术、新能源技术、生物技术．南京:江苏科学技术出版社,1992
55 包浩生等．自然资源学导论．南京:江苏教育出版社,1993
56 张云兰等．非金属材料．北京:中国农业机械出版社,1983
57 王翊亭等．环境学导论．北京:清华大学出版社,1985
58 G. 韦德(美). 能源与环境变化．北京:科学出版社,1985
59 王佛松,王夔,陈新滋等．展望21世纪的化学．北京:化学工业出版社,2000
60 唐有祺,王夔．化学与社会．北京:高等教育出版社,1997
61 陈劲春．生命的诠译——生物技术与社会．济南:山东科学技术出版社,1998
62 李再资．生物化学工程基础．北京:化学工业出版社,1999
63 刘曼西．生命科学导论．北京:中国电力出版社,1999
64 万海清,赵振镲．生命科学概论．北京:化学工业出版社,2001
65 沈仁权,顾其敏．生物化学教程．北京:高等教育出版社,1993
66 代天宇．复制生命——人类基因组计划和后基因组计划．北京:科学出版社,2000
67 张元．现代生命科学与工程．杭州:浙江大学出版社,1994
68 邹承鲁．第二遗传密码——新生肽链及蛋白质折叠的研究．长沙:湖南科学技术出

版社,1997
69 陈蓉霞.破译生命的密码:诺贝尔奖与遗传学.武汉:武汉出版社,2000
70 苗健,高琦,许思来.微量元素与相关疾病.郑州:河南医科大学出版社,1997
71 王夔.生命科学中的微量元素分析与数据手册.北京:中国计量出版社,1998
72 宋思扬,楼士林.生物技术概论.北京:科学出版社,1999
73 冯斌,谢先芝.基因工程技术.北京:化学工业出版社,2000
74 梅乐和,姚善泾,林东强.生化生产工艺学.北京:科学出版社,1999
75 俞俊棠,唐孝宣.生物工艺学(上、下).上海:华东理工大学出版社,1991
76 沈仁权,顾其敏.生物化学教程.北京:高等教育出版社,1993